国家"十三五"重点图书
中宣部主题出版物

长江巨变70年丛书

高瞻远瞩

1949—2019
长江流域规划70年

胡向阳——等编著

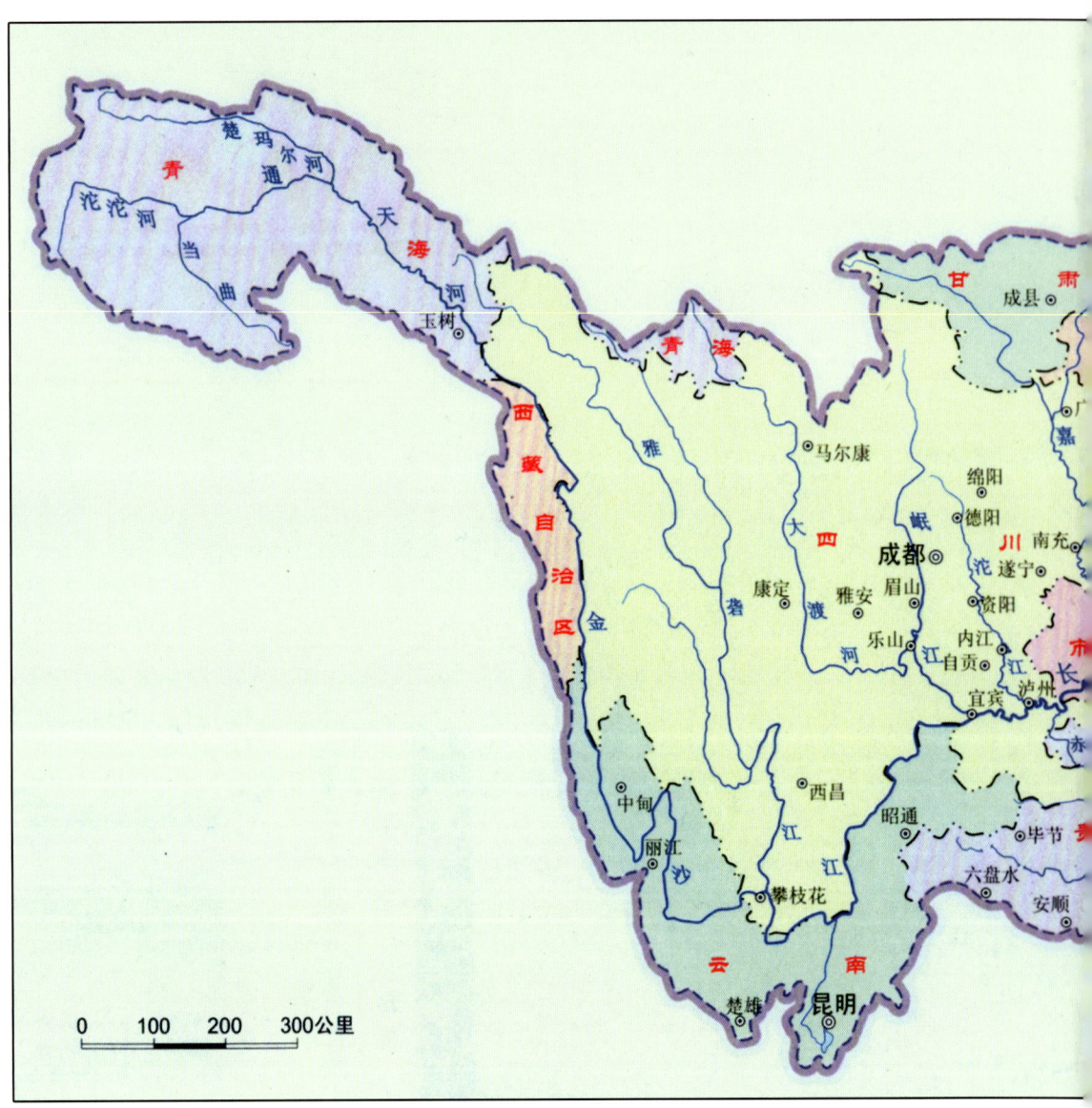

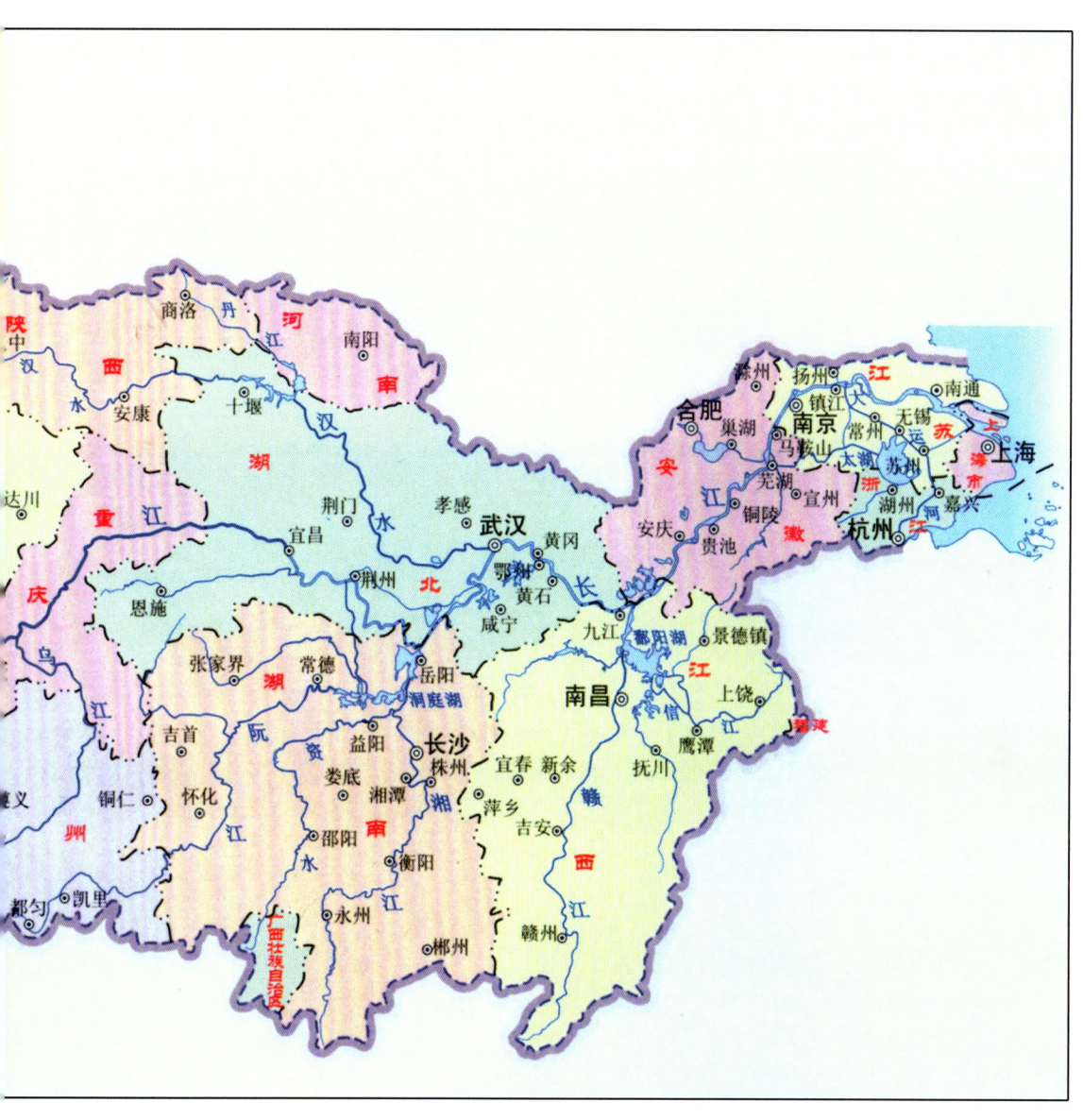

长江流域图

总前言

岁月不居，天道酬勤。2019年，最难忘的是隆重庆祝新中国成立70周年。我们为共和国70年的辉煌成就喝彩，被爱国主义的硬核力量震撼。大江南北披上红色盛装，人们脸上洋溢着自豪的笑容，《我和我的祖国》在大街小巷传唱。这一切，汇聚成礼赞新中国、奋斗新时代的前进洪流，给我们增添了无穷力量。共和国栉风沐雨的70年，也是长江治理保护的70年。作为世界第三、中国第一大江河，长江不仅是中华文明的摇篮之一，也是中国经济社会可持续发展的重要命脉。治理好、利用好、保护好长江，不仅是长江流域4亿多人民的福祉所系，而且关系着全国经济社会发展的大局。1950年2月24日，新中国刚刚成立4个月，中央人民政府就批准成立水利部长江水利委员会。70年来，一代代长江委人坚守为党和人民守护好长江的初心，推动治江事业取得了举世瞩目的成就。

长江是中华民族的母亲河，也是中华民族发展的重要支撑。但是新中国成立前，长江洪涝灾害频繁，平均每10年发生一次较大洪水。治国先治水，新中国成立仅4个月就组建了长江委。70年来，在党中央、国务院的亲切关怀下，我们肩负起为党和人民守护长江的重任，开启了长江治理与保护的新纪元，推动长江流域发生了翻天覆地的变化：以防洪为重点的治江三阶段计划提出实施，开展了大规模水利建设；流域综合规划3次修编，描绘了治江事业发展的美好蓝图；治江基础资料日益积累，摸清了母亲河的家底；科技平台和综合站网建设持续加强，夯实了治江管水的基础；大国重器三峡工程建成运行，实现了中华民族百年梦想；"人间天河"南水北调工程顺利通水，创造了人工调水世界奇迹；3900千米中下游干流堤防全面加固，筑牢了防洪保安的"水上长城"；100座水工程实施联合统一调度，减轻了水旱灾害损失；长江大保护战略深入实施和河湖长制全面推行，改善了流域万水千山面貌；水利改革发展总基调贯彻落实，提升了流域治理水平和能力；西南诸河（澜沧江及以西）纳入统一管理，扩大了流域管理的职责和范围；60多个国家、地区和国际组织纳入"朋友圈"，助力"一带一路"走深走实……七十载励精图治、团结拼搏，令昔日桀骜不驯、灾害频发的长江已经成为一条洪行其道、惠泽人民的安澜巨川，更是成为实现中国梦的重要战略支点。

回首波澜壮阔的70年，这是一部兴利除害、造福人民的治理史，是一部依法管江、绿色发展的保护史，是一部人才辈出、成果丰硕的创新史，更是一部坚守初心、勇担使命的奋斗史。我们为70年来取得的辉煌成就感到无比骄傲与自豪！

70年在历史长河中如沧海一粟，昨天的辉煌已经载入史册，明天的奋斗更加恢宏壮阔。进入新时代，习近平总书记高度重视长江保护与治理，两次视察长江并亲自擘画了长江大保护的宏伟蓝图，人民群众对防洪保安全、充足水资源、优质水环境、健康水生态有了新期待，水利部提出了水利改革发展总基调，治江形势发生了深刻变化。"为长江经济带高质量发展提供全面的水利支撑和保障，使长江永远润泽华夏、造福人民"成为我们新的历史使命，我们已经站在一个新的历史起点上，开启了历史性跨越的新航程。

七十载大江东去，九万里风鹏正举。忆往昔，人水和谐蓝图绘；看今朝，治理保护正扬帆。让我们高举习近平新时代中国特色社会主义思想伟大旗帜，积极响应建设"幸福河"的伟大号召，不忘初心，牢记使命，奋楫激浪，砥砺前行，当好新时代长江的守护者和长江大保护的先行者，为流域经济社会高质量发展提供更加坚实有力的水利支撑与保障，以永不懈怠的奋斗精神开启时代新征程，以一往无前的奋斗姿态再创历史新荣光！

高瞻远瞩 长江流域规划70年

长江巨变70年丛书

长江风光

长江风光

前　言

2020年迎来了长江水利委员会的70华诞，在长江治理开发与保护的实践中，规划始终发挥着引领作用，以长江流域综合规划为蓝图，兴利与除害并举，开发与保护兼顾，勇立潮头，成果推陈出新，取得了辉煌的成就。梳理回顾规划在治江70年历程中所发挥的重要作用，还原那些规划编制过程中的重大事件，铭记那些刻骨铭心的历史时刻，浓缩规划成果的精髓，对于我们更好地总结过去、展望未来具有重要意义。

纵观长江流域规划历程，不论是1953年提出的以防洪为主的治江工作三阶段计划，还是历次完成的《长江流域综合利用规划要点报告》（1959年）、《长江流域综合利用规划简要报告》（1990年修订）、《长江流域综合规划（2012—2030年）》，无不镌刻着深深的时代烙印，凝聚着长江流域规划工作的同仁的智慧，展现着长江委人治江的宏图大志，在此深表敬意。编者在浏览整理不同年代规划成果的过程中，尽可能还原不同年代治江的理念与要求，反映不同时代治江抱负与情怀，也算是献给从事和关注长江水利事业的同仁的一份薄礼。

本书以三次长江流域综合规划为主线，展现70年来主要规划成果。全书共分为8章，由胡向阳担任主编。第一章概述，由胡向阳主笔；第二章长江流域综合规划编制介绍和第三章长江干流河段规划，由唐兵主笔；第四章主要支流综合规划，由宋红波、黄站峰主笔；第五章长江流域区域规划，由汪洋主笔；第六章长江流域专业（专项）规划，由侯丽娜主笔，桂耀参加；第七章长江流域综合规划——治理开发与保护的基本蓝图，由雷静主笔；第八章长江流域规划对治江实践的指导成效和展望，由胡向阳主笔；大事记由桂耀主笔。在编辑出版过程中，得到了长江出版社的大力支持。书中引用了大量的规划成果，限于编者水平有限，难免有很多方面反映不够和遗漏，甚至有谬误，恳请读者批评指正。

编 者

2019 年 10 月

目 录

第一章 概　述 ··· 1
第一节　长江流域特点 ·· 1
第二节　长江流域规划历程 ·· 3
第三节　长江流域规划体系 ·· 4

第二章 长江流域综合规划的编制介绍 ·· 6
第一节　1959 年《长江流域综合利用规划要点报告》的编制介绍 ···················· 6
第二节　1990 年《长江流域综合利用规划简要报告》的编制介绍 ···················· 7
第三节　《长江流域综合规划（2012—2030 年）》的编制介绍 ······················ 9

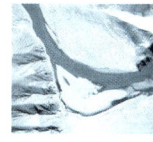

第三章 长江干流河段规划 ·· 11
第一节　通天河及江源区 ··· 11
第二节　金沙江 ··· 14
第三节　宜宾至宜昌 ··· 24
第四节　中下游干流 ··· 30
第五节　长江口 ··· 35

第四章 主要支流综合规划 ·· 40
第一节　综述 ··· 40
第二节　上游区 ··· 46
第三节　中游区 ··· 74
第四节　下游区 ··· 126

第五章 长江流域区域规划 ·· 138
第一节　平原湖区 ··· 138
第二节　山丘区 ··· 159
第三节　重点开发区 ··· 181

第六章　长江流域专业（专项）规划 ················ 191

　　第一节　水资源综合规划 ················ 191

　　第二节　防洪 ················ 194

　　第三节　水力发电 ················ 202

　　第四节　城乡供水 ················ 207

　　第五节　灌溉 ················ 210

　　第六节　跨流域调水 ················ 212

　　第七节　河道整治 ················ 234

　　第八节　岸线利用 ················ 236

　　第九节　采砂 ················ 237

　　第十节　水土保持 ················ 239

　　第十一节　水资源保护 ················ 241

　　第十二节　水生态保护 ················ 244

　　第十三节　航运 ················ 246

　　第十四节　水利血防 ················ 249

　　第十五节　长江流域片流域管理水利综合监测站网规划 ················ 251

第七章　长江流域综合规划——治理开发与保护的基本蓝图 ················ 253

　　第一节　《长江流域综合利用规划要点报告》 ················ 253

　　第二节　《长江流域综合利用规划简要报告》 ················ 259

　　第三节　《长江流域综合规划（2012—2030年）》 ················ 277

第八章　长江流域规划对治江实践的指导成效和展望 ················ 304

　　第一节　规划实施的成效 ················ 304

　　第二节　治江新形势与规划新要求 ················ 307

　　第三节　长江流域规划展望 ················ 310

附录　大事记 ················ 311

第一章

概　述

第一节　长江流域特点

长江发源于唐古拉山主峰各拉丹冬雪山西南侧，从青藏高原的涓涓细流，出千峡、纳万川，汇集成波涛滚滚的大江，自西向东奔流不息，于崇明岛注入东海。长江干流全长6300余千米，是中国第一大河、世界第三大河。流域涉及青海、四川、西藏、云南、贵州、甘肃、陕西、重庆、湖北、河南、湖南、江西、安徽、江苏、上海、浙江、广西、广东、福建19个省（自治区、直辖市），流域总面积180万平方千米，约占我国陆地面积的18.8%。

长江干流宜昌以上为上游，长4504千米，流域面积约100万平方千米。干流宜宾以上大多属峡谷河段，长3464千米，落差5100余米，约占全江总落差的95%，主要支流有北岸的雅砻江。宜宾至宜昌段长约1040千米，沿江丘陵与阶地互间。主要支流：左岸有岷江、沱江、嘉陵江，右岸有赤水河、乌江。奉节以下为雄伟的三峡河段，两岸悬崖峭壁，江面狭窄。

长江自出三峡后，河道坡降变小、水流平缓，进入中下游平原区。宜昌至湖口段为中游，长955千米，流域面积68万平方千米，干流枝城以下沿江两岸均筑有堤防，自枝城至城陵矶河段为著名的荆江，两岸平原广阔，地势低洼，是长江防洪形势最为严峻的一段，城陵矶以下至湖口，主要为宽窄相间的藕节状分汊河道，总体河势比较稳定，呈顺直段主流摆动，分汊段主、支汊交替消长的河道演变特点，并与众多大小湖泊相连。主要支流南岸有清江，洞庭湖水系的湘、资、沅、澧四水，鄱阳湖水系的赣、抚、信、饶、修五河和北岸的汉江。

湖口以下为下游，长938千米，流域面积12万平方千米，沿岸有堤防保护，水深江阔，水位变幅较小，通航能力大，江心洲滩十分发育，河床演变较为强烈。大通以下约600千米河段受潮汐影响，是坍岸最严重的河段。主要支流有南岸的青弋江、水阳江水系，太湖水系和北岸的巢湖水系，淮河的部分水量也通过淮河入江水道入江。

长江水系发育，支流众多，直接汇入长江的大小支流7000余条，流域面积在

1000平方千米以上的有483条,在10000平方千米以上的有49条,80000平方千米以上的一级支流有雅砻江、岷江、嘉陵江、乌江、湘江、沅江、汉江、赣江8条。大小湖泊星罗棋布,湖泊面积约15200平方千米,接近全国湖泊总面积的1/5。按其地理分布,可分为长江中下游平原湖区、滇北黔西高原湖区和江源湖区。长江中下游平原湖泊面积14073平方千米,约占全流域湖泊面积的93%,是中国最重要的淡水湖区,全国五大淡水湖除洪泽湖外,其余的洞庭湖、鄱阳湖、太湖、巢湖均在长江中下游地区。

长江流域水资源丰沛。流域多年平均年降水量约1100毫米,多年平均年径流量约9857亿立方米,约占全国的35%,居全国各大江河之首,位居世界大河中第4位。四川盆地西部边缘、川东大巴山区、鄂皖大别山区、湘西—鄂西南山地,以及江西九岭山地至皖南黄山一带是长江流域的主要暴雨区。

长江流域水能资源富集。流域水力资源理论蕴藏量达30.05万兆瓦,年发电量2.67万亿千瓦时,约占全国的40%;技术可开发装机容量28.1万兆瓦,年发电量1.30万亿千瓦时,分别占全国的47%和48%,主要分布有金沙江、雅砻江、大渡河、长江上游、湘西、闽浙赣等重要水电基地。钒、钛、汞、铷、铯、磷、芒硝、硅石等矿产资源储量丰富。

长江地跨热带、亚热带和暖温带,地貌类型复杂,生态系统类型多样,分布有众多的国家级生态环境敏感区,是我国重要的生态安全屏障区。川西河谷森林生态系统、南方亚热带常绿阔叶林森林生态系统、长江中下游湿地生态系统等是具有全球重大意义的生物多样性优先保护区域。流域森林覆盖率达41.3%,河湖、水库、湿地面积约占全国的20%,物种资源丰富,珍稀濒危植物占全国总数的39.7%,淡水鱼类占全国总数的33%,是我国珍稀濒危野生动植物集中分布区域,不仅有中华鲟、江豚、扬子鳄和大熊猫、金丝猴等珍稀动物,还有银杉、水杉、珙桐等珍稀植物。

长江是联系东中西部的"黄金水道"。长江水系有3600多条通航河流,总计通航里程超过8.379万千米(含京杭运河和淮河水系),占全国内河通航总里程的65.9%;2018年完成客、货运量分别为1.92亿人次、49.83亿吨,分别占全国水路客、货运量的68.6%和70.9%。已建立起比较完善的水运、铁路、公路、航空等综合交通运输体系,初步形成了综合立体交通走廊。

长江流域是我国重要的粮食生产基地,耕地面积4.62亿亩(1亩=0.067公顷),约占全国耕地面积的1/4,粮食产量1.63亿吨,约占全国粮食产量的1/3。

长江流域经济基础雄厚,流域总人口4.59亿,约占全国的33%,城镇化率达到49%,地区生产总值29.3万亿元,约占全国的35.4%,形成了长三角、长江中游、成渝、江淮、滇中、黔中等城市群,是长江经济带、长江三角洲一体化等国家发展战略的重要依托，连接丝绸之路经济带和21世纪海上丝绸之路的纽带，集沿海、沿江、沿边、内陆开放于一体，是我国经济重心所在、活力所在，具有东西双向开放的独特优势。

第二节 长江流域规划历程

长江是一条洪患之河。据史料记载，从汉代至清朝的2096年中，长江曾发生较大洪水214次，平均约10年一次；近代洪灾更为频繁，约6年一次。长江洪水分为两种类型：一类是1954年型全流域性的大洪水，如1931年、1949年、1954年和历史调查资料中的1848年、1849年等；另一类是1935年型区域性的特大洪水，如1896年、1935年等和历史洪水调查资料中的1788年、1860年、1870年等。长江中下游沿江两岸经济发达、人口密集，两岸平原区地面高程一般低于汛期江河洪水位数米至十数米，一旦堤防溃决，淹没时间长，损失大，是长江防洪的重点区域。1931年、1935年洪水，长江中下游死亡人数分别为14.5万、14.2万。同时，因降水时空分布不均，局部地区干旱时有发生。

1950年2月，经中央人民政府批准，长江水利委员会（以下简称长江委）正式成立，开启了防治水患、综合利用和保护水资源的治江新篇章。1956年10月，经国务院批准，在长江委基础上，成立长江流域规划办公室（以下简称长办，1988年又改名为长江委），负责长江流域规划工作。1959年，长办首次提出了《长江流域综合利用规划要点报告》，对流域开发、利用、节约、保护水资源和防治水害进行总体部署。

改革开放以来，随着国家经济社会发展，长江治理开发和水资源综合利用也进入了快速发展的新阶段，规划体系不断完善，其间先后于1990年、2012年对综合规划进行了两次修订，以适应经济社会发展要求和治江形势需要。此外，还开展了长江流域防洪规划，长江流域水资源综合规划，长江流域水资源保护规划，长江中下游干流河道治理规划，长江口综合整治开发规划，长江流域水土保持规划，南水北调工程总体规划，洞庭湖区综合治理近期规划，西南5个省（自治区，直辖市）重点水源工程建设规划，重要支流（湖泊）综合规划，三峡、丹江口库区及其上游水污染防治规划，长江中下游水污染防治规划。党的十八大以来，我国经济社会从高速增长转向高质量发展，党中央作出了加快推进生态文明建设、推进长江经济带发展等重大战略部署，为充分发挥水利在长江经济带发展中的支撑保障与约束引导作用，切实提高水安全保障程度，按照国家统一部署和要求，水利部组织编制了长江经济带发展水利专项规划、长江经济带沿江取水口排污口及应急水源布局规划、长江岸线保护和开发利用总体规划、长江经济带生态环境保护规划等系列规划。

第三节 长江流域规划体系

《中华人民共和国水法》规定:"开发、利用、节约、保护水资源和防治水害,应当按照流域、区域统一制定规划。规划分为流域规划和区域规划。流域规划包括流域综合规划和流域专业规划;区域规划包括区域综合规划和区域专业规划。""流域范围内的区域规划应当服从流域规划,专业规划应当服从综合规划。"其中综合规划,是指根据经济社会发展需要和水资源开发利用现状编制的开发、利用、节约、保护水资源和防治水害的总体部署。专业规划,是指防洪、除涝、灌溉、航运、供水、水力发电、水资源与水生态环境保护、水土保持、节约用水等规划。区域规划包括主要支流(湖泊)规划,比如汉江流域、岷江流域、洞庭湖区等规划,以及国家战略规划对应的区域,如长江经济带发展等相关规划。

新中国成立后,党和政府高度重视长江洪旱等自然灾害治理、水资源综合利用和保护,在国家的统一安排和指导下,结合长江流域的特点、河流水系构成,以及治理开发与保护任务,长江委开展了一系列的水利规划研究工作:先后3次开展长江流域综合规划工作,完成了1959年《长江流域综合利用规划要点报告》《长江流域综合利用规划简要报告》(1990年修订)以及《长江流域综合规划(2012—2030年)》;开展了长江干流河段如金沙江干流综合规划、通天河及江源区综合规划、长江口综合整治开发规划,以及雅砻江、岷江、赤水河、嘉陵江、乌江、清江、汉江、青弋江、水阳江、滁河、洞庭湖水系(湘、资、沅、澧四水)、鄱阳湖水系(赣、抚、信、饶、修五河)、太湖水系等主要支流及干流重要河段综合规划;编制完成了长江流域水土保持规划、长江中下游河道治理规划、长江中下游蓄滞洪防洪规划、南水北调中线工程规划、长江流域防洪规划、长江流域和西南诸河水资源综合规划、长江流域(片)水资源保护规划等大量专业规划;配合长江经济带国家战略等,编制提出了长江经济带发展水利专项规划,长江经济带沿江取水口排污口及应急水源布局规划,长江岸线保护和开发利用总体规划,长江经济带生态环境保护规划,长江经济带水资源保护带、生态隔离带建设规划等,形成了以流域综合规划为主导、相关专业规划和区域规划为补充的日趋完善的长江流域规划体系,在指导流域治理开发与保护中发挥了重要的作用。

此外,还完成了大量的专题研究和流域基础工作,如三峡建成后长江中下游防洪形势和对策研究、鄱阳湖控制工程专题研究、长江流域近期水资源保护若干意见、长江崩岸机理研究,为流域规划的编制和有关研究工作提供了良好的支撑。与此同时,流域各省（自治区、直辖市）水利厅（水务局）及中央部属及地方相关勘测规划设计院等还组织开展了数量众多的河流开发规划、水利水电专业规划、流域（区域）规划等，相关成果极为丰硕。

本书以长江流域综合规划为主线，反映 70 年来长江流域综合规划，主要干支流和重要区域规划，以及防洪、水资源综合利用与保护各专业（专项）规划等主要规划成果。

第二章

长江流域综合规划的编制介绍

长江流域各时期的综合规划，是依据经济社会发展需要和水资源开发现状编制的开发、利用、节约、保护水资源和防治水害的总体部署，是为相当长一段时期内全面、有效、合理地开发、治理、保护长江，促进流域经济社会发展勾画的宏伟蓝图，为依法治理开发与保护长江提供了重要依据，对于构建和谐社会、创建美好水环境具有现实和长远的意义。

第一节 1959年《长江流域综合利用规划要点报告》的编制介绍

新中国成立伊始，百废待兴，1949年长江又发生较大洪水。党中央、国务院高度重视影响国计民生的长江防洪问题，面对严峻的防洪形势，水利部于1949年11月在北京召开各解放区水利联席会议，作出决议并部署组建流域管理机构。1950年2月长江委正式成立，全面开启了以防洪为主的长江流域治理开发任务，并为开展流域规划积极进行各项准备工作，包括组织收集长江干支流基本资料，调整和增设水文基本站网，进行地形和大地测量，开展河流查勘和地质工作，广泛调查研究，探讨长江干流及主要支流的治理开发方案。其间根据中央关于治水的方针政策，长江委抓紧对战争毁坏的水利设施进行修复和长江中下游堤防加固培修，荆江分洪工程于1952年顺利建成。

1952年，政务院提出水利建设的总方向是："由局部转向流域规划，由临时性的工程转向永久性的工程，由消极除害转向积极兴利。"长江委在以往工作的基础上，于1953年上报了《关于治理长江计划基本方案的报告》，并提出治江工作以防洪为主的长江防洪"治江三阶段"战略计划："第一步以加强堤线防御能力的办法，挡住1949年或1931年的实有水位，再到第二步以中游为重点的以蓄洪垦殖为主的办法，蓄纳1949年或1931年的决口水量，达到一个可能防护的紧张水位的目的。最后第三步则以山谷水库拦洪的办法从根治个别支流开始，达到最后降低长江水位为安全水位的目的。"

1954年，长江发生了近百年来的特大洪水，虽经党中央、国务院积极组织，调动一切力量，沿江人民大力防守，通过临时抢筑子堤、运用荆江分洪工程、扒口分洪等，确保了重要地区和重要城市的防洪安全，取得抗洪的决定性胜利，但损失依然巨大。9月，周恩来总理在第一届全国人民代表大会上作政府工作报告时指出："今后必须积极从流域规划入手，采取治标与治本相结合、防洪排涝并重的方针，继续治理危害严重的河流。"此后，中央决定加速对长江的治理开发，加快组织编制长江流域规划。1955年，在长江委主任林一山的主持下，集中全江的技术力量，全面开展了长江流域综合利用规划工作。

1956年10月，经国务院批准，在长江委的基础上，成立长江流域规划办公室，负责长江流域规划工作，交通部、铁道部、水产部、电力部、地质部以及中国科学院、文化部派员参与规划工作。在规划过程中，水利部领导、中苏专家几次组队对长江流域进行规模宏大的综合调查和专业查勘；长办全面开展了水文资料整编，以及大量的地形测量、地质测绘和勘探工作，1957年基本完成了规划工作。1958年1月底，中共中央南宁会议期间，毛泽东主席、周恩来总理和其他中央领导同志听取了关于长江流域规划和三峡水利枢纽工作的汇报；1958年2月26日至3月6日，周恩来总理与李富春、李先念副总理等率国务院有关部委及流域内湖北、湖南、四川等省的负责人及中外专家百余人视察武汉至重庆的长江干流河段，查勘了荆江大堤、三峡水利枢纽坝址及三峡库区，审查了长江流域规划主要内容。1958年3月23日，周恩来总理在中央政治局成都会议上作了关于三峡水利枢纽和长江流域规划的报告，并经3月25日的会议讨论通过。4月5日，中央政治局会议正式批准了《中共中央关于三峡水利枢纽和长江流域规划的意见》，明确了长江流域规划工作的基本原则、需要正确解决的七种关系、以三峡工程为主体的长江规划的思想等。

根据周恩来总理的报告和中央政治局的指示精神，经认真规划研究后，长办于1958年提出了《长江流域综合规划要点报告》（初稿）并上报中央。其间，在水电部、国家计委曾分别组织讨论审查，并广泛征求了有关方面的意见后，长办于1959年修改并正式提出了《长江流域综合利用规划要点报告》。

第二节　1990年《长江流域综合利用规划简要报告》的编制介绍

1978年党的十一届三中全会后，我国进入了一个新的发展时期，全国工作的重点转移到经济建设上来，提出到20世纪末，要实现全国工农业年产值翻两番的战略

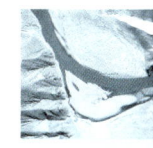

目标。在国民经济建设发展中，我国出现了水质污染、环境保护、生态平衡影响等需要研究的新课题。随着人们对于自然规律和经济规律认识的不断深化，对长江流域治理开发提出了新的要求，主要包括提高防洪安全保障、改善工农业生产条件、保证水资源供给、缓解能源紧张局面、改善长江干支流通航条件、保护水资源与改善生态环境等。同时长江水文、地形、地质及社会经济等基本资料不断延伸、增加和丰富，干支流规划、区域规划、专业规划研究不断深入，科学技术水平不断提升，治理开发长江的经验不断积累，1959年编制的《长江流域综合利用规划要点报告》已显不足，必须补充修订。

根据20世纪80年代初期国家关于制定长远工作安排的意见，1982年12月国务院发文，将长江水资源的综合开发和利用规划列为国家长远规划内容之一。1983年3月，国家计委以计土〔1983〕285号文下达《关于请水电部负责组织编制长江、黄河综合开发利用规划的通知》，明确不再成立专门的规划领导小组，由水电部负责组织编制；水电部长办为承担长江综合开发利用规划的综合编制单位。水电部以〔1983〕水电水规计字第24号文，将《长江流域综合利用规划要点报告修订补充任务书》上报国家计委。1983年12月，国家计委报经国务院批准，以计土〔1983〕1972号文予以批复。

1984年8月28日至9月1日，水电部主持召开了长江流域规划要点报告修订补充工作协调会议，对各项规划任务进行了分工、安排。长办领导高度重视，精心组织，全力投入流域规划工作中，编制整理出《长江流域社会经济基本资料汇编》，为流域规划提供了一套完整的基本资料。在水电部、交通部、建设部、农牧渔业部、地矿部、林业部、环保部等有关部委和流域内各省（自治区、直辖市）的大力支持下，1988年3月长江委综合汇总提出了《长江流域综合利用规划要点修订补充报告纲要》（讨论稿），同年5月8—14日由水利部会同能源部在北京召开了长江流域综合利用规划要点修正补充工作座谈会，经认真审议，会议认为《长江流域综合利用规划要点修订补充报告纲要》（讨论稿）基本符合国家计委下达的《任务书》的规定。根据会议的审查意见，同年12月，长江委提出修订补充后的《长江流域综合利用规划要点报告》（1988年修订），报请审查。

1990年5月29日至6月5日，全国水资源与水土保持工作领导小组在北京主持召开了审查会，国务委员陈俊生主持会议。经审查，领导小组原则同意该报告，并要求按会议有关意见进一步修改。在全国水资源与水土保持工作领导小组的领导下，由水利部牵头，组织相关部委协助开展报告修改工作。1990年7月18日，国务委员陈俊生主持召开了全国水资源与水土保持工作领导小组第三次会议，会议经过审议，一致同意修改后的报告。

1990年9月，国务院批转了全国水资源与水土保持工作领导小组报送的《关于长江流域综合利用规划简要报告的审查意见》，原则批准了《长江流域综合规划简要报告》（1990年修订）。国务院在批转文件（国发〔1990〕56号文）中指出："依照《中华人民共和国水法》的规定，这次原则批准的《长江流域综合利用规划简要报告》，是今后长江流域综合开发利用、保护水资源和防治水害活动的基本依据。"

第三节 《长江流域综合规划（2012—2030年）》的编制介绍

进入新世纪，随着长江流域和全国经济社会的发展，对长江水资源开发利用与保护提出了新的要求，长江的治理开发，使流域水情工情、河流生态系统发生了新的变化，必须对原流域综合规划进行修订。同时一批专业规划和区域规划的不断编制、重大研究成果的不断取得、基本资料的不断积累、科技的不断发展和对治理开发与保护认识水平的不断提高，也为流域综合规划修订提供了有利条件。为了贯彻落实科学发展观，按照可持续发展治水思路和新时期治江思路要求，以"在保护中促进开发，在开发中落实保护"为基本原则，处理好经济社会发展与水资源开发利用、水利建设与生态环境保护的关系，开展长江流域综合规划修订。

长江委于2003年完成了《长江流域综合利用规划后评价报告》，并于2005年编制了《长江流域综合利用规划修订思路报告》，2005年12月水利部在北京主持召开了《长江流域综合利用规划修订思路报告》研讨会，2007年8月水利部以水规计〔2007〕341号文批复了长江委于2007年6月上报的《长江流域综合规划修编任务书》。

2007年8月26日，长江委在武汉市召开第一次协商会议，研究部署长江流域综合规划修编工作，对规划修编工作大纲进行了讨论和协商，确定修编工作由长江委与流域内各省（自治区、直辖市）分工协作，长江委主要负责流域层面的综合规划、干流规划和跨省（自治区、直辖市）河流的规划协调，各省（自治区、直辖市）负责本省（自治区、直辖市）河流的综合规划。2009年7月，长江委提出了《长江流域综合规划简要报告（2009年修订）（讨论稿）》（以下简称《讨论稿》），并于2009年7月30日在武汉市召开第二次协商会议，各省（自治区、直辖市）对《讨论稿》进行了充分讨论。第二次协商会议后，长江委根据各省（自治区、直辖市）的意见，对《讨论稿》进行了修改和补充，形成了《长江流域综合规划简要报告（2009年修订）（征求意见稿）》（以下简称《征求意见稿》），并于2009年8月发送各省（自治区、

直辖市）征求意见。2009年9月，长江委根据各省（自治区、直辖市）反馈的意见，对《征求意见稿》进行了修改和完善，形成了《长江流域综合利用规划简要报告（2009年修订）（送审稿）》（以下简称《送审稿》）。2009年9月30日，长江委以长规计〔2009〕378号文《关于审批〈长江流域综合利用规划要点报告〉的请示》，向水利部报送了《送审稿》。2009年11月26—29日，水利部水利水电规划设计总院（以下简称水利部水规总院）在北京组织召开预审会，并以水总规〔2009〕1080号文《关于印发长江流域综合规划报告预审意见的函》提出了预审意见。长江委根据预审会意见，对《送审稿》进行了修改补充。2010年2月24—25日，水利部在北京主持召开专家审查会，正式审查了《送审稿》。会后长江委根据专家意见和建议，修改完善了报告，形成了《长江流域综合规划（征求意见稿）》（以下简称《规划》）。

2010年5月，水利部以《关于征求长江流域综合规划意见的函》（办规计函〔2010〕374号文），将《征求意见稿》送国家发展改革委、国土资源部、环保部、住房和城乡建设部、交通运输部、农业部、国家林业局、中国气象局、国家能源局、国家海洋局和长江流域各省（自治区、直辖市）人民政府征求意见。2010年10月25—29日，中国国际咨询公司受国家发展改革委委托，在北京对修改后的报告进行了评估，以咨农发〔2010〕2002号文提出了《关于长江流域综合规划的咨询评估报告》（以下简称《评估报告》），2011年5月国家发展改革委以发改办农经〔2011〕988号文对长江流域综合规划提出了意见。长江委根据各有关反馈意见对《规划》进行了修改完善。2010年12月31日，中共中央发出了中发〔2011〕1号《中共中央 国务院关于加快水利改革发展的决定》（以下简称"中央1号文件"），2011年7月8—9日中央在北京召开了水利工作会议，长江委为贯彻"中央1号文件"和中央水利工作会议精神，对《规划》再次进行了修改完善，于2011年7月形成了《长江流域综合规划》。2011年9月26—28日，环保部、水利部在北京共同组织召开了七大江河流域综合规划修编环境影响评价专家论证会议，会后长江委根据专家意见和建议对《长江流域综合规划》进行了修改完善。2011年11月7日，水利部在北京召开了流域综合规划修编部际联席会议，根据会上有关部委提出的意见和回复的书面意见，长江委再次对报告进行了修改完善。水利部上报国务院《关于审批〈长江流域综合规划（2012—2030年）〉的请示》，2012年12月26日，国务院以国函〔2012〕220号文正式批复了《规划》。

长江干流河段规划

干流河段的治理开发规划是流域综合规划的重要组成部分。长江干流不同河段的地形、地质、水文等自然条件、社会经济发展情况存在差异，治理开发与保护任务各有侧重，在长江干流上游、中游、下游分段的基础上，分为5个河段进行规划：通天河及江源区，金沙江，宜宾至宜昌（即川江），中下游干流，长江口。由于长江口的特殊地理位置及其整治的重要性，单独对其进行了专门的规划。

第一节　通天河及江源区

一、流域概况

通天河及江源区地处青藏高原腹地，是长江的发源地，是世界上高海拔地区生物多样性最集中的地区，也是我国淡水资源的重要补给地和青藏高原生态安全屏障的重要组成部分，由长江正源沱沱河、南源当曲、北源楚玛尔河和通天河组成，干流全长1174千米，流域面积14.2万平方千米（含巴塘河）。沱沱河与当曲汇合于囊极巴陇，其以上区域为江源区，长346千米，水系呈扇形分布，有河流40余条。区内现代冰川十分发育、湖泊众多，冰川260多条、面积2070平方千米，大小湖泊约1.1万个、总面积约1000平方千米，较大的湖泊有多尔改错（叶鲁苏湖）、雀莫错、玛章错钦、尼日阿错改等。囊极巴陇至玉树市巴塘河口称通天河，长828千米，其中囊极巴陇至楚玛尔河河口为通天河上段，长278千米，区内大小支流众多，湖泊沼泽广布；楚玛尔河河口以下至巴塘河口为通天河下段，长550千米，河道比较顺直，由江源高平原丘陵过渡至高山峡谷地貌。通天河及江源区内面积大于3000平方千米的一级支流有莫曲、北麓河、科欠曲、色吾曲、聂恰曲、德曲等6条。

通天河及江源区涉及青海省玉树州的玉树市、称多县、治多县、杂多县、曲麻莱县及海西州格尔木市的唐古拉山镇等2州6县（市）的23个乡镇，2015年总人口

18.89万，地区生产总值27.65亿元，城镇化率25.5%，90%以上人口为藏族，其他则属汉、回等民族。由于当地气温较低，绝大部分地区只适宜生长牧草，藏民主要从事畜牧业生产。

二、规划研究过程

通天河及江源区地处偏远、交通不便、气候寒冷，以往开展的前期研究工作很少，未开展过全面系统的流域综合规划。1956年，由原电力工业部兰州水力发电勘测处进行过干流普查，提出了《通天河水力资源普查报告》；1980年，由青海水电设计院对全流域进行了普查，编制了《中华人民共和国水力资源普查成果第二十四卷（青海省）》；1990年，长江委完成了《长江流域综合利用规划简要报告》，提出了南水北调西线从通天河调水的规划设想；在2003年编制完成的《中华人民共和国水力资源复查成果》（长江卷）中，通天河干流下段初步规划了8个梯级，分别为马日给、牙哥、路马日、若钦、德曲口、勒义、跟着、侧仿，其中侧仿站址还是南水北调西线工程远期的龙头水库工程；2010年8月，中国水电顾问集团北京勘测设计研究院（以下简称北京院）编制完成了《通天河水电规划报告》，推荐通天河干流8级开发，自上而下依次为克陇、若钦、立新、勒义、仲昌、跟着、拉贡（已建）、玉树，在7个未建梯级中，除了克陇梯级位于索加—曲麻河保护区的实验区外，其余6个梯级均位于通天河沿保护区的核心区，与自然保护区相关规定相悖。

党中央、国务院高度重视三江源地区的生态保护和建设，中央领导同志多次作出重要批示和指示，国务院先后批准实施《青海三江源自然保护区生态保护和建设总体规划》（2005年）、《青海三江源生态保护和建设二期工程规划》（2014年），国家发改委还印发了《青海三江源国家生态保护综合试验区总体方案》（2012年），着力遏制人为破坏带来的生态退化趋势。

为落实三江源保护工作，《长江流域综合规划（2012—2030年）》确定通天河及江源区开发任务为：以水资源保护、水生态环境保护为主，兼顾防洪、灌溉与供水等，并提出了该河段综合利用规划意见。此外，2015年黄河水利委员会（以下简称黄委）还编制了《青海省三江源区水资源综合规划》，2017年青海省水利厅编制完成了《青海省水资源综合规划修编报告》等。这些为开展通天河及江源区综合规划奠定了基础。2014年，根据水利部安排，长江委组织开展了《通天河及江源区综合规划》，统筹协调通天河及江源区的治理开发与保护。

2014年4月，水利部以水规计〔2014〕142号批复了《通天河及江源区综合规划项目任务书》。按照任务书的要求，长江委编制了工作大纲，组织综合规划调研及查勘，并着手综合规划编制工作，提出了《通天河及江源区综合规划（征求意见稿）》。2016年4月、6月，长江委先后以办规计函〔2016〕81号文、长规计函〔2016〕38号文征求了青海省水利厅、青海省人民政府意见，规划编制单位根据青海省人民政府反馈意见修改完善并形成了《通天河及江源区综合规划（送审稿）》。2017年3月16—18日，水利部水规总院组织专家与相关人员对送审稿进行了审查。

三、主要成果简介

1. 《长江流域综合规划（2012—2030年）》

1990年《长江流域综合利用规划简要报告》仅提出通天河是南水北调西线方案的水源之一的总体构想。

《长江流域综合规划（2012—2030年）》在《中华人民共和国水力资源复查成果》（长江卷）等已有成果和保护要求的基础上，着力扭转生态环境恶化的趋势，规划提出通天河及以上河段治理开发与保护的任务以水资源保护、水生态环境保护为主，兼顾防洪、灌溉与供水等。按照《青海三江源国家级自然保护区建设总体规划》要求，做好水资源和水生态环境保护，开展河流和沟道治理，修建北山防洪渠道，完善玉树州结古镇以及曲麻莱、称多、治多等县城和重要城镇的防洪工程措施，加强灌溉与供水工程建设，保障城乡生产生活用水需求，研究从长江引水向青海省柴达木循环经济试验区供水的必要性和可行性。按照该时期国务院有关文件要求和河段功能定位，规划建议通过开展通天河相关规划，在处理好保护与开发关系的基础上，深入研究河段开发方案，适时、适度开发本河段的水能资源；根据南水北调工程总体规划，进一步研究通天河取水枢纽位置和西线调水对水源区及下游地区的影响。

2. 《通天河及江源区综合规划》

江源区是世界高海拔地区生物多样性最集中、生态最敏感脆弱的地区，特别是在气候变化和人类活动的压力下，江源区冰川后退、草地退化、湿地萎缩、天然林面积减小、生物多样性锐减。

2014年，长江委组织开展了《通天河及江源区综合规划》，在该规划中提出必须以水土保持生态保护为主，封育草原，加强高原河谷水蚀风蚀防治，治理退化草原，减少载畜量，涵养水源，恢复湿地，减轻人为造成的生态环境破坏。对于通天河下段，提出需要协调好生态保护与发展的关系，结合城镇发展实施防洪、供水等民生工程，适度发展牧区水利，加大生态移民的实施力度，全面推行以草定牧，减缓草原压力，涵养水源，促进和引导区域经济社会发展与产业结构调整，促进江源区的生态恢复；下阶段将进一步深入开展引江济柴工程研究。

第二节 金沙江

一、流域概况

金沙江流域（包括通天河、沱沱河）位于我国青藏高原、云贵高原和四川盆地的西部边缘，跨越青海、西藏、四川、云南、贵州5个省（自治区），流域面积约50万平方千米。金沙江源头至宜宾干流全长约3500千米，总落差5100米，分别占长江全长的55.5%和干流总落差的95%。金沙江源头为唐古拉山主峰中段各拉丹冬雪山的姜根迪如峰的南侧冰川，汇北侧冰川成为东支支流，与尕恰迪如岗雪山的两条支流汇合后称纳钦曲，为单一的古冰川槽谷；纳钦曲与切美苏曲汇合后称沱沱河，波陇曲汇入后折转东流，至囊极巴陇由南岸汇入当曲后称通天河，流至玉树巴塘河口（通常也以直门达表示）始称金沙江。干流由直门达至藏曲河口后转向南流，与横断山脉平行，与怒江、澜沧江并流，形成世界自然遗产"三江并流"景观。穿行至石鼓后成一急转弯流向东北，形成了"万里长江第一湾"，弯道上的虎跳峡大峡谷，是金沙江短距离落差最集中的河段。干流东北向流至三江口，从左岸汇入水落河，又急转向南流至金江街，此后，干流又折向东流至攀枝花市（老地名曾称渡口），两岸山岭渐低，岭谷差在1000米左右，河谷较上游宽。在攀枝花市水文站下游约15千米处，从左岸汇入最大支流雅砻江，沿途又纳入龙川江、普渡河、牛栏江、横江等各支流，至宜宾与左岸支流岷江汇合后称长江。金沙江干流自巴塘河口以下至宜宾，全长2316千米，由于水流长期的侵蚀切割作用，河谷深切，相对高差最大在2500米以上。金沙江以石鼓和攀枝花为界，分为上、中、下游。直门达至石鼓为金沙江上游河段，石鼓至攀枝花雅砻江河口为金沙江中游河段，攀枝花雅砻江河口至宜宾岷江河口为金沙江下游河段。

金沙江流域地质构造复杂，切割剧烈，是典型的高山峡谷地貌，山地面积约占流域总面积的93%，峡谷河段占金沙江全长的65%。流域基本上属于高原气候，干流下段巧家至屏山区间属于暖温带气候。金沙江拥有水能、森林、矿产、生物、旅游等众多优势资源，特别是水能资源最为丰富。据2003年水力资源复查成果，金沙江干支流水力资源理论蕴藏量121020兆瓦，技术可开发量119650兆瓦，分别占长江流域的43.6%和46.6%，是我国重要的水电基地、西电东送的主要电源，同时也是南水北调西线调水、滇中引水等更大引调水工程的主要水源，并具有设置较大防洪库容分担川江河段防洪和长江中下游防洪的条件，在长江治理开发中占有极其重要的地位。

金沙江流域涉及青海、西藏、四川、云南、贵州等5个省（自治区）的17个地（市、州）103个县（市、区），2006年流域总人口约2169万，平均人口密度为46人每平方千米，约为全国人口平均密度的30%。流域内聚居着藏、彝、白、苗、傈僳、回、纳西等众多少数民族，少数民族人口约占流域总人口的28.6%，经济发展相对落后。

二、规划研究过程

（一）《长江流域综合利用规划要点报告》阶段

新中国成立后，金沙江流域的勘测规划设计工作逐渐得到重视和加强。

20世纪50年代前期，金沙江的查勘规划工作只局限在个别河段，主要由原长江委上游工程局开展，主要完成了《川西灌溉工程与金沙江下游水库坝址重点查勘报告》（1952年）、《金沙江雷波至宜宾段查勘报告》（1952年）、《金沙江雷波至白鹤滩查勘报告》（1953年）、《金沙江向家坝水库工程计划任务书》（1953年）、《金沙江宜宾至蒙姑段复勘报告》（1953年）、《白鹤滩水库坝址查勘报告》（1954年）。1957—1959年，由长办组织并邀请云南水力发电设计院、成都水力发电设计院、云南省水利局、四川省水文地质工程地质大队等有关部门参加的金沙江查勘队，先后两次对石鼓以下主要河段进行了查勘和复勘，在1957年《金沙江复勘报告》所提3种代表性方案的基础上，1959年《金沙江补充查勘报告》进行了补充完善，在虎跳峡至龙街河段，新选了洪门口、梓里、皮厂等坝区；在大石包至宜宾河段，复勘了大石包、溪洛渡、向家坝坝区。为了满足三峡水利枢纽规划设计的需要，长办于1958年8月中旬至10月，分组在三峡以上石鼓至宜宾河段，雅砻江、牛栏江、横江、普渡河、以礼河、小江等支流地区组织了查勘调查，于11月提出了《金沙江流域水象查勘报告》。为配合金沙江流域规划，1958—1959年长办及其他有关单位进行了相关调查、规划和研究工作，先后提出了《金沙江流域自然地理调查报告》《金沙江河谷地貌调查报告》《金沙江地震活动区域图》《金沙江梓里至宜宾河段工程地质条件分区说明》《金沙江流域灌溉规划》《金沙江水利土壤改良规划初步意见》《金沙江流域水土保持规划报告》《金沙江流域主要地区水利化分区报告》《对金沙江航运开发的初步意见书》等。

从1958年开始，云南省水利水电勘测设计研究院（以下简称云南省院）对龙街至白鹤滩河段进行了勘测规划工作，1960年提出了该河段规划意见，提供了3种梯级开发比较方案。其中第一种方案，即两级开发为鲁拉戛（乌东德）至白鹤滩，与长办的意见基本一致，并认为该方案具有明显优点，建议采用。1959—1961年，中国科学院组织了长办、中国科学院地理所、清华大学等20多个科研、生产、教学单位

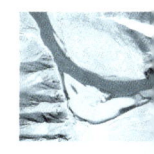

参加的中国西部地区南水北调综合考察队，对川西、滇北地区进行了为期3年的多学科综合考察，其中1960年组织的金沙江考察分队，编制有《金沙江丽江石鼓至巴塘邦扎共段考察报告》，选择有拖顶坝区（国光坝段、拖顶坝段）、日免坝区（木丁坝段、登木通坝段）、王大龙坝区（苏洼龙坝段、王大龙坝段）等3个坝区，初步选择了可供比较的4种梯级方案。

为满足金沙江流域规划工作要求，长办委托四川省地质局水文地质工程地质大队于1959—1960年对石鼓至宜宾河段各坝址进行了地质勘测工作。

1960年12月，长办正式编制完成了《金沙江流域规划意见书》。从1965年开始，长办对虎跳峡河段开发进行了重点勘测研究，提出了《虎跳峡河段开发意见》《金沙江虎跳峡河段查勘报告提纲》《金沙江虎跳峡河段开发研究简要说明》等成果，从不淹没石鼓盆地的农田、有利于人防安全、加快施工速度等观点出发，初拟正常蓄水位为1815米的低坝方案。

"文化大革命"期间，金沙江流域规划工作基本处于停顿状态。

1976年后期规划工作才逐步恢复进行。根据1978年4月水电部在北京召开金沙江规划座谈会和同年5月下发的《关于进行金沙江补充规划的通知》，提出应贯彻综合利用的原则，以发电、防洪为主，同时发展航运、漂木，兼顾灌溉；石鼓至宜宾段的梯级布置方案以原拟定的8个梯级为基础，针对虎跳峡河段、洪门口至皮厂河段、白鹤滩梯级回水至乌东德坝址或回水至龙街，均需在规划中加以比较；分工以长办为主，成都勘测设计研究院（注：1978年3月水电部四川勘测设计处与成都勘测设计研究院合并，以下简称成都院）与云南省院配合进行。

1978—1981年，成都院组织了对渡口以下梯级规划的设计工作，于1981年9月编制完成了《金沙江渡口至宜宾段规划报告》。1979年，昆明院开展了金沙江干流金江街至半边街河段查勘，研究河段梯级开发方案。1978—1981年，长办整理汇编了《金沙江流域基本情况报告》，并根据新的水文资料，复核石鼓至渡口段的梯级虎跳峡、洪门口梯级开发方案。1978—1980年，长办编制完成了金沙江水系水力资源普查成果（未含雅砻江、牛栏江、横江），初步摸清了金沙江水系的水能资源。

（二）《长江流域综合利用规划简要报告》阶段

经国家计委批准的《长江流域综合利用规划要点报告修订补充任务书》，明确了长江干流（包括金沙江）规划由长办负责，应在1960年提出的《金沙江流域规划意见书》的基础上，对规划任务和梯级开发方案进行复核。

1985—1986年，长办重点查勘了金沙江中游金江街至半边街河段和向家坝坝址，1986年编写完成了《金沙江流域规划意见》（初稿），提出在满足综合利用任务的前提下，从减少淹没损失和皮厂坝址的地形、地质条件可靠性分析，认为将《金沙江流域规划意见书》（1960年）皮厂至洪门口区间改为皮厂、梓里两级开发较为合适。因此，石鼓至宜宾河段原规划提出的8级开发方案调整为9级，并拟将白鹤滩水库的死水位由770米抬高至790米，以解决库尾段老君滩的碍航问题。

1986—1987年，长办还提出了《金沙江石鼓以上干流河段规划意见》（初稿），该河段规划以发电、调引水为主要开发任务，兼顾防洪和通航的要求，拟定了直门达以上通天河8级开发方案，并提出了对南水北调西线调水和引水滇中高原方案的初步规划意见。

20世纪80年代以后，国家和有关省（自治区）对金沙江区域做了不少规划和战略研究工作，对大西南和金沙江的开发起到了一定的宣传推动作用，主要成果包括《大西南发展战略研究成果》《金沙江干流水能资源考察报告》《长江上游地区资源开发和生态保护规划》等。1987年7月，自全国水土保持工作协调小组办公室主持召开长江上游水土保持工作座谈会以来，长办会同上游各省，进行了长江上游地区水土流失调查、考察工作，制定各省重点防治区的水土保持总体规划，为开展金沙江水土保持全面规划奠定了基础。

1988年6月，根据三峡工程论证领导小组关于进一步研究三峡工程统一综合替代方案的要求，由专家组及地矿部成都工程地质水文地质研究中心、三峡开发总公司及四川省有关单位，对金沙江向家坝和溪洛渡两坝址进行了查勘，长办派员参加。同年7月，长办查勘组成员提出了《金沙江溪洛渡、向家坝坝址查勘意见》，从规划、地质等前期工作基础条件、枢纽工程设计和施工等方面进行了分析研究，认为两枢纽不可能替代三峡工程，而且也不宜相互替代。两枢纽应加强勘测设计工作的深度，根据国民经济发展要求，确定其开发程序。

以上所开展的规划工作和完成的初步规划成果，在《长江流域综合利用规划简要报告》中得到了充分反映。

（三）《长江流域综合规划（2012—2030年）》阶段

从1991年开始，根据国家经济发展形势和能源开发要适应经济社会可持续发展的要求，特别是20世纪90年代后期西部大开发战略的逐步实施，金沙江进入了全面规划阶段。

国务院在对《长江流域综合利用规划简要报告》（1990年修订）的批文中指示："这次原则批准的《长江流域综合利用规划简要报告》，是今后长江流域综合开发、利用、保护水资源和防治水害活动的基本依据。各有关地区和部门要根据全流域的综合利用规划，抓紧编制与其相适应的支流规划、区域规划和专业规划，并按有关法定程序审查批准。"长江委遵照水利部安排，进一步开展了金沙江的综合利用规划工作。1992年在长江流域综合利用规划工作的基础上，对金沙江的开发治理作了进一步研究，正式提出了《金沙江综合利用规划意见》上报水利部，对河流的开发任务、开发方式、梯级开发方案及流域内的重点治理问题提出了意见，为全面开展金沙江综合规划奠定了基础。同年，为配合由国家科委社会发展司和国家计委国土地区司直接领导，国务院三线建设调整改造规划办公室具体承担的《长江上游地区资源开发和生态保护总体战略研究报告》工作，提出了《长江上游地区以水电为主的水资源开发利用研究报告》，从战略上阐明了长江上游特别是金沙江开发利用的重要意义。

为促进金沙江水资源综合开发利用，根据水利部批复的《金沙江干流综合利用规划任务书》的安排和规划工作进度的需要，长江委先后于1994年、1995年、1997年多次组织了对金沙江干流石鼓至宜宾河段主要梯级、奔子栏至其宗河段、引水滇中高原线路和流域内的综合考察（查勘），特别是对虎跳峡河段先后3次组织由水利部水规总院、水利部计划司、长江委及云南省有关部门参加的实地查勘。编制提出了《金沙江虎跳峡河段开发规划研究报告》（征求意见稿）、《金沙江引水滇中高原初步规划报告》（讨论稿）、《金沙江梯级水库对长江防洪作用专题研究报告》等规划成果；并配合南水北调西线调水工程超前期规划，完成了《南水北调通天河调水对长江干流影响的研究》《南水北调西线调水对长江干流影响的研究》；此外还开展了虎跳峡、乌东德等坝段地勘工作。上述勘测规划设计成果为完成金沙江干流综合利用规划打下了良好的基础。

2003年长江委完成了《金沙江干流综合规划报告》并上报水利部。该报告是在1990年经国务院批准的《长江流域综合利用规划简要报告》的基础上，合理采纳了昆明勘测规划设计研究院（以下简称昆明院）和中南勘测规划设计研究院（以下简称中南院）编制的《金沙江中游河段水电规划》和溪洛渡、向家坝等枢纽设计的有关成果，以及2004年以来成都院开展的金沙江上游水电规划等有关成果，充分考虑了国民经济各方面的要求，较好地反映了当前社会普遍关注的水资源配置与保障、防洪保安、生态环境保护等问题。在深入分析河流的自然特性、综合考虑各方面要求的基础上，对金沙江干流河段进行了全面的规划。

此后，根据水利部的要求，对影响因素多、涉及问题复杂的金沙江奔子栏至阿海河段（即虎跳峡河段）开发方案进行了专题研究。2005年7月，水利部科学技术委员会与长江委在北京共同主持召开了金沙江干流规划重点河段开发方案专家研讨会，长江委又分别发函征求流域内有关省（自治区、直辖市）的意见。在各类意见和综合比较各种方案的基础上，2006年2月提出了《金沙江干流综合规划报告（送审稿）》报水利部；同年9月又根据水利部的初步意见和要求，修改提出了《金沙江干流综合规划报告（简本）》，10月30—31日，水利部水规总院在北京对简本进行了初审。

针对虎跳峡河段开发方案初审意见要求，长江委又开展了金沙江虎跳峡河段开发方案环境影响分析与评价、金沙江奔子栏至阿海河段开发方案工程建设征地与移民安置规划、金沙江其宗至上江河段筑坝技术、金沙江奔子栏至阿海河段开发方案综合利用效益分析等4个专题研究，完成了《金沙江虎跳峡河段开发方案研究报告》。根据发改办能源〔2007〕2877号文，水利部水规总院还开展了虎跳峡河段开发方案研究论证工作。

2009年，在虎跳峡河段开发方案比选等补充研究工作的基础上，长江委按近期审批的长江流域水资源综合规划、长江流域防洪规划、云南省滇中调水工程规划、攀枝花河段水电规划、向家坝灌区规划等有关规划成果和《金沙江干流综合规划报告（简本）》初审会议纪要，修改提出了《金沙江干流综合规划报告（简本送审稿）》；同年8月水利部组织专家和有关部门在北京召开专家审查会；12月修改提出了《金沙江干流综合规划报告》，并由水利部以办规计函〔2010〕104号文征求国家有关部委和相关省（自治区、直辖市）意见。长江委针对反馈意见进行了认真研究处理，2011年9月提出了《金沙江干流综合规划报告》。《金沙江干流综合规划报告》成果纳入了《长江流域综合规划（2012—2030年）》。

三、主要成果简介

相关单位在金沙江开展了大量的前期勘测研究工作，由长江委承担完成的主要成果包括《金沙江流域规划意见书》（1960年）、《虎跳峡河段开发意见》（1965年）、《金沙江干流综合规划》（2009年）等主要成果，此外，成都院于1981年提出了《金沙江渡口至宜宾段规划报告》，昆明院和中南院于2003年完成了《中游河段水电规划》，成都院完成了《金沙江上游水电规划》（2012年）等。长江委在已开展的前期工作和相关成果基础上，提出了不同时期的金沙江干流规划意见，并纳入《长江流域综合利用规划要点报告》（1959年）、《长江流域综合利用规划简要报告》（1990年修订）和《长江流域综合规划（2012—2030年）》。

（一）《长江流域综合利用规划要点报告》阶段

长江干流上段金沙江流域的综合规划于20世纪50年代开始进行。由于当时基本资料比较缺乏，工作难度较大，只重点研究了水能开发方案。《长江流域综合利用规划要点报告》提出，金沙江流域地广人稀，河流全部地处峡谷，具备修建高坝大库的

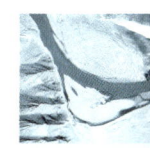

条件，河流开发应合理分担全江防洪任务，开发丰富水力，以供矿藏和森林资源开发用电需要，改善航运条件，以及水土保持等。由于耕地分布较零星，灌溉任务可局部规划解决。石鼓以下河段（暂未含虎跳江至半边街枢纽之间的80千米河段梯级布置）代表性开发方案由虎跳江、半边街、龙街、老河口、羊厩（或白鹤滩）、大石包、向家坝和雅砻江下段的小得石等组成。其中龙街枢纽或羊厩（或白鹤滩）枢纽，可满足云南省近期供电要求，规划提议可列为近期开发对象。

（二）《长江流域综合利用规划简要报告》阶段

1.《金沙江流域规划意见书》（1960年）

20世纪50年代初期，在流域内有关省（自治区）、地质部、交通部及中国科学院等单位的配合下，长办开展了大量调查、查勘、规划、分析研究工作，1960年12月正式编制完成了《金沙江流域规划意见书》（以下简称《意见书》）。《意见书》规划范围主要是干流石鼓至宜宾河段，开发任务主要为发电、防洪、航运、灌溉、水土保持、向相邻流域引水和主要支流的开发等。从流域的开发任务和综合利用原则出发，研究比较了金沙江干流（石鼓至宜宾河段）高水头、低水头、虎跳峡跨弯引水三种不同的梯级开发方案，以电能、防洪、航运和径流调节作用等综合效益较优的高方案为代表方案，即虎跳峡（1950米）—洪门口（1640米）—皮厂（1410米）—半边街（1150米）—鲁拉夏（995米）—白鹤滩（800米）—溪洛渡（600米）—向家坝（385米），以及雅砻江的小得石（1230米），总计保证出力32840兆瓦，年均发电量3398亿千瓦时。规划从满足开发任务要求，动能经济指标优越，并结合地形、地质和施工条件等综合比较，提出以溪洛渡和白鹤滩作为近期开发对象。但从交通条件、淹没损失、施工场地等现实情况考虑，选择溪洛渡作为首期开发对象。《意见书》比较全面、系统地反映了金沙江流域各个方面的状况，其所拟定的开发任务、开发方向和主要梯级方案是以后历次规划的基础。

2.《金沙江渡口至宜宾段规划报告》（1981年）

根据1978年4月水电部规划设计管理局在北京召开的金沙江规划座谈会提出的有关规划内容和分工协作的意见，金沙江干流的补充规划由长办负责，成都院与云南院配合。其中水文、气象等基本资料的搜集整理工作和综合利用规划由长办统一协调；库区和坝址的勘测设计工作，渡口（攀枝花市）以上河段由长办负责，渡口以下河段由成都院负责。

1976年以来，水电部四川勘测设计处（1978年3月与成都院合并）、成都院先后组织了对渡口以下的乌东德（包括比较坝址鲁拉夏）、白鹤滩（包括比较坝址金刚峡）、溪洛渡和向家坝等梯级的现场查勘，开展了相关地形测量、地质勘探、试验和规划设计工作，于 1981 年 9 月编制完成了《金沙江渡口至宜宾段规划报告》。该报告认为，乌东德（995 米）—白鹤滩（820 米）—溪洛渡（600 米）—向家坝（380 米）4 个梯级基本上是合适的，建议将溪洛渡和向家坝并列为第一期工程。向家坝原拟设计蓄水位 385 米，与上游溪洛渡梯级尾水位重叠较多，建议降至 380 米或 370 米（本阶段暂以 380 米为代表）。白鹤滩梯级由于接近水库末端，有一特大险滩老君滩，为在水库消落过程中较长时间保持被淹状态，以改善航运条件，同时为了增大调节库容，提高下游几个梯级的经济效益，将设计蓄水位 800 米提高到 820 米。

3. 《长江流域综合利用规划简要报告》

自 1960 年长办提出《金沙江流域规划意见书》以来，继续进行有关金沙江的勘测工作，特别是 60 年代前半期对虎跳峡河段做了较多的勘测规划工作。1986—1987 年长办研究提出了《金沙江石鼓以上干流河段规划意见》（初稿），同时在成都院、昆明院等相关成果的基础上，长江委于 1990 年提出的《长江流域综合利用规划简要报告》（1990 年修订）中，从长江流域总体考虑，进一步明确了金沙江综合治理开发的基本原则和开发方案。

石鼓至宜宾河段的主要治理开发任务为发电、航运、防洪、漂木和水土保持。规划以 1960 年长办编制的《金沙江流域规划意见书》梯级开发高方案（8 级开发）为基础，结合 60 年代初期长办在虎跳峡河段的勘测规划工作，昆明院于 1979 年开展的金沙江中游金江街至半边街河段的开发方案研究工作，成都院做的《金沙江渡口至宜宾段规划报告》（1981 年）以及长办 1985—1986 年针对金江街至半边街河段的开发方案及白鹤滩正常蓄水位研究复核工作等，提出虎跳峡、洪门口、梓里、皮厂、观音岩、乌东德、白鹤滩、溪落渡、向家坝 9 级开发方案。全部梯级建成后，可获得总库容 814.4 亿立方米，兴利库容 336.4 亿立方米，防洪库容 126.4 亿立方米；保证出力 24790 兆瓦，总装机容量 50330 兆瓦，年均发电量 2746.7 亿千瓦时；淹没甲等及特等险滩百余处，改善了通航条件。

玉树直门达至石鼓河段，以发电为主要开发任务，并规划向滇中高原引水，金沙江还是南水北调总体规划西线调水方案引水水源之一。本河段由于地形险阻，交通不便，气候恶劣，以往只做过局部河段的考察与粗略研究工作，基础资料缺乏。初步设想本河段采用 9 级开发方案，自上而下为东就拉（3530 米）、晒拉（3440 米）、俄南（3360 米）、白立（3210 米）、降曲河口（3010 米）、巴塘（2720 米）、王大龙（2520 米）、日免（2300 米）、拖顶（2100 米），总库容 470.7 亿立方米，兴利库容 135.7 亿立方米，装机容量 11737 兆瓦，保证出力 3574 兆瓦，年均发电量 631 亿千瓦时。

溪洛渡和向家坝两个枢纽位于金沙江下段，距离西南地区负荷中心较近，施工对

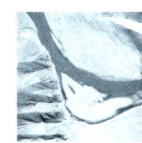

外交通相对较易解决,做了一定的前期工作,第一期工程可在这两个枢纽中选择。虎跳峡和白鹤滩是两个调节库容最大的控制性枢纽,有一定的前期工作基础,应列为近期重点研究对象。应继续抓紧做好上述4个枢纽的前期工作。

(三)《长江流域综合规划(2012—2030年)》阶段

1. 金沙江中游河段水电规划

根据原能源部、水利部水规总院关于安排金沙江中下游规划前期工作通知的精神,从1992年起昆明院和中南院开展了中游河段的水电规划工作,其中虎跳峡河段梯级开发方式的规划设计工作由中南院承担,其余规划设计工作均由昆明院负责,并于1999年12月联合编制完成了《金沙江中游河段水电规划报告》。该报告提出了金沙江中游河段的开发任务为:以发电为主,兼顾灌溉供水、防洪、旅游和水土保持等综合利用效益。梯级开发方案经综合比较后,推荐上虎跳峡(1950米)、两家人(1810米)、梨园(1620米)、阿海(1504米)、金安桥(1410米)、龙开口(1297米)、鲁地拉(1221米)、观音岩(1132米)1库8级方案,其中除上虎跳峡作为龙头水库具有多年调节性能外,其余基本上为径流式电站。该方案的联合运行指标为:总装机容量20580兆瓦,保证出力9425.9兆瓦,年均发电量883.22亿千瓦时。推荐上虎跳峡、金安桥和观音岩3个电站为中游河段开发的近期工程。

该规划于2002年4月,国家计委会同水利部、交通部、国土资源部、国家环保总局、国家电力公司、中国国际工程咨询公司和四川省、云南省对《金沙江中游河段水电规划报告》进行了审查。国家计委于2003年1月11日发出《国家计委办公厅关于印发〈金沙江中游河段水电规划报告〉审查意见的通知》。审查意见同意金沙江中游河段开发与治理任务是发电、供水、防洪、水土保持、航运和旅游;基本同意中游河段按"1库8级"进行开发,并原则同意规划建设上虎跳峡电站;为增加金沙江中游河段开发对长江整体防洪的作用,要在今后工作中研究增加上虎跳峡以下梯级电站防洪库容的方案;基本同意推荐上虎跳峡、金安桥、观音岩水电站为中游河段近期开发工程。

2.《金沙江综合利用规划意见》(1992年)

随着基本资料的增多、经验的积累、科学技术的进步,近年来为了解决水土流失、水质污染、生态环境改变等新问题,适应形势发展对金沙江开发治理的要求,长江委以国务院1990年9月正式批准的《长江流域综合利用规划简要报告》中提出的有关规划方针、原则、方案为依据,以21世纪末工农业总产值翻两番为战略目标,吸取以往流域开发治理经验,在充分利用以往资料及成果的基础上,完成《金沙江综合利用规划意见》并上报水利部。

治理开发任务为发电、航运及漂木、防洪、供水和跨流域引水、水土保持、水资源保护、水产。金沙江石鼓至宜宾段应采取高坝大库及适当重叠的开发方式。

玉树至石鼓河段，初步考虑采用9级梯级开发方案：东就拉（3530米）、晒拉（3440米）、俄南（3360米）、白立（3210米）、降曲河口（3010米）、巴塘（2720米）、王大龙（2520米）、日免（2300米）、拖顶（2100米），共可获得总库容470.7亿立方米、兴利库容135.7亿立方米，全部9个梯级总装机容量11080兆瓦，年均发电量625.2亿千瓦时。石鼓至宜宾河段为虎跳峡（1950米）、洪门口（1600米）、梓里（1400米）、皮厂（1280米）、观音岩（1150米）、乌东德（950米）、白鹤滩（820米）、溪落渡（600米）、向家坝（385米）等9级开发方案。

溪落渡、向家坝、虎跳峡、观音岩、白鹤滩5个枢纽的条件较为优越，建议作为近期开发工程。溪落渡及向家坝可考虑作为首批开发工程。

3.《金沙江干流综合规划报告》

规划经过比较，提出了上游玉树至石鼓河段9级开发方案。在考虑远景通天河调水影响条件下，确定各梯级的总装机容量12830兆瓦，年均发电量585.15亿千瓦时；推荐中下游河段10级开发方案，即虎跳峡（1950米）—阿海（1620米，"长流规"中的洪门口）—金安桥（1410米，梓里）—龙开口（1297米）—鲁地拉（1221米，皮厂）—观音岩（1132米）—乌东德（950米）—白鹤滩（820米）—溪洛渡（600米）—向家坝（380米），其中虎跳峡河段由水电规划报告提出的二级开发改为一级混合式开发，阿海河段由水电规划的梨园、阿海二级低坝开发改为阿海一级高坝，可增加防洪库容约30亿立方米。在考虑滇中引水和近期西线调水的影响下，中下游河段总装机容量62850兆瓦，年均发电量2808.5亿千瓦时。规划推荐干流中下游河段的金安桥、观音岩、乌东德、白鹤滩、溪洛渡、向家坝为近期工程，其中溪洛渡、向家坝为首期开发工程。虎跳峡梯级视前期工作深入开展情况，在梯级开发方案、坝址比选，以及对库区淹没、生态环境和自然景观影响的对策措施明确以后，亦可考虑作为近期工程开发。规划中还拟定南水北调西线一期工程、滇中高原引水工程和川南丘陵区引水工程为近期开发工程。

4.《长江流域综合规划（2012—2030年）》

金沙江河段治理开发与保护的主要任务为发电、供水与灌溉、防洪、航运、水资源保护、水生态环境保护和水土保持。

根据上游干流水能资源开发分区，合理规划梯级布局，明确有关梯级承担的综合利用任务。金沙江上游河段规划采用西绒（东就拉）—晒拉—果通—岗托（俄南）—岩比（白丘）—波罗—叶巴滩（降曲河口）—拉哇—巴塘—苏洼龙（王大龙）—昌波—旭龙—奔子栏等13级开发，下阶段进一步研究落实梯级电站建设方案，并结合经济

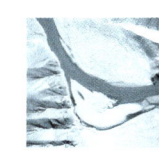

社会发展需要，综合考虑滇中引水、虎跳峡河段开发方式、生态环境保护要求，进一步论证奔子栏梯级的可行性。金沙江中游河段按虎跳峡河段梯级—梨园—阿海—金安桥—龙开口—鲁地拉—观音岩—金沙—银江9级方案开发，中游河段水电规划中提出10级开发方案中的两家人梯级，对生态环境和景观有所影响，应进一步研究论证。金沙江下游河段维持《长江流域综合利用规划简要报告》提出的乌东德—白鹤滩—溪洛渡—向家坝4级开发方案，建议适当抬高乌东德正常蓄水位至975米。

该规划提出加快滇中引水、向家坝灌区和干热河谷区供水等重大工程。根据长江防洪的总体安排，金沙江汛期设置最大防洪库容为220亿~249亿立方米。实施航道整治工程，发展库区航运，扩建水富港、宜宾中心港。加强攀枝花、宜宾等城市饮用水水源地保护，加强水污染治理。加强长江上游珍稀特有鱼类、白马雪山国家级自然保护区以及拉市海高原湿地和泸沽湖湿地等的有效保护。治理水土流失。

四、实施情况及效果

金沙江作为我国最重大的水电基地，水电开发已全面实施，在西电东送中发挥了重大作用。截至2017年，金沙江上游规划以岗托为龙头的西绒、晒拉、果通、岗托、岩比、波罗、叶巴滩、拉哇、巴塘、苏洼龙、昌波、旭龙、奔子栏13级开发方案，在西电东送中发挥了重大作用。叶巴滩、巴塘、苏洼龙三座水电站已获得国家发改委核准正在建设，在建电站总装机容量4190兆瓦，占河段总装机容量的29%。金沙江中游规划虎跳峡河段梯级、梨园、阿海、金安桥、龙开口、鲁地拉、观音岩、金沙、银江9级开发中，除虎跳峡河段梯级和银江外，其余梯级均已建或在建，梨园、阿海、金安桥、龙开口、鲁地拉、观音岩已建成投产，金沙江已建、在建电站总装机容量14320兆瓦，占河段总装机容量的76%。金沙江下游规划乌东德、白鹤滩、溪洛渡、向家坝4级中，溪洛渡、向家坝已建成投产，乌东德、白鹤滩正在建设，4座电站总装机容量46460兆瓦。

第三节 宜宾至宜昌

一、流域概况

长江上游干流宜宾至宜昌河段俗称川江，流经川、渝、鄂两省一市，全长1040千米，平均比降0.2‰左右。川江根据河流自然条件和河谷形态可分为上、下两段。上段宜宾至奉节河段长约840千米，流经低山、丘陵地区，宽谷与窄谷相间，以宽谷为主。

下段奉节至宜昌河段长约 200 千米，流经著名的三峡（瞿塘峡、巫峡、西陵峡）峡谷，沿江两岸峰峦起伏，岸壁陡峭，岩溶地貌发育，河谷深切曲折，水流湍急，江面狭窄，一般河宽 250～350 米，最窄处仅百余米。河段水系发育，上接金沙江、岷江来水，沿途纳入长宁河、南溪河、叙永河、沱江、赤水河、綦江、嘉陵江、乌江等支流，其中流域面积在 10000 平方千米以上的支流，左岸有岷江、沱江、嘉陵江，右岸有赤水河和乌江。川江出口宜昌水文站控制流域面积约 100 万平方千米，多年平均流量 1.43 万立方米每秒，年径流量 4510 亿立方米，年输沙量 5.3 亿吨。

川江流域属亚热带气候，干流沿岸雨量充沛，多年平均年降水量为 1000～1200 毫米。干流北部有峨眉山、鹿头山、大巴山 3 个暴雨区，暴雨强度大，笼罩面积广，是川江及长江中下游洪水的主要来源，5—10 月集中了全年 70%～90% 的降雨量。川江各支流的悬移质泥沙含量和输沙量相差较大，岷江大渡河和嘉陵江上游是长江的重点产沙区，年输沙模数在 2000 吨每平方千米以上。

宜宾至宜昌干流河段水力资源十分丰富，以三峡河段最为集中，干流河段水力资源理论蕴藏量为 24805 兆瓦，是"西电东送"的主要基地之一。天然气和煤矿储量较丰富。

区内交通便利，成渝、内昆、川黔等铁路干线和高速公路纵贯其中，干流是最大的内河航线，是连接西南地区与长江中下游地区的重要水上通道。沿江城镇众多，经济较发达。重庆市是西南地区重要的交通枢纽、综合工业基地和经济文化中心；"万里长江第一城"宜宾，是享誉全国的"名酒之乡"；泸州誉称"化工之城"；宜昌市是我国著名的"水电城"。成都平原是重要的粮食和经济作物生产基地。

二、规划研究过程

（一）《长江流域综合利用规划要点报告》阶段

长江上游宜宾至宜昌河段较早期的研究开始于 20 世纪初，英国著名工程师波韦尔在 1919 年最早提出了三峡以便利航行兼筹利用水力的长江上游开发计划，民主革命先驱孙中山先生，在 1921 年《建国方略之二——实业计划（物质建设）》论著中率先提出了开发利用长江三峡水力资源的设想。民国政府在 20 世纪 30 年代初期开始，断断续续开展了三峡工程前期勘察设计工作，至 1947 年 8 月停止。

新中国成立后，毛泽东、刘少奇、周恩来等中央领导人十分重视三峡工程开发，亲自过问三峡工程有关的技术问题和坝址查勘情况，1950—1960 年流域规划要点报告阶段，宜宾至宜昌河段开发方案作为流域规划的主要组成部分进行编制，并以三峡工程作为长江规划的主体。周恩来商请苏联派专家在 1955 年 6 月至 1960 年 8 月，到长办协助进行长江流域规划工作,开展了大量的三峡枢纽不同正常蓄水位为基础的宜宾至宜昌河段开发方案比较研究。

在流域规划要点阶段初期(1955—1956年),宜宾至重庆河段研究了以三峡枢纽不同正常蓄水位为基础的6组不同水位组合的河段梯级开发方案:①三峡(260米)—南广河口(宜宾,340米)2级开发方案;②三峡(235米)—石硼(265米)—南广河口(宜宾,340米)3级开发方案;③~④三峡(220米/210米)—朱杨溪(275米)—南广河口(宜宾,340米)3级开发方案。研究表明,三峡枢纽正常蓄水位愈高,梯级开发方案的技术经济指标愈优越,防洪、发电、航运等综合效益也愈大。为协调开发与移民的关系,猫儿峡高坝方案和最上一级——南广河口(宜宾)梯级均因淹没损失大而放弃。

三峡工程坝址比选表明,坝址无论建在三斗坪或南津关,水库日调节对坝下航运的影响都将延续数十千米,均须增设反调节梯级。1954年4月,长江委上游局在编制的《关于长江三峡水库情况的简要说明》中提出在葛洲坝修建航运梯级的建议。为避免200米正常蓄水位对重庆市城区以及邻近的城乡造成重大的淹没损失,在要点阶段后期,长办将研究重点转向200米及以下的方案,研究重点比较了190米、195米、200米、205米等方案。为此,宜宾至宜昌河段调整为4组4级开发比较方案,由下而上分别为:①古老背(或葛洲坝,65米)—三峡(205米)—朱杨溪(230米)—石硼(265米)。②古老背(或葛洲坝,65米)—三峡(200米)—中白沙(230米)—石硼(265米)。③古老背(或葛洲坝,65米)—三峡(195米)—龙门滩(230米)—石硼(265米)。④古老背(或葛洲坝,65米)—三峡(190米)—铜罐驿(230米)—石硼(265米)。

在进行长江流域规划要点工作的同时,三峡初步设计要点工作同步开展。在以往工作的基础上,1958年就南津关坝区石灰岩的岩溶问题和美人沱坝区花岗岩的风化壳问题,做了较大规模的补充勘察工作。1959年3月,长办提出了《三峡水利枢纽初步设计要点报告》。该报告就"坝区坝段选择"列专篇进行了综合比较,认为美人沱坝区优于南津关坝区,建议放弃南津关坝区,采用美人沱坝区的三斗坪坝段作为进一步研究的对象。据此,在长江流域规划要点阶段,三峡水利枢纽的坝址是以宽谷的三斗坪坝址为代表的。

(二)《长江流域综合利用规划简要报告》阶段

20世纪60年代,国家推进三线建设时期,川江地区需电量大幅增长,为适应地区经济社会发展的需要,根据水电部安排,长办于1972年启动开展了长江干流宜宾至重庆河段的规划工作,经过3年多的工作,提出了《长江干流宜宾至重庆河段规划报告》，并于 1976 年 3 月上报水电部。

三峡水利枢纽是长江流域规划的关键性工程，工程规模巨大，涉及的科学技术、经济社会问题的面很广，其建设方案对国家经济社会发展具有深远的影响，因此各方均十分关注。

三峡工程正常蓄水位方案，从 20 世纪 50 年代开始曾反复进行过研究和比较，其范围从 128 米（吴淞高程，下同）至 260 米。在进行《长江流域综合利用规划要点报告》修订的同时，根据中央通知安排，于 1986 年 2 月进行长江三峡工程论证工作，历经 3 年，于 1988 年底提出的论证主要结论是：三峡工程是难得的具有巨大综合效益的水利枢纽，经济效益是好的，财务上也是可行的，也在国力能承受范围之中。建设三峡的方案比不建三峡的方案好，早建比晚建有利，建议中央早作决定；推荐"一级开发，一次建成，分期蓄水，连续移民"的方案；大坝坝顶高程 185 米，最终正常蓄水位 175 米，初期蓄水位 156 米；水库总库容 393 亿立方米，防洪库容 221.5 亿立方米；电站总装机容量 17680 兆瓦（实施阶段装机规模有调整），年均发电量 840 亿千瓦时；宜昌至重庆 660 千米航道获得显著改善。责成长办根据各专家组的专题论证报告重新编写三峡工程可行性研究报告，上报国务院审查。在 1988 年 11 月三峡工程论证领导小组第九次（扩大）会议上，综合规划与水位论证专家组推荐的这一建设方案经审议决定，作为三峡水利枢纽可行性研究阶段的基本方案。长江委于 1989 年 5 月编制完成了《长江三峡水利枢纽可行性研究报告》（根据 1986—1988 年论证成果重新编制）。

在 1982—1990 年三峡工程论证与流域规划要点报告修订阶段，川江亦未单独提出过河段规划，综合规划方案主要依据三峡工程论证结论。

（三）《长江流域综合规划（2012—2030 年）》阶段

该规划进一步复核提出了小南海及以上河段开发意见。葛洲坝水电站和三峡水利枢纽先后于 1988 年 12 月和 2006 年 5 月 20 日建成投产。三峡工程作为治理开发和保护长江的关键工程，规划提出应进一步加强三峡库区生态环境保护、加强三峡水库综合调度方案、拓展三峡工程综合效益等重大问题的研究，促进库区经济社会可持续发展。

三、主要成果简介

（一）《长江流域综合利用规划要点报告》阶段

长江干流宜昌以上洪水是长江洪水的主要来源，水力资源的绝大部分集中于宜昌以上，航运的主要困难亦在宜昌上游。三峡枢纽是长江流域规划中的主体工程，在防洪、发电、灌溉与航运等方面起着决定性作用。经研究比较，在流域规划要点阶段，长江干流宜宾至宜昌河段梯级开发方案自下而上推荐为：葛洲坝（65米）—三峡（200米）—朱杨溪（230米）—石硼（265米）4级开发方案。该方案防洪、发电、航运、供水等综合利用效益十分显著，但淹没损失大，全梯级总淹没耕地82.4万亩，迁移人口172.8万，并淹没重庆市部分城区及其附近地区的工矿企业与交通设施。

1958年4月，中共中央签发的《中共中央关于三峡水利枢纽和长江流域规划的意见》指出："尽可能地减少四川地区的淹没损失，三峡大坝正常蓄水位的高程应当控制在二百公尺。"在进行长江流域规划要点工作的同时，三峡初步设计要点工作同步开展。1959年3月，长办提出了《三峡水利枢纽初步设计要点报告》，认为美人沱坝区优于南津关坝区，建议采用美人沱坝区的三斗坪坝段作为进一步研究的对象。1959年7月，长办提出的《长江流域综合利用规划要点报告》中，三峡水利枢纽的坝址是以宽谷的三斗坪坝址为代表的，推荐三峡正常蓄水位采用200米方案。

（二）《长江流域综合利用规划简要报告》阶段

1.《长江流域综合利用规划简要报告》

根据三峡工程论证成果和以往规划成果，《长江流域综合利用规划要点报告》中，提出了宜宾至宜昌河段的主要开发任务是防洪、发电和航运，结合发展水产与旅游，并为南水北调创造条件。重庆以上河段，两岸地势较低，修建高坝淹没损失大，只宜建设低水头枢纽，航运结合发电，枢纽的正常蓄水位选择要以不淹没泸州和宜宾市为原则。重庆以下的三峡河段考虑修建三峡控制性综合利用枢纽。宜宾至宜昌河段开发方案主要研究了两种方案。方案1（5级开发方案）：自下而上为葛洲坝（66米）—三峡（150～180米）—小南海（195米）—朱杨溪（230米）—石硼（265米）。方案2（6级开发方案）：自下而上为葛洲坝（66米）—三峡（160米）—蔺市（180米）—小南海（195米）—朱杨溪（230米）—石硼（265米）。

从满足综合利用要求、减少淹没损失和经济性等方面全面考虑，规划推荐以5级开发方案为代表。三峡正常蓄水位方案应结合三峡水利枢纽可行性研究选定，暂以175米方案为代表。5个梯级全部建成以后，可获得总库容542.5亿立方米，防洪库容221.5亿立方米，兴利库容167.9亿立方米，电站保证出力7438兆瓦，总装机容量25425兆瓦，年均发电量1275亿千瓦时；川江1040千米航道基本渠化，航道条件得到基本改善；川江洪水将得到控制，结合堤防和分蓄洪区等工程措施，将根本改变长江中下游地区尤其是荆江地区的防洪紧张局面。全部建成5个梯级，共淹没耕地51万亩，迁移人口112万。

在宜宾至宜昌河段规划的5级开发方案中，葛洲坝枢纽工程仓促于1970年12月30日开工，1972年11月下令暂停施工并修改设计，后于1974年10月复工，1988

年工程完建。三峡工程已做了大量的前期工作，基本资料可靠，工程方案已做了比较优选，主要技术问题已基本解决，综合利用效益巨大，经济指标优越，应尽早决策动工兴建，争取在21世纪初发挥效益。朱杨溪枢纽主要是解决四川用电，并改善长江航运，如果川东地区用电迫切需要，朱杨溪枢纽也可以考虑提前兴建。

2.《长江干流宜宾至重庆河段规划报告》（1972—1976年）

长办提出的《长江干流宜宾至重庆河段规划报告》，于1976年3月上报水电部。规划河段开发任务近期主要是发电，远期是航运和发电。在长江流域规划中，在中央指示三峡设计蓄水位不超过200米后，宜宾至重庆河段考虑两级开发方案，即朱杨溪（230米）—石硼（265米）。经过本阶段搜集资料并进一步验证，认为上述梯级开发方案是基本合理的。通过综合比较，以先开发朱杨溪枢纽为宜。建议在下阶段结合库区航道的研究，设计蓄水位在225～230米研究选择。

（三）《长江流域综合规划（2012—2030年）》阶段

2000年4月，国务院文件批准建立长江上游合江至雷波段珍稀鱼类国家级自然保护区。2005年4月，国务院对保护区范围作了调整，并更名为"长江上游珍稀特有鱼类国家级自然保护区"。主要保护对象仍然为白鲟、达氏鲟、胭脂鱼等长江上游珍稀特有鱼类及其产卵场。调整后的保护区设核心区5处，分别是：金沙江下游三块石以上500米至长江上游南溪镇，长江上游弥陀镇至松溉镇，赤水河干流上游鱼洞至白车村，赤水河干流中游五马河口至大同河口，赤水河干流习水河口至赤水河口。

三峡水利枢纽和葛洲坝水利枢纽已发挥了巨大的防洪、发电、航运、生态环境保护等综合利用效益。河段治理开发与保护的主要任务是防洪、发电、供水与灌溉、航运、水资源保护、水生态环境保护、岸线利用和江砂控制利用。在发挥三峡水库及上游水库的防洪作用、提高本河段及长江中下游防洪能力的同时，加强宜宾、泸州、重庆、宜昌等重要城市的防洪工程达标建设。在处理好开发与保护关系的基础上，开展小南海以上至宜宾段的水能开发方案研究。解决两岸人民生产、生活及农田灌溉等用水。加强研究并适时启动从长江向汉江补水方案。实施三峡、小南海等枢纽渠化和航道整治。加强三峡水库水质保护和干流水功能区管理。加强长江上游珍稀特有鱼类国家级自然保护区管理。实现岸线资源的可持续利用和有效保护。科学合理利用江砂资源。促进三峡库区生态环境保护与可持续发展。

四、实施情况及效果

长江上游作为我国最重要的水电基地，葛洲坝、三峡已相继建成，其中三峡装机容量22500兆瓦，自建成以来累计发电超过1万亿千瓦时。三峡工程建成后，对长江中下游径流（洪水）、泥沙、生态具有重要的调控作用，三峡和葛洲坝枢纽工程在防洪、发电、航运和水资源综合利用等方面发挥了巨大效益。

第四节 中下游干流

一、流域概况

长江出三峡后进入中下游河段，从宜昌至河口，流经湖北、湖南、江西、安徽、江苏、上海等6个省（直辖市），全长1893千米，自然条件优越，工农业经济发达，城市港口密集，是长江流域的精华地带和全国重要的经济区，也是长江防洪重点区域。长江中下游河道是中国最重要的内河水运干线，有"黄金水道"之称。从沿江各省（直辖市）经济社会发展布局看，中下游地区经济的发展均表现为以沿江地区开发带动区域经济发展的明显特征，经济社会发展与长江中下游干流河道的治理与开发关系越来越密切。干线航运事业发展迅猛，对河势稳定、岸线开发的要求越来越迫切。随着经济社会的快速发展和人口的增加，人们对水资源的依赖程度越来越高。稳定而优良的河势，是长江中下游干流堤防体系稳固和泄洪通畅的基本保证，是中下游航道稳定和港口水域条件稳定的基础，是沿江岸线开发利用的条件。

长江中下游两岸地貌形态为冲积平原与低山丘陵、阶地相间分布，阶地愈往下游愈少，平原则愈往下游愈多，许多矶石出露江边成为控制河势的节点。在来水、来沙和边界条件的综合影响下，发育成不同的河型，除下荆江为蜿蜒型外，大部分为江心洲分汊河型，少数为微弯单一型。中下游河道总体上保持相对稳定，但各河段主流仍时有摆动，江岸冲淤、洲滩变化、河道演变有时甚至很剧烈，对沿江经济社会发展十分不利。

系统开展长江中下游干流河道治理规划，促进长江中下游干流河道的综合治理与可持续利用，逐步形成一条河势和岸线稳定、泄洪畅通、航道和港域良好、堤防体系稳固、水环境良好的河道，对促进沿江地区经济社会的快速、健康、可持续发展具有十分重要的战略意义。

本次中下游河段分为宜昌至徐六泾干流全长约1711千米河段。由于长江口特殊的地理位置及其整治的重要性，长江口规划单独列出。

二、规划研究过程

（一）《长江流域综合利用规划要点报告》阶段

20世纪50年代，在开展河道观测和搜集基本资料的基础上，进行初步的河道整治规划。成果纳入了1959年《长江流域综合利用规划要点报告》"以航运为主的长江干流河道整治与南北运河规划"中。

（二）《长江流域综合利用规划简要报告》阶段

1959年长办着手单独编制长江中下游干流河道整治规划。1960年初，长办组织流域内水利、交通部门，对沿江河势变化与社会经济状况进行更广泛的调查研究，并委托华东师范大学、南京大学等院校进行历史地理、地质地貌的专题研究。1960年9月长办编制提出了《长江中下游干流河道整治规划要点报告》，并进行了下荆江裁弯工程规划。20世纪60年代以后，随着长江局部河段整治工程实施后新的河势变化，以及一些经济发展较快地区河势变化带来的不利影响，迫切需要解决一些新的课题。1964年12月，长办林一山主任首次提出了"河势规划"的概念，先后编制了《长江下游大通至镇扬河段河势规划》（1965年）、下荆江河势控制规划（1974—1984年），以及上荆江镇扬河段、南京河段、马鞍山河段整治规划等。

在20世纪80年代修订长江流域综合利用规划时，中下游干流河道整治规划也相应进行了补充修订，长办在调查了解沿江各省基本情况、存在问题和整治要求，分析总结河道整治规划研究成果和工程实施经验的基础上，提出新形势下河道整治规划的任务、原则、目标与整治方向，1985年完成河道整治规划意见（初稿）。1987年7月，长办邀请国家计委、水电部、交通部等主管部委及沿江各省（直辖市）水利、交通部门，在武汉举行了《长江中下游干流河道（宜昌—河口）整治规划意见》讨论会，修订稿并入了《长江流域综合利用规划简要报告》（1990年修订）。

1988年修订规划完成后，鉴于长江下游经济发展较快，河道两岸已进行了大量的建设，对河势的稳定和综合开发利用的要求日益迫切，为了进一步了解长江下游河道及两岸目前状况、城市防洪、河道管理和存在的问题，贯彻执行《中华人民共和国水法》和《中华人民共和国河道管理条例》，促进下游重点河段治理开发规划工作，长江委于同年11—12月，组织进行了一次长江下游九江、安庆、铜陵、芜湖、裕溪口、马鞍山、南京、镇扬、扬中、澄通、河口等重点河段的综合性查勘，并于1989年3月提出了《长江下游重点河段综合查勘报告》上报水利部。

（三）《长江流域综合规划（2012—2030年）》阶段

20世纪90年代，中下游干流河道进入全面规划阶段。随着以上海浦东开发为龙头、以三峡工程建设为契机、以长江黄金水道为纽带的沿江经济带的发展,对沿江水土资源的开发利用提出了更高要求,但江岸崩塌、岸线乱占乱用、河道采砂混乱、洲滩盲目围垦、城市江段水污染、局部河段河势不稳等矛盾也日益突出。根据国务院指示精神,为深化长江中下游干流河道治理规划,1993年4月长江委在武汉举行有水利部、国家防汛抗旱总指挥部、交通部有关单位及沿江各有关省(直辖市)代表参加的长江中下游干流河道治理规划工作会议,审查通过了长江委编制的《长江中下游干流河道治理规划任务书》和规划工作大纲,并对分工进行了协商。此后,长江委、有关省(直辖市)及交通部长江水系航运规划办公室等各有关单位按分工安排进行了大量的调查研究和分析计算工作,于1996年12月编制完成了《长江中下游干流河道治理规划报告》。这是一个比较全面的河道综合利用整治规划报告,1997年经水利部审查,1998年批准实施。但该规划主要基于三峡水库蓄水前的河道演变情况而制定,着重解决三峡水库蓄水前中下游河道存在的问题。

进入21世纪,长江流域和我国经济社会发生了巨大变化,《长江流域综合规划(2012—2030年)》根据河流的资源条件与开发潜力、水资源与水生态环境保护要求、治理开发现状及存在问题,以及经济社会发展需求等主要因素,进行了干流岸线利用和干流采砂等分区,增加了岸线利用规划和洲滩及江砂控制利用规划,中下游河道治理采用了近期规划成果。

随着三峡工程及上游干支流水库的陆续兴建,长江中下游水沙条件发生了较大的变化,长期清水下泄对中下游干流河道防洪、河势等方面带来一系列影响,已经引起国务院、水利部及各级地方水行政管理部门的高度重视。根据《长江中下游干流河道治理规划修订任务书》(水规计〔2010〕317号文),长江委同湖北、湖南、江西、安徽、江苏、上海等省(直辖市)有关部门开展了新一轮长江中下游干流河道治理规划。2016年,《长江中下游干流河道治理规划(2016年修订)》获水利部批复。

为贯彻国务院《关于依托黄金水道推动长江经济带发展的指导意见》精神,按照《2015年推动长江经济带发展工作要点》部署,水利部、交通运输部、国土资源部牵头开展了《长江岸线保护和开发利用总体规划》编制工作。2016年,水利部、国土资源部正式印发《长江岸线保护和开发利用总体规划》(水建管〔2016〕329号文)。

三、主要成果简介

(一)《长江流域综合利用规划要点报告》阶段

长江自宜昌以下进入平原区,该规划提出干流河道上不宜建设有较大调节库容的水利枢纽,对中下游广大平原区的防洪要求及其与干支流开发的密切关系,提出进一步作专题研究。本阶段提出的五大实施计划第四部分"以航运为主的干流河道整治与南北运河计划"中，未明确干流河道整治具体规划方案。

（二）《长江流域综合利用规划简要报告》阶段

1. 《长江流域综合利用规划简要报告》

规划原则确定为"因势利导，全面规划，远近结合，分期实施"。整治规划的总目标是：至20世纪末或稍后，达到基本控制河势，稳定大部分重点河段岸线，增强防洪能力，改善航道条件，促进沿江城镇、港口建设和工农业生产发展。在2000年以后，继续进行整治，进一步稳定河势。按地理位置、水系分合以及河型特点，划分为葛洲坝下游近坝段、荆江段、城陵矶至鄱阳湖湖口段、湖口至徐六泾段、河口段5个大段36个小段，并按河段的重要性及治理迫切性分类、分期进行治理。

1990年，国务院批准了包括中下游河道整治规划在内的《长江流域综合利用规划简要报告》，其中对河道整治规划的审查意见为："基本同意长江干流中下游河道整治原则和方向，长江干流两岸是我国经济发展的重要地带，中下游河道河势不稳，与沿江城镇建设、岸线利用的矛盾日益突出，应在统一规划下，抓紧进行河道整治，加强管理，合理利用岸线，使两岸经济社会保持持久的稳定发展。"

2. 《长江中下游干流河道整治规划要点报告》

1960年9月，完成了《长江中下游干流河道整治规划要点报告》。规划基本原则为："全面规划，综合利用，因势利导，重点整治"，确定了长江中下游干流31个整治河段，根据每个河段的具体情况和整治目的要求研究确定各个河段的整治方案，包括裁弯取直工程、保垸护岸工程、浅滩整治工程、港埠或引水口门的维护工程4类。该规划明确长江河道整治应从以防护为主过渡到以治导为主。在三峡水利枢纽建成前，各河段应初步确定治导线，重点加强护岸，确保重要工农业、交通运输、人民生命财产的安全。同时疏浚浅滩，重点整治，适应航运发展要求。下荆江裁弯取直工程应结合荆江四口控制，先期完成，以降低荆江洪水位，减轻洪水对荆江大堤的威胁。在三峡水利枢纽建成后，由于径流和输沙特性发生变化，将影响荆江河段的纵向和平面变形，应进一步加强荆江大堤防护，逐步完成长江中下游干流河道和长江河口整治工程，全面发挥防洪、航运和引水灌溉等综合效益。

（三）《长江流域综合规划（2012—2030年）》阶段

1. 《长江流域综合规划（2012—2030年）》

该河段的主要任务是防洪、供水与灌溉、航运、河道治理、水资源保护、水生态环境保护、岸线利用、洲滩及江砂控制利用。河道治理规划针对宜枝、上荆江、下荆江、岳阳、武汉、鄂黄、九江、安庆、铜陵、芜裕、马鞍山、南京、镇扬、扬中、澄通等 15 个重点河段治理，提出了总体安排，对 14 个一般河段，针对性地进行新增崩岸段的守护和已有护岸段的加固，以及局部河段的河势调整工程。严格岸线利用分区管理，对目前已利用岸线中对防洪安全、河势稳定、水资源及水生态环境保护等方面有严重影响的建设项目进行调整。因地制宜地实行洲滩控制利用。按照分区管理和总量控制的总体思路，适度、合理地进行河道采砂。

2. 《长江中下游干流河道治理规划报告》

该报告提出河道治理规划要按照"因势利导，全面规划，远近结合，分期实施""综合治理，标本兼治"和"上蓄下疏"的原则。该规划在《长江流域综合利用规划简要报告》中划分长江中下游为 3 类 36 个河段的基础上，进行了局部调整，划分为 3 类 33 个河段；根据沿江经济社会发展的需要，结合河道的自然状况，着重研究了三峡工程建成前长江中下游干流河道的河势控制规划方案、重点河段和一般河段的综合治理方案或治理规划意见，对三峡工程建成后长江中下游河道演变影响及整治方案也作了分析研究，并对规划实施程序、资金筹措、工程建设与管理以及下一阶段的工作提出建议。

3. 《长江中下游干流河道治理规划（2016 年修订）》

随着三峡工程及上游干支流水库的陆续兴建，长江中下游水沙条件发生了较大的变化，长期清水下泄对中下游干流河道防洪、河势等方面带来一系列影响。《长江中下游干流河道治理规划（2016 年修订）》全面系统地研究了三峡工程运用后长江中下游干流各河段的演变特点与演变趋势，并分析在新的水沙条件下长江中下游干流河道目前存在的主要问题及面临的新形势，在深入分析未来沿江经济发展对河势控制的要求，对洲滩、岸线、江砂资源利用需求的基础上，从全面系统治理的角度出发，着重研究了三峡工程运用后长江中下游干流河道的河势控制规划方案，重点河段和一般河段的综合治理方案，洲滩、岸线、江砂的规划意见与控制条件，并对规划实施程序、资金筹措、管理以及下一阶段的工作提出了建议。

4. 长江岸线保护和开发利用总体规划

该规划范围为长江干流溪洛渡坝址至长江河口，岷江、嘉陵江、乌江、湘江、汉江、赣江等 6 条重要支流的中下游河道，以及洞庭湖入江水道、鄱阳湖湖区，河道总长约 6768 千米，岸线总长约 17394 千米，其中长江干流岸线长 8311.7 千米。规划在确保防洪安全、河势稳定、供水安全、通航安全，满足生态环境保护等要求的前提下，考虑河道自然条件、岸线资源现状以及保护和开发利用要求，将岸线划分为保护区、保留区、控制利用区、开发利用区等 4 类功能分区，并对各功能区提出了相应的管理要求。

四、实施情况及效果

20世纪60年代后期至70年代,在下荆江实施了系统裁弯工程,对部分趋于萎缩的支汊进行了封堵;20世纪80年代以后,主要进行了部分重点河段(如界牌河段、马鞍山河段、南京河段、镇扬河段等)的治理;1998年大洪水后,党中央、国务院针对1998年洪水中暴露的问题,投巨资进行防洪工程建设,在全面加高加固长江中下游干流堤防的同时,对直接危及重要堤防安全的崩岸段和部分河势变化剧烈的河段进行了治理;2003年后,为积极应对清水下泄对中下游防洪、河势等方面可能带来的影响,陆续开展了大量的治理与观测研究工作,实施了荆江河段河势控制应急工程、长江中下游崩岸重点治理、长江中下游崩岸应急整治、长江中下游干流河道治理等。为推动岸线规划贯彻落实,促进长江岸线依法管理、有效保护和合理利用,长江委组织编制完成了《长江委推动〈长江岸线保护和开发利用总体规划〉实施方案》,并于2017年5月以办建管〔2017〕75号文印发相关部门单位,从加强宣贯宣传、严格项目审批、强化监督监管、提升管理能力、开展岸线资源评价等方面对规划实施做出安排部署。

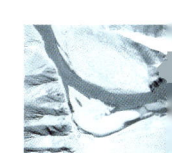

经过近70年的治理,长江中下游河势得到一定程度的控制,岸线已基本稳定,防洪能力得到增强,航道条件得到了改善,基本满足了沿岸经济社会发展的需求。

第五节 长江口

一、流域概况

长江口河段自徐六泾至50号灯浮,全长约182千米。河口平面呈喇叭形,徐六泾处江面宽5.7千米,河口宽约90千米。长江口在徐六泾以下由崇明岛将长江分隔为南支和北支;南支在吴淞口又由长兴岛和横沙岛分为南港和北港;南港再由九段沙分为南槽和北槽。长江口有北支、北港、北槽和南槽4个入海口。长江口受长江径流和海洋潮汐的双重影响,为中等强度的潮汐河口,潮区界上溯至安徽大通附近,潮流界至江阴附近。长江口径流大、潮汐强,河势演变极为复杂。

长江口地区是全国经济最发达的地区之一,长江口左岸为江苏南通启海地区,右岸为常熟市、太仓市以及上海市,崇明岛绝大部分、长兴岛、横沙岛为上海市辖区。新中国成立以来,整治研究工作一直进行,取得了大量规划、研究、设计成果,也进行了一些局部治理。但长江口由于自然条件十分复杂,牵涉面广,治理难度大,大规模的综合治理尚未实施，目前总体上还处于自然演变状态。

二、规划研究过程

（一）《长江流域综合利用规划要点报告》阶段

长江口开发整治研究的先驱首推孙中山先生。1918年他在《建国方略》中就提出了治理上海港和长江口的方案，应"收窄其河口，令与上游无异，以保留湍流之速力，由此道，则泥沙被水裹挟，直抵深海。收窄之工程，当筑海堤以成之，或用一连之石坝"，并对长江口治理提出了两种工程规划方案。20世纪20年代以后，世界航运业发展迅速，为解决长江口航道水深不足问题，1921年经研究决定完全采用疏浚的工程实施方案，并于1935—1937年对南槽进行了疏浚，这项工作后因抗日战争而中断。

新中国成立以后，长江口治理研究也进入了新的时期。1957年，长办在长江流域规划要点讨论会上，建议有关单位组成联合机构研究长江口的治理原则和重大技术问题。1958—1959年，有关单位联合进行了大规模的现场查勘、同步水文测验和大面积水下地形测量，提出了长江口航道增深的初步设想。

由于本阶段长江口治理相关工作尚处于启动阶段，1959年无相关具体规划内容。

（二）《长江流域综合利用规划简要报告》阶段

1960年由上海航道局、长办等有关单位成立了长江口治理研究领导小组，负责长江口研究工作，同年11月编制完成了《长江口航道整治初步规划方案阶段性报告》，研究提出了单纯疏浚法、束水导流工程、选取北支作为主航道3种方案，并以第二个束水导流工程方案为主。1962年，长江口航道改善措施研究作为重点课题被列入国家十年科学发展规划，研究提出了许多成果报告。1966年后，因"文化大革命"，长江口科研工作被迫停顿。

20世纪70年代初，周恩来总理提出的"三年改变港口面貌"的要求大大推进了长江口航道治理的进程。1979年，长办参加了宝钢水运问题的研究。1981年12月，长江口科研技术组编写了《关于长江口南支河段三沙地区航道治理工程报告》。之后，由于南支河段河势发生变化，1983年7月长江口科研技术组又提出了以调整和稳定南、北分流口为主要目标的长顺坝方案。1983年成立了长江口开发整治领导小组，统一负责长江口开发整治和黄浦江综合治理工作，长江口进入综合整治开发研究阶段，航道整治研究工作也纳入了整个长江口综合开发整治规划之中。

1988年，上海勘测设计研究院（以下简称上海院）提出了以北港入海航道整治为重点的《长江口综合开发整治规划要点报告》，1997年又编制了以南港北槽入海深水航道整治为重点的《长江口综合开发整治规划要点报告》（1997年修改本），并经水利部审查通过上报国家计委。

在相关成果的基础上,《长江流域综合利用规划简要报告》提出,长江口的整治应以航道整治为重点,并与滩涂和岸线利用等结合起来。

(三)《长江流域综合规划(2012—2030年)》阶段

1992年,国家计委将"长江口拦门沙航道演变规律与深水航道整治方案研究"列入国家"八五"科技攻关计划。1994年,国家科委对该研究成果进行了审查验收,正式提出12.5米水深的南港北槽双导堤整治方案。1995年,上海航道勘测设计院等单位完成的《长江口深水航道预可行性研究报告》通过了国家计委、交通部和上海市人民政府联合组织的评审。可行性研究报告提出的12.5米深水航道整治工程方案主要由北槽分流口工程、双导堤工程、丁坝及疏浚工程组成。

针对"南港北槽"方案,有的单位和专家心存疑虑,认为长江口河势并不稳定,还应进行全面深入的研究,且港航结合困难。根据长江口航道治理的要求和上海深水港区建设的需要,针对长江口治理方案存在的问题,长江委于1997年提出"边滩运河方案",避开动荡的长江口,在南汇边滩开挖一条人工运河,运河两侧可形成数十千米的深水岸线,一举解决长江口深水航道和上海深水港问题。

长江口河道存在河势尚未得到有效控制、近岸水域水质污染、北支咸潮倒灌南支现象加重,滩涂资源开发利用与河势稳定、湿地环境保护等方面的矛盾日益突出,已严重威胁到沿岸重要设施的安全运行和南港北槽深水航道的稳定,以及水资源的利用和水生态安全。2001年,根据水利部要求,长江委牵头开展《长江口综合开发整治规划要点报告》的规划修订工作,组织进行了长江口综合查勘。2002年8月,《长江口综合整治开发规划修订工作任务书》获水利部水规总院审查通过;同年9月,长江委在武汉组织召开会议,对规划工作的总体安排及具体分工作了部署。2004年长江委完成规划要点报告的修订工作。2008年3月,国务院批准《长江口综合整治开发规划》,相关成果纳入《长江流域综合规划(2012—2030年)》。

三、主要成果简介

(一)《长江流域综合利用规划简要报告》阶段

该规划提出,长江口属典型的江心沙多岛型潮汐河口,河势演变极为复杂,岸线不稳定,应以航道整治为重点,并与滩涂和岸线利用等结合起来;南支整治方向是:固定南北分流口,避免主流摆动,稳定现有河势,使主泓贴靠南岸,并对拦门沙加以整治。规划提出南支一期、二期、三期工程,其中南支河段第一期工程,建议列入"八五"建设项目。北支提出北支圩角沙封堵工程、北支两头(圩角沙、连兴港)堵坝、连兴港束窄工程、新隆沙闸坝枢纽等方案各有利弊，有待进一步研究。通海航道的选择，必须与南北支整治结合起来研究。

（二）《长江流域综合规划（2012—2030年）》阶段

1.《长江流域综合规划（2012—2030年）》

本河段治理开发与保护的任务是防洪（潮）与水利排灌、航运、河道治理、水土资源和岸线资源开发利用、江砂控制利用、水资源与水生态环境保护。根据新的防洪（潮）标准进行堤防加高加固，并对迎流顶冲段实施护岸工程。采取济宁排灌工程改造、加固、除险建设，完善河湖水系格局；通过排涝补偿工程建设、加高加固部分水闸等措施，解决长江口综合整治开发对排涝的影响；对规划圈围区所影响的水系进行相应调整。远期进一步论证是否提高排、灌标准。按照维持三级分汊、四口入海的总体河势格局的河势控制要求，实施河道治理，远期进一步研究北支下口建闸或其他可行方案；实施顶冲段以及河道整治工程实施后可能受冲段的护岸保滩工程。根据航道建设标准，近期实施航道整治、南槽航道碍航段疏浚和北支航道疏浚等工程。远期进一步提高航道标准。结合江苏沿海地区发展规划，进一步研究江海运河建设的必要性、可行性及建设方案。合理进行水土资源和岸线资源开发利用。按照分区管理和总量控制的总体思路，定期对采砂规划进行修订。加强对水资源与水生态环境的保护，减少、降低人类活动对长江口区域水资源与水生态环境的负面影响。

2.《长江口综合开发整治规划要点报告》（1997年修改本）

1997年的规划要点报告认为，长江口存在的主要问题是：通海拦门沙航道水深不足；南支河势多变；北支淤浅萎缩，咸潮倒灌南支；盐水入侵影响长江口淡水资源开发利用；沿江岸线的开发利用不尽合理。规划以航运及航道整治为重点，按照经济发展的需要和长江流域规划的要求，将整治与围垦、防洪（潮）、沿江建设、水利排灌、水产、旅游、国防建设等结合，提出包括徐六泾节点的加固、白茆沙的固定、扁担沙的固定、南北港分流口的固定、南北槽分流口的固定、南港北槽入海深水航道及北支以减少或阻隔咸水倒灌为主要目的的治理方案。

该规划要点报告提出南港北槽作为入海深水航道。入海深水航道的治理标准为：航道水深12.5米，航道底宽300～400米，以满足第四代集装箱船全天候进出港，10万吨级散货轮满载乘潮进出港。方案选取采用双导堤与疏挖相结合的治理方案。

3.《长江口综合整治开发规划修订（2008年）》

该规划根据近年来河势出现的新变化和经济社会发展的新要求，采用新思路、新资料、新技术、新方式，在以往规划的基础上补充提出了长江口岸线规划、生态环境保护规划意见和非工程措施规划；深化了河势控制规划、南北支综合整治规划、航道规划、淡水资源开发利用规划、湿地保护与滩涂开发利用规划、防洪（潮）及水利排灌规划等。南支规划整治工程主要包括徐六泾节点及白茆沙河段整治工程、南北港分流口整治工程、南北港整治工程及深水航道整治工程；北支近期整治工程主要是中下段的河道缩窄工程及上段疏浚工程，远期根据缩窄后的河道变化情况及国民经济的发展需要，再考虑在北支中下段建挡盐闸、拦沙闸。为满足整治的需要，根据治导线的布置要求，圈围白茆小沙、新通海沙、中央沙、青草沙和北支中下段崇明北侧沙群；为满足自然保护区的生态环境保护要求，对崇明东滩和九段沙只作促淤工程，以加快滩涂淤涨速率，尽可能补偿其他圈围工程所造成的湿地损失；根据城市发展和港区建设的需要，圈围常熟边滩、太仓边滩和南汇边滩。

四、实施情况及效果

长江口的治理，最早可追溯到数千年之前为防洪防潮而在右岸兴建的古江南海塘工程，随着河口段的逐步束窄与下延，江岸淤涨，其间历代海塘兴废修圩频繁，逐渐演变成江苏省与上海市海塘工程的现状。20世纪50年代，江苏海门县在青龙港实施了沉排护岸工程。60—80年代，上海市实施了长兴岛诸沙圈围成岛工程和横沙岛筑堤护沙工程，同时海门、启东两县兴建了大量的丁坝护岸工程。

1998年后的长江口深水航道治理工程：按照国务院确定的"一次规划，分期实施，分期见效"的原则，长江口深水航道治理工程分三期实施。该工程自1998年1月27日开工，至2011年5月18日三期工程通过国家竣工验收，12.5米深水航道正式宣布开通。

2008年3月，国务院批准《长江口综合整治开发规划》后，长江口进入了综合治理阶段。在规划的指导下，实施了徐六泾节点及白茆沙河段整治工程、南北港分流口整治工程、部分岸线调整及滩涂圈围工程。该工程的实施对稳定长江口"三级分汊、四口入海"的总体河势格局起到重要作用。

经过近70年的治理，长江中下游河势得到一定程度的控制，岸线已基本稳定，防洪能力得到增强，航道条件得到了改善，基本满足了沿岸经济社会发展的需求。长江河道治理与开发利用走上了互相促进、良性循环的轨道。

第四章

主要支流综合规划

第一节 综述

一、支流分类

长江水系发达，支流众多，流域面积在 1000 平方千米以上的支流有 483 条，流域面积超过 1 万平方千米的支流有 49 条，流域面积超过 8 万平方千米的一级支流有雅砻江、岷江、嘉陵江、乌江、湘江、沅江、汉江和赣江等 8 条。其中，嘉陵江流域面积最大，达 15.98 万平方千米；汉江河流长度最长，为 1577 千米；岷江径流量最大，达 2830 立方米每秒。在上游汇入长江干流的主要支流，左岸有雅砻江、岷江、沱江、嘉陵江，右岸有赤水河、乌江；在中游入汇的主要支流，左岸有汉江，右岸有清江、洞庭湖水系（湘、资、沅、澧四水）和鄱阳湖水系（赣、抚、信、饶、修五河）；在下游入汇的主要支流，左岸有华阳河、皖河、菜子河和滁河，右岸有青弋江、水阳江和黄浦江。

根据河流自然条件和社会经济特点，长江主要支流大体可以分为 3 种类型。

第一类是峡谷地带河流，如雅砻江、大渡河、乌江、清江和沅江等。这类河流的自然资源与水能资源丰富，流域内人口密度相对较小，耕地分布较少，具有有利的地形地质条件和淹没损失少的特点，具备修建高坝大库的优越条件。应在做好水资源与水生态环境保护的前提下，修建控制性枢纽，以提高径流调节程度，合理开发水能资源，改善航运条件，并考虑在满足本流域防洪任务的基础上，适当兼顾长江中下游地区防洪等要求，雅砻江、大渡河等河流规划还需承担南水北调任务。

第二类是丘陵平原地区的河流，河流源出高山，但大部分流经丘陵、平原地带，如岷江、沱江、嘉陵江、汉江、湘江、资水、赣江等。这类河流流域内人口密度较大，耕地分布较多，有供水与灌溉、防洪、发电、航运等要求。应在加强水资源与水生态环境保护的基础上，在上中游峡谷河段修建控制性枢纽，调节径流，以满足本流域的灌溉与防洪要求，同时开发水能，改善航运条件，并发挥河流上的一些控制性枢纽对长江中下游地区的防洪和调节枯期径流的作用；河流中下游的丘陵、平原河段，受淹没及开发条件等的限制，则以中低水头梯级开发为主，汉江等河流还承担着南水北调任务。

第三类是长江中下游地区直接汇入江湖的中等河流，如华阳河、皖河、菜子河、滁河、青弋江和水阳江等。除黄浦江等少数平原河流外，其特点基本上与第二类型河流相似。这类河流的开发主要是防洪、除涝、供水与灌溉、航运和发电，且其开发影响仅限于局部地区。

二、支流规划情况

长江主要支流的规划研究工作几乎都是在新中国成立后进行的，长江流域支流规划工作历时长，不同阶段河流开发任务和工作重点有所侧重，各省（自治区、直辖市）水行政主管部门和流域机构等组织均参与支流规划编制工作；对于流域仅涉及单一省份或大部分在单一省份范围内的重要河流，一般由所在省的省级相关部门和单位负责规划；对于跨省的大江大河规划，主要由流域机构，或者中央直属水电设计院负责。20世纪50年代以来至今，支流规划与长江流域规划基本上同步开展工作，目前已基本完成长江主要支流流域规划或干流规划及修订工作。

（一）长江流域规划要点编制阶段

1. 主要工作成果

在1959年《长江流域综合利用规划要点报告》提出前后，长江主要支流提出了一些规划和查勘成果。

（1）上游区

开展了雅砻江、岷江、沱江、赤水河、嘉陵江、乌江等支流规划相关工作，主要成果包括：成都院1958年10月的《雅砻江查勘报告》（洼里至雅砻江口及支流九龙河）；长办1960年12月的《金沙江流域规划意见书》（含雅砻江河口段选点）；成都院1956年的《岷江上游综合利用规划报告》（茂县至灌县段），1958年的《岷江流域规划要点报告》；四川省水利水电勘测规划设计研究院（以下简称四川省院）1960年的《沱江干流梯级电站规划报告》；长办1959年3月的《赤水河流域规划初步意见》，1960年6月的《嘉陵江流域综合利用规划要点报告》，1958年上半年提出的《乌江流域规划要点的任务及总体计划》。

（2）中游区

长办1956年3月的《汉江流域规划要点报告》，1956年的《湘水流域规划要点报告》，1957 年的《赣江流域规划要点报告》，1958 年 3 月的《汉江流域规划报告节要》，1960 年 8 月的《清江流域规划要点报告》（修正稿）；武汉水力发电设计院（以下简称武汉院）1957 年的《资水河流规划报告》；武汉院、湖南省水利厅 1956 年 9 月的《沅江流域规划报告》；长沙勘测设计院（以下简称长沙院）、湖南省水利水电勘测设计院（以下简称湖南省院）1960 年的《澧水流域规划简要报告》；长沙院、江西省水利规划设计院（以下简称江西省院）1961 年 12 月的《赣江流域规划报告》；长沙院 1958 年的《修水流域规划报告》，1960 年 8 月的《信河流域规划报告》；江西省院 1960 年的《抚河流域综合利用规划报告》，1961 年的《饶河流域规划要点报告》。

（3）下游区

淮委设计院 1957 年的《巢、滁、皖流域规划报告》（初稿），1958 年的《菜子湖流域规划》；安徽省水利水电勘测设计院（以下简称安徽省院）1958 年的《皖河流域规划简要报告》等。

2. 工作的主要特点

当时的支流规划按照水资源综合利用原则，重点研究了河流的开发任务、开发方案和第一期工程，对指导河流的综合治理开发起到了积极的作用。

但由于当时对国情和流域实际情况缺乏深刻的认识，规划普遍存在的突出问题有：综合利用要求过高，需求预测偏大，对国家兴建诸多大型水利水电工程的经济实力及大量水库移民的难度等问题考虑不足，影响了方案实施的可行性；一些梯级开发方案在以后的规划中变动较大，难以实施。汉江流域规划在当时的支流规划中是做得较好的。规划将防洪列为汉江的首要开发任务，并考虑其他综合利用的需要。在规划实施中，兴建了流域治理开发的控制性工程——丹江口水利枢纽以及干支流一批水利水电工程，取得了治理开发汉江的巨大成就，促进了流域经济社会的全面发展。

（二）规划深入及实施阶段（20 世纪 60—70 年代）

1. 主要工作成果

20 世纪 60—70 年代，通过对支流的流域、河流、河段规划的部分实践，初步总结了经验教训，对支流规划再进行深入研究，提出了一批规划成果。

（1）上游区

中国科学院南水北调综合考察队、成都院 1965 年的《雅砻江流域水力资源及其利用》；水电部第六工程局设计队 1974 年的《岷江上游规划补充报告》；四川省院 1978 年的《沱江干流梯级电站选点规划报告》；长办 1966 年的《赤水河水电选点查勘报告》；水电部第五工程局 1977 年的《嘉陵江干流（广元至合川段）规划选点报告》；水电部第八工程局设计院 1973 年的《乌江干流（贵州部分）规划报告》。

（2）中游区

长办 1964 年的《清江流域规划报告》；湖南省水利资源规划办 1960 年的《湘水规划》；长沙院 1960 年的《资水上游流域规划报告》，1967 年的《清水江河流规划报告》（注：清水江为沅江上游）；湖南省院 1966 年的《澧水流域规划报告（底稿）》，1972 年 10 月的《沅江干流中下游规划复核报告》；长办 1966 年的《汉江流域规划上游干流河段开发方案补充研究报告》；江西省院 1965 年的《修水上游水电开发意见》，1979 年的《赣江干流梯级开发规划报告》；上海院 1969 年的《赣东北地区水电选点规划报告》。

（3）下游区

安徽省安庆地区 1970 年的《皖河流域规划报告》；长办 1979 年的《青弋江、水阳江、漳河流域综合利用规划意见》，1978 年的《滁河防洪规划报告》。

2. 工作的主要特点

随着基本资料的逐步积累、枢纽勘测设计任务的逐步加强、规划工程项目的逐步实施、规划工作经验的逐步积累，这个阶段支流规划与 20 世纪 50 年代相比，工作内容更加全面，工作深度有所提高，针对主要长江二级支流及开发条件较好的其他支流，也开展了较多的查勘、规划研究工作；并根据河流的实际情况，适时地开展了各项专业规划，如华阳河、青弋江、水阳江和滁河等水系的规划，均是以防洪规划为主体展开的。规划从河流的实际情况出发，拟定开发方针和任务，提出的开发方案较为可行，并注重对开发治理方案有争议的省（直辖市）际界河的调查研究，协商处理。为满足三线建设和地区需电的迫切要求，在长江上中游地区的各级支流开展了河流选点查勘、规划工作，提出了一批选点规划（查勘）报告，促进了水电电源点的开发，以及工程勘测设计工作的开展。在规划的指导下，有关省（自治区、直辖市）和部门建设了一大批水利水电工程，汉江是长江主要支流中第一个基本建立了以丹江口工程为骨干、堤防为基础，由堤防、分蓄洪区、水库及非工程防洪措施组成的汉江中下游防洪系统，汉江丹江口水利枢纽发挥了防洪、发电、灌溉（调水）、航运和养殖等巨大的综合利用效益。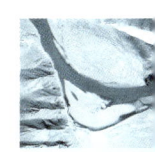

这个阶段的支流规划工作虽有进展，但仍不够完善，相当多河流的开发任务和规划方案还在研究探讨中，难于定论，同时规划也没有履行审批手续的法规。

（三）长江流域规划第一次修订阶段（20 世纪 80—90 年代）

1. 主要工作成果

20 世纪 80 年代，根据国家计委和水电部对长江流域规划修订的总体部署以及下达的河流规划分工，流域内各省（自治区、直辖市）和有关单位组织开展了支流规划修订工作，并陆续提出了规划成果。

（1）上游区

成都院 1992 年的《雅砻江干流卡拉至河口段规划报告》；四川省院 1986 年的《岷江映秀至灌县河段规划报告》（送审稿）；成都院 1986 年的《岷江上游汶川至福堂坝河段开发方案研究报告》，1990 年 11 月的《大渡河干流规划报告》；四川省院 1985 年的《沱江流域规划报告》；贵阳勘测规划设计研究院（以下简称贵阳院）1992 年的《赤水河干流水电规划报告》；长办 1986 年的《赤水河流域规划意见》，1991 年的《乌江流域综合利用规划报告》（送审稿），1992 年的《嘉陵江干流广元至苍溪河段规划报告》；长办、贵阳院 1987 年的《乌江干流规划报告》；长江委1991 年的《乌江流域综合利用规划报告》（送审稿）。

（2）中游区

长办 1986 年的《清江流域规划补充报告》；湖南省院 1986 年的《湘江干流规划报告》，1991 年的《澧水流域规划报告》，1995 年的《资水流域规划报告》；中南院 1989 年的《沅江流域规划报告》（湖南省境内）；北京院 1990 年的《汉江上游干流综合利用规划报告》；长江委 1993 年的《汉江夹河以下干流河段综合利用规划报告》；江西省院 1986 年的《赣江流域规划报告》，1992 年的《抚河流域规划报告》，1993 年的《饶河流域规划报告》《修水流域规划报告》，1994 年的《信江流域规划报告》（1994 年修订）。

（3）下游区

长江委 1990 年 7 月的《华阳河流域规划意见》；安徽省院 1985 年的《皖河、菜子河流域规划意见》；长办 1981 年的《青弋江、水阳江、漳河流域综合利用规划报告》，1992 年的《青弋江、水阳江、漳河流域防洪补充规划报告》，1996 年的《滁河防洪规划报告》（1994 年修订）。

2. 工作的主要特点

因地制宜确定流域、干流（河流）不同的规划范围。规划的编制经过了大量调查研究及反复讨论修改的过程，本阶段提出的主要支流规划，一般均通过审查和批准，成为开发利用、节约保护水资源和防治水害的实施依据。认真地贯彻综合利用原则，在拟定综合利用任务和要求的过程中，从江河流域的实际情况出发加以区别对待，妥善处理了综合利用要求与水库淹没损失之间的关系，水库移民问题受到极大关注，重视保护生态环境，盲目规划高坝大库的现象得到遏制。由于规划的指导思想正确，依据的基本资料可靠，内容全面，重点突出，规划方案合理可行，明显提高了江河流域的规划水平。

（四）长江流域规划第二次修订阶段

1. 主要工作成果

列入《长江流域综合规划（2012—2030年）》中主要支流及湖泊治理开发与保护规划涉及流域内面积为5万平方千米以上的支流、1万平方千米以上的跨省（自治区、直辖市）河流、1990年国务院批准的《长江流域综合利用规划简要报告》中所列的重要支流及湖泊以及其他省际矛盾突出的跨省（自治区、直辖市）河流，共计68条（含二级支流）。涵盖范围最广，但由于各条河流规划工作基础不一，部分河流规划工作深度不够，对一些重点工程研究论证仍显不足。

2. 工作的主要特点

规划深入落实"实行最严格的水资源管理制度"的要求，对主要控制断面生态基流等做出响应，针对规划引水式开发电站，应保证河流生态用水或改变开发方式，对规划跨流域调水工程，应减小对下游生态环境的不利影响。在充分吸纳了各省已有相关河流综合规划、专业（专项）规划成果基础上，针对各河流的特点，统筹综合利用的要求和省际利益的协调，较好地发挥了综合规划宏观性和指导性的作用。

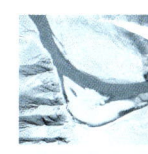

（五）重要跨省支流综合规划

1. 主要工作成果

进入21世纪，随着经济社会的发展和河流水情工情新的变化，流域经济社会的发展也对河流的防洪减灾、水资源开发利用与保护以及综合管理提出了新的要求。在开展《长江流域综合规划（2012—2030年）》的同时，长江委和相关省根据有关安排和需要，进一步开展了重要支流综合规划工作，其中长江委主要承担了雅砻江、岷江、嘉陵江、赤水河、洞庭湖区及湘江、资水、沅江、汉江、鄱阳湖区及赣江、抚河、信江等重要跨省河流的综合规划工作。

2. 工作的主要特点

在雅砻江、岷江、嘉陵江、赤水河、湘江、资水、沅江、澧水、汉江、赣江、抚河、信江、饶河、修河等重要跨省河流综合规划工作中，进一步与近期完成的相关成果以及国家相关要求相适应，"共抓大保护，不搞大开发"，与"资源利用上线、环境质量底线、生态保护红线及负面清单"等"三线一单"成果全面对接，细化和深入了相关工作，主要表现在以下几个方面：

1）提出了以防洪减灾、水资源综合利用、水资源与水生态环境保护和流域水利管理等四大体系为主体框架的专业规划。

2）与重要跨省河流水量分配等相关成果相协调，进一步明确了流域内各省用水总量控制指标。

3）对各重要河流干流河段进行了水能资源开发等专业分区，指导河流水电开发，协调治理开发与保护的关系。

4）协调规划与"三线一单"等关系，优化调整河流开发方案，尽可能避免或减轻河流治理开发对生态环境保护带来的不利影响。

5）根据《中华人民共和国环境影响评价法》《规划环境影响评价条例》的有关规定，编制各支流流域综合规划环境影响评价报告书。

结合经济社会发展和开发治理与保护的要求，多次对规划成果进行调整和完善，规划成果及环境影响报告书陆续通过相关部门组织的审查。目前已有鄱阳湖区综合规划、洞庭湖区综合规划以及赣江、抚河、信江、湘江、资水等流域综合规划获水利部批复。

第二节 上游区

一、雅砻江

（一）流域概况

雅砻江发源于青海省巴颜喀拉山南麓尼彦纳玛克山与冬拉冈岭之间，在青海省内称扎曲，又称清水河，自西北向东南流经尼达坎多后进入四川省，至石渠县境内后始称雅砻江，在两河口以下大抵由北向南流，于攀枝花市的果俚汇入金沙江，是典型的高山峡谷型河流。流域地跨青海、四川、云南3个省，流域面积12.84万平方千米。雅砻江干流全长1535千米，天然落差3192米，平均比降2.08‰。干流尼拖以上为上游，尼拖—理塘河口为中游，理塘河口以下为下游。雅砻江流域水系发达，支流众多。流域面积在3000平方千米的一级支流有鲜水河、理塘河、安宁河等。

流域属川西高原气候区。降水量在流域内由北向南、自西到东呈递增趋势。甘孜、道孚以北的高原地区，年降水量一般为500~600毫米；中游高山峡谷地带为700~900毫米；下游多在1000毫米以上。雅砻江河口多年平均流量1890立方米每秒，年径流量596亿立方米。丰水期（6—10月）径流量占全年的77%。雅砻江中下游处于川西和安宁河两大暴雨区内，为洪水的主要来源地区。其洪水特性是峰高、量小、历时短。主汛期为6—9月，大洪水多发生于7—8月，与长江中下游洪水大体同步。

该区是西南林区的重要组成部分，攀西钒钛磁铁矿最富盛名，保有铁储量约75亿吨。雅砻江是全国十大水电基地之一。据2003年的全国水力资源复查成果，全流域水力资源理论蕴藏量38396兆瓦，技术可开发量34661兆瓦，其中干流约占82.4%。目前干流已建、正建500千瓦以上的水电站总装机容量19206兆瓦（截至2001年底），主要支流鲜水河、安宁河、九龙河已建电站总装机容量780兆瓦。流域内有泸沽湖、邛海、阿达海、海子山、尼曲河等重要湿地。

流域涉及四川、青海、云南3个省的6个州（市）26个县（市、区），约91.59%的流域面积在四川境内，青海、云南省境内分别占5.61%和2.8%。流域主要居住有汉、藏、彝、回、布依、傈僳族等20余个民族。2013年流域总人口326.88万，其中城镇人口106.80万；地区生产总值1069.05亿元。耕地566.8万亩，有效灌溉面积210.32万亩。雅砻江中上游地区地广人稀，以藏族为主，半农半牧，经济欠发达，是重要的畜牧业基地；下游地区人口集中，工农业较发达，农业占有重要地位。

雅砻江流域的自然灾害主要有洪旱灾害和地质灾害。

（二）规划研究过程

20世纪50—60年代，西南水利部、长办上游局和成都院等有关单位对雅砻江干流和安宁河、九龙河、鳡鱼河、鲜水河、理塘河及磨房沟等主要支流开展了水力资源普查、查勘和初步规划选点，在干流分河段提出了梯级布置意见，认为雅砻江下游的安宁河及磨房沟开发条件较好。在长办的《金沙江查勘报告》（1957年10月）中，雅砻江河口段选点为小得石枢纽，并纳入《长江流域综合利用规划要点报告》（1959年7月）和《金沙江流域规划意见书》（1960年12月）中。

20世纪60年代开展三线建设，雅砻江下游成昆铁路沿线兴建规模宏大的冶金工业基地（攀枝花市，原名渡口市）和国防工业基地（西昌市）。1964—1965年，水电部工作组、成都院、上海院等有关单位多次复勘雅砻江大河湾，提出锦屏一级、二级两级开发，随后上海院组织开展锦屏河段梯级相关前期工作。1958年10月，成都院提出《雅砻江查勘报告》（洼里至雅砻江口及支流九龙河），初选了多处坝段（坝址）。

成都院在1973年8月提出《渡口地区水电规划选点报告》时，将坝址由小得石上移至二滩，并改名为二滩水电站，推荐二滩水电站为渡口（攀枝花）地区近期水电建设项目，并积极开展二滩水电站前期工作，为二滩水电站的开工建设创造了条件。

20世纪70年代末，在全国水力资源普查期间，成都院初步拟定干流21级开发方案，自上而下是：温波寺—仁青岭—热巴—阿达—格尼—通哈—英达—新龙—共科—龚坝沟—两河口—牙根—蒙古山—大空—杨房沟—卡拉乡—锦屏一级—锦屏二级—官地—二滩—桐子林等，共利用落差2812米，总装机容量22158.2兆瓦。

长江委在编制《长江流域综合利用规划简要报告》（1990年修订）时，对雅砻江以往的规划成果进行了汇总，提出雅砻江开发任务，干流四川省呷衣寺以下规划，并对雅砻江下游的安宁河进行了规划。

为了实现雅砻江水电梯级的滚动开发，成都院于1992年编制完成了《雅砻江干流卡拉至河口段规划报告》，开发任务主要是发电，推荐锦屏一级（1880米）—锦屏二级（1646米）—官地（1330米）—二滩（1200米）—桐子林（1015米）5级开发方案，总装机容量11540兆瓦。雅砻江卡拉以上的中上游河段，地形险阻，交通不便，前期工作进展缓慢。

根据2003年的全国水力资源复查成果，成都院对正在进行的雅砻江中游两河口至卡拉河段水电规划工作作了调整，并将蒙古山梯级位置移至楞古。

受自然地理条件和历史因素制约，流域治理开发相对滞后，干流仅建成二滩水电站，干支流已建电站总装机容量占流域技术可开发量的11.4%，水利基础设施不足，防洪标准低，抗御洪灾能力弱，上游超载放牧，草场退化、沙化面积逐年有所扩大，下游谷区坡耕地面积大，水土流失严重。《长江流域综合规划（2012—2030年）》，提出，雅砻江流域治理开发与保护的主要任务是发电、供水与灌溉、防洪、跨流域调水、水土保持和水资源保护。规划中下游干流按两河口、牙根一级、牙根二级、楞古、孟底沟、杨房沟、卡拉、锦屏一级、锦屏二级、官地、二滩、桐子林等12级开发，总装机容量26179兆瓦，建议进一步研究确定上游梯级开发方案。

2010年7月，根据水利部对《雅砻江流域综合规划任务书》（水规计〔2010〕271号文）的批复意见，长江委开展了规划编制工作，四川省院、青海省水利水电勘测设计研究院、云南省院等单位配合开展相关工作，编制完成了《雅砻江流域综合规划》，并征求了流域内四川省、云南省及青海省水利厅以及流域内各省人民政府的意见，于2015年2月编制完成了《雅砻江流域综合规划（送审稿）》。2015年6月和2016年1月，成果经水利部水规总院审查和复审，并征求了国家相关部委意见。2019年5月，《雅砻江流域综合规划环境影响报告书》通过了水利部水规总院组织的技术审查。

（三）主要成果简介

1.《长江流域综合利用规划要点报告》

在《长江流域综合利用规划要点报告》（1959年）和《金沙江查勘报告》（1957年10月）的基础上，提出了石鼓以下河段（含雅砻江）代表性开发方案，其中雅砻江下段规划小得石水电站。

2.《长江流域综合利用规划简要报告》

20世纪60年代开展三线建设，雅砻江下游成昆铁路沿线兴建规模宏大的冶金工业基地（攀枝花市，原名渡口市）和国防工业基地（西昌市）。《长江流域综合利用规划简要报告》（1990年修订）在全国水力资源普查成都院提出的雅砻江规划意见的基础上，提出雅砻江开发任务以发电为主，兼顾漂木和工农业用水，促进航运发展，同时控制本河洪水，以承担长江干流防洪任务。

上游河段要承担南水北调西线调水任务。雅砻江的开发，应充分利用淹没损失少的特点，在地形、地质条件合适的河段修建控制性枢纽，以充分调节径流，提高水资源开发利用程度。在未考虑南水北调西线的基础上，干流四川省呷衣寺以下初步拟定了温波寺—仁青岭—热巴—阿达—格尼—通哈—英达—新龙—共科—龚坝沟—两河口—牙根—蒙古山—大空—杨房沟—卡拉乡—锦屏一级—锦屏二级—官地—二滩—桐子林等21级开发方案，共利用落差2812米，总装机容量22350兆瓦，保证出力13577兆瓦。其中，两河口与锦屏一级是控制性枢纽。雅砻江下游锦屏至河口河段为近期重点河段。雅砻江下游的安宁河，交通较便利，经济较发达，是攀西地区粮食和蔗糖生产的重要基地，干流开发任务以灌溉、工业及城市生活供水为主，结合防洪、发电，兼顾水产养殖等。安宁河干流规划大桥水库等23级枢纽，其中已建10级。

3.《长江流域综合规划（2012—2030年）》

在《长江流域综合规划（2012—2030年）》中，提出雅砻江流域治理开发与保护的主要任务是发电、供水与灌溉、防洪、跨流域调水、水土保持和水资源保护。

规划中下游干流按两河口、牙根一级、牙根二级、楞古、孟底沟、杨房沟、卡拉、锦屏一级、锦屏二级、官地、二滩、桐子林等12级开发，总装机容量26179兆瓦，建议进一步研究确定上游梯级开发方案。规划加快建设打火沟水利工程，兴建力曲河、藤桥河、尼措、木拉提等引水工程和龙塘、星秀坪、莫落槽、老沙、巴松、和平、东河、温拖、通宵、俄雅同等水库，安宁河实施米市、马鞍山、沙坝、海塔、河口水库，以及大桥灌区工程等，满足流域城乡生活与工农业生产的用水需求。通过兴建大桥、米市、岔河防洪水库，逐步形成"堤库结合"的防洪总体格局，使西昌市达到50年一遇的防洪标准，冕宁、德昌、米易等城镇及耕地集中的河谷和盆地达到20年一遇的防洪标准。干流主要梯级水库须承担川渝河段及长江中下游防洪任务，采取分期预留逐步蓄水的方式，在7月初共需要设置最大防洪库容50亿立方米，其中上游梯级5亿立方米、两河口20亿立方米、锦屏一级16亿立方米，二滩9亿立方米。南水北调西线工程初步规划从雅砻江干流调水42亿立方米，支流鲜水河调水14.5亿立方米（包括支流达曲阿安水库调水7亿立方米，泥曲仁达水库调水7.5亿立方米）。规划以小流域为单元开展下游河谷和石漠化地区水土流失综合治理。加强安宁河沿岸冕宁、西昌、德昌、米易等城市排污口整治，有效控制农业面污染源。严格控制入河污染物排放。加强水利水电工程的综合调度管理，保证河流生态用水需求。通过水利血防等

综合措施，使血吸虫病疫区近期达到传播控制标准。规划还针对主要支流鲜水河、安宁河提出了规划意见。

4.《雅砻江流域综合规划》

该规划拟定治理开发与保护的主要任务是供水与灌溉、防洪、发电、水资源与水生态保护、水土保持、跨流域调水等。

雅砻江流域水资源开发利用程度低，工程调蓄不足，工程性缺水问题突出，并受洪旱、地质灾害威胁。雅砻江下游及支流安宁河、紧邻西昌市的邛海水质呈恶化趋势，人类活动产生的水土流失问题不容忽视。

源头至仰日河段江源保护区，应加强江源区的生态系统保护和修复，积极发展牧区灌溉，重点新建温拖水利工程灌区，完善和提升城乡供水设施，加强防洪体系建设。仰日至甘孜河段是我国三大藏区之一的康巴藏区，应体现生态环境保护优先，水能资源慎重开发，并统筹考虑供水与灌溉、防洪、西线调水等综合利用需求。

甘孜以下区域水土光热资源富集，安宁河谷区域是四川省的农业生产基地和攀西经济区的重要组成部分。规划新建龙塘、沙坝、马鹿、岔河、米市综合利用水库，大桥水库灌区二、三期工程，米市水库灌区等，积极发展牧区水利，完善城乡供水设施。加强防洪体系建设。加强饮用水水源地保护，加强以采矿及重污染企业为重点的水污染治理，加强邛海富营养化预防，开展以小流域为单元的综合治理以及高原鱼类、长江上游特有鱼类保护，保护河湖湿地自然生境。开展退耕还林、退牧还草和水土流失重点区治理。协调水电开发与生态保护红线的区位关系，有序开发牙根一级、牙根二级、楞古、孟底沟、卡拉等梯级。两河口、锦屏一级、二滩水库需分担川江河段及长江中下游的防洪任务。南水北调西线规划从雅砻江支流鲜水河的达曲和泥曲调水 67.5 亿立方米。

二、岷江

（一）流域概况

岷江是长江上游左岸的重要一级支流，发源于四川省与甘肃省交界的岷山南麓弓杠岭和郎架岭，有东、西两源，东源为漳腊河，西源为潘州河，分别发源于松潘县弓杠岭和郎架岭，两源在松潘县元坝乡川主寺汇合后始称岷江。岷江干流自北向南流，在都江堰鱼嘴处分为内江和外江，穿过成都平原后在彭山区汇合，流至乐山市接纳大渡河后转向东南，最后在宜宾市汇入长江，流域面积 135387 平方千米。岷江干流全长 735 千米，天然落差 3560 米，平均比降 4.84‰，河口多年平均流量 3022 立方米每秒，是长江水量最大的支流。岷江干流以都江堰和大渡河河口为分界点，分为上、中、下游河段。岷江流域水系发育，支流众多，流域面积大于1万平方千米的有大渡河干流及其支流青衣江、绰斯甲河。流域多年平均水资源总量为953.6亿立方米。

岷江流域上游地区位于川西高原气候区和北亚热带气候区，海拔高差大，立体气候明显；中下游地区属亚热带湿润气候区，气候温和，四季分明。流域内多年平均降水量600～2400毫米，是著名的青衣江暴雨区所在地，流域大相岭以北的荥经一带多年平均降水量达2500毫米以上。

流域内矿产资源分布广阔，储量丰富，是我国石棉、白云母的主要生产基地。大渡河干流林区是我国西南林区的重要组成部分。据2003年全国水力资源复查成果，岷江流域水力资源理论蕴藏量54560兆瓦，技术可开发装机容量45388.3兆瓦（大渡河干流占74%，岷江干流占18%，青衣江占8%），年均发电量2172.18亿千瓦时。截至2017年底，岷江流域已开发、正开发装机容量29166兆瓦，占岷江流域技术可开发装机的64%，年均发电量为1336.52亿千瓦时。流域内分布有达氏鲟和白鲟等2种国家一级保护鱼类，川陕哲罗鲑和胭脂鱼等2种国家二级保护鱼类。龙溪口以下（月波至河口）河段为长江上游珍稀特有鱼类国家级自然保护区。流域内有黄龙、乐山大佛、都江堰、四川大熊猫栖息地共4个世界自然与文化遗产，以及众多自然保护区、森林公园、地质公园、湿地公园、水产种质资源保护区等。

岷江流域涉及青海省果洛和四川省阿坝、凉山、甘孜、成都、雅安、眉山、自贡、内江、乐山、宜宾共11个地（市、州）73个县（市、区）。2013年总人口2173万，城镇化率为61%。流域地区生产总值为9658亿元，耕地面积1549万亩，有效灌溉面积864万亩，粮食总产量774万吨。岷江干流中下游为著名的川西平原，是四川省工农业生产基地之一。流域内沿江城镇密集，主要工业城市有成都、乐山、宜宾等。

流域内航空、公路、铁路等交通运输四通八达，下游乐山至宜宾可通50～300吨级驳船。

（二）规划研究过程

1. 岷江干流及中小支流

岷江流域保留着当今世界历史最为悠久、成绩最为辉煌的超大型无坝引水工程——都江堰工程。正式规划研究工作从新中国成立后才开始。1950—1952年和1953年，长江委上游局及西南水利部、四川省水利厅、西康省水利局、西南水电勘测处等单位先后组织人员对岷江干支流进行查勘、复勘，初步选择了如岷江干流的紫坪铺、平羌峡和偏窗子，支流马边河的老鸭沱、坛罐窑等可建库坝址，复勘后提出了河段开发选点意见。长江委还组织岷江干支流主要河段近100年来的洪水痕迹调查和考证，编写了《岷江流域洪水痕迹调查报告》。1956年5—6月，西南水电勘测处组

织了对川西平原和岷江上游的查勘，提出了开发建议。

成都院从1956年起开始对岷江上游和岷江中下游进行查勘选点，提出了以坝式开发为主的《岷江上游（茂县至灌县段）综合利用规划报告》（1956年），初选了8级开发方案，即磨刀溪、大索桥、福堂坝、兴文坪、映秀湾、黄家村、紫坪铺及鱼嘴，总装机容量3690兆瓦，年发电量186.3亿千瓦时，并推荐紫坪铺及鱼嘴为第一期工程。

有关部门还对支流黑水河、杂谷脑河、草坡河、寿溪河、白沙河、马边河、越溪河、龙溪河等进行过查勘选点工作。

在上述成果的基础上，长江委提出了长江流域规划要点报告主要支流岷江开发方向。

20世纪60—70年代，有关单位对岷江干支流重点河段和枢纽工程加强了前期工作和开发方式研究。针对岷江上游灌县至汶川河段，成都院和水电部第六工程局设计队分别进行研究，并各自完成了《岷江上游规划补充报告》。

据1980年4月的全国水力资源普查成果，由成都院负责汇总岷江水系的普查成果，提出：岷江的开发任务为发电、灌溉、航运、漂木和防洪等，其中上游（灌县至汶川段），规划桃关（1295米）—太平驿（1085米）—映秀湾（945.5米，已建）—龙溪（880米）—紫坪铺（765米）—鱼嘴（747米）共6级开发；中下游河段在曾经研究的以发电和防洪为主的平羌峡、沙嘴和偏窗子（320米）方案的基础上，调整为板桥溪（380米）、沙嘴（340米）、龙溪口（320米）、偏窗子（297米）4级低坝开发方案。

根据修订长江流域规划的要求，成都院和四川省院于1986年7月共同汇编了《岷江流域综合利用规划意见》报送长办，并纳入1990年修订的《长江流域综合利用规划简要报告》。

根据1984年初水电部和水电总局岷江上游河段规划计划安排，四川省院先后提出了《岷江映秀至灌县河段规划报告》（1986年），河段开发以灌溉和城市供水为主，结合防洪、发电、漂木，兼顾旅游、水产等，推荐鱼嘴（747米）—紫坪铺（880米）两级开发。据《阿坝州汶、理、茂三县水电开发规划报告》（1986年），紫坪铺为近期工程。同年12月，水利部发文批复，原则同意该规划。四川省院于1989年编制了《四川省都江堰总体规划报告》。1990年11月，该报告获水利部原则上同意。紫坪铺枢纽工程于2001年3月正式动工兴建。

1996年12月，成都院提出了《岷江上游汶川至福堂坝河段规划报告》。该河段规划以发电为主，兼顾灌溉、城市供水、防洪等，推荐沙坝（1300米）—福堂坝引水式电站两级开发方案，1990年7月获四川省人民政府批复。

在福堂坝至映秀河段已开发的情况下，按照规划，汶川至福堂坝河段部署的是沙坝水电站和接沙坝尾水的福堂水电站，汶川至灌县河段6级开发方案（沙坝—福堂坝—太平驿—映秀湾—紫坪铺—鱼嘴）中，沙坝和紫坪铺均为季调节水库，紫坪铺综合效益大，拟先建；沙坝按《四川省都江堰总体规划报告》安排在2030年建成，属远景工程。由于福堂水电站不能单独存在，在近期不能开发汶川至福堂坝河段。由此，阿坝州建议：汶川至福堂坝河段调整开发方式，改分两期开发。成都院提出了《四川岷江上游汶川至福堂坝河段开发方案研究报告》（1996年），同意岷江上游汶川至福堂坝河段采用沙坝混合式开发方案，并分为两期开发建设，一期建引水式开发的福堂水电站，二期建沙坝水库大坝和水电站。1996年9月，研究报告由四川省人民政府办公厅批复。

至此，岷江上游汶川至灌县河段通过河段规划和规划修订，沙坝等6级开发方案已被各方认定。

汶川以上河段工作做得较少。该河段大海子以上仍沿用1980年全国水力资源普查成果的红桥关、西宁关、龙滩、五里堡及莲花岩等5级开发方案；大海子至汶川段，根据四川省院于1998年7月编制的《岷江上游太平至两河口段规划报告》，以及成都院于1986年12月编制的《阿坝州汶、理、茂三县水电开发规划报告》，共拟定有小海子等6级开发方案。综合以上，岷江上游共规划布置梯级22级。

岷江支流还针对杂谷脑河、草坡河、渔子溪、龙溪河、白沙河和马边河等支流进行了规划。

2007年12月，四川省院和四川省交通厅交通勘察设计研究院共同编制完成了《岷江干流（眉山至乐山大渡河汇口段）航电规划报告》，提出了规划河段的梯级布局方案。2008年11月，四川省成都市水利电力勘测设计院编制完成了《岷江干流成都河段（金马河段）综合整治规划报告》（四川省人民政府以川府函〔2010〕262号文批复）等。

2. 大渡河

1954年3月，长江委上游局编制了《大渡河中下游查勘报告》，提出龚嘴高坝和龚嘴高坝+铜街子低坝两种开发方案。1955年前后，成都院开始研究大渡河开发方案，提出了《大渡河普查报告》（1956年）、《大渡河石棉以上复勘报告》（1959年），并汇编了《大渡河流域水利资源及其利用》（1962年）。20世纪60年代中期，三线建设电力需求急增，率先开发了大渡河龚嘴水电站。

20世纪70年代后期，为适应新的经济社会发展形势，根据水电部文件指令，成都院对大渡河开展了新一轮规划工作。1992年，四川省人民政府发文批准了《大渡

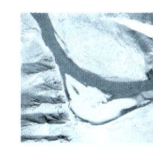

河干流规划报告》，推荐17级开发方案。此后，为适应经济社会、环境状况变化，以及新的形势和新的要求，经水利部水规总院与四川省计委及国电公司大渡河水电开发公司研究决定，2002年成都院提出了大渡河干流规划调整成果，在原规划基础上双江口至铜街子河段修改为18级，推荐大渡河干流22级开发方案，自上而下依次为：下尔呷、巴拉、达维、卜寺沟、双江口、金川、巴底、丹巴、猴子岩、长河坝、黄金坪、泸定、硬梁包、大岗山、龙头石、老鹰岩、瀑布沟、深溪沟、枕头坝、沙坪、龚嘴（低）、铜街子。此外，近年来还完成了《四川省大渡河沙坪河段水电开发方式研究报告》《四川省大渡河枕头坝河段开发方式研究报告》《大渡河干流（铜街子—青衣江汇口段）水电开发研究报告》《四川省大渡河金川—丹巴河段梯级开发方案研究报告》等成果，在《长江流域综合规划（2012—2030年）》中，提出了大渡河干流下尔呷以下河段3库27级开发方案。

四川省院和成都院先后提出大渡河干流及其支流南桠河、瓦斯沟、官料河、金汤河、松林河、尼日河等水电规划报告。

此外，四川省有关单位还完成了《青衣江流域水资源开发利用规划报告》《玉溪河引水灌溉工程规划报告》《长征渠引水工程规划报告》《宝兴河水力资源开发利用规划报告》《周公河梯级开发河段调整规划报告》《青衣江干流多营坪至龟都府河段和高凤山至洪雅河段以及荥经河中上游河段水电规划报告》等。在综合已有成果的基础上，《长江流域综合规划（2012—2030年）》提出了岷江规划意见。2010年7月，水利部批复了《岷江流域综合规划任务书》（水规计〔2010〕271号文）。在已有规划的基础上，长江委同四川、青海两省编制完成了《岷江流域综合规划》。2014年5月和2015年2月，水利部水规总院先后组织规划审查、复审。2015年12月，经水利部水规总院对修改后的报告进一步复核后，基本同意该规划。2016年长江委办公室、水利部办公厅先后征求了青海省、四川省人民政府，以及国家相关部委对该规划的意见。

（三）主要成果简介

1.《长江流域综合利用规划要点报告》

岷江干流灌县（今都江堰）以上、青衣江上游、马边河中上游和大渡河应尽可能建设大库容的水库，以分担长江的调洪任务，并充分开发水力，满足近期工农业用电需要，改善航运条件，同时满足岷江中下游沿岸广大丘陵平原区的灌溉要求。岷江干支流共规划了大索桥、璇口、紫坪铺、偏窗子，青衣江飞仙关、止水岩，大渡河石棉、富林、龚嘴、铜街子，马边河的舟坝等工程，建议紫坪铺、富林、铜街子、偏窗子等枢纽作为近期开发对象。

2.《长江流域综合利用规划简要报告》

岷江流域治理开发任务是灌溉、发电、防洪、航运以及工业与生活用水,干流上游主要任务是发电、灌溉、防洪、工业与生活用水,中下游主要任务是灌溉、防洪和航运,并结合发电。岷江干流以沙坝和紫坪铺两座枢纽为骨干,共规划有14个梯级,总装机容量3244兆瓦,年发电量185.7亿千瓦时,近期安排建设紫坪铺和鱼嘴。大渡河主要任务是发电,兼顾漂木、航运与灌溉,并分担干流防洪任务,上游河段还有分担西线南水北调的任务。大渡河干流在双江口以下规划有16个梯级,总装机容量17600兆瓦,年发电量1008亿千瓦时,近期开发的重点在下段大岗山—铜街子250千米范围内,布置有8级枢纽。青衣江上游河段以发电为主,兼顾灌溉与防洪;中下游以灌溉、防洪为主,兼顾发电与航运。岷江流域建议近期安排建设的重点工程有:干流紫坪铺和鱼嘴,支流大渡河瀑布沟,青衣江飞仙关枢纽和上游的中型水电站;玉溪河灌区配套和毗河引水灌溉工程以及沙湾至宜宾的航道整治工程。

3.《长江流域综合规划(2012—2030年)》

根据岷江流域自然条件、生态环境保护要求和经济社会发展需要,拟定岷江治理开发与保护的主要任务是供水与灌溉、发电、防洪、水生态环境修复、水资源保护、航运、水土保持和水利血防。继续实施都江堰等已建灌区续建配套与节水改造,兴建小井沟、李家岩、金王寺、张家沟、龚家堰、溪鸣、沙溪、双马等水库,满足城乡供水和灌溉用水需求。结合综合利用要求开发水电,重点建设大渡河水电能源基地;结合航运要求,在做好生态保护的基础上,进一步开发岷江干流中下游水能资源。通过修建干支流堤防,充分发挥紫坪铺、瀑布沟、双江口及其他支流水库的调洪作用,整治重点河段的河道,使成都市防洪标准达到200年一遇、地级城市防洪标准达到50年一遇。岷江干支流主要梯级水库需要承担川江及长江中下游的防洪任务,在7月共需预留最大防洪库容30亿立方米,其中十里铺1.0亿立方米、紫坪铺1.67亿立方米、下尔呷8.7亿立方米、双江口6.63亿立方米、上寨1.0亿立方米,研究将瀑布沟防洪库容扩大至11亿立方米。干流上游已建引水式电站下泄足够的生态基流,解决金马河等部分河段季节性脱水断流的问题;利用拟建的上游干支流水库群联合调度,实现对中下游的补偿调节,保障岷江干流生态用水需求;适时实施引大济岷工程。岷江干流乐山以下河段建设老木孔、东风岩、犍为、龙溪口等航电梯级。加强治理水土流失。实施水利血防等综合措施。规划提出了大渡河、青衣江、绰斯甲河等主要支流规划的具体意见。

4.《岷江流域综合规划》

岷江流域开发治理与保护的任务为供水与灌溉、防洪、水资源与水生态保护、发

电、航运、水土保持和水利血防。大渡河的主要任务是防洪、供水与灌溉、水资源与水生态保护、发电、跨流域调水、航运和水土保持等。青衣江的主要任务是供水与灌溉、防洪、水资源与水生态保护、水利血防等。

该规划继续实施都江堰等已建灌区续建配套与节水改造，兴建小井沟、李家岩等水库，满足城乡供水和灌溉用水需求。适时实施引大济岷工程。应充分发挥紫坪铺、瀑布沟、双江口及其他支流水库的调洪作用，实施干支流堤防和重点河段的河道整治。解决金马河等部分河段季节性脱水断流的问题，保障河流生态用水需求。结合综合利用要求开发水电，大渡河干流下尔呷以上大多位于青海三江源自然保护区或国家级水产种质资源保护区内，生态环境极其脆弱，水电梯级应慎重规划。下尔呷以下河段规划采用28级开发方案，即下尔呷、巴拉、达维、卜寺沟、双江口、金川、安宁、巴底、丹巴、猴子岩、长河坝、黄金坪、泸定、硬梁包、大岗山、龙头石、老鹰岩一级、老鹰岩二级、瀑布沟、深溪沟、枕头坝一级、枕头坝二级、沙坪一级、沙坪二级、龚嘴、铜街子、沙湾、安谷梯级，总装机容量26760兆瓦，多年平均发电量1170.81亿千瓦时。但下尔呷、巴拉、达维、卜寺沟、安宁、巴底和丹巴梯级涉及环境敏感区会产生不利影响，应在充分论证的前提下开发。南水北调西线工程规划从大渡河干流的色曲、杜柯河、玛柯河、阿柯河等支流共调水23.5亿立方米。干流乐山至宜宾段162千米航道达到Ⅲ级航道标准，江口至乐山河段应根据经济社会发展需要以及批复的河流综合规划、航运规划合理确定航道标准和规模；岷江干流乐山以下河段建设老木孔、东风岩、犍为、龙溪口等航电梯级。大渡河干流通过航道整治与梯级渠化，干流沙湾至乐山河段达到Ⅴ级航道标准，有条件时可研究进一步提高航道标准。加强水土流失治理。实施水利血防等综合措施。

三、沱江

（一）流域概况

沱江是长江上游的重要支流。源于岷山南麓，有左源（正源）绵远河、中源石亭江及右源湔江。绵远河发源于四川省绵竹市龙门山脉九顶山南麓，干流大体上由北向南流，于泸州市汇入长江，流域面积27860平方千米。沱江干流全长629千米，天然落差2832米，平均比降4.50‰。河源至金堂县（赵镇）为上游，亦称绵远河，河道平均比降达19.1‰，其中汉旺以上为山区，地势陡峻，河谷深切，比降大；汉旺至金堂属平原型河道，河道宽浅，为卵石河床。金堂至内江为中游。内江至泸州为下游。中下游流经丘陵区，河道弯曲，滩沱相间，比降平缓，阶地发育。流域呈南北长、东西窄的狭长形，地势自北向南渐降，起伏不大。主要支流有石亭江、湔江、濛溪河、釜溪河和濑溪河等。沱江上游支流青白江、毗河与岷江水系相通，形成沱江流域的不封闭性。

流域属亚热带气候，年降水量850～1200毫米，6—9月降水量占全年的70%。径流主要来源于降水，河口年均径流量149.3亿立方米。沱江流域水力资源相对贫乏，干支流水力资源理论蕴藏量为1296兆瓦，其中干流为779兆瓦。

流域涉及四川省和重庆市的37个县（市、区），其中四川境内面积占92.1%。流域内总人口1936.8万，地区生产总值1746.5亿元，耕地面积1771.7万亩。流域内有成都、重庆、德阳、内江、自贡、资阳、绵阳、遂宁、泸州等大中城市，工业集中，是四川省经济社会发展较好的地区，也是四川最大的棉花、甘蔗产地。

流域内交通较便利。沱江中下游及7条支流均可通行机动船或木船、驳船。

沱江流域内存在的主要问题是干旱与洪涝灾害及水污染严重。

（二）规划研究过程

民国二十九年（1940年），当时航运部门曾提出过沱江干流航道整治计划，但成效不大。新中国成立后，为了治理开发沱江干支流水资源，从20世纪50年代起就开始有关准备工作，到70年代开始开展沱江干流（金堂至河口段）的查勘、普查和选点规划工作。1959年版的《长江流域综合利用规划要点报告》仅针对性地提出了河流开发总体设想。

1965年，四川省院提出了干流（金堂至河口）19级电站开发方案，并建成了毛毛寺电站（亦称猫猫寺电站、沱江电站）。此后，又针对沱江干流开发方式进行了研究。在1980年普查阶段，拟订了干流九龙滩等24级低坝开发方案，总装机容量239兆瓦，年发电量约15亿千瓦时。从1982年起，四川省院根据长江流域规划修订任务书的要求，着手编制沱江流域规划。1988年，四川省院提出了《四川省沱江流域综合利用规划报告》，推荐沱江干流采用22级开发方案。

2007年1月，国务院召开了全国流域综合规划修编工作会议。6月，国务院办公厅转发了水利部《关于开展流域综合规划修编工作的意见》（国办发〔2007〕44号文），为配合长江流域综合规划修编工作，四川省和重庆市进一步开展了沱江流域综合规划工作。

此外，四川省及有关地、市水利水电部门对绵远河、湔江、石亭江及金河、大清流河、濑溪河、濛溪河、釜溪河、绛溪河、球溪河、阳化河（资水河）等支流也进行了查勘、选点规划。

（三）主要成果简介

1.《长江流域综合利用规划要点报告》

沱江流域的开发，主要是满足流域内的灌溉与航运需要，以及中下游防洪问题。上源支流应开展水土保持治理及建设山谷水库拦蓄洪水。在中下游河段，为了避免淹没大片农田，该规划提出只宜建设低水头梯级，以利于灌溉和货物运输。由于水量的不足，还必须考虑自相邻流域如岷江、嘉陵江引水补给本流域灌溉水源。

2.《长江流域综合利用规划简要报告》

沱江流域规划任务是灌溉、发电、防洪、航运及工业和生活用水。

上游山区耕地分散，拟建中小型工程，利用当地径流解决；都江堰扩大灌区拟加强渠系配套，并加高三岔水库大坝。中下游丘陵区有耕地993.8万亩，当地水资源不足，规划建设西水东调工程、毗河引水工程和九龙滩引沱工程。应采取措施积极防治流域内严重的水土流失及水资源污染。沱江上中游防洪，采取"堤、疏"结合，"堤、路"结合，完善防洪体系，使城镇防洪标准达到20年一遇，农田达到5～10年一遇。沱江干流比降平缓，沿岸多农田、城镇、厂矿、铁路，防洪任务重，干流采用低坝开发，渠化河道，共拟有22个梯级，由上至下为：九龙滩（437米）—白果（423.63米）—灵仙庙（411米）—养马河（402.5米）—石桥（392.2米）—猫猫寺（375米）—临江寺（365.5米）—董家坝（356.5米）—南津驿（347.5米）—王二溪（338.6米）—甘露寺（328.5米）—五里店（319米）—苏家湾（310米）—史家街（302.5米）—五台山（295米）—石盘滩（287.6米）—龙门阵（282.3米）—黄泥滩（271.5米）—黄葛浩（261米）—银蛇溪（252.4米）—长滩（246米）—流滩坝（239.5米）。总装机容量216兆瓦，年发电量13.3亿千瓦时，并改善航运条件。

近期安排新建东风渠扩灌工程，金堂县红旗水库，毗河引水工程，小井沟、玉滩和清平等水库，兴建干流梯级水电站。

3.《长江流域综合规划（2012—2030年）》

沱江治理开发与保护的主要任务为供水与灌溉、水资源保护、防洪、发电、航运、水土保持和水利血防。近期上游地区通过新建湔江关口水库、绵远河清平水库、石亭江八角水库，以解决彭州、成都、绵竹、德阳、什邡等城市的供水问题；中游地区通过都江堰东风渠灌区工程解决沱江右岸地区的城镇供水需要，新建毗河引水工程解决简阳、安岳、乐至、雁江、安居等城镇供水问题，新建濛溪河两河口水库解决资中等城镇供水问题；下游地区新建向家坝灌区工程解决内江、隆昌等城镇供水，岷江小井沟水库引水解决自贡市的城市供水，长江干流提水解决泸州市供水，扩建濑溪河玉滩水库、新建小清流河黄桷滩水库解决重庆市大足、荣昌等城镇供水问题。新建东风、狐狸洞、江家桥、大石包、黑水凼、丹山、黄连桥等中型水库和淮仓、隆柏等引水工程解决局部地区缺水问题。加快都江堰、长葫、石盘滩、九龙滩、濑溪河等灌区续建配套和节水改造。以干流德阳、资阳、内江、富顺、泸州河段及支流毗河青白江段、釜溪河自贡段为重点，加大沱江全流域干支流的治污力度；做好九龙滩等14个已建干流梯级水库的优化调度，促进沱江水生态环境的根本好转。优先建设清平、关口等具有防洪作用的综合利用水库，提高德阳市、绵竹市、彭州市、广汉市、重庆市荣昌区、重庆市大足区及三星堆镇等的防洪能力。为修复水生态环境，沱江干流近期应控制新建梯级枢纽。通过已建梯级渠化及航道整治，提高干流金堂至泸州段496千米航道等级。治理水土流失。实施水利血防等综合措施。

四、赤水河

（一）河流概况

赤水河是长江上游右岸一级支流，发源于乌蒙山北麓的云南省镇雄县赤水源镇银厂村，古称赤虺河，因水赤红故名赤水河。河流由西向东流至镇雄县大湾镇与西南之雨河汇合后称洛甸河，纳入威信河、铜车河后始称赤水河，下流至茅台镇后，转向西北流，沿途纳桐梓河、古蔺河、大同河等支流到贵州省赤水市，再折向东北，至四川省合江县城，与东来的支流习水河汇合后注入长江，干流全长约436.5千米，天然落差1475米，平均比降3.38‰，赤水河以茅台镇和赤水市为界，分为上、中、下游。赤水河流域面积2万平方千米，河口多年平均流量284立方米每秒。流域水系发育，支流众多，主要支流有二道河、桐梓河、古蔺河、大同河、习水河、同民河等。

区内属中亚热带季风气候，湿润多雨，年均降水量800～1200毫米，是典型的山区雨源型河流。

赤水河流域煤炭和硫铁矿较为丰富。根据2003年全国水力资源复查成果，赤水河流域水力资源理论蕴藏量为1475.5兆瓦，技术可开发量和经济可开发量均为1173.6兆瓦，其中干流技术可开发量为885.5兆瓦，占全流域技术可开发量的75.5%，目前尚未开发；支流技术可开发量相对较少，但开发程度相对较高，二道河、桐梓河、古蔺河、习水河、大同河干流已开发和正开发的装机容量约184.825兆瓦，约占上述6条支流技术可开发量的72%。

赤水河流域主要涉及云南省昭通市，贵州省毕节市、遵义市，以及四川省泸州市3省共计4个地（市）15个县（市、区），2013年流域人口438.71万。流域内经济以农业为主，工业以酒、烟、化肥、建材和采掘业为主，其中以茅台集团、郎酒集团、赤天化等企业最具影响力，被誉为"美酒河"。流域内有习水中亚热带常绿阔叶林国

家级自然保护区、赤水桫椤国家级自然保护区、画稿溪国家级自然保护区和长江上游珍稀特有鱼类国家级自然保护区，以及风景名胜区、森林公园、地质公园、湿地公园等生态敏感区。

流域内交通以公路为主，已形成水、陆运输交通网络体系。随着陆路交通的发展，航运已受到一定的影响。

（二）规划研究过程

赤水河历来是黔北地区水上交通的主通道，曾是四川、贵州、云南3个省边陲物资交流的纽带，这3个省的物资交流特别对川盐入黔曾起过重要作用。新中国成立前曾对赤水河进行过一定的河道整治工程，但未进行过流域规划。

新中国成立以后，长江委、成都院和贵州、四川两省水利、交通等部门对赤水河进行了查勘、规划选点，提出了一批成果，包括长江委《赤水河查勘报告》（1954年）、《赤水河流域说明书》（1956年）、《赤水河综合查勘资料》（1958年），成都院在1956年编制了《赤水河查勘报告》，作为《长江流域综合利用规划要点报告》的基础。

1959年的《长江流域综合利用规划要点报告》中提出，赤水河为四川、贵州两省物资运输主要的水运通道之一，航运开发要求较为迫切；开发的水能，可满足重庆市及贵州省部分用电要求。长江委编制的《赤水河流域规划初步意见》（1959年）提出了两种开发方案：一种是以淋滩梯级为主体工程将淹没太平渡及古蔺河谷的6级开发方案，另一种是以岔角滩为主体工程不淹没太平渡及古蔺河谷的7级开发方案。遵照水电部指示，为支援西南地区的建设，开发中小型水电站基地，长办于1966年4月组织了对三岔河口至合江河段的查勘，同年9月编写了《赤水河水电选点查勘报告》，研究提出了赤水河干流6级开发方案。

1971年，成都院为了配合三线建设，满足川东（重庆）地区用电负荷增长的需要，对赤水河中下游的淋滩、岔角滩、丙安、风溪口、复兴场等坝址又进行了一次查勘，编写有《川东（重庆）地区水电电源选择初步查勘意见》。1975—1976年，成都院经复勘，提出了石关（728米）—磨子塘（634米）—白洋坪（514米）—茅台（450米）—淋滩（415米）—风溪口（295米）6级开发方案。在1980年水力资源普查时，本方案曾作为赤水河干流的代表方案列入成果中。

为开发赤水河的航运，1957年底至1958年上半年，贵州省交通厅经过查勘规划，提出了以航运渠化为主和以发电为主兼顾航运及其他的综合利用方案两种方案。1985年10月，贵州省交通厅设计院完成了《赤水河综合利用发展航运初步可行性研究报告》（初稿），拟定了对赤水河干流14级和16级两种梯级开发方案，其中茅台镇以下均属于中低坝径流式电站开发，以渠化航运为主要目的。

1985年，长办根据长江流域规划修订补充工作的要求，于10—11月组织贵州省交通厅设计院和贵州省水电厅设计院有关单位对赤水河干流的三岔（云南、贵州、四川3个省交界处）到赤水县城之间长约300千米的河段进行了查勘。1986年，提出了《赤水河查勘地质报告》和《赤水河流域规划意见》（初稿），设计丙安以上以不淹没茅台、太平渡、土城等重要城镇及古蔺河谷为原则，研究了9级中低坝开发、5级中高坝开发以及7级开发3种梯级方案，推荐磨子塘（728米）—湾滩（542米）—中华嘴（443米）—岔角滩（或两河口，408米）—淋滩（314米）—元厚（293米）—丙安（265米）7级开发，其主要成果纳入了《长江流域综合利用规划简要报告》（1990年修订）中。

1988年，水利部水规总院明确赤水河的勘测规划等工作交由贵阳院负责。1992年2月编制完成了《赤水河干流水电规划报告》，干流规划研究范围为田湾至复兴场河段（未含云南境内），规划上游（茅台以上）以发电为主，中游（茅台—赤水）电航结合，下游（赤水以下）以航运为主。规划推荐10级开发方案，即石关（740米）—磨子塘（640米）—五马河口（535米）—茅台（428米）—沙滩（410米）—九溪口（360米）—王家湾（305米）—黄泥滩（288.5米）—闷头溪（272米）—狗狮子（252米），梯级总装机容量为830.5兆瓦，年发电量36.61亿千瓦时。五马河口及茅台两电站为近期开发工程。1993年11月，由贵州、四川两省计委会同水利部水规总院及贵州、四川两省水电厅共同主持审查，通过了该规划报告。截至目前，赤水河干流上尚未开发建设一座水电站。

2005年，经国务院批准，赤水河干流及部分支流河段纳入长江上游珍稀特有鱼类国家级自然保护区。为此，《长江流域综合规划（2012—2030年）》以茅台酒等生产用水水质保护为重点，加强赤水市、仁怀市、茅台镇等重点河段水域污染源的治理，严格控制污染物排放总量，提出规划期内入河污染物排放控制量维持现状水平。禁止在赤水河干流及支流扎西河、倒流河、妥泥河、铜车河等涉及长江上游珍稀特有鱼类保护区的河段进行梯级开发，以保护长江上游珍稀特有鱼类生境。赤水河治理开发与保护的主要任务是水资源保护、水生态环境保护、供水与灌溉、防洪、水土保持、航运和发电。

2009年4月，水利部以水规计〔2009〕199号文对《赤水河流域综合规划任务书》进行了批复，要求充分利用已有规划设计成果，在长江流域综合规划修编工作总体框架下，对赤水河治理、开发与保护进行深入规划。2010年12月，长江委编制完成了《赤水河流域综合规划报告》，征求云南、贵州、四川省水利厅意见后，报送水利部。2012

年3月和2016年5月，水利部水规总院先后两次组织专家对规划进行了技术审查和复审。水利部水规总院基本同意修改后的规划，于2017年7月以水总规〔2017〕781号文向水利部报送赤水河流域综合规划审查意见。2019年12月，《赤水河流域综合规划环境影响报告书》通过生态环境部组织的审查。

（三）主要成果简介

1. 《长江流域综合利用规划要点报告》

赤水河为四川、贵州两省物资运输主要的水运航道之一，航运开发要求较为迫切，开发的水能可满足重庆市及贵州省的部分用电需要。

2. 《长江流域综合利用规划简要报告》

赤水河主要的开发任务是航运与发电。上游以发电为主，中游航电结合，下游则以航运为主。赤水河干流近期开发的重点是茅台至复兴场河段。中游河段规划研究了9级中低坝开发、5级中高坝开发以及7级开发3组梯级方案，推荐7级开发，丙安以下暂采用贵州省交通厅提出的火烧碛（239米）—筲箕滩（228米）—楚滩（220米）—盐店岩（215米）4个航运梯级，总装机容量839兆瓦，年发电量35.0亿千瓦时。干流梯级开发以后，可达到5级航道标准。该规划提出应积极开展岔角滩（或两河口）前期工作，争取在近期开发。下游河段的航运梯级，可根据水运发展需要，安排建设。赤水河与乌江上游的毕节地区已列为全国水土保持重点治理区。

3. 《长江流域综合规划（2012—2030年）》

赤水河流域保护与治理开发的主要任务是水资源保护、水生态环境保护、供水与灌溉、防洪、水土保持、航运和发电。该规划突出茅台酒等生产用水水质保护和长江上游珍稀特有鱼类国家级自然保护区保护，提出加强重点河段水域污染源的治理，禁止在赤水河干流及支流扎西河、倒流河、妥泥河、铜车河等河段进行梯级开发。加快骨干水源工程建设，解决城乡居民生活和经济发展用水需求。通过堤防护岸，配合河道整治、撇洪工程等措施，开展防洪达标建设，基本建成山洪灾害监测和预警预报系统。开展水土流失治理。实施干流白杨坪至合江县城航道整治，逐步提高航道标准。在充分保护生态安全的前提下开发支流小水电。

4. 赤水河流域综合规划

赤水河流域治理开发与保护的主要任务是水资源与水生态环境保护、供水、灌溉、防洪、水土保持、航运和发电等。

为保护长江上游珍稀特有鱼类生境和维护干流河段的连通性，规划将赤水河干流河源至河口长436.5千米段，全部划为水能资源禁止开发区。重点兴建仁怀市观音大型水库、古蔺县观口中型水库、二郎引水工程等骨干水源工程，并配套完善供水设施，加快新建灌区和续建配套工程，满足城乡供水和农业灌溉需求。规划新建、加固堤防253.98 千米，整治河道 138.67 千米，建立防洪工程措施与非工程措施相结合的防洪体系，保护赤水河干流及支流沿岸的大型企业、县城、重点乡镇等防洪安全，保证人民生命财产安全。加快建设山洪灾害防治体系，加强水土流失治理，实现流域生态良性循环。基本维持现有航道等级，加强航道维护，提升维护水平，加快打造绿色航运、绿色港口、绿色运输船舶的水运体系，合理开发旅游航运。赤水河干流禁止开发水电。严格控制赤水河支流小水电开发，各支流小水电开发应与相关政策衔接，除水电扶贫工程和综合利用水库外，原则上不再开发新的小水电。初步建立生态补偿机制和公众参与机制，初步实现水资源与生态环境协调统一，实现具有赤水河特色的流域综合管理。

五、嘉陵江

（一）流域概况

嘉陵江是长江上游左岸的一条主要支流，发源于陕西省凤县秦岭南麓，由北向南流经甘肃省徽县、陕西省略阳县，在两河口与源自甘肃礼县的西汉水汇合，过阳平关进入四川，南流至广元市的昭化接纳白龙江，在苍溪阆中市和南部县境内分别有东河和西河汇入，再流经蓬安、南充、武胜，至重庆合川又接纳渠河与涪江，形成巨大的扇形水系，向东南流经北碚抵重庆市城区汇入长江。嘉陵江干流全长 1120 千米，落差 2300 米，平均比降为 2.05‰。嘉陵江干流以广元和合川为界，分为上、中、下游。上游山势险峻，河谷狭窄，河床比降大，滩险流急；中游河谷逐渐开阔，与涪江、渠江中下游成为四川盆地的重要组成部分，人烟稠密，工农业发达；下游为峡谷河段，有"小三峡"之称。嘉陵江水系发育，流经陕西、甘肃、四川、重庆 4 个省（直辖市），流域面积 15.98 万平方千米，是长江流域面积最大的支流。自上而下的主要支流有西汉水、白龙江、东河、西河、渠江、涪江等。

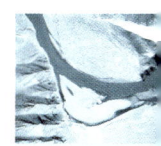

嘉陵江流域属亚热带季风气候，多年平均降雨量约 935 毫米。降水时空分布不均，一般是盆地边缘的降水大于盆地中部，6—9 月降水量占全年的 66% 左右，多年平均径流量为 673 亿立方米，年径流分布与降雨分布趋势相同。嘉陵江位于川西、大巴山两大暴雨区之间，是长江上游暴雨洪水多发区之一，特别是川西暴雨区覆盖了岷江、沱江、嘉陵江的大部分地区，暴雨走向与河流走向又常一致，两江洪水发生遭遇的概率比较大。

嘉陵江流域矿产资源主要有煤、铁、天然气、石灰石、铝土页岩等。根据 2003 年全国水力资源复查成果，流域水力资源理论蕴藏量为 16136.6 兆瓦（其中干流

3521.2兆瓦）。截至2017年，嘉陵江干流已开发总装机容量2897.1兆瓦，占干流技术可开发量的82.3%。

2015年嘉陵江流域总人口4733万，城镇化率49%，现有耕地面积5363万亩，是长江流域的主要产粮区之一。区内工业较为发达，沿江分布有重庆、广元、南充、遂宁、广安等许多重要工业城市，主要工业有钢铁、机械、电力、汽车、化工、纺织和食品等。

嘉陵江水系航道是连接宝成铁路与长江干流的重要水运网络，也是四川、重庆境内的一条重要通航河流。流域内交通四通八达，已建铁路、公路、航空、水运等立体交通网。

（二）规划研究过程

20世纪40年代，国民政府地质和资源委员会等部门曾做过局部河段的查勘和少量的勘测工作，以及航运、农田水利方面的调查研究，未进行过河流规划。

新中国成立后，长办与西南水利部、四川省水电厅、成都院，水电部五局等及有关交通部门和地、县水电部门等，对流域内干支流进行了大量的勘测、规划、设计工作。20世纪50年代前期着重勘测与有关基本资料的搜集，其中由西南水利部、长办等单位勘选的水利枢纽坝址主要包括嘉陵江干流的朝天驿、亭子口，北碚的小三峡，涪江的椒园子，渠江凤滩、州河江口和罗江口，白龙江的飞鹅峡，东河的麻溪浩，梓潼江的谭家嘴等，提出了一系列查勘报告，积累了大量的基本资料。

1957年，长办会同成都院和四川省水利、交通等部门对嘉陵江干流和支流涪江、渠江、白龙江通过比较全面、细致的查勘和资料整理研究，编制了《嘉陵江流域复勘报告》。该报告对流域自然地理特性、水文、地质、社会经济情况等做了较详细的论述，提出了河流梯级开发方案和近期开发工程。1959年，长办编制的《长江流域综合利用规划要点报告》根据长江三峡工程不同的蓄水位，研究了嘉陵江下游河段衔接的梯级开发方案，为嘉陵江规划意见的提出奠定了基础。

经过进一步的深化工作，长办于1960年完成了嘉陵江治理开发的第一部规划报告——《嘉陵江流域综合利用规划要点报告》。同期还开展了白龙江下游河段、达县以上的州河干流等的查勘和选点工作，完成了《白龙江下游河段飞鹅峡等坝段查勘报告》《白龙江下游选点初步意见》《州河水电选点查勘报告》等。

20世纪60年代以来，中国科学院综合考察队和四川省水利、水电、航运等部门，对渠江及巴河、州河进行了综合考察，编写了《渠河水利资源综合利用问题的研究》；四川省水利电力厅设计院有关部门编制完成了《嘉涪和嘉渠地区水利规划报告》；为满足工农业用电要求，成都院对涪江上游支流火溪河、涪江支流通口河香水渡电站进行了以水电开发为主的规划工作。其间，长办、水电五局、成都院还开展了嘉陵江干支流规划的梯级电站的勘测设计工作，碧口水电站作为第一批开发工程率先兴建。四川省交通部门根据渠江航运任务的要求，先后动工兴建了舵石鼓、南阳滩、风洞子、凉滩等4级闸坝工程。

20世纪70年代开始，嘉陵江以河段规划为重点开展工作，主要规划成果包括《嘉陵江干流（陕西境内略阳以下）梯级开发报告》（水电部第三工程局）、《嘉陵江干流（广元至合川河段）规划选点报告》（水电部五局）、《涪江流域综合利用规划报告》（四川省建委等）。四川省院还编写了《渠河干流梯级水电规划报告》和《涪江干流梯级水电站规划报告》。

20世纪80年代，嘉陵江流域规划进入了一个新阶段。根据1984年8月长江流域综合利用规划协调会议精神，长办于同年10月在成都召开嘉陵江流域规划协调会，明确了相关工作。其间完成的主要成果有成都院编制的《嘉陵江苍溪至合川段水电开发规划报告》（1988年），以及四川省交通部门编制的《嘉陵江干流广元至合川段航运规划报告》（1985年）、《嘉陵江苍溪至合川段航道渠化工程规划报告》（1990年）。

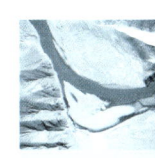

20世纪90年代初，西北勘测设计研究院（以下简称西北院）和长江委分别开展嘉陵江干流河段综合查勘选点，提出了《嘉陵江上游河段查勘选点报告》（1990年12月）、《嘉陵江干流广元至河口河段综合查勘报告》（1992年）。为了加快水资源开发进程，根据水利部水规总院下达的任务，长江委编制完成了《嘉陵江干流广元至苍溪河段规划报告》（1992年）、《嘉陵江干流合川至河口河段规划报告》（1995年3月），并经四川省人民政府批准。随着主要支流渠河上的富流滩水利枢纽开始修建，嘉陵江干流合川至河口河段合川水利枢纽（花滩子坝址）的建设条件发生了很大的变化，加之重庆市成为直辖市后，对早日开发、利用嘉陵江下游河段水力资源的要求更加迫切，需要根据新的形势和要求重新研究河段开发任务及水资源合理配置。受重庆市人民政府委托，长江设计院开展了嘉陵江干流下游河段规划的补充修编工作，于2001年完成了《嘉陵江干流合川至河口河段规划报告》（2001年修订）。水利部水规总院于2002年3月上旬在北京召开了《嘉陵江干流合川至河口河段规划报告》（2001年修订）审查会，会议基本同意该规划报告。

2005年3月，水利部以水规计〔2005〕87号文批复了长江委《关于报送〈嘉陵江流域综合利用规划任务书〉的报告》（长计〔2002〕168号文），长江委在已有规划成果的基础上，根据经济社会发展的新要求，统筹考虑嘉陵江流域防洪建设、水资源综合开发利用和保护工作，研究提出了《嘉陵江流域综合规划》（以下简称《规划》），水利部水规总院先后于2007年9月、2008年9月组织专家对《规划》进行了审查、复审。2008年12月，《规划》征求了有关部委及相关4个省（直辖市）人民政府意见。2016年，因流域经济社会、大中型水利工程、梯级电站等情况已发生较大变化，长江委对《规划》进行了修改补充；2016年5月，水利部水规总院再次复审《规划》；2016年7月和12月，《规划》又分别征求了4个省（直辖市）意见以及有关部委意见。

此外，四川省院编制了《渠河流域水资源开发利用规划报告》（1987年）、《涪江流域水资源开发总体规划补充报告》（1994年）、《涪江上游水电规划》（1995年），西北院、成都院等单位对白龙江及白水江、西汉水等支流也开展了河流（河段）规划。

（三）主要成果简介

1. 《长江流域综合利用规划要点报告》

根据嘉陵江流域特点，在四川盆地边缘区有较好的地形地质条件，建高坝不但淹没损失较小，而且地势高，利于引水灌溉中下游盆地的大片丘陵区，开发的水力可以就近供应新兴工业区用电。径流调节后，中下游枯水航深可以大大改善。中下游河段虽然具备建大型水库的条件，但淹没损失过大，宜根据航运的要求，修建低水头航电枢纽。通过初步的勘测研究，干流上的亭子口，白龙江上的飞鹅峡，涪江上的平驿铺、武都，渠江上的凤滩、罗江口等枢纽，技术经济指标良好，建成后可使其上游的径流达到多年调节，均可考虑作为近期开发对象。《长江流域综合利用规划要点报告》形成了初步开发方向，明确了各个河段治理开发的主要任务和方向，确定了今后一个时期的工作重点，以及近期推荐梯级开发的方案。

2. 《嘉陵江流域综合利用规划要点报告》（1960年）

1960年，长办在1957年的《嘉陵江流域复勘报告》的基础上深化工作，编制了《嘉陵江流域综合利用规划要点报告》。规划提出嘉陵江广元以下河段的开发任务是灌溉、发电、航运、防洪。该规划对河段梯级开发方案进行了方案研究和比选，推荐9级开发方案，分别为亭子口（正常蓄水位475米）—苍溪（375米）—沙溪场（365米）—红岩子（350米）—金溪场（330米）—小龙门（295米）—青居（265米）—东西关（250米）—合川（235米）。这个阶段已经形成了较为完整的梯级开发方案，突出了龙头水库的综合效益，推荐亭子口梯级作为近期开发工程。

3. 《长江流域综合利用规划简要报告》

嘉陵江开发任务是灌溉、防洪、航运、发电与水土保持。

确定了按嘉涪、嘉渠、渠河左岸和涪江右岸4片分别解决流域内灌溉，其中嘉涪地区由西河升钟、梓潼江谭家嘴、涪江武都和干流亭子口水库供给；嘉渠地区由亭子口和东河罐子坝水库补给；渠江左岸地区以中型骨干蓄水工程分区解决；涪江右岸分别由岷江、沱江和涪江补给。嘉陵江以解决本流域洪灾为主,尽可能配合长江中下游的防洪。干流阆中至南充河段防洪以亭子口枢纽为主,结合白龙江上游宝珠寺、东河上罐子坝和西河上升钟水库联合调度。涪江江油至遂宁河段防洪,近期以堤防加固与河道清障为主,远景通过武都、梓潼江谭家嘴和通口河凤箱峡枢纽预留防洪库容解决。渠河支流州河上江口和巴河上壁滩、剪刀垭水库,分别有利于达县和平昌县防洪。干流广元至重庆是重要内河航道,通过航道整治,同时建设水东坝航运梯级,渠化广元至昭化航道,使广元以下航道达到Ⅳ~Ⅵ级标准。结合防洪和兴利,兴建亭子口枢纽与其他低水头梯级渠化河道,使航道提高到Ⅴ~Ⅲ级标准。渠河目前已建有凉滩等3个不连续航运梯级,规划完成全部渠化工程后,航道达到Ⅳ级标准。嘉陵江支流白龙江水能资源集中,以发电为主进行开发,布置有碧口和宝珠寺等6个梯级,总装机容量2493兆瓦,年发电量82.7亿千瓦时。干流在略阳以下,以亭子口枢纽为骨干,布置了18个梯级。支流涪江以武都枢纽为骨干,布置了12个梯级。支流渠河在渠县以下布置了南阳滩等4个航运梯级。嘉陵江是水土流失的重点地区,应进行综合治理。

嘉陵江流域近期安排建设亭子口、武都枢纽及相应灌溉工程,升钟水库灌溉工程,合川水利枢纽以及其他低水头航运梯级。嘉陵江上游的陇南地区、嘉陵江中下游地区,已列入全国水土保持的重点治理片,应有步骤地进行治理。

4.《嘉陵江干流广元至苍溪河段规划报告》(1992年)

1992年,长江委编制了《嘉陵江干流广元至苍溪河段规划报告》。该报告从干流治理开发总目标出发,结合河段开发条件,拟定开发任务为灌溉、防洪、发电、航运、水土保持等,自上而下分上石盘、水东坝、亭子口、苍溪4级开发,推荐亭子口枢纽为干流控制性工程,主要承担嘉渠地区300余万亩农田灌溉和下游城镇供水,预留一定的防洪库容,提高沿江城镇防洪能力和配合长江中下游防洪,渠化库区航道,增补下游枯水流量,对嘉陵江中下游灌溉、防洪、航运目标的实施具有关键作用,水电站可成为川北电网调峰调频的主力电源,还能拦截泥沙、减轻下游各梯级淤积、延长使用寿命、增加下游梯级电力电量效益、改善航道,尤其对减轻重庆港和三峡水库的淤积有重要作用等。其下苍溪枢纽为亭子口水电站的反调节梯级,其上上石盘为电航梯级,承担发电和渠化亭子口库尾至广元市航道的任务。水东坝为上石盘与亭子口两枢纽工程间的航运衔接梯级。

亭子口枢纽机组现已全部并网发电。上石盘枢纽、苍溪航电枢纽均已下闸蓄水发电。

5.《嘉陵江苍溪至合川段水电开发规划报告》(1988年)

1988年成都院编制了《嘉陵江苍溪至合川段水电开发规划报告》。该报告拟定

河段的开发任务是发电、航运、沿江提水灌溉等。

由于河段两岸城镇、农田和交通工矿企业分布较多，人口稠密，为减少淹没，梯级布置只宜采用低水头发电、渠化河道的开发方式。该规划推荐13级开发方案，自上而下为：苍溪（380米）—沙溪场（364米）—金银台（352米）—红岩子（336米）—新政（324米）—金溪场（308米）—马回（292.65米）—凤仪场（280米）—小龙门（269米）—青居（263米）—东西关（248.5米）—桐子壕（224米）—花滩子（213米）。总装机容量1287.6兆瓦，保证出力480～700兆瓦，年发电量67.8亿～75.8亿千瓦时。

根据各梯级电站的开发条件和电力发展的需要，结合航运等综合开发的需要等因素，经技术经济比较，推荐东西关、青居、新政、金银台和花滩子等5座电站为近期开发工程，并建议东西关为第一期工程。

6.《嘉陵江干流合川至河口河段规划报告》（2001年修订）

2001年，长江委编制了《嘉陵江干流合川至河口河段规划报告（2001年修订）》。该报告从干流治理开发总目标出发，结合河段开发条件，拟定开发任务为"优先安排防洪，以开发水电和改善航运条件为重点，兼顾灌溉、减淤等综合利用效益"，分草街枢纽、井口枢纽两级开发，推荐草街枢纽为嘉陵江下游的控制工程，承担配合重庆市城区防洪和长江中下游防洪的任务；并承担重庆市电网的调峰调频任务；渠化库区航道，改善下游河段航运条件；可拦沙减淤，对减轻重庆港和三峡水库淤积有一定作用。

草街枢纽现已完建。

7.《长江流域综合规划（2012—2030年）》

嘉陵江治理开发与保护的主要任务是灌溉与供水、防洪、航运、发电、水土保持和水资源保护。流域内灌区可分为上游区、涪江右岸区、嘉涪区、嘉渠区、渠江左岸区和重庆区等6个区域。上游区修建中小型水源工程；涪江右岸区新建铁笼堡水库向武都水库灌区补水，并可考虑从都江堰引水解决供水不足的矛盾；嘉涪区加快完成升钟灌区一期等续建配套与节水改造，新建升钟灌区二期等；嘉渠区修建亭子口、罐子坝等大中型水库，新建亭子口灌区和罐子坝灌区；渠江左岸区和重庆区修建干支流中小型蓄水和提灌工程。研究从嘉陵江上游向邻近流域调水的必要性和可能性。亭子口水库、草街水库设置防洪库容，结合预警预报采取预泄等措施进一步挖掘防洪潜力；亭子口、宝珠寺、碧口等水库联合调度，配合堤防，使南充、阆中等城市防洪标准提高到50年一遇，下游沿江乡镇、村庄和农田的防洪标准达到10年一遇；防洪水库还可减少进入三峡水库的超额洪量，减轻长江中下游防洪压力。干流通过梯级渠化并结合库尾航道整治，使广元至合川段633千米航道达到Ⅳ级航道标准，合川至河口段95千米航道达到Ⅲ级航道标准。干流略阳以下河段可继续开发荷叶坝、巨亭、阳平关、太白滩、八庙沟、飞仙关、上石盘、利泽场、井口等梯级；略阳以上的225千米河段需进一步充分论证综合利用开发规划方案。以陇南及陕南中低山强度流失区以及嘉陵江中游上段、渠江低山丘陵中度流失区等为重点治理区，以中下游及涪江低山丘陵轻度流失区为重点预防保护区，开展水土保持工作。提出嘉陵江主要支流西汉水、白龙江、渠江、涪江等的规划意见。

8.《嘉陵江流域综合规划》

嘉陵江流域综合治理开发任务为灌溉与供水、防洪、航运、发电、水土保持与水资源保护等。

受地形、水文等条件的限制，嘉陵江上游城乡生活和工业用水考虑从支流引提水，并结合地下水及当地径流解决。中游广元至合川农田集中，已建武都引水工程灌区一期、升钟灌区一期等工程，是嘉陵江流域的重点灌溉区域，拟加快亭子口、罐子坝等水库及灌区工程建设，并规划从都江堰灌区引水、毗河引水等解决流域内生产生活用水不足问题。下游合川至河口，沿江两岸水低田高，应大力发展提水工程，实施北碚灌区续建配套与节水改造。嘉陵江干流沿江防洪以堤防和护岸为基础，通过亭子口水库、草街水库以及支流上的宝珠寺水库、碧口水库和武都水库等拦蓄洪水，加强河道整治，以提高城区防洪能力，并适当兼顾长江中下游的防洪要求。通过梯级渠化，辅以库尾航道的整治，远景嘉陵江干流航道广元至合川段达Ⅳ级，合川至河口段达Ⅲ级，渠江达州至渠江口段达Ⅳ级，涪江绵阳至河口段达Ⅴ级。嘉陵江干流广元以下18级开发方案，即上石盘（468米）—水东坝（458米）—亭子口（458米）—苍溪（373米）—沙溪场（364米）—金银台（352米）—红岩子（336米）—新政（324米）—金溪场（310米）—马回（292.7米）—凤仪场（280米）—小龙门（269米）—青居（262.5米）—东西关（248.5米）—桐子壕（224米）—利泽场（210.7米）—草街（203）—井口（177.5米）。在满足灌溉与供水、防洪和生态保护红线的要求下，有序推进嘉陵江干支流水电开发。全面开展水土流失预防监督、综合治理和自然修复，加强滑坡、泥石流预警系统和水土保持监测网络体系建设。在陇南及陕南中低山强度流失区、嘉陵江中游上段及渠江流域低山丘陵中度流失区，以综合治理和预警预报为主；嘉陵江中下游及涪江流域低山丘陵轻度流失区以预防保护和生态修复为主。加强广元、南部、南充、合川、沙坪坝、江北等城市江段岸边污染带治理，强化水功能管理和饮用水水源地保护，调整产业结构，推行清洁生产，实施工业废水治理、城市污水处理、城市生活垃圾处置，严格排污口整治，通过控制性水利水电工程的联合调度及生态调度，满足河段内敏感区域的生态需水要求，强化水资源保护管理措施。规划将双庙崖、铁笼堡等大中型供水工程，亭子口灌区、武都引水工程灌区二期工程、升钟灌区二期工程、涪江灌

区（重庆）的续建配套与节水改造工程等，双庙崖、固军、黄石盘、高桥、江家口、土溪口等防洪水库工程，凤县、略阳、宁强、广元、南充、广安、达州、绵阳、巴中、遂宁、重庆等重点城市的堤防加固及护岸工程，潼南区涪琼两江连通工程，列为主要近期工程，加强水土流失治理与环境保护，加快利泽场等枢纽的前期工程研究。

六、乌江

（一）流域概况

乌江是长江上游右岸的最大支流，发源于贵州省乌蒙山东麓。有南源三岔河和北源六冲河，两源在化屋基汇合后，流向由西南向东北横贯黔中和渝东南，于重庆市涪陵区汇入长江，干流全长1037千米，天然落差2123.5米，平均比降2.05‰，总流域面积约8.79万平方千米。乌江水系呈羽毛状分布，左、右岸面积基本对称。主要支流有六冲河、猫跳河、湘江、清水河、濯河（唐岩河、阿蓬江）、洪渡河、郁江和芙蓉江等。

流域属亚热带季风气候，年平均降水量1163毫米，降水分布特点是下游大于上游、右岸大于左岸。年内分配是雨季（5—9月）降水量占全年的70%，并以6月最大。乌江流域多年平均年径流量505亿立方米，与黄河相当。洪水主要由暴雨形成，暴雨急骤，汇流迅速，洪水涨落快，峰形尖瘦，洪量集中。

流域总的地势为自西南至东北渐降的梯坡状大斜坡，地形起伏大，类型多，高原和山地占总面积的87%，丘陵占10%，盆地和河谷阶地等占3%，地面最大高差可达2700米。流域内地貌以岩溶地貌为主，侵蚀地貌穿插其间。乌江干流以化屋基、思南为界，分为上、中、下游。

流域内矿产资源丰富，主要有煤炭、铝土、磷、锰、汞、铁、铅、锌等优势矿种。乌江是全国十大水电基地之一。据2003年水力资源复查成果，全流域水力资源理论蕴藏量10226兆瓦，年发电量895.8亿千瓦时，技术可开发总装机容量13994兆瓦，年发电量539.3亿千瓦时。乌江干流规划12级开发方案，除白马梯级在建外，其余梯级均已建成，已开发总装机11100兆瓦，占总装机容量的95%。

乌江流域涉及贵州、重庆、湖北和云南等4个省（直辖市）的10个地级行政区的62个县（市、区）。2016年底流域总人口2122万，其中城镇人口1068万。耕地面积3941万亩，有效灌溉面积868万亩，牲畜1773万头。

乌江是渝、黔、湘、鄂四省、市沿江地区物资进出长江干线的水上运输通道，乌江至涪陵452千米已达Ⅴ级航道标准，常年可通行300吨级及以下船舶；已建梯级中乌江渡枢纽预留了升船机位置，构皮滩、思林、沙沱、彭水、银盘均设计有500吨级船闸或升船机。流域内已初步形成公路、铁路、航空、水运立体综合运输体系。

（二）规划研究过程

新中国成立前，乌江仅在抗日战争时期为航运问题进行过一些河道查勘、地形测量和滩险整治。新中国成立后乌江流域规划研究工作逐步开展。

新中国成立以后，党和政府十分重视水利建设，配合长江流域规划要点报告的编制，在乌江流域开展了大量工作。从1954年开始，西南水利部、长江委上游局、成都院、贵州省水利厅（局）及设计院、第九工程局设计院等有关单位，对乌江干流及支流六冲河、湘江、清水江、余庆河、瓮安河、金沙河、野济河、猫跳河、洪渡河、芙蓉江、六池河等进行了多次普查、查勘及复勘后，提出了相应报告，选择了一批可供建坝的坝址，并提出了河流初步的开发方案。

1959年的《长江流域综合利用规划要点报告》指出："根据乌江流域特点和长江流域规划总的要求，应尽可能在乌江上修建大库容水库，以分担长江的防洪任务，并充分开发水力，供应工农业用电，改善航道条件，以促进流域内外的物资交流。"并推荐以乌江干流乌江渡、构皮滩、洪渡、武隆等主要枢纽组成的开发方案为代表，乌江渡及武隆枢纽为近期开发对象。在此期间，贵阳院、贵州省水利厅及设计院开展了湘江、偏岩河、猫跳河、野济河、六池河、洪渡河、芙蓉江等规划工作，并成功实施猫跳河梯级连续开发，为乌江渡开发以及乌江干流规划等提供了经验。

从20世纪60年代开始，长江委、贵阳院、北京院就开展了芙蓉江江口、乌江下游彭水、乌江鸭池河东风水电站干支流电站的选点、勘测规划设计等前期工作，促进乌江水电开发。

水电部八局设计院在各单位以往工作的基础上，于1973年11月完成了《乌江干流（贵州部分）规划报告》，规划综合利用任务为发电、灌溉、航运、防洪和发展水库养鱼，推荐乌江干流化屋基以下采用淹没损失较少的中、低水头9级开发方案，依次为东风（950米）—索风营（835米）—乌江渡（760米）—长征（构皮滩）（630米）—文家店（445米）—思林（385米）—新滩（360米）—琪滩（320米）—彭水（280米）。

中共十一届三中全会（1978年）以后，在进行乌江重点梯级工程规划和河段规划及专题研究的基础上，根据水电部历年下达的有关计划安排，长办从1981年起，开始全面进行乌江流域规划工作。1983年国家计委下文批复的《长江流域综合利用规划要点报告修订补充任务书》中规定，乌江流域规划由长办负责，并由贵州省乌江流域开发规划领导小组（1982年9月成立）等单位协作。1985年6月，水电部下文要求由长办牵头，会同贵阳院联合提出乌江干流规划报告。长办、贵阳院分别开展了河段规划和专题研究，长办提出了《乌江干流乌江渡至构皮滩河段开发规划报告》1985

年5月)、《乌江干流梯级水库承担长江防洪任务的研究》(1985年7月)、《乌江干流思林至沙沱河段开发规划报告》(1986年5月);贵阳院提出了《贵州省乌江上游规划报告》(乌江渡以上)(1982年12月)、《乌江构皮滩至思南河段开发规划报告》(1986年7月)、《洪家渡河段开发规划报告》(1986年12月)等。在以上工作的基础上,长办和贵阳院于1987年3月共同编制完成了《乌江干流规划报告》,以及水文、地质和河段规划等专题报告。乌江干流11级。由长办和贵阳院呈文共同上报水电部,并向贵州、四川两省人民政府及有关单位分别作了汇报,得到了较高评价。

由于各方重视,规划得到全面实施。在乌江渡梯级已经建设的情况下,乌江干流规划普定、引子渡、洪家渡、东风、乌江渡、索风营、彭水、构皮滩、思林、沙沱、银盘、白马12级开发方案,目前除白马在建外,其余梯级均已建成。

在进行乌江干流规划的同时,流域内有关单位也正进行乌江主要支流的规划,并于1985—1990年,陆续提出了六冲河、野济河、清水江(清水河)、湘江、石阡河、洪渡河、阿蓬江(唐岩河、濯河)、郁江、芙蓉江等河的规划报告。

在以上工作的基础上,长办搜集汇总了贵州、四川、湖北等省有关部门所作的支流规划最新成果及面上国土规划和专业规划资料等,并进行了必要的分析研究补充工作,于1990年4月提出了《乌江流域综合利用规划报告》(征求意见稿)。同年8月,长办在贵阳市召开了"乌江流域综合利用规划工作座谈会",征求对该稿的意见。经局部修改补充后,于1991年12月提出《乌江流域综合利用规划报告》(送审稿)报审。

(三)主要成果简介

1.《乌江干流规划报告》(1987年)

乌江干流的开发任务以发电为主,其次为航运,兼顾防洪、灌溉等。具体安排是:合理开发水能资源,实现梯级连续开发,满足黔川用电,多余电力送华中;利用水库壅水淹没滩险,调节径流增加枯水水深,改善通航条件,特别是要注重发展中、下游航运;在梯级水库中安排预留一些防洪库容,对本流域及长江中游起到一定防洪作用;因地制宜地发展灌溉。此外,还要发展供水、水产等。推荐乌江干流11级开发方案,即普定(1145米)—引子渡(1088米)—洪家渡(1140米,六冲河)—东风(970米)—索风营(835米)—乌江渡(760米)—构皮滩(630米)—思林(440米)—沙沱(360米)—彭水(293米)—大溪口(210米)。全梯级总库容184.1亿立方米,调节库容112.1亿立方米,防洪库容11.7亿立方米,总装机容量8795兆瓦,年发电量436.7亿千瓦时,移民11.6万人,淹没耕地12.9万亩。在乌江干流11个梯级中,东风、普定已建,乌江渡扩建,洪家渡、引子渡、索风营、构皮滩、彭水正建。已建、正建8级总装机容量7675兆瓦,年发电量267亿千瓦时。

2. 《乌江流域综合利用规划报告》

乌江流域的开发任务是发电、航运、灌溉、供水、防洪，以及水土保持和水源保护等。规划目标主要是：①发电。干流规划建 11 个梯级，总装机容量 8795 兆瓦，年发电量 436.7 亿千瓦时；主要 17 条支流规划建 109 个梯级，总装机容量 1900 兆瓦，年发电量 93.3 亿千瓦时。②航运。乌江干流梯级水库规划渠化里程 860 千米，航道等级提高到Ⅴ～Ⅳ级；同时，干流梯级水库回水延伸至各大支流，将促进干支流航运事业的发展。③灌溉。规划到 2000 年新增灌溉面积 175 万亩，到 2020 年灌溉率达到 50%。④供水。规划到 2000 年将使贵阳、六盘水、安顺、遵义等城市和工矿区的日供水量，由 82.9 万吨每日提高到 187.4 万吨每日。同时，还将基本解决山区人、畜饮水问题。⑤防洪。规划乌江干流梯级预留防洪库容 11.7 亿立方米，对乌江本身的防洪有明显作用，对长江中下游防洪有一定作用。位于支流的重要城镇和成片农田，将通过逐步建设、完善防洪工程设施，使防洪问题得到缓解。⑥水土保持。规划到 2000 年使森林覆盖率由 9.9% 提高到 20%～30%，水土流失面积率由 49.3% 降低到 20% 以下。⑦水源保护。规划加强水库区水质、底质的监测，控制和治理污染源；防止水土流失，保持生态环境；在移民安置区制定环境规划；加强库区卫生防疫工作，保护人群健康。⑧其他。规划发展水利旅游，建设以人工湖泊为主的风景名胜区；发展库区水产养殖业，规划年产鲜鱼 0.5 万～1 万吨。

乌江支流开发任务总体上以灌溉和发电为主，兼顾供水、防洪、航运、水产、水利旅游等。支流综合开发的战略目标主要是：兴修水利工程，发展农田灌溉事业，为农业服务，重点解决黔中地区商品粮基地县和乌江中下游地区干旱县的农田灌溉问题；开发水电，逐步实现农村电气化县的目标，重点在主要支流修建梯级水电站，作为地方电网的骨干电源；兴建以供水为主的水利工程，满足城乡用水的要求，重点解决重要城镇、工矿区以及农村人畜饮用水严重困难地区的供水问题；在有防洪要求的重要城镇、工矿区和耕地集中地区的上游，兴建水利水电工程时要预留适当的防洪库容；通过干支流梯级开发且库水位的衔接，改善支流的通航条件。规划在 17 条大支流上进行梯级开发，以满足综合利用要求。

3. 《长江流域综合利用规划简要报告》

乌江干流规划已经被国家批准，其主要开发任务是发电、航运，兼顾防洪、灌溉及其他。干流推荐采用 11 级开发方案，总装机容量 8795 兆瓦，年发电量 436.7 亿千瓦时。乌江梯级渠化后，加上对水库回水变动区的整治与疏浚，通航河段可延伸到乌江渡库区，其中乌江渡坝下到河口段，远景按Ⅳ级航道考虑，乌江渡坝下到白马段，近期按Ⅴ级航道考虑，乌江渡以上航道待进一步研究后确定。近期工程可在构皮滩、洪家渡和彭水枢纽之同选择。

4.《长江流域综合规划（2012—2030年）》

乌江是长江上游右岸一级支流，治理开发与保护的主要任务是发电、供水与灌溉、防洪与除涝、水土保持、水资源保护、航运。乌江干流彭水以下修建银盘、白马等2级水电站，进一步合理开发干流上游和支流水能资源。兴建黔中水利枢纽和赖子河、龙洞湾、岩口等水源工程，开展夹岩、大兴水利枢纽及铜仁乌江提水等水源工程论证工作，解决贵阳、六盘水、安顺、镇雄、咸丰、铜仁、毕节、大方等重要城市缺水问题；完成三峡中部等大中型灌区续建配套与节水改造，发挥黔中等水利枢纽的灌溉效益，建设双桥、大新桥、石峰、花山、窄冲、龙虎、沙河、黔江城北、太极、老窖溪等中型水库。开展六盘水、彭水、武隆、涪陵、黔江等重点城镇防洪达标建设；建设山洪灾害预警预报系统；乌江干流构皮滩、思林、沙沱、彭水等梯级预留防洪库容10.16亿立方米，配合三峡水库分担长江中下游的防洪任务；乌江渡、洪家渡等水库预留防洪库容，满足乌江渡下游防洪需要，减轻洪家渡库尾的防洪压力；进一步加强贵州省洼地排涝工程建设。治理水土流失。航道整治与梯级渠化相结合，使乌江渡坝下至白马551千米航道达到Ⅳ级航道标准，白马以下河段逐步提高至Ⅲ级航道标准；东风枢纽至乌江渡河段以发展库区航运为主，远景研究航道延伸的必要性和可行性。

第三节　中游区

一、清江

（一）流域概况

清江是长江中游右岸的一条较大支流，发源于湖北省恩施州利川市的齐岳山与佛宝山麓凉风垭之间的龙洞沟。自西向东流经利川、恩施、宣恩、建始、巴东、长阳、宜都等7个县市，在宜都城关注入长江，流域面积1.73万平方千米。流域地势西高东低，流域内除利川、恩施、建始3个盆地以及河口附近有少数丘陵、平原外，其余均为中、低山区，山区占流域面积的80%以上。

清江干流全长423千米，总落差1430米。按河谷地形及河道特性，划分为上、中、下3段，恩施以上为上游，恩施至资丘为中游，资丘以下为下游。支流流域面积在1000平方千米以上的有忠建河、马水河、野三河、渔洋河等4条。

清江流域位于副热带季风气候区，多年平均降水量约1460毫米，为长江流域的多雨区之一。清江径流来自降水，径流年内分配不均，雨季（4—9月）降水量约占年降水量的70%。清江流域属鄂西暴雨区，汛期暴雨频繁，主要两个暴雨中心分别位于恩施和五峰附近。清江含沙量较小，多年平均含沙量0.724千克每立方米（搬鱼嘴站）。

流域水能资源丰富，根据2003年水力资源复查成果，全流域水力资源理论蕴藏量为2459兆瓦，干、支流约各占1/2。其中技术可开发量达4096兆瓦，主要集中在恩施以下的干流上。自20世纪90年代以来，流域水能资源得到了全面开发，目前已开发、正开发的电站总装机容量3507兆瓦，占流域技术可开发量的85.6%，其中干流已建或在建水电站11座，装机容量3135兆瓦，占干流技术可开发量的93%。

清江流域涉及恩施州和宜昌市的11个县（市）。流域内总人口289.4万，其中城镇人口46.5万，耕地面积276.6万亩。流域为鄂西老、少、边、穷山区，经济比较落后，以农业生产为主，工业不甚发达。流域形成了公路、铁路、航空、水运立体交通网，清江干流茅坪至隔河岩约75千米河段可通行较大吨位船舶，隔河岩以下至枝城60千米河段能通航10～30吨船舶。

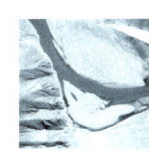

（二）规划研究过程

民国时期，江汉工程局以航道整治为主要目标，对清江进行过一些勘测规划工作。1933年进行过三友坪至河口段水道查勘，1935年在恩施设立了测候站（后增测流量），并于1941年提出了清江整治计划。随后，又对干流作了补充水道地形测量。此外，资源委员会为开发清江水电资源，于1942年进行过干流水力查勘。但清江流域治理开发规划研究在新中国成立后才有计划有步骤地开展。

1954年，长江委首次查勘清江河源和干支流，其中可供研究的坝址有罗家嘴、长岩屋、盐池、拦心河、大马驿、隔河岩、毛家洞、恩施。鄂西铁矿的发现，使清江开发成为迫切任务。1957年，长办先后两次分别组织对长阳下游永和坪坝区及长滩航运梯级查勘，以及清江干流恩施上游大龙潭至清江河口宜都各坝段综合查勘，提出了《清江干流及主要支流查勘报告》（1955年）、《清江干流各坝段查勘报告》（1957年），初步选择地质条件能筑高坝或位置上适于作连接梯级的坝段，以及水工、施工条件较好的长滩、永和坪、隔河岩、芭王沱、长岩屋、盐池、拦心河、龟山河、大马驿等9处坝段组成6组梯级方案供继续研究。

其间还开展了干支流水力资源普查，清江恩施至宜都河段的水文地质、工程地质普查。1957年底，为了迅速开展清江规划设计工作，长办又组织了清江下游隔河岩、永和坪及长滩等3个坝区，花桥、凉水溪分水岭及沿车溪经凉水溪至磨市河的航运路线查勘。组织对各水库（以清江隔河岩、永和坪库区为重点）作经济调查，宜都至恩施的其他梯级作简略调查。

在大量水文、地形地质及社会经济研究工作的基础上，1958年4月，长办向水电部报送了《清江流域规划任务书》，经水电部下文批复，同意以发电、防洪、航运为主进行清江规划工作，并同意以干流盐池以下河段为流域规划的主要范围。要求对几个主要枢纽的开发方案作充分论证后及早提出。1958年9—11月，长办向水电部及湖北省委报送《清江流域规划要点报告》。1959年长办编制的《长江流域综合利用规划要点报告》中提出清江干流治理开发的意见。1960年8月，长办提出《清江流域规划要点报告》（修正稿）。

水电部于1962年、1963年两次发文要求长办提出清江流域规划报告，国家计委批复《湖北省计委报送清江长阳和长滩两水电站设计任务书》中也要求长办首先完成清江流域规划。据此，长办进行了鄂西地区水电规划选点和清江流域规划工作，并于1964年12月提出《清江流域规划报告》。1965年1月，长办向水电部报送了《清江流域规划报告》。

1964年提出《清江流域规划报告》后，长办又对隔河岩水利枢纽做了大量的勘测设计工作，完成了初步设计报告。1965年底，国家计委责成交通、水电、冶金、铁道、地质等部门组织了清江干流综合查勘，研究了铁矿钢厂、交通运输及水电开发，并提出了水布垭、高坝洲与芭王沱、长滩作为比较坝址进行研究。湖北省水利水电规划勘测设计院研究了隔河岩下游衔接梯级，选定了高坝洲坝址代替长滩坝址，并对高坝洲坝址做了地勘补充工作和设计研究。1967年4月，中南（长沙）院等对清江上中游的恩施地区作了水电选点查勘。1970年，长办对清江上游及主要支流进行了选点查勘，查勘选出落水洞、余家河口、天楼地枕、龙头沟、蒋家湾、桐子营、老鹰潭、洞坪、马水河、老渡口、古枫园、松林坪等12个枢纽。

上述规划的深入工作，为清江开发打下了基础。根据国家经济建设的发展，水电部和湖北省人民政府都要求尽早开发利用清江，迅速兴建隔河岩水利枢纽，积极推进上下游梯级电站的规划和勘测设计工作。长办于1982年2月向水利部、湖北省人民政府报送了《清江流域补充规划任务书》，在1964年规划的基础上对流域综合利用规划进行修改补充，1984年11月完成了《清江流域规划补充报告》（初稿），1985年9月和1986年1月两次组织对补充报告进行审查，后于5月提出了《清江流域规划补充报告》。

鉴于在1986年《清江流域规划补充报告》中，清江中游控制性梯级水布垭枢纽的基础资料不全、未能进行必要的钻探工作、论证不够充分等原因，有必要在1964年、1986年规划成果的基础上，充分考虑清江开发的现状，对规划进行补充修订，以确定清江梯级开发的推荐方案及近期工程规模。1992年，水利部水规总院下达了清江流域规划修订任务。与此同时，1992年恩施州委托长江委科协对清江恩施以上干流河段进行了补充规划，提出了《清江上游干流补充规划报告》。其主要成果纳入1993年长江委编制的《清江流域规划报告》（1993年修订稿）之中。

本次《清江流域规划》（修订）上报的清江上游恩施以上河段规划的9个梯级，已建成5个，主要梯级姚家坪、大龙潭枢纽正在加紧进行前期工作，规划重点研究了干流中游河段的开发方案。

（三）主要成果简介

1.《长江流域综合利用规划要点报告》

清江是宜昌至沙市的一条支流，交通很不方便，铁矿和磷矿等矿产资源非常丰富，水力资源理论蕴藏量约1300兆瓦。开发清江水力，对流域内矿产资源的开发、宜昌和沙市地带工业区的建立，以及供应三峡枢纽施工用电都有重要意义。通过改善航运条件，可以满足矿产开采和运输及山区开发的要求。在三峡水库建成前，开发清江是减轻荆江洪水威胁的有效措施之一，在三峡水库建成后，其配合三峡水库控制荆江洪水仍将起到一定的作用。清江干流初步规划在盐池（或芭王沱）、长阳县城上下的长阳隔河岩（永和坪）和下游长滩建坝。隔河岩枢纽综合效益最大，下游的长滩枢纽调节库容和工程规模均较小，有可能在短期内建成来供应工业用电，长阳（隔河岩或永和坪）和长滩均可作为近期开发对象。

2.《长江流域综合利用规划简要报告》

清江干流开发任务为发电、防洪、航运，兼顾其他。干流推荐3级开发方案，总库容85.7亿立方米，装机容量2891兆瓦，年发电量84.9亿千瓦时，淹没耕地3.8万亩，移民4.3万人。方案实现后，干流在恩施以下河段基本渠化，结合对水库回水变动区进行整治或增建航运梯级，可通航300吨级船只，达到Ⅴ级航道标准；还可以减轻下游地区的洪水灾害，对长江干流荆江地区防洪也有一定作用；将促进鄂西地区经济发展。隔河岩和高坝洲两座枢纽推荐作为第一期工程，其中隔河岩枢纽已于1994年竣工，高坝洲枢纽也于2000年建成。

3.《清江流域规划报告》（1993年修订）

清江流域开发任务为发电、防洪、航运等。清江干流梯级按水布垭枢纽取代龟山河枢纽或与龟山河枢纽相衔接组成两种不同方案：

方案Ⅰ：姚家坪（708.8米）—大龙潭（486.8米）—水布垭（405米）—石板溪（200米）（航运梯级）—隔河岩（200米）—高坝洲（80米）。

方案Ⅱ：姚家坪（708.8米）—大龙潭（486.8米）—龟山河（405米）—水布垭（340米）—石板溪（200米，航运梯级）—隔河岩（200米）—高坝洲（80米）。

经综合分析比较，方案Ⅰ总体上能满足规划任务的要求，水资源利用充分，效益巨大；方案Ⅱ则在某些方面（如防洪）不能实现规划任务的要求，水资源利用程度也不甚充分。在经济方面，方案Ⅰ的总折现费用比方案Ⅱ小，单位投入获取的效能比方案Ⅱ高。从充分利用水资源、全面实现流域规划任务、提高投资使用效率出发，推荐采用方案Ⅰ。

清江支流大多流经中高山区，地势陡峻，河谷深切，可能开发的总装机容量仅约340兆瓦，年发电量约17亿千瓦时，其开发任务大多以发电为主兼顾其他，以解决地方工农业用电的需要和少数支流水库区间的航运。

水布垭枢纽是清江流域开发的又一骨干工程，前期工作也相对深入，工程具有多方面的综合利用效益，推荐为近期开发工程。

4.《长江流域综合规划（2012—2030年）》

清江治理开发与保护的主要任务是发电、防洪、供水与灌溉、水土保持、水资源保护和航运。兴建干流上游姚家坪水利枢纽，设置防洪库容0.80亿立方米，续建完成恩施、长阳、利川、宜都等城市堤防工程，使恩施市城区达到50年一遇防洪标准，其他城市城区达到20年一遇防洪标准；姚家坪水库与已建的隔河岩、水布垭、大龙潭等水库联合调度，配合三峡水库调度，提高下游地区的防洪安全，并缓解长江荆江河段防洪压力。因地制宜地建设各类供水水源工程，加快完成已建灌区续建配套与节水改造。合理开发干流上游姚家坪、武胜宫及支流水能资源。治理水土流失。研究建设水布垭梯级通航建筑物和石板溪、纸厂湾航运衔接梯级的必要性和可行性。

二、湘江

（一）流域概况

湘江又名湘水，是洞庭湖水系的最大河流。发源于广西兴安县白石乡海阳山近峰岭，至全州汇入灌江及万乡河，由东安县下江圩进入湖南境内，经永州市萍岛纳入潇水，于常宁县与耒阳县交界处纳入舂陵水，在衡阳市汇入蒸水、耒水，衡山县雷溪纳洣水，株洲县渌口纳渌水，湘潭市纳涓、涟二水，长沙市汇浏阳河与捞刀河，望城区靖港纳沩水，至湘阴濠河口分东西两支于芦林潭又汇合后注入洞庭湖。湘江干流以永州萍岛（支流潇水与湘江汇合口）和衡阳为界，分为上、中、下游。湘江干流全长856千米，流域面积9.46万平方千米。流域地势西南高东北低，上游及流域南部和东部边缘峰峦起伏，中部多为丘陵，北部为冲积平原。湘江支流主要有潇水、舂陵水、蒸水、耒水、洣水、渌水、涟水、浏阳河等。

流域属亚热带湿润季风气候。年降水量1488毫米。流域内主要暴雨区在上游兴安、榕江一带，下游浏阳、醴陵地区，以及支流耒水上游。多年平均径流量665亿立方米，主汛期（4—6月）占全年径流量的47.6%，与降水分配大体一致。

流域内矿产资源丰富，著名的有郴州的煤田、钨、锡、铋、钼矿区，桂阳和常宁的铅、锌等矿区，钨、锑、萤石在国际上享有盛名。据2003年全国水力资源复查成果，全流域水力资源理论蕴藏量4828.2兆瓦，技术可开发装机容量3814.4兆瓦，年发电量190.03亿千瓦时。已相继建成了上桂峡、水晶岗、柳铺、湘江、潇湘、浯溪、湘祁、近尾洲、大源渡、株洲航电等梯级，土谷塘、长沙两个综合利用枢纽正在建设中，已建在建装机容量已达779.7兆瓦，占规划总装机容量的97%。

湘江流域涉及湖南、广西、江西、广东4个省（自治区）79个县（市、区），2013年流域内总人口3581万，耕地面积2740万亩。

湘江自古以来就是湖南省的黄金水道，具有发展水运的良好条件，既是湖南省航道体系的骨干航道，也是沟通长江与珠江两大水系的通道。目前，湘江湖南境内的斗牛岭至城陵矶航道全长773千米，其中Ⅲ级以上航道425千米。

（二）规划研究过程

湘江最早的治水方略，是发展航运。秦始皇派将军监禄开凿灵渠，沟通了湘、漓两江，把长江水系的湘江和珠江水系的桂江连接起来，成为南北水上交通要道，对古代中国的统一、经济联系与文化交流起过十分重要的作用。抗日战争时期，为发展湖南、广西两省水运，在桂江局部河段进行了航道整治。民国三十年（1941年），扬子江水利委员会提出了《整治湘桂水道工程计划》，这是早期的湘桂运河设想。新中国成立后，湘江流域治理开发规划工作才正式开展。

新中国成立初期，湖南、广西省（自治区）水利和航运部门、长江委、长沙院等单位曾多次对湘江干支流进行查勘选坝及相关前期工作。长办于1956年提出《湘江流域规划要点报告》，1959年7月在《长江流域综合利用规划要点报告》中提出湘江开发方向。1960年4月，湖南省水利资源综合利用规划办公室完成的《湘水规划》，初步提出了干支流的开发任务及梯级开发方案。

1980年全国水力资源普查期间，湖南省院在以往工作的基础上，汇总了湘江干支流普查成果，提出湘江流域的开发任务主要为航运与灌溉，其次是发电、防洪；湘江干流开发方案由11级组成，即广西境内的城关（161米）、深福（134.6米），湖南境内的太洲（125米）、青龙矶（97米）、高山庙（88米）、归阳（76米）、近尾洲（66米）、土谷塘（58米）、大源渡（50米）、淦田（43米）、暮云市（33米）等，总装机容量1004兆瓦，年发电量47.1亿千瓦时。在梯级方案中，太洲是"龙头"水库，淹没损失较大，且库区牵涉广西，开发关系较为复杂。

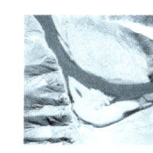

为加强湘江干流梯级开发的前期工作，1977—1985年湖南省院对太洲、青龙矶、高山庙（浯溪）、归阳、近尾洲、土谷塘、萱洲—大源渡、淦田、易家湾—猴子石等9个梯级14个坝段，进行了规划阶段的勘测、水文和规划研究工作，于1986年6月提出了《湘江干流规划报告》及附件《湖南湘江干流规划选点阶段工程地质勘察报告》，并报经湖南省国土局和湖南省计委批准。之后，湖南省院等单位又做过多次河段规划复核。

在支流中，规划工作做得较多的是潇水、耒水、洣水等3条流域面积大于1万平方千米的河流。①耒水。耒水的水力资源居湘江干支流之冠，经多次进行河段规划及规划复核。开发任务以发电为主，兼顾防洪、航运等。拟定以东江为龙头水库的14级开发方案。②潇水。1991年10月，湖南省院在对潇水规划进行复核的基础上提出了《潇水流域规划报告》。1992年9月，湖南省人民政府批复原则同意该规划。潇水的开发任务以灌溉、发电为主，结合防洪、航运等。拟定有以涔天河扩建为骨干工程的8级开发方案。③洣水。1989年12月，湖南省院提出了《洣水流域规划复核报告》，规划洣水的开发任务以发电、防洪为主，兼顾灌溉、航运等。拟定洣水干流逆渡、双湖等14级开发方案。

2011年12月，水利部以水规计〔2011〕673号文批复了《湘江流域综合规划任务书》。按照任务书的要求，长江委组织了流域综合规划编制工作，湖南省院参与了报告的编制。2015年8月、12月，水利部水规总院先后对规划报告进行了审查、复审。水利部以水规计〔2019〕261号文批复了《湘江流域综合规划》。

（三）主要成果简介

1.《长江流域综合利用规划要点报告》

湘江流域开发的主要任务为防洪、灌溉、发电、航运。防洪以达到降低江湖底水位及推迟滨湖沿江垸田排水闸关闸时间，同时解决流域内大片丘陵区以及资水毗邻的衡邵丘陵区灌溉问题。由于干流大多为丘陵平原区，修建高坝淹没影响大，规划干流结合水运要求，修建低水头的渠化梯级枢纽，以改善航运条件和合理开发水力，并规划通过湘桂水运与珠江联系起来。规划潇水的双牌、涔天河，舂陵水的胡溪桥，耒水的东江，涟水的水府庙和汨罗江的屈原，浏渭河的振冲等枢纽经济指标较优越，综合效益大，列为近期开发对象，以满足丘陵区灌溉用水和近期用电要求。

2.《长江流域综合利用规划简要报告》

湘江干支流中下游农田成片，人口稠密，工农业生产在湖南省国民经济中占有极其重要的地位，但防洪标准低，受洪水威胁严重。流域内尚有一些丘陵区，田高水低，水源不足，抗旱能力低，旱象时有发生。湘江洪枯水位变化大，枯水期航深不足，影响航运事业的进一步发展。湘江流域开发任务是防洪、灌溉、航运、发电和水源保护等。规划干支流梯级水库库容大多数都不大，沿岸城镇和农田大多靠堤防保护，应大力进行堤防加高加固和河道整治。在现有灌区配套基础上，规划加高涔天河水库，开发湘南，结合兴建敷溪口和皂市枢纽，发展两片环湖丘陵区灌区；依靠湘江提水，兴建枫树坑水库、犬木塘水库等，解决衡邵丘陵区灌溉。近期主要对湘江下游，开湖航线和湘澧航线的航道进行整治与疏浚，远景结合水利枢纽建设，对中下游枢纽渠化后，达到Ⅴ～Ⅲ级航道标准。远景湘江衡阳以上结合水利枢纽建设渠化后，将开通连接湘、桂两江的湘桂运河。安排建设湘江淦田和近尾洲，支流酉水石堤；洪道整治；完成灌区配套、扩建工程。湘江流域农田灌溉率虽已达82%，但尚有约600万亩农田抗旱能力较低，规划分片解决：湘江中游左岸祁（东）衡（阳）丘陵地区，是衡邵丘陵区的一部分，规划以近尾洲水电站为电源，从湘江干流提水解决；湘江下游右岸长（沙）望（城）丘陵区，是环湖丘陵区的一部分，规划分散兴建水利工程和改变农作物结构解决；支流潇水中游道（县）江（华）宁（远）丘陵区，规划加高涔天河水库和扩建宁远水市水库补充灌溉水源；支流舂陵水上游兰（山）嘉（禾）桂（阳）丘陵区灌溉水源，由分散兴建中小型水利工程解决。湘江干流，规划通过整治结合渠化，近期使松柏至湘潭段达到Ⅴ级航道标准，湘潭以下达到Ⅳ级航道标准；远景衡阳以下达到Ⅲ级航道标准。主要支流，结合梯级开发渠化河道，使中下游河段能通航10～50吨级船舶。远景还规划有沟通湘江与桂江的湘桂运河。湘桂运河线路还需进一步规划研究。

干流梯级开发方案，由于淹没较大，不宜修建高坝水库，应以航运为主结合发电，修建低坝梯级。经研究比较，推荐太洲至易家湾9级开发方案，总装机容量738兆瓦，联合运用年发电量32.3亿千瓦时。近期工程安排建设湘江淦田和近尾洲等水利枢纽。

3.《长江流域综合规划（2012—2030年）》

湘江治理开发与保护的主要任务是防洪与除涝、供水与灌溉、水资源保护、发电、航运、水土保持和水利血防。以堤防工程达标建设和河道整治为主要措施，发挥已建的东江、双牌、涔天河、洮水等水库的防洪作用，适当建设其他干支流防洪水库，使长株潭城市群、其他重点城镇和大片农田达到相应的防洪标准；加强蓄滞洪区安全建设；因地制宜开展山洪灾害防治和中小河流治理；提高易涝区的排涝能力。以解决长株潭城市群、衡阳、永州、娄底、郴州等城市的缺水问题为重点，改建和扩建涔天河、银星、里雅塘、丰收、望仙桥、青年等供水水库，新建梅溪、白石洞、沤菜、五福塘水库等，调整部分水源功能作为城市供水水源，建设县级城市应急水源工程；研究五里峡水库向桂林兴安县城供水及漓江生态补水，相机实施。近期扩建涔天河、欧阳海，新建何仙观、芦洪江、大坝塘、郭家嘴、前山、塞海湖等大中型水库及其配套灌区，

改造国营、甘溪、栗江等大中型提水泵站工程；远期新建马埠桥、两丝、里雅塘、桃园等灌区工程，并结合近尾洲、归阳、浯溪等梯级建设，解决沿江农田的灌溉用水问题。加强水污染治理。主要控制节点湘潭站生态基流满足 207 立方米每秒的要求。干流建设大源屋、白滩河、土谷塘、长沙等综合利用枢纽。优先安排扩建支流潇水的涔天河水库。梯级渠化与航道整治相结合，使松柏至衡阳达到Ⅲ级航道标准，衡阳至城陵矶提高至Ⅱ级航道标准。加强水土流失防治。实施水利血防等综合措施。

4.《湘江流域综合规划》

目前，湘江干流及支流部分城镇防洪标准偏低，下游长株潭城市群沿江城市仅部分保护圈堤防达到设计标准。湘江上游地形起伏大，水源地涵养能力低，工程性缺水严重；中游湖南衡邵干旱走廊的邵阳市、衡阳市、娄底市等大部分地区资源性缺水严重，矿产、工业排污导致水质污染；湘江下游长株潭城市群水质性缺水严重。上中游采矿、工业等导致部分河段水质污染，下游存在工业和城市污废水排污导致水质污染，局部水域污染严重，导致水生态环境恶化，中游区已修建航电梯级，导致鱼类洄游通道受阻。

本轮规划在《长江流域综合规划（2012—2030 年）》的基础上，结合新的形势和要求，对已有规划进行了更新。规划主要任务为防洪与除涝、供水、灌溉、水资源保护、航运、发电、水土保持、水利血防等。

上游区规划通过加强源头地区的水土资源保护与修复，开展湘江主源潇水、湘江西源、春陵水江河综合治理，严格执行水功能区入河排污总量控制方案，并通过建设涔天河、毛俊等源头控制性枢纽，保障下游河段河流生态需水，逐步恢复河流生态服务功能；开展永州等城市的防洪达标工程建设；通过兴建涔天河、毛俊、何仙观、小盘洞水库、弄岩（猫儿岩）引水，提高区域内水资源配置能力，并依托骨干水源新建涔天河、何仙观等一批灌区，提高区域内人民的生产生活水平。

中游区结合兴建资水流域犬木塘水库，新建犬木塘等灌区，配合已有灌区续建配套，解决该区域水资源问题；通过加高加固及新建堤防工程，加强对支流上已建水库的错峰调度，提高该地区的防洪能力；通过严格控制矿产及工业废污水排放，改善中游河段水污染状况，保护珍稀、濒危、特有鱼类及其生境，进行鱼类人工增殖放流和洄游通道恢复，保护水生生境和物种多样性，维护健康的水生态系统。

下游区规划通过加高加固沿江两岸堤防，加强河道整治，结合支流已建水库以及蓄滞洪区建设，保障该区域防洪安全；通过实施湘江干流沿岸工业和生活污水治理，加强支流水污染综合治理，严格执行水功能区入河排污总量控制方案，维持下游河段良好的水资源质量。

三、资水

（一）流域概况

资水河源有西源赧水及南源夫夷水，以赧水为主源，发源于湖南城步县黄马界，两源在湖南邵阳县双江口汇合后始称资水，由西南往北流至烟溪折向东北流，于益阳甘溪港分两支汇入洞庭湖。资水地势西南高东北低，地形以山地和丘陵为主，平原较少，流域面积 2.81 万平方千米。资水干流全长 650 余千米，以小庙头和马迹塘为界，分为上、中、下游。上中游主要为山丘区，山间河谷有武岗、新宁、邵阳、新化等盆地；下游为丘陵阶地；益阳以下为冲积平原区。支流呈羽状分布，主要支流有夫夷水、蓼水、平溪、大洋江、敷溪等 5 条。

流域属亚热带湿润季风气候，年降水量约 1500 毫米。上游六都寨附近和中游柘溪至桃江一带为流域内两大暴雨区。出口控制站桃江站年径流量约 230 亿立方米，4—6 月径流量占全年的 41.6%。干流中下游主汛期为 5—7 月，而柘溪以下洪水则主要发生在 7—8 月，极易与洞庭湖高洪水遭遇，形成益阳、桃江及资水尾闾大洪水。

流域内有驰名中外的锡、锑矿产，是全国有色冶金的重要基地，还有铁矿、铅锌矿和金矿等。资水流域水能资源丰富，与湘江、沅江、澧水流域共同构成全国十大水电基地之一的湖南水电基地。据 2003 年水力资源复查成果，资水流域水力资源理论蕴藏量 1733.42 兆瓦，技术可开发装机容量 1457.2 兆瓦。目前干流已开发、正开发装机容量占干流技术可开发装机容量的 81%。流域已形成公路、铁路运输网，水运以资水干流为主动脉，干流双江口以下可常年通航。

（二）规划研究过程

20 世纪 40 年代，国民政府及湖南省有关部门曾在资水干流勘选筱溪和柘溪两个坝址，并做过一些勘测工作。另外，还提出过开发资水水利的初步计划。新中国成立后资水流域规划工作迅速开展。

新中国成立伊始，即对资水筱溪和柘溪坝址进行勘探、淹没区调查等。1957 年 2 月，为配合长江流域规划要点编制和解决地区用电问题，武汉院和湖南省水利厅共同编制了《资水河流规划报告》，着重研究了资水干流双江口以下河段，初步拟定了资水干流罗家庙、神滩渡、渣洋滩、新化、柘溪、修山 6 级开发方案，推荐柘溪为第一期工程。柘溪水电站于 1958 年 7 月开工，1975 年 7 月竣工，是长江流域最早动工兴建的第一座大型水利枢纽工程。其余梯级包括罗家庙、渣洋滩、修山等因淹没损失大，在以后规划时有重大调整。

1960 年 6 月，长沙院提出了《资水上游流域规划报告》，初步拟定了南源夫夷水和西源赧水的梯级开发方案。上游地区建库淹没损失较少，有条件修建高坝大库。但此次规划未做全面安排，拟定的梯级工程规模较小。

20世纪70年代初，湖南省院对夫夷水规划进行了复核，于1974年3月提出了《夫夷水河流规划报告》（当时以夫夷水为资水主源）。规划提出上游地区开发任务以灌溉为主，结合发电和改善航运；在梯级开发方案中，提出修建两座多年调节大型"龙头"水库，即夫夷水犬木塘梯级和赧水支流平溪洞口塘梯级，具有较大的综合利用效益。

1976年，湖南省院提出了《马迹塘水电站初步设计报告》，工程于1976年12月开工，1983年12月竣工。在马迹塘水电站开工建设的情况下，湖南省院对资水柘溪以下河段规划进行了复核，于1977年提出资水《柘溪下游河段规划复核报告》，主要成果纳入1978年12月完成的《资水河流规划复核报告》。该报告认为，资水干流的开发任务主要是发电、防洪、灌溉，其次是航运。拟定的干流梯级开发方案为：犬木塘（夫夷水，370米）—孔雀滩（222米）—神滩渡（215米）—筱溪（200米）—浪石滩（175米，以上各级为黄海高程）—柘溪（169.5米，吴淞高程）—敷溪口（94米，黄海高程）—金塘冲（64米，吴淞高程，下同）—马迹塘（58米）—白竹洲（51米）—修山（45米）等11级，总装机容量1121兆瓦，年发电量60.4亿千瓦时；预留防洪库容约13.6亿立方米；灌溉农田约230万亩。另在上游支流平溪规划有洞口塘（410米）梯级，调节库容5.8亿立方米，为多年调节水库，可对资水干流梯级进行径流补偿调节。

1990年8月，湖南省院在以往规划的基础上，主要对资水干流双江口至柘溪河段、柘溪至马迹塘、马迹塘以下河段以及资水南源夫夷水、西源赧水两源梯级开发方案进行修订。1995年12月，湖南省院修订提出了《资水流域规划报告》。1996年12月，水利部水规总院会同长江委在湖南长沙召开《资水流域规划报告》审查会，提出了审查意见。1998年，水利部对该规划报告作了批复。

2011年12月，水利部以水规计〔2011〕673号文批复了《资水流域综合规划任务书》。按照任务书的要求，长江委全面组织开展了资水流域综合规划编制工作，湖南省院参与了报告的编制。长江委以长规计〔2015〕407号文将《资水流域综合规划》报送水利部。受水利部委托，2015年8月、12月，水利部水规总院分别对《资水流域综合规划》（送审稿）进行了初审和复审。水利部以水规计〔2019〕261号文批复了《资水流域综合规划》。

（三）主要成果简介

1.《长江流域综合利用规划要点报告》

原则性提出资水的主要开发任务为灌溉、防洪、发电和航运，并将支流夫夷水上的金龙山枢纽，蓼水上的红岩枢纽，干流上的柘溪、金塘冲枢纽等综合效益较大、开发条件较好的工程，拟作为开发对象。

2.《长江流域综合利用规划简要报告》

资水流域开发任务是防洪、发电、航运和灌溉。资水上游是流域主要的干旱地带。赧水流域，已建一批中小型水利工程，加上后建的山门、六都寨两骨干灌溉工程，灌溉问题可基本解决。夫夷水流域，左岸武冈、新宁县境内农田由大圳灌溉工程，右岸规划修犬木塘水库解决。邵水流域，邵东、新邵和邵阳三县，属衡邵丘陵区范围，除在新邵县修枫树坑水库外，亦须纳入犬木塘灌区。资水下游岸和相邻的桃江、汉寿、益阳、沅江、常德等县，属环湖丘陵区，规划修建敷溪口水库引水灌溉。资水尾闾地区有耕地80万亩，人口50万，靠堤垸保护，是防洪重点。目前，通过柘溪水库拦洪，尾闾防洪标准已达20年一遇，规划修建敷溪口水库，加上柘溪水库、预留总防洪库容5.6亿~8亿立方米，实行联合调度，使尾闾防洪标准提高到30年一遇。资水干流航道，目前多滩险，规划结合梯级开发，使中下游河道渠化，航道标准达到Ⅴ级，通过300吨级船舶。干流梯级开发方案，经研究推荐犬木塘至修山11级开发，总装机容量1132.5兆瓦，年发电量60.07亿千瓦时。敷溪口、犬木塘和筱溪列为近期工程。

3.《长江流域综合规划（2012—2030年）》

资水治理开发与保护的主要任务是防洪与除涝、供水与灌溉、水资源保护、发电、航运、水土保持和水利血防等。已建的柘溪水库可提高下游安化、桃江、益阳等城市及堤垸的防洪标准，并可在一定程度上缓解洞庭湖防洪压力；加固和新建干支流堤防，新建金塘冲水库，减轻尾闾地区防洪压力；兴建支流犬木塘、山门、半山（扩建）及木榴等具有防洪作用的水库；实施河道清障、疏浚、卡口拓宽和河势控制等河（洪）道整治工程，山洪灾害防治和中小河流治理，蓄滞洪区安全建设，中下游和尾闾地区排涝泵站及排（撇）洪沟（渠）修建等。改扩建威溪、红岩、车田江等供水水库，新建神滩渡、白宫、周头、元木山、梅花洞水库等。加快解决资水上游衡邵丘陵干旱区和中下游灌溉缺水问题。完成已建灌区续建配套与节水改造，新建犬木塘、金塘冲、史家洲、梅山等灌区，新建秀水、土坪、高山坪、白银、太芝庙等灌溉水源水库和中洲、老虎坝（改造）等蓄提水工程。严格入河污染物排放管理，加强截污减排。保证新宁站、浪石滩、修山坝等满足生态基流（最小流量）要求。结合综合利用，有序开发干支流水能资源。通过梯级渠化与航道整治，改善平口至河口段229千米航道条件。加强水土流失治理。实施水利血防等综合措施。

4.《资水流域综合规划》

资水流域治理开发与保护的主要任务是防洪、除涝、供水、灌溉、水资源与水生态保护、发电、航运、水土保持、水利血防等。

上游干流及主要支流应增建有防洪作用的水库如山门、木榴及半山（扩建）等，加快建设金塘冲防洪水库，配合柘溪水库拦蓄洪水，建立骨干水库联合防洪调度系统，完善防汛指挥调度系统，制定超标准洪水的防御对策和调度运用方案；流域重要城镇及农田应加强防洪护岸工程建设，重点加强中上游邵阳市及新宁、武冈、邵阳、邵东、新邵、冷水江、新化、安化、洞口、隆回等城市、重要城镇及沿岸大片农田区的堤防护岸工程建设，继续完善中下游桃江、益阳等城市及主要圩垸的堤防建设；开展尾闾地区3个蓄滞洪区（花果山、牛潭河、新桥河上垸）的安全建设；整治干支流河道，重点治理桃江以下尾闾洪道，改善河道过流能力；加快推进中小河流治理；山洪防治应坚持以防为主、防治结合，以非工程措施与工程措施相结合的治理原则；坚持排、滞、蓄、截相结合，加强重点涝区治理，形成"自排、调蓄、电排"相结合的除涝体系；完善防洪非工程措施。

加强城乡供水体系建设，规划新建湖南的犬木塘（神滩渡坝址）、金塘冲大型水库，新（扩）建白宫、元木山、梅城、滔溪、罗溪（扩建）等中型水库，加强灌区续建配套和新建。规划资水航道邵阳至益阳440千米为Ⅳ级航道，益阳至甘溪港12千米为Ⅲ级及以上航道。

资水流域水生态环境总体良好，局部存在水生态环境差和呈逐步恶化的趋势。应以水环境承载能力和水生态承受能力为基础，加强水资源保护，强化水生态环境保护与修复，加强水土保持和水利血防，维护好流域水生态环境。

四、沅江

（一）流域概况

沅江亦名沅水，发源于贵州省都匀市境内的云雾山。主源（南源）为龙头江，亦称马尾河；北源出自平越大山，称重安江。南北两源于汊河口汇合后称清水江，东流至湖南省黔城，与潕水汇合后始称沅江，至沅陵折向东北流，经常德市德山进入尾闾后注入西洞庭湖。流域地势自西南向东北倾斜，境内山地面积分布较广。流域面积8.98万平方千米，其中湖南省占58.1%，贵州省占33.67%，重庆市占5.16%，湖北省占2.98%，广西壮族自治区占0.02%。

沅江干流全长1028千米，天然落差1462米，平均比降1.42‰。干流洪江市以上为上游，属中、高山区，河流穿越深切峡谷，只有极少数山间盆地，如都匀盆地；洪江至凌津滩为中游，主要流经山丘区，并发育有洪江、安江和叙浦等盆地，沅陵至五强溪长90千米河段为大峡谷；凌津滩以下为下游，河谷开阔，阶地发育，桃源以下进入滨湖冲积平原。沅江支流众多，呈羽状分布，主要支流有渠水、潕水、巫水、溆水、辰水、武水、酉水等。

沅江流域年降水量1100～1500毫米。沅江径流主要由降水产生，出口控制站桃源站年平均径流量628亿立方米。沅江汛期为4—8月，汛期入洞庭湖洪量占年径流量的66%～70%。沅江是长江中下游洪水的主要来源之一，其主汛期（6—7月）与长江主汛期（7—8月）部分重叠，洪水经常遭遇，并造成洞庭湖区和沅江尾闾的严重洪灾。

沅江流域是全国的重点林区之一，矿产以汞矿最为著名。据2003年全国水力资源复查成果，全流域水力资源理论蕴藏量6995兆瓦，技术可开发装机容量7467兆瓦，年发电量301.5亿千瓦时。截至2013年底，已开发各类水电站1160余座，装机容量约6146兆瓦，多年平均发电量约234亿千瓦时，分别约占技术可开发量的82%（装机容量）、78%（年发电量）。

沅江流域共涉及64个县市，2013年流域总人口1517万，其中城镇人口600万，耕地面积1866万亩。

沅江是湘西和黔东南地区通往长江及沿海城市的重要水路通道。沅江干流五强溪、凌津滩、桃源梯级建有可通行500吨级船舶的船闸，且梯级枢纽水位衔接，但船闸下游引航道及库尾仍存在局部碍航；白市和托口梯级的通航设施为Ⅶ级标准；洪江梯级通航设施仅为Ⅴ级标准，其他枢纽尚未建设通航设施。

（二）规划研究过程

1946年7月，湖南省决定"组设沅资流域规划发展委员会，办理沅、资二水流域之全部水利事宜"。该会成立后，曾做了一些测量和设计工作，提出了开发沅、资两水水利的初步计划。

新中国成立后，沅水流域规划工作才正式开展。

1952年，燃料工业部中南水力发电勘测处（先后改名为武汉水力发电设计院、长沙勘测设计院、中南勘测设计院）、湖南省水利局和长江委洞庭湖工程处合作，对辰塘溪、五强溪等坝址作了初步勘探，并补选了干流鹭鸶滩和铜湾坝址，施测洞庭湖区地形图，提出了《沅江综合利用初步开发方案》报告。1953年，贵州省水利厅查勘沅江上游清水江（清水河），提出了《清水河流域规划报告》。1954年，长江委进行了沅江干支流水库经济调查。通过以上工作，为进行《沅江流域规划》和《长江流域综合利用规划要点报告》做了必要的资料准备。

1955年，电力工业部指示武汉院与湖南省水利厅合作，全面开展沅江流域规划的前期工作。1956年初，电力工业部下达《沅江综合利用规划报告技术任务书》，确定沅江开发的主要任务为防洪及发电，结合解决航运及灌溉等综合利用任务。同年

9月，武汉水电设计院与湖南省水利厅共同完成《沅江流域规划报告》，初步拟定沅江干流中下游梯级开发方案为4级，即鹭鸶滩（240米）—安江（170米）—五强溪（160米）—凌津滩（50米）。推荐五强溪枢纽为第一期工程。规划还对沅江上游清水江及支流渠水、潕水、辰水、武水、酉水提出了梯级开发方案。

在完成《沅江流域规划报告》的基础上，有关单位先后对沅江干支流分别进行规划复核，提出了开发任务、梯级开发方案及近期工程，并着手进行治理开发，兴建了一批水利水电工程。1958年，贵州省水利局完成了《清水江流域规划要点报告》。武汉水电设计院1959年7月完成了《溆水河流规划报告》，1960年完成了《巫水河流规划报告》。长沙勘测设计院1967年4月完成了《清水江河流规划报告》《湘西酉水干流开发报告》，1968年12月完成了《潕水河流规划复核报告》。湖南省院1971年5月完成了《巫水流域规划报告》，9月完成了《渠水流域规划报告》，1972年8月完成了《武水流域规划报告》，1975年4月完成了《辰水流域规划报告》。水电部第九工程局设计院1973年完成了《贵州省黔东南清水江河流规划报告》。

1972年10月，湖南省院完成沅江干流规划复核工作，提出了《沅江干流中下游规划复核报告》。该报告在考虑原干流中下游规划中的五强溪和鹭鸶滩两高坝方案的库区时，已分别修建了酉水凤滩水电站（下游尾水位为115米）和湘黔、枝柳两条铁路，在鹭鸶滩梯级已不成立和五强溪梯级正常蓄水位须降低的情况下，对原中下游梯级开发方案及五强溪正常蓄水位作了重大调整，且沅江开发任务由"以防洪为主"变为"以发电为主，兼有防洪、航运效益"。防洪仅限于满足干流沿岸及下游尾闾的防洪要求，不再考虑洞庭湖区和长江中下游的防洪要求。因此，沅江干流中下游开发方案亦由4级调整为5级，原规划的五强溪正常蓄水位由160米降低为115米，与酉水凤滩尾水位相衔接，鹭鸶滩和安江两级取消，以庙溪、洪江、虎皮溪3级代替，最下一级的凌津滩保留，即庙溪（247米）—洪江（191米）—虎皮溪（160米）—五强溪（115米）—凌津滩（50米）。总装机容量1710兆瓦，年发电量96亿千瓦时。全梯级中的五强溪为下游防洪预留防洪库容30亿立方米。第一期工程仍推荐五强溪枢纽。

五强溪枢纽具有较大的综合利用效益，但库区淹没损失严重，以致正常蓄水位迟迟难以确定，并影响干流梯级组合。1983年9月，中南院提出的《五强溪水电站初步设计修改报告》，推荐108米，防洪库容仅为13.6亿立方米；同年10月，水电部会同湖南省审查通过该报告，五强溪工程规模至此正式确定。1979年底，五强溪工程开始进行施工准备，后暂停。在工程规模经最终审定后，于1986年9月复工，1994年12月第一台机组投产并网发电，1996年底基本建成。五强溪枢纽工程规模的确定以及动工兴建，为1987年再次进行沅江流域规划创造了条件。

为配合长江流域综合利用规划修订，在已有资料和开发现状的基础上，中南院于1985年提出了《沅江流域规划意见》，推荐的沅江干流梯级开发方案为：宣威（689.5米）—旁海（567米）—平寨（543米）—疗洞（510米）—三板溪（490米）—挂治（325米）—远口（300米）—白市（270米）—托口（245米）—洪江（190米）—安江（170米）—虎皮溪（150米）—大伏潭（125米）—五强溪（108米）—凌津滩（50米）等15级。各主要支流开发方案，系按20世纪80年代以前规划成果编列。提出的干支流关键枢纽为五强溪、凤滩、石堤及三板溪。

1987年，水利部水规总院下达沅江补充规划任务。根据水利部水规总院的上述安排，中南院与湖南省院进行了规划分工。中南院负责干流规划，1986年已完成酉水和清水江（沅江上游）规划；其余主要支流包括潕水（中下游）、渠水、巫水、辰水、武水、溆水，由湖南省院负责规划。在沅江干支流同步开展规划工作的基础上，中南院于1989年3月汇编完成了《沅江流域规划报告》（湖南省境内）。1990年10月，水利部水规总院和湖南省计委在长沙主持《沅江流域规划报告》（湖南省境内）审查会，并提出了审查意见。同年12月，湖南省人民政府在《关于沅江河流（湖南省境内部分）规划报告的批复》中称："沅江河流开发要……按照发电、防洪、航运与放木、灌溉、供水，兼顾其他的方针。""同意规划报告推荐的梯级开发方案，近期内要抓紧会议纪要中推荐的凌津滩等8个中型水电站的前期准备工作，力争早日立项兴建。""应积极配合贵州、四川（现重庆）两省的工作，促进（三板溪、石堤）两电站的早日开发。"

2011年6月，水利部以水规计〔2011〕314号文批复了《沅江流域综合规划任务书》，长江委组织开展沅江流域综合规划编制工作，完成了《沅江流域综合规划》上报水利部。2015年3月，水利部水规总院在北京对《沅江流域综合规划》（送审稿）进行了审查，提出了审查意见。2016年，水利部办公厅以《关于征求对沅江、贺江流域综合规划意见的函》（办规计函〔2016〕304号文）征求了国务院各部委意见。2018年11月，《沅江流域综合规划环境影响评价报告书》正式通过了生态环境部组织的审查。

（三）主要成果简介

1.《长江流域综合利用规划要点报告》

沅水主要开发任务为防洪、灌溉、发电、航运。防洪以解除其尾闾地区洪灾，并提高洞庭湖区和城陵矶以下两岸地区的防洪能力，五强溪不仅能有效地控制沅水洪水，对改善沅江航运条件亦有显著作用，发电装机位居长江中下游各支流枢纽之首。鹭鸶滩和五强溪枢纽综合效益大。

2.《长江流域综合利用规划简要报告》

沅江流域开发任务是发电、防洪、航运与环境保护。沅江尾闾有耕地159万亩，

人口 106 万，全靠圩堤保护，防洪标准只有 5～10 年一遇。支流酉水凤滩和干流五强溪枢纽建成后，预留总防洪库容 16.4 亿立方米，尾闾防洪标准将有较大提高。为了进一步提高尾闾防洪标准、减少洞庭湖区分蓄洪任务，五强溪枢纽考虑到现有设计和施工状况，宜适当抬高坝顶高程，预留超蓄防洪库容。三板溪枢纽预留防洪库容 2.5 亿立方米，能削减安江洪峰流量 3200 米每秒。沅江干流航道，梯级全部开发渠化以后，桃源以下为Ⅳ级航道，大江口至桃源为Ⅴ级航道，上游清水江为Ⅵ级航道。近期工程安排建设沅江凌津滩、凤滩（扩机）、支流酉水石堤和清水江三板溪等水利枢纽。完成大圳等灌区配套扩建工程。

3.《沅江流域规划报告》（湖南省境内）

该报告提出的沅江开发任务为：以发电为主，兼顾防洪、航运、灌溉、供水等。推荐以三板溪和五强溪为骨干工程的沅江干流梯级开发方案是：革东（510 米）—三板溪（475 米）—挂治（325 米）—远口（300 米）—白市（270 米，以上贵州省境内）—托口（245 米，黔湘界河梯级）—江市（205 米，以下湖南省境内）—洪江（190 米）—安江（165 米）—铜湾（150 米）—清水塘（138 米）—大伏潭（130 米）—鱼潭（115 米）—五强溪（108 米）—凌津滩（50 米）共 15 级。这一方案与 1972 年沅江中下游梯级开发方案相比较（不含贵州省境内），五强溪正常蓄水位由 115 米降低为 108 米；五强溪以上 3 级调整为 8 级，以减少淹没损失。规划推荐三板溪、凌津滩和洪江枢纽为近期工程。

清水江革东以上河段，贵州省黔东南州水电设计院曾做过水力资源普查及复查工作，初步拟定以宣威和平寨为骨干工程的开发方案为：新寨（723.6 米）—兴隆（703.7 米）—宣威（689.5 米）—龙王洞（627 米）—龙果（619.1 米，已建）—下同（611.97 米）—清新（587.6 米）—平寨（567 米）等 8 级。总装机容量 83 兆瓦，年发电量 4.8 亿千瓦时。

沅江最大支流酉水，流经湖北、重庆、湖南 3 个省（直辖市）边陲。1984 年和 1986 年，中南院先后提出了《酉水河流规划报告》《酉水河流规划报告补充意见》。在此基础上，规划提出酉水的开发任务主要是发电，兼顾其他，推荐以石堤为骨干工程的开发方案为：湾塘（423 米）—塘口（389.6 米）—石堤（370 米）—碗米坡（260 米）—凤滩（205 米，扩机）—高砌头（115 米）等 6 级。在规划实施过程中，对酉水部分梯级开发方案进行了调整，相应为湾塘（423 米，已建）—塘口（389.6 米）—纳吉滩（百福司，370 米）—大溪口（343 米）—石堤（320 米）—碗米坡（248 米）—凤滩（205 米）—高滩（高砌头，118 米）等 8 级，全梯级总装机容量 1516 兆瓦，年发电量 48.5 亿千瓦时。

沅江第二大支流潕水，上游贵州省境称潕阳河，中下游湖南省境称潕水。其开发任务以发电为主，兼顾灌溉、防洪和航运等。1991年12月，湖南省院提出了《潕水河流规划报告》（湖南省境内），规划提出采用低水头、坝式开发方式，推荐罗家寨（鱼市）等10级开发方案，当时已建6级。1992年12月，贵州省院提出了《贵州省潕阳河干流水电规划报告》，规划推荐两岔河等23级开发方案，当时已建11级。潕水开发共33级，总装机容量279兆瓦，年发电量12.8亿千瓦时。

4.《长江流域综合规划（2012—2030年）》

沅江治理开发与保护的主要任务是防洪与除涝、供水与灌溉、水资源保护、发电、航运、水土保持和水利血防。凤滩、托口等水库分别设置防洪库容2.8亿立方米和2.0亿立方米，五强溪水库防洪库容由现状的13.6亿立方米扩大至17.05亿立方米，新建支流防洪水库；加高加固干支流重点城镇及尾闾地区的堤防；整治五强溪以下干流河道；开展车湖、陬溪、木塘等蓄洪备用区安全建设；进行山洪灾害防治和中小河流治理；修建排涝泵站及排（撇）洪沟（渠）等。新建、扩建嘎醉河、鸡鸠、响水坝、高车、枫树屯、台雄、托口等综合利用水库；在已建灌区续建配套的基础上，新建潕水、武水等灌区，新（扩）建枫香坳、罗家坪、红旗、五龙溪、龙口、竹园、椰树坪、竹林坪、深子湖、黄土溪、王家坝等水库和麻河口提水工程，解决灌溉缺水问题。加强水资源保护，控制沿河污染物排放量。沅江干流建设甲鸟、格老、卡乌、下司、旁海、平寨、施洞、廖洞、革东、安江、渔潭、桃源等梯级水电工程。通过改（扩）建铜湾、凌津滩等梯级通航建筑物，修建白市、托口等梯级，结合航道整治，使三板溪至常德667千米达到Ⅳ航道标准，常德到鲇鱼口192千米达到Ⅲ级航道标准。加强湘西武陵山区和沅（陵）麻（阳）红岩盆地等水土流失预防监督和综合治理，以及中下游低山丘陵水土流失预防保护，实施水利血防等综合措施。规划还提出潕水和酉水等主要支流规划意见。

5.《沅水流域综合规划》

沅江流域的开发任务为防洪与治涝、供水与灌溉、水资源与水生态环境保护、航运、发电、水土保持和水利血防。

规划修建宣威、卡龙桥、杨柳街等水库及灌区续建配套与节水改造工程，提高区域用水保证率；尾闾丘陵河谷平原区重点实施大中型灌区续建配套和节水改造工程，建设一批沿河引提工程缓解缺水矛盾。

规划修建大兴寨大型水库，扩大五强溪水库防洪库容，通过干支流防洪水库联合拦蓄洪水、加固新建堤防及护岸、河道整治、中小河流及山洪治理等措施，提高区域整体防洪能力。

加强水污染治理，实施饮用水水源地保护，采用梯级电站生态调度等多种措施保

障河湖生态需水及河流连通性，维系并逐步恢复河流生态服务功能，重点保护洪江以上支流大鲵和流水型鱼类及其栖息生境。加强尾闾区域血防工程治理。加强上游主要支流重点区域水土流失治理。

沅江三板溪至常德667km为Ⅳ级航道，常德至鲇鱼口192km为Ⅲ级航道。采取梯级建设与航道整治相结合的措施，全面加快沅江高等级航道建设步伐。在充分保护河流生态环境的基础上，适时改（扩）建或新建三板溪、白市、托口、洪江等已建梯级的通航建筑物。

沅江干流不再规划以单纯发电为目的的水电站，严格控制支流水电开发强度。

五、澧水

（一）流域概况

澧水源头有南源、中源和北源。北源（主源）发源于湖南桑植县杉木界。三源汇合后，南流至张家界市（大庸）附近折向东流，干流以桑植、石门为界，分为上、中、下游，在小渡口进入尾闾，再南流经七里湖，于南嘴注入西洞庭湖。地势为西北高东南低。澧水干流全长约390千米，天然落差约620米，平均比降1.59‰，流域面积约1.86万平方千米。上游沿岸多高山，峡谷壁立，河床陡峻，滩多水急。中游河道大部分流经丘陵地区，沿河峡谷与盆地相间。下游河谷开阔，阶地发育。小渡口以下进入洞庭湖冲积平原。支流流域面积在3000平方千米以上的有溇水和渫水两条。

澧水流域属亚热带季风湿润气候，年均降水量1165～1924毫米，上、中游比下游丰富，其值在1363～1924毫米，下游只有1165～1270毫米。干流石门站多年平均年径流量146亿立方米，5—7月径流量占全年径流量的49.5%。流域北部五峰、鹤峰一带是长江中游有名的暴雨区，干支流洪水往往遭遇。澧水洪水又常在尾闾与长江经由松滋口入湖的洪水遭遇，更加重了对湖区堤垸的洪水威胁。1935年特大洪水时，出口控制站三江口流量达3.03万立方米每秒，洪灾惨重，死亡3万余人。新中国成立后，澧水多次出现超过尾闾洪道安全泄量的洪水，防洪问题比较突出。

流域内矿产资源主要有雄黄、磷矿、铁矿、岩盐、石膏等。森林资源较丰富。据2003年全国水力资源复查成果，澧水流域水力资源理论蕴藏量1817兆瓦，技术可开发量2387兆瓦，年发电量72.1亿千瓦时。澧水干支流已（在）建水电站装机容量达到流域水力资源技术可开发量的42.1%，干流已完成11级开发，支流溇水和渫水亦完成部分梯级开发，流域内已建成具有较大防洪作用的溇水江垭水库和渫水皂市水库，集水面积分别为3711平方千米和3000平方千米，防洪库容分别为7.4亿立方米和7.8亿立方米。

澧水流域牵涉湖南、湖北两省13个县、市、区，流域总人口351万，耕地面积363万亩。

澧水干支流常年通航里程为432千米，是湖南省的重要通航河流，是桑植、张家界、慈利、石门、澧县、津市等地区对外物资交流的主要通道，现状航道等级较低，通航条件较差，仅澧县至津市14千米航道通航较好，常年可通航100～300吨级船舶。

（二）规划研究过程

新中国成立后，长江委、湖南省院、长沙院等单位先后对澧水干流及主要支流溇水、渫水等进行了勘测、规划及设计工作。1958年10月，湖南省水利局完成《洞庭湖水系流域规划要点报告》，提出了澧水流域的初步规划。该规划成果纳入1959年长办编制的《长江流域综合利用规划要点报告》中："修建干流的沙刀湾、仙街河，支流渫水的皂市，支流溇水的长潭河等枢纽后，共有有效库容53.1亿立方米，使下游防洪问题得到基本解决。其中皂市枢纽有效库容11亿立方米，可使渫水的洪水得到控制。开发的电力可供附近工矿企业用电的急需，并可改善矿产运输条件，可选作近期开发对象。"皂市（160米）枢纽1960年曾一度动工兴建。

1960年4月，长沙院、湖南省院提出《澧水流域规划简要报告》，拟定流域开发任务以防洪为主，结合灌溉、发电、航运。规划的主要梯级有澧水干流渔潭口（350米）—村家岩（255米）—沙刀湾（155米）—溇水长潭河（190米）—渫水皂市（155米）等。总库容80.8亿立方米，防洪库容22.5亿立方米，总装机容量828兆瓦，淹没耕地达13.8万亩。推荐皂市等枢纽为第一期工程。

1966年11月，湖南省院提出了《澧水流域规划报告》（底稿），拟定开发任务以中小水电开发及防洪为主，将一些梯级水位降低，并考虑溇水长潭河水库淹没损失大，改用江垭替代长潭河作为溇水及澧水的防洪控制工程。规划的主要梯级有澧水干流渔潭口（350米）—村家岩（250米）—沙刀湾（140米）—溇水江垭（220米）—渫水皂市（132米）等。总库容35.4亿立方米，防洪库容12.8亿立方米，总装机容量480兆瓦，淹没耕地8.4万亩。根据当时国民经济和三线建设形势，推荐的近期工程为一些"短、平、快"的中小型工程。

1980年，湖南省院对1966年规划进行了复核，并将开发任务定为以发电、防洪为主，结合当时进行的全国水力资源普查，提出了新的梯级开发方案。干流拟定8级开发方案，即洪家拦（395米）—渔潭口（300米）—村家岩（250米）—沙刀湾（140米）—茶林河（81米）—三江口（69.2米）—青山（48.2米）—艳洲（40.2米）；另外在中源布置了岩屋口（420米）。9级总装机容量451兆瓦，年发电量21亿千瓦时。支流溇水的开发以发电—防洪为主，梯级方案为淋溪河（470米）—江垭（230米）—

石厂河（115米）3级，总装机容量598兆瓦，年发电量24.9亿千瓦时。溇水提出皂市（153.2米）梯级，电站装机容量136兆瓦，年发电量5亿千瓦时。干支流13个梯级共有总库容89.8亿立方米，防洪库容13亿立方米，总装机容量1185兆瓦，年发电量50.9亿千瓦时。推荐江垭和皂市枢纽为第一期工程。

1985年6月，湖南省院提出了《澧水流域规划意见》，以配合长江流域规划修订工作。规划意见拟定的澧水开发任务为防洪、发电、航运和灌溉等。提出干支流洪家栏、花岩和江垭及皂市等19级开发方案，共有总库容101.7亿立方米，防洪库容14亿立方米，总装机容量1870兆瓦，年发电量58.7亿千瓦时。推荐江垭枢纽为第一期工程。

1986年起，湖南省院重新开展澧水流域全面的综合利用规划工作。1991年4月，湖南省院正式提出《澧水流域规划报告》，年底水利部在北京开会审查通过。审查意见中要求对溇水淋溪河以上开发方案再进行研究，并要求皂市水利枢纽的正常蓄水位应研究在125米基础上抬高。会后，水利部将审查意见上报国务院。1992年4月，国家计委批复，原则同意《澧水流域规划报告》及水利部的审查意见。江垭水利枢纽于1995年7月开工，1998年实现首台机组发电及初步发挥防洪作用，1999年底基本建成。皂市水利枢纽设计由长江委承担，正常蓄水位由125米提高至140米，项目建议书于2000年9月经国务院批准，可行性研究报告于2001年7月通过中咨公司评估，该工程2002年底开工。

澧水淋溪河以上河段规划，由长江委作补充研究，于1994年5月提出《澧水干流淋溪河以上河段规划报告》，推荐由淋溪河（480米）一级开发改为江坪河（480米）、淋溪河（286米）两级开发方案，1996年5月经水利部水规总院审查通过，同年11月经水利部批准。澧水淋溪河以上河段跨湘、鄂两省，两省对该河段的开发意见不一，矛盾突出，故方案难以确定。长江委承担该河段的规划任务后，重视与地方的协调，所提出的河段规划方案合理、可行，解决了多年来存在的跨省界河流的规划难题。由于该规划应用效益显著，曾获1998年度水利部科技进步三等奖。

2002年12月，根据长江委及湖南省水利厅下达的计划安排，湖南省院编制完成了《澧水流域水利规划后评价报告》。该报告以《澧水流域规划报告》为规划后评价对象，研究和分析规划实施过程中和实施之后暴露出的问题及经验教训。

（三）主要成果简介

1.《长江流域综合利用规划要点报告》

澧水属暴雨区域，6—7月澧水与长江洪水经常发生遭遇，且尾闾洪道与松滋口来水互相顶托干扰，致使洪灾频发。流域内人口和耕地相对集中，干支流水力资源理论蕴藏量达 1390 兆瓦，通航水道约 846 千米，占干支流水道总长的 44%，但滩多水急，矿产以磷矿为主，亟待开发。规划修建干流的沙刀湾、仙街河，支流溇水的皂市，支流溇水的长潭河等枢纽后，可基本解决下游的防洪问题，其中皂市枢纽有效库容 11.0 亿立方米。开发的电力可供附近工矿企业用电急需，并可改善矿产运输条件，可选作近期开发对象。

2.《长江流域综合利用规划简要报告》

洞庭湖水系规划任务是防洪、发电、灌溉、航运与水利卫生。澧水结合防洪，兴建控制性枢纽。远景结合水利枢纽建设，对澧水中下游枢纽渠化后，达到Ⅴ～Ⅲ级航道标准。近期安排建设澧水江垭、皂市和宜冲桥等水利枢纽；重点垸堤防加高加固，蓄洪区的安全设施建设和堤防加固除险，澧水洪道整治；完成灌区配套、扩建、新建工程。

澧水流域最突出的问题是洪灾严重。澧水洪水峰高势猛，陡涨陡落，且常与长江洪水遭遇，江湖水位互相顶托，造成尾闾地区严重洪水灾害，当时防洪标准只有 2~3 年一遇。澧水流域水能资源也较丰富，可结合防洪开发水能资源。因此，澧水流域开发任务是防洪、发电、航运、灌溉与水土保持。规划在干支流修建凉水口、宜冲桥、皂市和江垭等水库，预留总防洪库容 15.94 亿立方米，进行水库联合调度，可使防洪标准有较大提高。干流拟定了 17 种梯级开发方案，总装机容量 614.3 兆瓦，年发电量 22.94 亿千瓦时。支流溇水拟定有淋溪河和江垭等 4 个梯级，溇水规划有皂市枢纽。江垭枢纽水库总库容 15.7 亿立方米，防洪库容 3 亿立方米，可削减三江口洪峰流量 400~3600 立方米每秒，防洪、发电等综合利用效益巨大。澧水干流当时在桑植以下只能通航小吨位船只，规划通过整治结合渠化，使新安至津市小渡口达到Ⅴ级航道标准，通航 300 吨级船舶，桑植至三江口通航 50~100 吨级船舶。远景结合水利枢纽建设，对澧水中下游枢纽渠化后，达到Ⅴ～Ⅲ级航道标准。流域内农田灌溉，上中游依靠兴建中小型水利工程解决；下游临澧、澧县和常德部分农田灌溉，由修建皂市等干支流水库解决。近期安排建设澧水江垭、皂市和宜冲桥等水利枢纽；重点垸堤防加高加固，蓄洪区的安全设施建设和堤防加固除险，澧水洪道整治；完成灌区配套、扩建、新建工程。

3.《澧水流域规划报告》（1992 年）

澧水流域的开发任务，以防洪为主，兼顾灌溉及供水、发电、航运、水土保持和旅游等。

在防洪方面，要在整治疏浚河道、维护行洪能力的基础上，采取堤防、水库和分蓄洪区相结合的综合性防洪措施。石门以下松澧地区及澧水沿岸主要城镇，近期按

20年一遇防洪标准进行治理；远景随着干支流梯级开发和长江三峡工程的兴建，逐步提高到防御50年一遇洪水的标准。遇类似1935年洪水时有对策措施，防止发生毁灭性灾害。近期由干支流骨干水库承担防洪库容共计17.7亿立方米，其中溇水江垭水库7.4亿立方米，溇水皂市水库7.8亿立方米，澧水干流宜冲桥水库2.5亿立方米。在上游梯级枢纽分别设置适当的防洪库容的基础上，还应积极采取非工程措施，保障澧水沿岸主要城镇桑植、大庸、慈利、石门等防洪安全。松澧平原地区的排涝主要依靠电力抽排，结合内湖调蓄进行治理。上中游山丘区，开展现有工程配套，新建小型水利工程及利用梯级水库就近灌溉，下游环湖丘陵区采用提水灌溉，逐步增加流域的有效灌溉面积，解决松澧地区春旱时人畜饮用水问题。大中小型并举开发干支流水能资源。规划澧水干流小渡口至三江口为Ⅴ级航道，三江口至张家界市为Ⅵ级航道，溇水为Ⅶ级航道，进一步研究确定干支流其他可通航河段及溇水采用Ⅵ级或Ⅶ级通航标准，干支流梯级要结合航运要求，按规划标准建设过船设施，梯级水位要尽可能衔接，为发展航运创造条件。

澧水干流分为16级：凉水口（420米）—贺龙（305米）—八斗溪（257.8米，已建）—鱼潭（250米，已建）—花岩（204米）—木龙滩（166米，已建）—红壁岩（155米）—黄家铺（148米）—宜冲桥（140米）—岩泊渡（105米）—茶庵（95.5米，已建）—慈利（城关，87米，已建）—茶林河（81米，已建）—三江口（69.2米，已建）—青山（48.2米，已建）—艳洲（40.2米，已建）。另外，中源有一级新街（420米）。共计17级，已建9级。总库容约15.7亿立方米，总装机容量577兆瓦，年发电量21.6亿千瓦时。

支流溇水原规划4级，经长江委研究后改为5级：江坪河（480米）—淋溪河（286米）—江垭（236米，已建）—关门岩（126.5米）—长潭河（115米）。共有库容约28.4亿立方米，总装机容量1024兆瓦，年发电量25.2亿千瓦时。

支流溇水为5级：黄虎港（360米）—张家渡（205米）—所街（183.5米）—中军渡（168米）—皂市（140米，正建）。共有库容约18.4亿立方米，总装机容量418兆瓦，年发电量9.7亿千瓦时。

4.《长江流域综合规划（2012—2030年）》

澧水治理开发与保护的主要任务是防洪与除涝、供水与灌溉、水资源保护、发电、航运、水土保持和水利血防。已建的江垭、皂市、渔潭水库分别设置防洪库容7.4亿立方米、7.8亿立方米、0.35亿立方米。为进一步形成堤库结合的防洪体系，新建宜冲桥、凉水口、新街等具有防洪作用的水库，其中宜冲桥水库预留防洪库容2.5亿立方米；加强病险水库除险加固；通过加高加固城镇河段堤防，提高其防洪标准；

开展尾闾蓄滞洪区安全建设,整治中上游及尾闾河道;进行山洪灾害防治和中小河流治理;采取排涝泵站更新改造、增机扩容及修建排(撇)洪沟(渠)等综合措施,提高排涝能力。改扩建部分供水水源工程,提高城乡供水保障水平;扩建、新建一批蓄、引、提水工程,完成灌区续建配套与节水改造,新建淞澧灌区,扩建、新建一批中小型灌区,提高粮食保障水平。澧水张家界、石门节点生态环境年需水量分别控制在 27 亿立方米和 44 亿立方米。控制沿河污染物排放量,加大污染综合治理,保证饮用水水源地水质安全。结合综合利用要求,进一步合理开发干支流水能资源。整治澧水干流航道,逐步提高三江口至津市 71 千米航道标准。治理水土流失。实施水利血防等综合措施。

六、汉江

(一)流域概况

汉江亦称汉水,又名襄河,是长江中游最大的支流。发源于秦岭南麓,有北、中、南三源,北源沮水最长为正源。沮水发源于陕西省留坝县境秦岭紫柏山南麓,由北向南流至勉县,先后汇合中源漾水、南源玉带河后向东流至丹江口,再折向东南,先后接纳较大支流南河、唐白河。至下游陶朱埠镇有支流东荆河分流至新滩口镇附近,直接汇入长江,干流则经陶朱埠镇后折向东流,经仙桃、汉川在武汉市汇入长江。流域地势西北高东南低。山地占 55%,丘陵占 21%,盆地及平原占 24%。

汉江干流全长 1577 千米,天然落差 1964 米,流域面积 15.9 万平方千米。丹江口以上为上游,除有汉中和安康盆地外,主要穿行于深山峡谷。丹江口至碾盘山为中游,流经丘陵及河谷盆地。碾盘山以下为下游,流经江汉平原,两岸筑有堤防。汉江水系呈叶脉状,左、右岸面积大致相等。主要支流有褒河、子午河、任河、旬河、夹河、堵河、丹江、南河、唐白河、蛮河等。

汉江流域多年平均年降水量 873 毫米,降水由南向北、由西向东递减。流域内暴雨多发生在 7—9 月,夏季暴雨多发生于白河以下的堵河、丹江、南河、唐白河一带,秋季暴雨则多发生于白河以上的米苍山、大巴山一带。汉江径流主要由降水补给,流域年均径流量 555 亿立方米。

汉江流域暴雨具有强度大、历时短、雨量集中的特点,极易在汉江干流形成洪水灾害。如 1935 年特大洪水,受灾 640 万亩,受灾人口 370 万,死亡 8 万余人,是长江中游近代一次损失最为惨重的洪水灾害。汉江上游汉中平川地带,1981 年 8 月汉江上游汉中平川地带较大洪水、1983 年 7 月汉江上游安康县城遭受灭顶之灾、1975 年 8 月唐白河地区洪灾,损失均十分惨重。此外,汉江流域曾发生过多次大面积的严重旱灾,如1929年、1940年、1942年、1972年、1978年,其中1942年干旱时间最长,面积最广,几乎遍及全流域。

流域水电开发取得重大成就,干流规划梯级除新集外均已建或在建,多数支流水能资源均有一定程度的开发。流域内已建水电站700余座,总装机容量约6760兆瓦,多年平均年发电量约220亿千瓦时,分别约占技术可开发量的83%、77%。

汉江流域涉及陕西、湖北、河南、重庆、四川、甘肃6个省(直辖市)的21个地级行政区的79个县(区)。2017年流域总人口3516.59万,耕地面积3795万亩,粮食产量1953万吨。

汉江干流陕西省洋县以下可通航里程达1313千米,经整治,干流丹江口以上河段为Ⅵ级以下航道(安康、丹江口库区除外),丹江口至汉川段为Ⅳ级航道,汉川至河口为Ⅲ级航道。

(二)规划研究过程

1935年7月特大洪水灾害,引起人们对汉江防洪问题的特别关注。扬子江水利委员会先后于1936年和1946年组织人马查勘汉江,提出《汉江防洪治本初步计划草案》《汉江初步整治工程计划》,提出汉江碾盘山、丹江口、安康、石泉等可能建坝的坝址。限于当时的条件仅只进行了少量堤防的维修,而整治计划则束之高阁。

1950年长江委将汉江拦洪列为治江五年计划首要任务之一,对汉江干堤进行培修加固,筹建遥堤、小江湖蓄洪垦殖区,组织查勘碾盘山、丹江口、小孤山等坝址,开展了碾盘山、丹江口坝址的地形测量、地质勘探工作。1953年,为进一步加强流域规划的准备工作,长江委成立长江汉江流域轮廓规划委员会,积极开展了汉江流域规划的准备工作,继续组织力量进行汉江历史洪水全面调查和历年水文资料整编分析,进一步分析研究了1935年的汉江洪水,同时广泛搜集流域社会经济资料,研究汉江下游分洪方案等。1954年秋,以黄河规划苏联专家组为主组成的、有中央各部委参加的查勘团,对汉江流域拟选坝址进一步查勘,提出初步开发意见。根据当时所掌握的基本资料,论证了汉江与长江的开发关系,认为汉江可以独立进行规划。

1954年底正式开展汉江流域规划。1958年编制完成了《汉江流域规划要点报告》,同年5月水利部会同有关部门审查基本通过规划报告,在此之前还批准了兴建汉江下游分洪工程——杜家台分洪工程。根据水利部对该报告的审查意见,长办于1958年正式提出了《汉江流域规划报告节要》,其要点是:汉江流域规划遵循防洪、发电、灌溉(引水)、航运、养殖的综合利用方针,丹江口枢纽为汉江治理开发第一期工程,中下游防洪标准可采取分阶段实施,近期以类似1935年大洪水作为标准,远景通过梯级水库建设再逐步提高,并将丹江口水利枢纽济黄、济淮作为远景任务。

1958年春,周恩来总理视察三峡坝区,在乘船途中听取了长办关于汉江流域规划和丹江口枢纽设计的汇报,认为兴建丹江口枢纽条件已经成熟,可开始做施工准备。随后,中共中央成都会议听取了周恩来总理的报告,批准兴建丹江口工程。1958年6月,中共湖北省委、国家计委和水利部等主持在武昌召开了《丹江口枢纽工程鉴定会议》,审定了丹江口枢纽综合利用开发原则、丹江口枢纽正常蓄水位170米,死水位145米的枢纽规模,以及坝轴线、枢纽布置方案和装机容量735兆瓦等主要指标,并确定汛后即可动工兴建。1958年9月,丹江口水利枢纽主体工程正式开工。至此,汉江流域规划的主体工程已经确定,汉江治理开发的总体布局基本形成。

20世纪60年代,三线建设兴起,对汉江上游梯级减少淹没损失,沿江建设襄渝、阳安铁路的要求也相继提出。据此,长办在原有汉江流域规划石泉—安康河段进行了必要的补充研究,于1966年12月提出《汉江流域规划上游干流河段开发方案报告》。1967年6月,水电部、铁道部在北京邀请国家建委、西北局建委、西北局计委、交通部、中国人民解放军铁道兵司令部、西北电管局、陕西省及长办等部门和单位召开座谈会,研究解决汉江上游梯级开发与铁路建设间的矛盾。会后水电部下文决定:"安康枢纽将作为陕南安康地区大型骨干电站,铁路高程可按水库设计蓄水位330米考虑,石泉枢纽设计蓄水位410米,石房沟枢纽予以放弃;为适应陕南地区电力急剧增长的需要,应抓紧安康枢纽的勘测设计工作。"

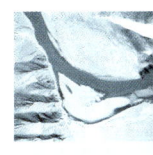

20世纪80年代,长办进行《长江流域综合利用规划要点报告》的修订补充工作,1984年涿县协调会议对汉江干流规划做了明确分工。1988年12月,北京院提出了《汉江上游干流梯级开发规划报告(黄金峡—将军河)》,1990年3月由陕西省人民政府及水利部水规总院组织审查并原则通过。1993年10月,长江委提出了《汉江夹河以下干流河段综合利用规划报告》,并报送水利部、国家计委以及有关省(直辖市)和单位,由于有关省之间存在意见分歧,且南水北调中线工程一些重大问题尚在研究之中,当时未对该规划进行审查。

随着经济社会的快速发展,汉江流域治理开发面临着一系列新问题,为满足全面建设小康社会对流域防洪、供水、生态安全等方面的要求,协调流域内外用水,迫切需要根据新的治水形势和思路,对汉江干流综合治理进行全面规划。为此,长江委于2004年4月编制上报了《汉江干流综合规划任务书》,水利部于2005年3月以水规计〔2005〕88号文对该任务书进行了批复。2009年8月,长江委完成了《汉江干流综合规划报告》(送审稿)。2010年12月,水利部水规总院在北京组织对报告进行了审查。根据审查会议意见,长江委组织相关单位对报告内容进行了补充修改,于2012年2月编制完成了《汉江干流综合规划报告》(修订本)。2015年8—12月,长江委根据水利部关于流域综合规划编制的新要求,对规划报告进行了修改。2016年3月、2017年12月,水利部水规总院在北京组织对报告进行了两次复审,长江委根据专家意见和建议进行了修改完善。

2018年11月,国务院批复的《汉江生态经济带发展规划》,针对汉江流域生态环境保护形势严峻、基础设施有待完善等问题,提出了治理与保护的新目标和新要求。据此,长江委在以往工作的基础上,对规划报告进行了系统全面梳理,并新纳入了主要支流规划,编制了《汉江流域综合规划》,2019年重新上报水利部。

(三)主要成果简介

1.《汉江流域规划要点报告》(1956年)

河流开发的主要任务为防洪、灌溉、发电、航运,远景则还有调水济黄、济淮的特殊任务。

汉江的防洪以水库拦蓄为主,结合加培堤防、分洪、滞洪等措施解决。以1959年水平年能达到在汉口水位28.28米时新城安全下泄1.7万立方米每秒为标准,选定杜家台分洪工程结合局部堤防加培的方案。新城以上按1000年一遇洪水,新城以下解决200年一遇洪水,以丹江口水库为控制,并根据丹江口以下的洪水情况进行补偿调节,拟定丹江口水库的正常蓄水位为190米,死水位为150米,汛期预留防洪库容182亿立方米,可基本解除汉江中下游洪灾,遇类似1935年大洪水也将不再为害。灌溉年引水60亿立方米,以供唐白河灌区1220万亩的用水需要。可装机容量650兆瓦,供应襄阳、武汉地区电力增长要求。汉江中下游航运条件亦将大大改善。远景还有调水济黄、济淮任务。

《汉江流域规划要点报告》拟定的梯级开发方案为:黄龙垭(620米)—石泉(470米)—二郎滩(362米)—甲河关(236米)—丹江口(190米)—碾盘山(65米)。在1956年提请水利部审定时,得到与会专家基本肯定。

2.《汉江流域规划报告节要》(1958年)

长办在1956年《汉江流域规划要点报告》审查意见的基础上,进一步对近远期任务、中下游防洪标准等有关问题进行了深入分析,并与有关部门取得了共识,于1958年3月编制完成。

(1)关于汉江中下游防洪标准变化

综合研究拟订近期采用类似1935年大洪水(约100年一遇)作为汉江中下游防洪标准,远景期间随着安康、碾盘山等梯级水库的修建再逐步提高,需预留防洪库容由182亿立方米减少到100亿立方米,则丹江口水库正常蓄水位由原定的190米降至170米。

（2）关于灌溉供水变化

当丹江口水库来水不小于80%保证率时，丹江口水库按最大年引水量不超过64亿立方米标准，按唐白河灌溉实际需水量供水；当丹江口水库以上来水小于上述情况时，为保证发电用水，可适当降低灌溉供水。当保证率为95%时，灌溉用水量按约相当于年平均用水量的80%的标准供水。

（3）关于干流梯级开发方案

经两种方案比较，以方案Ⅰ黄龙垭（620米）—石泉（470米）—二郎滩（362米）—甲河关（236米）—丹江口（165～170米）—碾盘山（65米）较优，推荐作为汉江干流梯级开发代表方案，近期先建成丹江口枢纽。

（4）汉江上游干流河段开发方案的调整

20世纪60年代初，为适应三线建设需要，沿江兴建襄渝铁路及阳平关至安康铁路，但铁路修建与水库规模选择有较大矛盾，为此，长办对汉江上游干流河段（丹江口水库回水末端以上河段）梯级开发方案根据新形势作了调整，将安康坝址由县城以下20千米的二郎滩上移至安康县城上约18千米的石庙沟，水库正常蓄水位也由362米降至340～343米，石泉水库正常蓄水位选定宜在考虑淤积后其回水末端以不淹没汉中盆地下端为原则，库容设置不再考虑汉江中下游防洪要求。上游河段按黄龙垭（620米）—石泉（430米）—安康（340～343米）—甲河关（236米）4级开发，石泉—安康需补充一连接梯级（在下阶段再予以研究）。上游河段梯级开发方案将形成以安康为主要骨干水库的新格局，整个上游河段梯级开发的水利任务，都将以发电为主，兼顾航运、灌溉，安康枢纽则应兼顾安康县城的防洪要求。

1967年6月，水电部在邀请有关单位为解决铁路建设与水库高程矛盾召开座谈会后，决定放弃石房沟枢纽（即甲河关），安康、石泉枢纽正常蓄水位分别降低为330米、410米，相应水库调节库容大大减少。此次座谈会以后，1969年修建阳安铁路，1970年开始兴建襄渝铁路。由于铁路的建成，汉江上游的治理开发受到了难以改变的制约。

3.《汉江流域规划上游干流河段开发方案报告》（1957年）

黄金峡—夹河河段基本位于陕西省境内。这一河段是汉江干流落差最集中之处，是汉江水力资源开发的"富矿"，其上端是汉中盆地尾部，中部有安康小平原。因此，这一河段开发任务较简单，以发电为主，兼顾航运、防洪。

上游河段最上一级为黄金峡，其正常蓄水位以不淹没汉中盆地为原则，石泉—安康设置一连接梯级，使航运得以畅通，同时这一梯级建设可作为石泉水电站反调节水库，以提高石泉水电站容量效益并为其扩大机组规模创造条件。安康枢纽以下则完全服从襄渝铁路既定安全标高要求，选定水位衔接、地形地质条件较好的坝址，其间约可利用水头50余米。经选定布置3个梯级，其开发方案为：黄金峡（450米）—石泉（410米）—喜河（364米）—安康（330米）—旬阳（240米）—蜀河（218米）—夹河（196米）。7级开发总装机容量1980兆瓦，保证出力407兆瓦，年发电量69.6亿千瓦时。这7级建成后航道等级为Ⅵ～Ⅶ级，均采用升船机过船方式，升船机等级为100吨级。

4.《长江流域综合利用规划要点报告》

汉江流域地处中原，素与长江、淮河、黄河并称。汉江中下游洪水灾害非常严重，并威胁武汉市安全。中下游丘陵平原区特别是唐白河平原区旱灾尤为严重，由于本地水源不足，必须由汉江干流引水灌溉，并将余水引至相邻的淮河和华北地区。汉江水力资源丰富，干流平均蓄能达3300兆瓦，流域内及附近地区有丰富的矿藏资源，亟待开发。汉江水运在汉江货运中占有主要地位，干支流通航水道达4300千米，但枯水期水深不足，洪水时流速过大，均不利于航行，中下游航运条件亟须改善。

汉江丹江口以上属峡谷区，适于修建大型水库，满足灌溉、发电、航运等主要任务，综合效益较大的枢纽有石泉、二郎滩、石房沟、丹江口等，远景中下游河段需要修建低水头的渠化梯级，以保证航运的发展。其中丹江口、石泉枢纽综合效益较大，选作近期开发对象。

丹江口水利枢纽控制流域面积占汉江洪水来源地区的68%，通过补偿调节方式，可有效控制汉江洪水，如再遇类似1935年洪水，可使碾盘山站最大流量由40000立方米每秒以上降至15000立方米每秒，可基本解除汉江中下游广大地区的洪水灾害；可引水灌溉唐白河平原1430万亩农田，并保证地区工业用水需求；进一步向北引水，对中原和华北地区的农业发展具有重要意义；引水渠道还可成为我国中部京广运河的组成部分，开发的电能可以满足襄阳、南阳地区和武汉地区近期用电要求，枢纽建成后，可改善库区航道约300千米，在向华北引水前，坝下枯水流量可达542立方米每秒，配合部分整治和疏浚工作，襄阳以上86千米和襄阳以下538千米航道可分别保持1米和1.5米航深。

5.《长江流域综合利用规划简要报告》

汉江治理开发的任务是防洪、发电、灌溉、航运和水产养殖。在南水北调实施后，灌溉将成为仅次于防洪的第二位任务。

汉江上游陕南地区的防洪主要依靠加固、改造和新建堤防；汉江中下游继续加固包括遥堤在内的干堤，开展河道整治、分蓄洪区建设，进一步研究以丹江口水库为骨干的防洪体系的合理调度运用，结合堤防和杜家台分洪工程，可基本防御类似1935年大的洪水。汉中、安康月河盆地、唐白河及干流中下游是发展灌溉的重点地区，其中唐白河地区主要以丹江口和鸭河口水库为灌溉水源。中线南水北调规划丹江口枢纽在初期规模基础上加高至正常蓄水位170米，拟修建航运梯级和江汉运河引江济汉，实现对汉江中下游补偿。汉江洋县以下为通航河道，近期重点整治襄阳至浰河口航道，建王甫洲反调节枢纽、石泉与安康枢纽升船机，并对丹江口以上航道进行整治；远景汉江全部渠化后，丹江口以下航道标准提高到Ⅲ级，丹江口以上航道标准进一步提高。结合中线南水北调及引江济汉，实现通航。汉江干流在襄阳以上，拟定了11级开发方案，总装机容量3100兆瓦，年发电量124亿千瓦时，襄阳以下还规划有5个低水头梯级。干流近期可考虑进一步建设旬阳、喜河、丹江口（后期加高同时改造升船机）、王甫洲、新集、碾盘山等枢纽，支流堵河可安排建设潘口水电站与黄龙滩水电站扩机，支流南河抓紧完成流域规划，兴建有一定调节库容的枢纽，以削减汉江丹碾区间洪峰。

6.《汉江夹河以下干流河段综合利用规划报告》（1993年）

本河段规划开发首要任务为防洪，正确处理大量超过河道泄量的洪水，防止毁灭性洪灾发生，其次为灌溉、城乡供水及南水北调、发电、航运，以及除涝、水土保持、河势控制、水产、水源保护等。

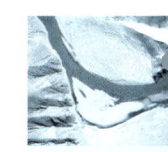

选定的干流自夹河以下河段梯级开发方案是：孤山（181米）—丹江口（170米）—王甫洲（88米）—新集（78米）—崔家营（64米）—雅口（57米）—碾盘山（51米）—华家湾（42米）—兴隆（36米）9级开发方案。这一梯级开发方案除解决中下游防洪、华北地区引水（145亿立方米）外，在发电方面总装机容量1634兆瓦，总保证出力451兆瓦，年发电量62.9亿千瓦时，这对华中电网特别是两岸城镇需电增长要求无疑增加了强大的动力。由于这一方案的实施，汉江中下游河道基本渠化，再加上必要的航道整治，则襄阳至河口终年可畅通500吨级船舶，襄阳以上直至丹江口水库回水末端可通航300吨级船舶，为振兴汉江水运创造了有利条件。

7.《长江流域综合规划（2012—2030年）》

汉江治理开发与保护的主要任务是防洪与除涝、供水与灌溉、跨流域调水、水资源与水生态环境保护、水土保持、发电、航运、水利血防等。

流域内已初步形成以堤防为基础，以丹江口（加高后）、鸭河口、安康等水库拦蓄，杜家台及中游民垸分蓄洪，配合东荆河分流和河道整治的防洪格局。该规划汉江中下游按1964年实际洪水位加高加固干流堤防，丹江口水库大坝加高，完成潘口、三里坪等具有防洪作用的水库工程建设，使襄阳市达到50～100年一遇防洪标准，其他沿江县城达到20年一遇防洪标准。建设高望、龙峡等大中型水库，提高城口县城防洪标准。完善中下游7个涝区和南阳盆地防洪除涝体系。近期新建、改造沿江31座城市的取水工程，解决城乡供水问题。加快已建灌区的续建配套与节水改造，新建界牌关、洞河、云河、黄洋河等大中型水库和引水工程，提高鄂北岗地和南阳盆地的灌溉用水保障程度。近期加快南水北调中线一期工程和引汉济渭工程建设，实施兴隆枢纽、引江济汉、汉江中下游沿江闸站改扩建、局部航道整治等补偿工程。远期采取从长江干流引水补充或其他可行的补水方案。加强丹江口、黄金峡等水源地保护。实施丹江口水库和引江济汉等骨干工程的生态调度。加强丹江口库区湿地、朱鹮、万江河大鲵、堵河源等自然保护区的保护；建设沉湖湿地保护与恢复示范工程。以丹江口水库库周、丹江上中游、干流沿岸、汉中盆地及其周边地区为重点，加强水土流失防治。汉江干流采用15级进行水电开发，继续建设黄金峡、旬阳、白河、孤山、新集、雅口、碾盘山等7级。通过孤山、兴隆等梯级渠化和实施引江济汉工程及汉江中下游航道整治工程，使汉江干流安康至丹江口达到Ⅳ级航道标准、丹江口至汉口达到Ⅲ级航道标准；两沙运河达到限制性Ⅲ级航道标准；江汉平原水网和临汉江湖区通过航道整治提高航道等级。实施水利血防等综合措施。规划还提出汉江主要支流堵河、丹江和唐白河等规划意见。

8. 《汉江流域综合规划》

汉江上游是引汉济渭、南水北调中线等跨流域调水工程的水源地，规划加大丹江口库区及其上游水源地保护，积极推进小流域水土流失综合治理和水源涵养；加强干支流水污染治理，严格控制入河排污量，优化排污口布局，控制水华，严格保护一江清水；开展梯级水库生态调度试验，严格生态水量保障，积极开展湖库与湿地生态修复。优化汉江丹江口等控制性水库联合调度，确保南水北调中线工程、引汉济渭工程等调水工程的供水安全；实施引江补汉工程，增强水资源及水环境承载能力，研究实施从嘉陵江引水改善引汉济渭供水过程的必要性及可行性。做好水利血防。

针对汉中平川段和安康盆地人口稠密、耕地集中，但防洪工程不足，未形成完整的防洪工程体系的问题，规划加强支流的治理，强化唐白河防御"75·8"等超标准洪水的能力，汉江上游建成以堤防为基础，水库、河道整治相配合，结合非工程措施，以汉中市、安康市和沿江县城为重点的防洪减灾体系。汉江中下游经济发达，自丹江口至河口段由丘陵逐渐过渡到平原地区，河床宽浅，洲滩众多，河床抗冲力较差，且越往下游河道越窄，安全泄量越小，近千万亩耕地、数百万人经常受到汉江洪水的威胁，防洪形势严峻。规划建设以堤防为基础，以丹江口水库为骨干，杜家台分洪工程、中游蓄滞洪区、东荆河分流和支流水库相配合，结合非工程措施的多措并举的综合防洪体系，确保防御1935年（相当于百年一遇）洪水安全。

大力开展节水型社会建设，规划提高汉中、安康、商洛、鄂北岗地等重点干旱地区水资源配置能力，推进大型灌区现代化改造，推进引江补汉工程，提升汉江水资源承载能力。

汉江干流河段已按规划完成了水电梯级开发，兴隆以上干流河段基本形成了梯级渠化，引江济汉工程已投入运行，航运条件得到极大改善。拟按照规划航道标准开展河道整治，为推动汉江航运发展创造条件。通过梯级渠化、引江济汉、航道整治及枢纽通航建筑物改造工程，逐步建成以汉江干流为主轴、干支流衔接和长江直达的航道网。

加强流域水利管理。强化与上游地区联动，推动形成汉江上游、中下游地区的系统治理保护格局，提升汉江流域整体发展水平。

七、赣江

（一）流域概况

赣江是江西省和鄱阳湖水系的最大河流，也是长江主要的支流之一。主源贡水发源于江西省石城县，自东向西流至赣州市汇合章水后始称赣江，再折向北流，纵贯江西全省，于南昌市八一桥分为主、北、中、南4支，主支于永修县吴城镇注入鄱阳湖。流域地势南高北低，上游多山地，中游为丘陵与盆地相间，下游以冲积平原为主。流域面积8.28万平方千米（南昌外洲以上），山地面积占50%，丘陵面积约占30%，平原面积约占20%。

赣江全长823千米，以赣州、新干为界分为上、中、下游，其中赣州以上流经山区、峡谷与盆地；赣州至万安河段，进入峡谷，河床礁石众多，形成著名的赣江十八滩；万安至峡江河段贯穿吉泰盆地；新干以下河流蜿蜒于冲积平原。流域面积在3000平方千米以上的支流有梅江、桃江、章水、孤江、禾水、乌江、袁河、锦河等8条。

赣江流域属亚热带季风湿润气候，年平均降水量1400~1800毫米。降水分布特点是：山区大于盆地，东部大于西部，下游大于上中游。流域水资源丰沛，年平均径流量687亿立方米，4—7月径流量占年径流量的63%~65%。

流域内矿产资源较丰富，主要是钨、铀、钍等稀有和稀土矿产，还有一定储量的煤炭、岩盐、铅锌等。据2003年全国水力资源复查成果，全流域水力资源理论蕴藏量2670兆瓦，技术可开发量2803兆瓦，年发电量101.4亿千瓦时。截至2013年底，赣江流域已建水电站总装机容量1618.50兆瓦，年发电量56.13亿千瓦时，水能开发利用率分别为60.6%（装机容量）、55.4%（年发电量）。

赣江流域主要位于江西省南部和中西部，少部分在湖南省。2013年末流域总人口2107万，耕地1983万亩，粮食产量745万吨。

赣江通过鄱阳湖与长江相连，是江西省的水运大动脉，干流通航里程606千米，其中Ⅲ级航道 310 千米，Ⅵ级航道 147 千米，Ⅴ级航道 149 千米。赣江支流众多，但有通航要求的只有桃江、锦江、袁河，且通航条件较差，有的只能季节性通航。

（二）规划研究过程

新中国成立后，赣江流域的综合治理和开发全面开展。自 1953 年开始，由长办、江西省水利厅、武汉院、长沙院等单位先后对赣江流域进行了大量的前期工作和规划研究。

1955 年 8 月，中南水力发电工程处奉水电总局指示，根据赣南工矿企业用电要求，配合长江流域规划研究，对赣南河流进行了查勘，于当年 12 月编制了《赣南河川查勘报告》，提出赣南有会昌、白鹅、峡山、夏寒、极富、棉津、峡江等 7 处较优坝段，在干流选择以峡山（158 米）和峡山（129 米）为骨干的两种梯级开发比较方案。经研究推荐，棉津电站（即万安电站）为第一期工程。

1955 年，长江委在进行长江流域规划的同时，开展赣江流域规划工作，于 1958 年编制了《赣江流域规划要点报告》，提出以防洪、发电、航运、灌溉为主体的综合利用开发任务。按河段划分，中上游以发电、航运为主，中下游则以防洪、灌溉为主。近期应首先解决中、下游防洪问题，改善万安至赣州河段航运条件，开发赣南动能，发展与近期工程有关的灌区。远景继续开发水电，进一步提高防洪标准和灌溉保证率，逐步改善航运条件，直到完成全江渠化实现赣粤运河通航的任务。赣江梯级开发提出了会昌（185 米）—峡山（160 米）；万安（100 米）—峡江（50 米），加支流桃江极富（200 米）—夏寒（165 米）和会昌（185 米）—茅店（145 米）—万安（100 米）—峡江（50 米），加支流桃江信丰（175 米），供进一步研究。推荐万安水利枢纽为第一期工程，紧接着开发峡江水利枢纽。

江西省水利厅于 1956 年 6 月至 1957 年 1 月对赣江中下游进行了较全面的普查，编制了《赣江流域普查报告》，提出综合利用规划初步意见和两种梯级开发方案，第一期计划兴建万安水利枢纽及中下游蓄洪垦殖工程等。

长沙院于 1959 年编制了《贡水流域综合利用规划准备阶段开发方案初步研究报告》，认为开发任务首先是发电、航运，其次是防洪、水土保持和灌溉，并提出以峡山（160 米）、茅店（145 米）为中心的两种梯级开发比较方案。

长办在完成《赣江流域规划要点报告》的同时，开展了位于赣江中游的万安水利枢纽工程的勘测设计工作。该工程以发电为主，兼有防洪、航运、灌溉、水库养殖等综合利用效益，电站装机容量 500 兆瓦（初期 400 兆瓦），年发电量 15.6 亿千瓦时（初期 11.5 亿千瓦时）。万安水利枢纽于 1959 年完成初步设计报告，曾于 1960 年开工，后因缩短基建战线，于 1961 年冬停建，以后曾几度复工又缓建。20 世纪 80 年代末再次复工,1994年竣工。

在《赣江流域规划要点报告》提出以后,1961年12月由长办、长沙院、江西省水利厅共同编制了《赣江流域规划报告》(讨论稿),提出的开发任务为防洪、除涝、灌溉、发电、水运、水土保持及水产、水利卫生等,推荐峡山(160米)—茅店(105米)—万安(100米)—枧黄(69米)—石虎塘(58米)—峡江(50米)—永太(34米)—龙头山(25米)—吴城(20米)9级开发方案,再加上支流桃江大田(145米)。交通部也派人参加了赣粤运河的规划工作,水运远景规划还提出了利用贡水与福建沟通的赣闽运河和从袁河与湖南沟通的赣湘运河设想。近期工程包括加高加固赣江下游堤防,改善泉港闸的运用条件,尽快兴建赣江、锦河下游地区的蓄洪垦殖工程;大部分地区实现灌溉自流化和排灌机械化,以达百日无雨不旱的目标;除续建万安、江口、罗边等水电站外,水电开发应以赣中地区包括峡江等大型水电站为重点。

江西省根据1977年全国电力工作会议的要求,着手水电规划选点工作,对赣江干流梯级开发方案进行复核,于1979年由江西省水利水电规划队编制了《赣江干流梯级开发方案复核与近期工程选择报告》。经综合比较,如能妥善处理峡山库区移民,则推荐峡山(160米)高方案作为赣江干流梯级的控制性工程,并建议在万安水利枢纽完工后接着兴建。江西省人民政府于1980年10月向国务院上报了该复核报告,国务院办公厅于1981年1月予以批复,并"建议由江西省人民政府综合部门牵头,组织电力、农业、水利、交通、民政等有关部门,重新对赣江开发进行深入调查研究和规划"。

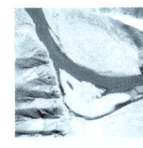

1981年7月,江西省人民政府拟请长办承担赣江流域规划工作。1982年7月,江西省人民政府上报的《赣江流域规划(修改补充)任务书》获国家计委批准,赣江流域规划(修改补充)工作全面展开。根据分工,长办主要承担赣江干流梯级开发方案进一步论证与复核,赣江干支流关系的分析与论证,赣江与鄱阳湖、长江在防洪上的关系论证,赣粤运河通航问题的研究等4个方面的规划工作,并负责规划技术指导;江西省承担水资源综合利用、电力、航运、林业、水产、水土保持、城乡建设、水利卫生、水源保护、旅游等专业规划和13条主要支流规划。赣江流域规划修改补充工作历时4年,于1986年6月完成了《赣江流域规划报告》送审稿和附件36件(其中主要支流规划报告13项,专业性规划报告13项,专题研究报告10项),图748张。1989年9月和12月,水利部水规总院会同江西省计委,水利部受国家计委委托,会同国家计委、能源部、交通部和江西省人民政府等单位有关部门先后在南昌和北京召开了《赣江流域规划报告》预审会和审查会。1990年10月,国家计委对《赣江流域规划报告》审查意见作了批复:经国务院同意,"原则同意《赣江流域规划报告》审查委员会的审查意见；请以江西省人民政府为主，与会国务院有关部门组织好本规划的实施；关于峡山枢纽方案的问题，请江西省人民政府进一步组织研究，报水利部审批"。

随着流域内经济社会的快速发展、人口的增长和城市化水平的提高，对流域治理开发与保护提出了更新更高的要求。在流域治理开发以及经济社会活动的影响与作用下，流域水情工情、河流生态系统等流域治理开发条件与环境发生了大的变化，迫切需要依法对原有流域规划进行修编与调整，2011年6月水利部以水规计〔2011〕314号文批复了《赣江流域综合规划任务书》。根据批复的任务书要求，长江委组织开展了赣江流域综合规划的编制工作，于2013年12月提出《赣江流域综合规划（送审稿）》上报水利部。2014年11月和2015年12月11日，水利部水规总院对规划报告进行了审查、复审。2017年6月，环境保护部会同水利部在北京召开了《赣江流域综合规划环境影响报告书》审查会，并下发《关于〈赣江流域综合规划环境影响报告书〉的审查意见》（环审〔2017〕134号文）。长江委重点针对规划指导思想、生态保护红线、水量分配方案、规划布局和方案等方面内容，对《赣江流域综合规划》进行了修改和调整，上报水利部后，水利部正式批复。

（三）主要成果简介

1. 《长江流域综合利用规划要点报告》

赣江洪水发生时间多在5、6月，有时7月也发生大水对造成长江下游的早期洪峰和抬高湖江底水位均有较大影响。赣江两岸的冲积平原和丘陵盆地是农业生产的重要地区，由于降雨不均匀水旱灾害频发，对农业生产影响很大，迫切需要兴修水利保农业丰收。

赣江的水力资源理论蕴藏量约2640兆瓦，钨、煤、铁等矿产资源十分丰富。流域内的货物运输90%依靠水路，干支流通航水道达3600千米。赣州至万安段，枯季礁滩较多，航行困难，亟待改善。还可通过渠化工程，建设联系赣江和珠江的支流北江两大水系的赣粤运河。

赣江河谷多较开阔，修建高水头枢纽受淹没损失的限制，规划以解决本流域的洪灾问题为主，提出了贡水的会昌、峡山，桃江的极富、夏寒，干流的万安峡江等枢纽。工程建成后除可以解决赣江两岸的防洪问题外，还具有发电、航运、灌溉等综合效益，且工程规模均不是很大，可安排在近期建设。万安枢纽防洪、发电、灌溉、航运等方面要求最为迫切，规划提出作为首先开发的对象。

2. 《赣江流域规划报告》（1990年）

赣江流域的开发任务是防洪、发电、航运、灌溉、除涝、供水、工业与城镇生活供水、水产养殖等。赣江干流上游以发电为主，结合防洪；中游发电结合灌溉、航运、防洪、水产；下游为防洪、航运、除涝、灌溉、发电；远景赣粤运河。

赣江上游地区和支流乌江流域着重解决水土保持问题；赣江中游吉泰盆地和袁河、锦河流域着重解决灌溉问题；赣江下游地区着重解决防洪除涝问题。

（1）防洪

赣江防洪原则是蓄泄兼施、以泄为主，疏浚河道，加高加固堤防，并在中上游适当修建水库，采用堤、库和分蓄洪区措施相结合，以防御超标准洪水。近期宜选用加高加固现有圩堤方案；防洪标准由现状 10～20 年一遇洪水，提高到防御 20～50 年一遇洪水；远景拟在规划修建的峡山、万安（已于 1994 年竣工）、峡江 3 座水库中设置防洪库容，调蓄洪水，降低中下游洪水位，进一步提高防洪标准。峡山高方案可使赣东大堤的防洪能力提高到防御 100 年一遇洪水。

（2）发电

2020 年以前，在干流（含桃江）上拟建或争取开工万安、泰和、夏寒、石虎塘、峡江等 5 座水电站，还计划兴建一批小型水电站。峡山水电站综合效益大，但库区淹没损失很大，近期很难兴建。

（3）航运

近期规划将赣江干流建成为一条赣州至湖口的水运干线，实现同长江干支流直通又与鄱阳湖联运的水运网络，其中赣州至南昌段为Ⅴ级航道，通航 300 吨级船舶；南昌至湖口段为Ⅳ级航道，通航 500 吨级船舶。远景实现赣粤运河。

（4）灌溉

计划在吉泰盆地的蜀水、禾水、孤江、乌江中上游修建一批大中型水库，并通过长藤结瓜的水系统进行调盈补缺；在袁河、锦河中下游地区修建高村、关王亭、白梅等大型水库。

（5）除涝

规划在涝区水系的中上游修建水库，以拦蓄洪水，减少下泄水量，同时沿丘陵山边开挖排水渠，实行高水高排，将排水渠以上的部分来水量直接排至外河。在下游平原圩区，将洪水排至蓄泄区，采用设有蓄泄区的两级排水的方式，各内堤圩区设一级抽水站，将洪水排至蓄泄区，再由蓄泄区自流排或抽排到外河。

（6）工业与城镇生活供水

有计划、有步骤地修建蓄水工程、引水工程和提水工程，增加可供水量，实施科学用水、节约用水的措施。

（7）水产养殖

扩大养殖水面面积，提高单位水面产量，保护水产资源。修建水利工程要改善水利卫生条件。

经综合比较，赣江干流推荐峡山高低两种方案进一步研究，该两种方案在干流万安以下河段均为按6级进行开发，即万安（100米）—泰和（69米）—石虎塘（58米）—峡江（50米）—永泰（34米）—龙头山（26米）；万安以上河段和支流桃江的组合，峡山高方案为：峡山（160米）—夏寒（145米）—茅店（106米），峡山低方案为：白鹅（160米）—寒信（160米）—白口塘（128米）—峡山（117米）—夏寒（145米）—茅店（106米）。此两种方案可视国家财力情况和工农业生产发展对水资源综合利用要求的迫切程度选定，峡山高方案可优先考虑。对赣江的13条主要支流（集水面积1000平方千米以上）均进行了规划工作。建议继万安水利枢纽兴建之后，干流梯级开发应在万安至峡江河段中选择，上游河段可列为第二阶段开发。经比较，推荐泰和、石虎塘及桃江上的夏寒水利枢纽为近期开发工程。

3.《长江流域综合规划（2012—2030年）》

赣江治理开发与保护的主要任务是防洪与除涝、供水与灌溉、发电、航运、水土保持、水资源保护。近期通过堤防加高加固，兴建峡江水库，建设泉港蓄滞洪区，采取有效措施使万安水库发挥正常的防洪效益（防洪库容10.6亿立方米），使南昌市防洪标准达到200年一遇，赣东大堤保护区达到100年一遇；通过堤防加高加固，使赣州、吉安、宜春、新余等城市防洪标准达到50年一遇，其他县级城市达到20～30年一遇。远期万安水库按正常蓄水位100米正常运行后，进一步提高其下游地区防洪标准。提高干支流中下游易涝圩区的排涝能力。新建白梅、龙下等城乡供水水源工程和城市应急供水水源工程；兴建峡江、东谷等大中型灌区，扩建万安灌区。有序开发干支流水能资源，初步规划干流按老虎头、营脑岗（已建）、禾坑口、石灰山、白鹅（已建）、澄江、跃洲、峡山、茅店、万安（已建）、井冈山、石虎塘、峡江（在建）、永太、龙头山等15级开发，总装机容量1503.6兆瓦。梯级枢纽渠化与航道整治结合，使赣州至南昌450千米航道达到Ⅲ级航道标准，南昌至湖口156千米航道可提高到Ⅱ级航道标准。治理水土流失。

4.《赣江流域综合规划》（2017年）

赣江流域治理开发与保护的主要任务是防洪与除涝、供水与灌溉、发电、航运、水土保持、水资源和水生态环境保护、水利血防等。

赣江流域洪水灾害范围广，对经济社会可持续发展的危害较大，防洪减灾依然是赣江流域治理的首要任务。规划实施堤防加高加固，河道整治疏浚，泉港分蓄洪区建设，通过区域内城市防洪工程、病险水库和水闸除险加固、中小河流治理、重点段河道整治，以及万安水库与新建峡江水库的联合调度，并结合泉港分蓄洪区的运用等，全面提高区域防洪除涝能力，使南昌市主城防洪标准达200年一遇，赣州、吉安、宜春、新余等设区市城区防洪标准达到50年一遇，泰和、吉安、吉水、永丰等县城防洪标准为20～30年一遇，沿河重要乡镇防洪标准达到10年一遇，其他重要与一般圩堤全面达标。全面开展中小河流治理，山洪灾害重点防治区得到初步治理，重要城镇和圩区的排涝能力全面提高；开展流域内设区市、县城城区、涝灾程度严重的乡镇镇区和农田圩堤涝区的治理，使县级以上城区涝区除涝标准达到10～20年一遇24小时暴雨24小时末排至不淹重要建筑物，重要乡镇涝区达到10年一遇24小时暴雨24小时末排至涝区内95%的地面不受淹，万亩以上圩区涝区达到5～10年一遇3日暴雨3日末排至农作物耐淹水深。

规划新建白梅、四方井大型水库和寒山、竹芫、桐木堑、洋池口、贡潭、龙下等中型水库等水源工程，提高径流调节能力，增加灌溉、供水可供水量。新建东谷、峡江2座大型及山口岩、四方井、石林、白梅和丹村果业基地等5座中型灌区。对赣抚平原、药湖、章江大型灌区和龙陈、老营盘等中小型灌区进行续建配套与节水改造建设，全面提高灌溉供水保证率与水利用率。积极发展节水灌溉，加强抗旱应急备用水源建设。加快干支流水电工程建设，明显提升电力保障能力。建设井冈山、新干、龙头山等航运梯级，渠化赣江干流及主要支流航道，逐步建成以赣江干流为主轴、干支流衔接和江河直达的航道网，建成赣江国家高等级航道，全面提高赣江航运的现代化水平。2020年赣江干流航道基本达Ⅲ级航道标准，2030年采用梯级开发与航道整治相结合的手段，使赣江干流赣州至南昌450千米全面达到Ⅲ级航道标准，南昌至湖口156千米航段达到规划的Ⅱ级航道标准，同时加快建设南昌、赣州、吉安等沿线港口。

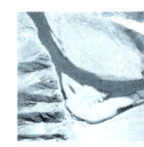

强化对重要水源地和水资源的保护，重点加强赣南稀土企业生产污染治理，严格干支流入河排污口整治，实行污染物入河总量控制，改善水环境状况。实施赣抚尾闾等河湖连通工程，加大城区环境供水量，强化水生态环境保护及修复，维护优良的水生态环境。采用多种措施保障河流生态需水，维系河流生态服务功能。加强水土保持，维护优良的水生态环境。实施水利血防设施建设，达到控制血吸虫病流行的目的。

八、抚河

（一）流域概况

抚河主源盱江源出武夷山脉西麓江西广昌县梨木庄，河流自南向北流经南丰、南城，右岸汇支流黎滩河后称抚河，再经浒湾进入下游平原，至临川市（抚州）纳最大支流临水，再向西北流经南昌县境，在荏港改道由青岚湖入鄱阳湖，流域面积约1.58万平方千米。

抚河干流全长344千米，干流南城以上为上游，流经中高山区，水土流失严重。南城至临川（抚州）为中游，主要流经丘陵和盆地；临川（抚州）以下为下游，两岸平原往下逐渐展宽；紫埠口以下，进入赣抚平原区。箭江口以下，抚河分为东、西两支，东支为主流，经青岚湖注入鄱阳湖；西支又分为3支，均注入赣江下游。主要支流有黎滩河、临水（崇宜水）和东乡水（南北港）等。

流域属亚热带季风气候，多年平均年降水量1600～2000毫米。降水由西南向东北渐增，上中游大于下游。抚河李家渡站多年平均年径流量157亿立方米。

据2003年全国水力资源复查成果，全流域水力资源理论蕴藏量381兆瓦，技术可开发量310兆瓦，年发电量11.6亿千瓦时。截至2013年底，全流域已建、正建0.5兆瓦以上水电站190座，总装机容量220.87兆瓦，年发电量7.34亿千瓦时，水能开发利用率分别为71.2%（装机容量）和63.3%（年发电量）。

抚河流域涉及江西省13个县（市、区）和福建省1个县。截至2013年底，全流域总人口353万，耕地407万亩。

赣抚运渠沟通赣江水运，东干渠航道至柴埠口以下，至温家圳，构成与浙赣铁路的联运。

（二）规划研究过程

新中国成立后，抚河流域先后进行了水利普查、区域水利规划、流域（河流）规划、规划复核等项工作，通过规划的实施，流域内的水利水电建设获得较快发展。

1956年初，江西省水电厅及省水利设计院会同长沙院等单位，对赣、抚、信、饶、修五河及其主要支流进行水利普查。1956年8月，该联合查勘队查勘了抚河，并于1957年1月提出了《抚河流域查勘报告》。该查勘报告在干支流上选择了罗坊、金牛坑、都均、廖坊、浒湾、桃坡、洪门等可能建坝的水库坝址，并进行了初步评价。

在水利普查的基础上，江西省水利设计院和上海院对黎滩河洪门水库开展了勘测设计工作。洪门水库作为抚河流域兴建的首座大型综合利用水库，于1958年7月开工，1970年12月竣工。

抚河和信江中下游分水岭地区为干旱缺水严重的丘陵地带，涉及金溪、临川、东乡、贵溪、余江、余干、进贤等7县，江西省水利设计院进行了区域规划，并于1959年9月编制了《抚信河中下游地区水利规划报告》，规划该地区水利任务以灌溉为主，并综合考虑局部洪灾和工业用水、用电及远景航运等问题，进一步发展中小型工程，充分利用当地径流，并结合发展大型引水工程，解决农田灌溉等问题，并逐步开发水电、减免洪灾、发展航运和水产。经分片进行水土资源平衡分析，当地径流不足，需实施跨流域引水解决。规划重点研究了疏山（抚河干流）引水、瑶圩（信江白塔河青源港）引水、瑶圩加白塔河引水，以及瑶圩和水岩（信江白塔河干流）两水库连通等4种渠系引水方案，并要求在抚河流域规划中进一步论证。

为发展抚河最大支流——崇宜水桃溪地区的水利建设事业，江西省水利设计院于1959年6月和8月分别提出了《抚河桃溪地区水利规划报告》和《抚河流域桃溪水利枢纽设计任务书》，推荐兴建宜黄水桃溪（又称桃坡）水利枢纽。桃溪为多年调节大（1）型水库，具有防洪、灌溉、发电等综合利用效益，但淹没损失较大，淹没了宜黄县城。

为根治江西省水旱灾害和综合利用水资源，江西省水利设计院于1958年第4季度开始进行全省水利电力综合规划，并于1959年6月编制完成了《江西省水利电力综合规划报告》。提出抚河流域的开发任务以防洪、排涝为主，兼顾水能、航运和水土保持等。抚河干流为疏山（66米）—南城（86米）—石壁头（125米）等3级高坝开发方案，宜黄水初选以桃坡（桃溪）水库（118米）为主体的开发方案，黎滩河选择以洪门水库（100.3米）为主体的开发方案。

在全省水利普查及全省水利电力综合规划等项工作的基础上，江西省水利设计院于1960年5月提出了《抚河流域综合利用规划报告》。提出抚河的开发任务以防洪为主，结合灌溉、发电、航运。初步拟定抚河干流为7级中低水头梯级开发，即焦石（26.7米，已建）—红渡（37米）—廖家湾（43米）—疏山（66米）—南城（74米）—清华山（87米）—南丰（石壁头，125米）。中游河段的疏山梯级为抚河干流梯级的骨干工程，防洪、灌溉、发电等综合效益显著，但库区淹没耕地达18.5万亩，迁移达10万余人，规划建议，应进一步研究。防洪规划堤库结合，提出分为3个阶段，使抚河的洪水灾害得到根本解决。灌溉及水利系统化，灌溉水源工程采用疏山方案，规划在抚河中下游发展提水灌溉。抚河干支流的通航里程约560千米，借助兴建干支流梯级水库以渠化航道，再结合进行航道整治，提高航道等级，规划还提出了赣闽运河、抚贡运河、崇仁水与赣江永丰水沟通运河的长远设想。

根据1977年4月水电部发文《关于开展全国水力资源普查的通知》，抚河流域水力资源普查成果由江西省水利水电规划队负责编制。该普查成果提出抚河开发任务是：以防洪为主，结合灌溉、发电、航运。汇编的抚河干流梯级开发方案为：南丰（125米）—清华山（87米）—南城（74米）—疏山（66米）—廖家湾（43米）—红渡（38米）等6级。

根据国家计委报经国务院批准的《长江流域综合利用规划要点报告修订补充任

务书》的河流规划分工要求，江西省院从1984年第4季度开始承担编制抚河规划意见，并于1985年6月提出《抚河流域规划意见》。其治理开发任务是：解决抚河中下游防洪及灌溉水源、开发水能、做好水土保持及改善航运等。拟定的抚河干流梯级开发方案为：南丰（112米）—清华山（87米）—南城（74米）—廖坊（69米）—下马山（43米）—红渡（38米）—焦石（26.7米，已建）。考虑到流域内人口增多、耕地紧缺的实际情况，为尽量减少淹没损失，该规划意见提出了以廖坊水库替代原规划的疏山水库作为抚河梯级开发方案的主体工程的建议。同时，将南丰梯级的正常蓄水位由125米降低为112米，将原廖家湾（43米）梯级转移坝址后易名为下马山梯级（43米）。

为适应20世纪末工农业总产值翻两番的战略目标的需要，江西省水利厅和抚州行署组织了有关单位对抚河流域进行了全面规划。依据江西省计委于1986年4月批复同意的《抚河流域规划任务书》，江西省院承担了规划任务，通过两年的工作，提出了规划报告初稿，以及干流、4条支流和8项专业规划的单项报告。1990年3月，江西省计委组织省内外有关部门在抚州市召开了《抚河流域规划报告》审查会。1990年12月，江西省人民政府办公厅批复。1992年正式刊印《江西省抚河流域规划报告》。

随着流域内经济社会的快速发展、人口的增长和城市化水平的提高，对流域治理开发的目标、任务与总体布局等提出了新的要求，迫切需要对原有流域规划进行修编与调整。2011年水利部以水规计〔2011〕673号文批复了《抚河流域综合规划任务书》。根据批复的任务书要求，长江委组织开展了抚河流域综合规划的编制工作，于2015年6月形成《抚河流域综合规划（送审稿）》。2015年9月，《抚河流域综合规划》通过了水利部水规总院的审查。2017年4月，《抚河流域综合规划环境影响报告书》通过环境保护部会同水利部组织的审查。2018年6月30日，江西省人民政府以赣府发〔2018〕21号文公布了《江西省生态保护红线》，长江委在江西省水利厅和江西省环境保护厅的协助下，进一步复核和协调了规划与生态保护红线的关系，形成《抚河流域综合规划》并上报水利部获批。

（三）主要成果简介

1.《长江流域综合利用规划要点报告》

抚河的主要开发任务为防洪、灌溉、发电、航运等。廖坊水库综合效益较大，可使抚河下游的洪灾问题得到基本解决，增加了坝下的灌溉水源和枯水航深，所开发的水力对附近地区工农业用电有重要意义，规划在近期内开发。

2.《江西省抚河流域规划报告》（1992年）

抚河的开发任务是防洪、灌溉、发电、航运、工业及城乡供水等。

（1）防洪

抚河洪水峰高量大，且洪灾集中在人口稠密、经济发达的中下游地区，规划采取堤库结合、泄蓄兼筹、以泄为主的方针，以堤防工程措施为主，梁家渡大桥改建，配合非工程措施（主要是圩堤临时分洪措施），使抚河中下游的主要防护对象防洪标准达到50~100年一遇。通过建设上中游蓄水工程，进一步提高抚河中下游的防洪标准。

（2）灌溉

抚河流域是江西省的主要农业生产基地之一。根据不同的建设条件，尽快开发和补充灌溉水源，重点研究比较新开发的廖坊（或疏山）灌区、桃坡灌区的经济合理性。规划将抚河流域成片灌溉农田划分为金临渠、宝水渠、宜惠渠、赣抚平原灌区（以上为已建灌区）、桃坡水库灌区和廖坊（或疏山）水库灌区6个大灌区，发展宜农荒地灌溉面积16万亩。

（3）发电

根据用电负荷预测，全区用电量增长较快，规划在加快开发干支流上重点修建中小型水电站，缺口部分仍只能由省网平衡解决。

此外，还安排了城镇供水、航运、筏运、渔业等方面的任务。

根据抚河流域的具体情况，在尽量减少淹没损失，充分利用水力资源，满足防洪、灌溉、航运等综合利用要求的原则下，推荐以廖坊水库为控制性工程的梯级开发方案，即南丰（112米）—清华山（87米）—南城（74米）—廖坊（66米）—疏山（50米）—下马山（43米）—桃坡（宜黄水，84米）—红渡（35米）—焦石（26.7米，已建）等9级方案。廖坊枢纽已于2002年10月开工。另外，对临水、黎滩河、芦河、东乡水等支流，亦提出了梯级开发方案。

3.《长江流域综合规划（2012—2030年）》

抚河治理开发与保护的主要任务是防洪与除涝、供水与灌溉、水土保持、水资源保护、发电和航运等。进一步加高加固干支流圩堤，开展南城、南丰、广昌等县城、其他城镇及重点圩堤防洪达标建设。进一步提高中下游平原圩区的排涝能力。提高城镇供水保证率和13座县级以上城市（镇）的应急供水能力。完成已建灌区的续建配套，发挥廖坊、杨坪、桃坡等水库的径流调节作用，为金临渠、宝水渠、宜惠渠等灌区补充灌溉水量，兴建廖坊、桃坡、马街等大中型灌区。治理水土流失。按南丰、清华山、南城、廖坊（已建）、疏山、下马山、红渡、焦石（已建）等8级开发干流水能资源，总装机容量187兆瓦。通过渠化和航道整治，改善航运条件。

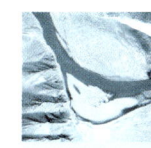

九、信江

（一）流域概况

信江河源称金沙溪（玉山水），源出浙赣边境怀玉山的玉京峰，源流自东北向东流至玉山县后，再由东折向西流至上饶市与丰溪水汇合后，始称信江。到余干县大溪渡附近分为东、西两支，西支由余干县的瑞洪注入鄱阳湖，东支经珠湖山入饶河，流域面积 1.55 万平方千米。信江干流梅港以上主河道全长 328 千米，天然落差 746 米，平均比降 2.52‰。上饶市以上为上游（金沙溪），河流流经山丘区；上饶市至鹰潭市为中游，进入丘陵区，两岸阶地发育；鹰潭市以下为下游，属冲积平原区。主要支流有丰溪河（广丰水）、铅山河及白塔河。

信江流域属亚热带季风气候，多年平均降水量 1855 毫米，空间分布是东多西少；周围山区多，干流河谷两侧及下游尾闾地区少。信江径流丰沛，梅港站多年平均年径流量 180 亿立方米。径流年内分配不均，3—7 月水量占全年总量的 74% 以上。

信江流域水能资源较丰富。据 2003 年全国水力资源复查成果，全流域水力资源理论蕴藏量为 673 兆瓦，技术可开发量 585 兆瓦，年发电量 20.4 亿千瓦时。截至 2013 年底，全流域已建、正建 0.5 兆瓦以上水电站 29 座，总装机容量 409.3 兆瓦，年发电量 15.83 亿千瓦时，水能开发利用率分别为 69.9%（装机容量）和 77.6%（年发电量）。

信江流域绝大部分地区位于江西省，很小部分在浙江省和福建省，分属江西省上饶、鹰潭和抚州等 3 个市的 15 个县（市、区），福建省南平市的 2 个县，浙江省衢州市的 2 个县。2013 年末流域总人口 470 万，耕地 397 万亩。

信江是江西省境内的主要通航河流，主航道从流口至褚溪河口全长 244 千米。

（二）规划研究过程

江西省水利厅于 1956 年 7 月组织有关技术人员对信江及主要支流进行了水利普查，并于同年 12 月编写了《信江流域水利普查报告》。该报告提出干流中上游及支流丘陵地区修建蓄水工程，减轻洪灾，发展灌溉；在信江中游兴建黄沙港综合利用枢纽，主要任务是减轻下游洪患，扩大灌溉面积；信江下游及滨湖地区防洪问题，主要以堤防的形式进行防护。

江西省水利设计院于 1959 年提出了《江西省水利电力综合规划报告》。该报告提出信江流域的开发任务是："应以蓄水、灌溉为主，调节流量，逐步改善防洪、排水，整理航道，大力进行水土保持等。"信江干流梯级开发方案初拟为黄沙港（67 米）—贵溪（37 米）—鹰潭（27 米）3 级，其中以黄沙港高坝方案为骨干工程，鹰潭和贵溪两梯级为低水头的发电、航运工程。

信江流域最早按规划兴建的大型水利工程是七一水库。该工程位于信江主源金沙溪中游，1958年7月开工，1960年3月竣工，1971年又进行了扩建。

长沙院在1960年3—7月对信江进行了较大规模的勘测工作。同年8月，编制完成《信江流域规划报告》。该规划报告研究的范围主要是信江下游大溪渡以上的干支流；干流大溪渡以下圩区有关问题的研究，则主要参照江西省水利设计院编制的《饶信平原规划报告》。推荐的信江干流梯级开发方案是：白沙（65米，黄海基面，下同）—杨梅山（58米）—黄沙港（50米）—流口（39米）—界牌（26米）—貊皮岭（19.5米）6级。

根据1977年4月水电部《关于开展全国水力资源普查的通知》以及长办的具体部署，江西省水利规划队于1980年4月提出了《信江水力资源普查成果》。该成果指出信江的开发任务是防洪、灌溉、发电，结合发展航运及解决工业用水问题。同时提出信江干流梯级开发方案为：白沙（67米，黄海高程，下同）—杨梅山（60米）—黄沙港（52米）—流口（39米）—鹰潭（28.5米）5级，以流口为骨干工程。信江的开发特点是：干流梯级水库淹没损失大，水头低调节性能差，近期兴建的可行性较小；支流梯级中优良坝址较多，淹没损失较小，且具有发电、防洪、灌溉等综合效益，具备近期开发的条件，并对干流有一定的径流调节作用，可为开发干流梯级创造条件。

为适应经济社会发展需要，1978年初和同年5月，分别由江西省水利厅会同上饶市、鹰潭市、抚州市以及江西省院，组织对信江流域进行了实地查勘，并进一步搜集了流域地形、地质、水文及社会经济资料。提出流域规划的基本任务为灌溉、防洪、开发水能、航运及工业供水等。干流梯级开发方案经对综合利用效益、淹没损失、工程规模、地质条件及施工条件等方面作综合比较，推荐岭底（65米）—青沙湾（52米）—流口（39米）—界牌（26米）—貊皮岭（19.5米）5级为选定方案。对主要支流包括金沙溪、玉琅溪、丰溪河、饶北河、石溪水、铅山水、陈坊水、葛溪水、罗塘河、白塔河等10条支流，推荐了梯级开发方案。1983年，江西省院编制完成了《信江流域规划报告》。

自1983年《信江流域规划报告》提出后，流域内经济社会发展和水利建设发生了新的变化，对河流开发提出了新的要求。1991年4月，江西省院根据江西省水利厅的计划安排，对信江流域规划进行了修订；1992年9月，提出了《信江流域规划修改补充报告》。同年11月，江西省计委主持召开了"江西省信江流域规划报告审查会"，同意该规划推荐的干流和主要支流的梯级开发方案，以及近期工程安排。建议将1983年完成的《信江流域规划报告》与1992年完成的《信江流域规划修改补充

报告》重新修改，合并成为一个完整的报告。根据上述审查意见，江西省水利设计院对原规划报告又进行了补充修改，于1994年6月编制完成了《信江流域规划报告》（1994年修订）。1995年6月，江西省人民政府办公厅批复了该规划报告。

按2009年国务院批复的《鄱阳湖生态经济区规划》，流域内鹰潭市和上饶市是鄱阳湖生态经济区的重要组成部分。为适应新时期经济社会发展的要求，按照水利部总体部署，长江委依据水规计〔2011〕673号文对《信江流域综合规划任务书》的批复，组织开展了信江流域综合规划的编制工作，于2015年6月形成《信江流域综合规划（送审稿）》报送水利部。2015年9月19—20日，《信江流域综合规划》通过了水利部水规总院组织的审查。2017年6月，《信江流域综合规划环境影响报告书》通过了环境保护部会同水利部在北京召开的审查。2018年6月30日，江西省人民政府以赣府发〔2018〕21号文公布了《江西省生态保护红线》，长江委在江西省水利厅和江西省环境保护厅的协助下，进一步复核和协调了规划与生态保护红线的关系，形成《信江流域综合规划》，报送水利部获批。

（三）主要成果简介

1.《信江流域规划报告》（1994年修订）

信江开发任务为：上游河段以灌溉、发电为主，结合防洪、航运、供水；中下游河段以防洪、航运为主，结合除涝、灌溉、供水、发电。

（1）灌溉

全流域划分为七一、七星、花厅、石溪水、铅山水、陈坊水、铜包头、罗塘河、贵北、白塔河、貊皮岭等11个灌区。搞好现有灌区的续建配套工程，同时兴建大坳水库灌区、貊皮岭灌区等工程。预计1990年、2000年的有效灌溉面积，分别占全流域耕地面积的78%和97%。

（2）防洪

对于受湖洪影响的保护农田5万亩以上的圩堤，其防洪标准采用湖口站水位22.5米相应的洪水位；对于保护农田1万～5万亩的圩堤，其防洪标准采用湖口站水位21.68米的相应洪水位。

（3）除涝

要按照"高水导排，低水提排，围洼滞蓄"的原则进行。根据圩区已经形成的4个排水系统，分别兴建十亩里、猪头湖、下洪桥、六零站等4座电排站，总装机容量5880千瓦，新增排涝面积1.6万亩，改善排涝面积10.7万亩。

（4）水力发电

应有计划地在信江干支流上兴建一批水电站，充分开发利用信江水能资源，千方百计地创造条件，安排信江干流流口水库的兴建。

（5）航运

应在河流综合开发利用的前提下，采取渠化和疏浚相结合的综合治理措施。信江航道的通航标准，贵溪以下河段为Ⅲ级航道，通航1000吨级船舶；贵溪以上河段为Ⅴ级航道，通航300吨级船舶。

干流以流口枢纽为骨干，拟定了5级开发方案，即岭底（65米）—青沙湾（52米）—流口（39米）—界牌（26米）—貊皮岭（19.5米），全梯级总装机容量161兆瓦，保证出力19兆瓦，年发电量5.8亿千瓦时。预留防洪库容3.2亿立方米，设计灌溉面积65万亩。干流梯级可将上饶以下河段全部渠化，贵溪以下河段可通航1000吨级驳船，贵溪—上饶河段可通航300吨级驳船。

金沙溪为信江主源，拟有6级开发方案，即岭头山（419米）—奋箕湾（362米）—琴山（261米）—西浆口（193米）—毛司道（171米）—七一（160.4米，扩建）。

近期工程推荐信江干流流口等枢纽，以及各支流上七一（扩建）、清潭、铜包头、刘家山、梅潭、铁炉、梅溪（或花桥）等水库。

2.《信江流域综合规划》

信江流域治理开发与保护的主要任务是防洪除涝、供水灌溉、航运、水力发电、水资源与水生态环境保护、水土保持和水利血防等。

洪灾是信江流域心腹之患，流域现有防洪体系远不能适应经济社会发展的要求。已建供水工程以中小型工程为主，水资源调控能力不强，存在工程性缺水。航道、港口等航运基础设施建设明显滞后。水能资源开发要求与生态环境保护、移民安置等方面的矛盾也日趋加重。水资源与水生态环境保护任务艰巨。流域水利管理亟待进一步强化。

规划通过新建或加高加固干支流沿岸堤防，实施中小河流、山洪治理及河道整治等措施，建设流口水库，并与干支流防洪水库共同拦蓄洪水，提高区域整体防洪能力。加快建设大型水库2座（花桥水库、铜包头水库），新建中型水库5座（清沙湾水库、山口岸水库、沙潭水库、梅潭水库、鲁水坑水库），配合小型、微型水库及五小供水工程，提高区域用水保证率，缓解该片的缺水情况，实施七一和饶丰等灌区续建配套与节水改造，加快大坳、伦潭、铜包头等灌区建设，满足生活生产用水需求。信江航线为规划的高等级航道，规划贵溪至罐子口为Ⅲ级航道。通过梯级渠化和航道整治工程等相应措施，改善航道条件。加强源头水源涵养、饮用水水源地保护、干支流入河排污口整治和面源污染治理，改善水环境状况，采用多种措施保障河流生态需水，加强梯级电站的联合调度运行，保证入湖生态水量及河流连通性，保护鱼类及其栖息地的流水生境，维系并逐步恢复河流生态服务功能。加强主要支流重点区域水土流失治理。加强水利血防设施建设。

十、饶河

（一）流域概况

饶河位于赣东北，由乐安河和昌江两支组成，以乐安河为主流，其发源于赣、皖边界的五龙山一带。两河（江）大致自东北向西南平行流至波阳县姚公渡汇合后称饶河，饶河干流从姚公渡至龙口汇入鄱阳湖，流域面积约1.54万平方千米，多年平均年径流量143亿立方米。

乐安河发源于赣、皖边界的五龙山南麓，自东北流向西南，经婺源、德兴、乐平、万年等县市，至姚公渡止，全长240千米。干流源流地区的婺源县天然植被茂盛，自然风光秀丽；太白镇以上为山丘区，太白镇至乐平为丘陵区，乐平以下进入平原圩区。支流流域面积在500平方千米以上的有清华水、银港水、洎水、长乐水。

昌江发源于安徽省祁门县南屏山、黄金尖一带，自东北流向西南，经景德镇市至姚公渡止，全长约220千米。昌江上游干流为峡谷型河段；中游的新平至景德镇河段，有断续平原台地分布；景德镇以下河段，为鄱阳湖冲积平原。支流流域面积在500平方千米以上的有大北水、东河（波源水）。

流域内矿产资源以铜矿和瓷土最负盛名。据2003年全国水力资源复查成果，全流域水力资源理论蕴藏量237兆瓦，技术可开发量246兆瓦，年发电量8.6亿千瓦时。已建水电站125座，装机容量100兆瓦，年发电量3.2亿千瓦时，其中大于等于10兆瓦的1座（樟树坑水电站）。

饶河流域大部分在江西省境内，少部分在安徽、浙江省境内。流域现状总人口262万，耕地239万亩。

乐安河铜埠至乐安村158千米为通航河道，其中鸣山至乐安村46千米为Ⅵ级航道，乐平至鸣山15千米为Ⅶ级航道；昌江航道景德镇至姚公渡段89千米达到Ⅴ级航道标准，现状航运基础设施比较落后，存在航道等级低等问题。

（二）规划研究过程

江西省水利厅1955年12月组织开展饶河流域的水利普查工作，1957年1月编写了《饶河流域水利普查报告（初稿）》。该普查报告提出的饶河流域开发任务是：发电、农业开发与灌溉，兼顾改善航运等。对乐安河和昌江提出了多种梯级开发方案，初步选择了乐安河湖村（抬水高40米）—黄柏垣（抬水高25米）—钟家山（抬水高27米）等3级和昌江平里（抬水高35米）—倒湖（抬水高47米）—樟树坑（抬水高 28.5 米）—鲇鱼山（抬水高 10.5 米）等 4 级。另外在支流泊水选择了新营枢纽（抬水高 27 米）。

为配合《长江流域综合利用规划要点报告》的编制，从 1957 年下半年起，江西省院与武汉水利电力学院协作，开始进行饶河流域规划的前期工作。重点研究樟树坑和黄柏垣两项近期工程，并同步开展勘测设计工作。在规划研究过程中，发现黄柏垣水库涉及德兴铜埠铜矿的重大淹没，故停止了黄柏垣的勘测设计工作，流域规划工作也暂停，转而集中力量进行樟树坑枢纽的初设要点工作。1958 年 8 月，武汉水利电力学院提出了《昌江樟树坑水电站初设要点报告》并于同年动工兴建，但 1961 年因压缩基建战线又停建。1961 年 7 月，江西省院提出了《饶河流域规划要点报告》。

1958 年 10 月，江西省院进行全省水利电力综合规划，并于 1959 年 6 月提出了《江西省水利电力综合规划报告》。流域的开发任务是发电、防洪、灌溉，兼顾航运。推荐的乐安河干流梯级开发方案是：胡村（110 米）—铜埠（56 米）—黄柏垣（46 米）—鸬鹚埠（30 米）—接竹渡（22 米）等 5 级；昌江干流梯级开发方案是：芦溪（115 米）—樟树坑（76 米）—马鞍山（27 米）等 3 级。规划建议优先开发樟树坑和胡村两个枢纽。为满足景德镇瓷业及德兴铜矿的运输要求，后续可陆续开发马鞍山及铜埠、黄柏垣等 3 座航运梯级。

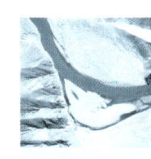

在乐安河干流梯级中，胡村是骨干工程，其余梯级均为低水头开发。但胡村水库淹没耕地和茶园达 8 万亩以上，还要搬迁婺源县城，难以实施。因此，建议上游武口（清华水与段莘水汇合口）至铜埠河段的开发规划需进一步研究。

饶河下游圩堤多，洪涝灾害严重；饶河尾闾地区血吸虫病严重；竹溪林至双港河段，汛期卡口严重阻水，影响圩堤安全，加重了防汛压力。为治理饶河下游，江西省院于 1977 年编制了《饶河下游治理规划报告》。该规划报告主要研究内容为：①饶河主流两岸整治规划。饶河主流竹溪林至双港河段的大弯道，既不利于泄洪，又影响航运，规划拟结合南岸莲角大联圩（莲南圩、莲北圩、角丰圩联圩）、北岸青双联圩（青山圩、双丰圩联圩）兴建的同时，对竹溪林至双港河段的弯道进行裁弯取直。②洪道治理规划。饶河洪道是乐安河、昌江及信江东大河、万年河等 4 条河流的自然泄洪道，为使洪道排洪通畅，需进行清障治理，采取废除白乐圩及乐安圩截北角形成洪道进口方案。

乐安河是饶河主流，有较丰富的水资源可以开发，并主要集中于婺源—乐平河段，1983 年 11 月，江西省院提出了《江西省乐安河干流（婺源—乐平）梯级开发方案意见》，其开发任务是发电、航运等。河段梯级开发方案以不淹婺源县城为原则，着重研究了将原规划的胡村（110 米）—铜埠（56 米）两级开发改为铜埠（68 米）一级开发的问题。

为了改变赣东北地区用电紧张的局面，并增加地区电网水电比重，推荐铜埠水电站为乐安河第一期开发工程项目。

为配合《长江流域综合利用规划要点报告》修订补充工作，江西省院在以往规划成果的基础上，于1985年6月提出了《饶河流域规划意见》。该规划意见经研究比较，分别提出了乐安河和昌江的干流梯级开发方案，即乐安河干流由武口（108米，黄海高程，下同）—铜埠（68米）—黄柏垣（42米）—鸬鹚埠（28米）—接竹渡（20米）等5级组成；昌江干流由芦溪（113米，黄海高程，下同）—樟树坑（74米）—鲇鱼山（22.2米）—凰岗（17.3米）等4级组成。该规划意见还提出了发电、防洪、灌溉、航运、水土保持等综合利用要求。

根据长江流域规划修订工作的总体安排，江西省水利厅会同省电力局、省交通厅及上饶地区、景德镇市等有关单位，商请安徽、浙江省水利厅一起组成饶河流域规划领导小组，负责协调各项规划工作，江西省院于1991年编制完成了《饶河流域规划报告》，并通过由江西省计委和水利部水规总院等单位组织的审查。1992年4月，水利部下文正式批准该规划报告。1993年5月，《饶河流域规划报告》正式刊印。为配合《长江流域综合规划（2012—2030年）》，江西省有关单位编制提出了饶河流域综合规划意见。

（三）主要成果简介

1.《长江流域综合利用规划要点报告》

饶河的主要开发任务为防洪、灌溉、发电、航运等。樟树坑水库综合效益较大，可使各河下游的洪灾问题得到基本解决，增加了坝下的灌溉水源和枯水航深，所开发的水力对附近地区工农业用电有重要意义，规划提出可以在近期内开发。

2.《长江流域综合规划（2012—2030年）》

饶河治理开发与保护的主要任务是防洪与除涝、供水与灌溉、水资源保护、发电、航运、水土保持。开展景德镇等县级以上城市和其他主要圩区堤防加固达标建设。近期修建浯溪口水库，使景德镇市达到50年一遇防洪标准；远期建设铜埠水库，进一步提高下游圩区的防洪标准。开展排涝区达标建设。开展城乡饮水工程建设。扩建红领巾、碧湾和勤俭等大中型灌区。结合综合利用，进一步开发干支流水能资源，初步规划干流乐安河按铜埠、太白、黄柏垣、鸬鹚埠、坝口等5级开发，装机容量89.5兆瓦，支流昌江按浯溪口、樟树坑、景德镇、鲇鱼山、凰岗等5级开发，装机容量70.2兆瓦。通过梯级枢纽渠化和航道整治，提高乐安河铜埠至鸣山、昌江景德镇至姚公渡航道标准。治理水土流失。

十一、修水

(一)流域概况

修水发源于湖南、湖北、江西边境幕阜山脉的大伪山北麓江西省铜鼓县叶家山，自西向东流经修水、武宁、永修等县后，于吴城汇入鄱阳湖。干流全长386千米，流域面积约1.31万平方千米，年径流量133亿立方米。修水县城以上为上游，为山区性宽谷河流；上游各支流则位于崇山峻岭之间，坡陡流急，水力资源丰富；修水县城至柘林为中游，河道流经丘陵盆地区，河谷较开阔；柘林以下为下游，柘林附近河道下切形成峡谷河段，柘林以下进入平原圩区，为湖沼冲积河流。主要支流有潦河、武宁河等。

流域内的自然资源较丰富。据2003年全国水力资源复查成果，全流域水力资源理论蕴藏量447兆瓦，技术可开发水力资源为832兆瓦，年发电量20.9亿千瓦时。干流上已建东津、塘港(扩建，原名港口)、郭家滩(扩建)、抱子石、柘林等梯级，电站装机容量538兆瓦，年发电量9.85亿千瓦时。大部分地区植被良好，森林繁茂，仅在上中游有少数地区水土流失严重。

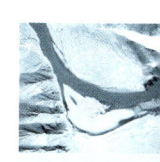

流域涉及江西和湖南两省，总人口229万，耕地273万亩。流域内对外交通较方便。

(二)规划研究过程

1954年和1955年，修水下游连遭水灾。修水干流下游永修县多次报告要求全面考虑修水的防洪问题。为此，江西省水利厅派员对修水流域查勘后，于1956年3月提出了《修水下游初勘报告(修订本)》。该报告对修水下游防洪问题提出了初步治理意见，包括：兴建潦河下游雅雀湖和江夏湖两处蓄洪垦殖工程；整理加固永兴圩(含永兴圩、北岸圩、棉圩及涂埠镇)、郭东圩和九合圩；兴建赣修三角圩防洪排水工程；还提出修建分洪道分泄修水主流洪水，堵塞杨柳津支流，将郭东、永兴、九合各圩联成整体；以及修水上中游应发展水电，潦河应发展灌溉。

1956年，江西省水利厅对修水进行了水利普查，提出柘林水库为开发研究对象。1957年，武汉院在江西省水电厅和有关各部门配合下，开始进行修水流域规划工作，1958年5月提出了《修水河流规划报告》。该规划报告拟定的修水开发任务是：以水能利用为主，同时解决下游防洪问题，并兼顾灌溉和发展航运。初拟的修水干流开发方案为：抱子石(95米)—仙人潭(80米)—柘林(65米)；支流东津水：东津(230米)；山口水：山口(220米)—龙潭峡(145米)。推荐柘林和龙潭峡为第一期工程。在规划报告的基础上，修水干流骨干工程——柘林大(1)型综合利用水库工程动工兴建。

潦河是修水的最大支流，也是一条比较独立的水系。1961年5月，江西省院编制了《潦河流域综合利用规划报告》。1980年10月,宜春地区水电局潦河流域规划办公室提出了《潦河流域规划报告》。

柘林工程于1962年9月停工,长沙院对修水中下游三都以下梯级开发方案进行了补充,于1963年4月编制了《修水梯级方案第一期工程复核报告》,选定开发方案为:仙人潭(77米)—柘林(65米);认为柘林枢纽宜为第一期工程,采用高方案是恰当的;拟定初步设计阶段的水库正常蓄水位比较范围为60～70米,并据此进行柘林枢纽初步设计。

为了适应山区水电建设需要,江西省水利规划队在武汉院1958年编制的《修水流域规划报告》的基础上,于1965年10月编制完成了《修水上游水电开发意见(讨论稿)》。开发意见对修河上游干支流开发方案作了补充勘测和研究,拟定的修水上游干流开发方案为:抱子石(95米)引水;支流开发方案为:东津水:东津(190米);山口水:山口(175米)—龙潭峡(145～160米)。推荐东津或龙潭峡枢纽为修水上游第一期工程。

根据20世纪80年代初国家修订长江流域综合规划总的部署,江西省水利设计院在整理以往规划成果的基础上,于1985年5月提出了《修水流域规划意见》。该规划意见提出修水治理开发任务为:以开发水能为主,兼顾防洪、灌溉和航运等。其中,修水干流上中游及主要支流东津水、山口水以水能开发为主,兼顾防洪、灌溉和航运;潦河中下游以解决灌溉问题为主;修潦尾闾地区受鄱阳湖、修水和潦河洪水顶托影响,以防洪为主,兼顾航运、水产。梯级开发方案修水干流为:抱子石(95米)—仙人潭(77米)—柘林(65米,已建);支流东津水:东津(192米)—寒水(126米);山口水:大墩(214米)—山口(175米)—龙潭峡(145～160米);南潦河:甘坊(183米)—鹅婆岭(120米);北潦北支:罗湾(369米,已建)—丁坑口(192.5米)—小湾(118米);北潦南支:高潮(190米)。推荐东津、高湖、大墩、小湾等工程为近期开发项目。其中大墩电站已于1990年底竣工;小湾水库已于1993年竣工;东津水利枢纽已于1995年竣工。

为适应新形势下流域内国民经济发展的需要,江西省水利厅决定对修水流域进行全面规划,并会同九江市、宜春市和南昌市的有关部门成立了修水流域规划领导小组,江西省计委于1988年1月发文批复下达《修水流域规划任务书》,江西省院编制完成《修水流域规划报告》(送审稿),并通过了由江西省计委组织的审查。1992年9月,江西省人民政府常务会议通过该规划报告。1993年10月,《修水流域规划报告》正式刊印。为配合《长江流域综合规划(2012—2030年)》,江西省有关单位编制提出了修水流域综合规划意见。

（三）主要成果简介

1. 《修水流域规划报告》

修水流域的开发任务是防洪、发电、灌溉、航运、除涝、供水、水产等。修水干流柘林以下以防洪、灌溉为主，兼顾航运，柘林以上以发电、灌溉为主，兼顾航运。

（1）防洪

修水中下游的防洪重点在城镇，研究干支流上中游水库承担防洪任务的可能性；修水下游圩区的防洪，应在充分发挥柘林水库防洪作用的同时，考虑采取加高加固圩堤等措施，搞好河道的清障，进一步扩大下游河道的行洪能力。修水尾闾根据与鄱阳湖洪水的顶托程度，修水下游若遇50年一遇洪水，还需要先后安排马口圩、立新圩临时分洪，削减区间洪峰流量，以确保南浔铁路和永修县城的安全。

（2）发电

规划2000年前新（扩）建水电站装机容量217兆瓦，2001—2020年新增水电装机容量81兆瓦。大力进行地方电网建设，并逐步与大网联网运行。

（3）灌溉

搞好现有水利工程续建配套，因地制宜地兴建一批中小型水利工程。规划在流域内划分为柘林、高湖、甘坊—马埠里、丁坑口—小湾等4大水库重点灌区，以及若干支流灌区。

（4）航运

规划近期实施航道整治工程，实现修水全线通航。远景采取梯级水库渠化措施，进一步提高航道等级。

（5）除涝

修水和潦河的尾闾地区共有易涝面积21.5万亩，排涝按"高水高排，低水低排，围洼蓄涝"的原则，采用10年一遇的排涝标准，规划建小型排涝站11座，排涝装机容量2830千瓦。

修水干流梯级开发方案分坑口（220米）—东津（190米，已建）—黄溪（121米）—港口（114米，扩建）—郭家滩（107.5米，扩建）—抱子石（93.5米，在建）—三都（78.5米）—下坊（73米）—石渡（65.2米）—柘林（65米，已建）—虹津（19.5米）等11级。全梯级总调节库容约35.3亿立方米，总装机容量583兆瓦，年发电量11.4亿千瓦时。

2. 《长江流域综合规划（2012—2030年）》

修水治理开发与保护的主要任务是防洪与除涝、供水与灌溉、发电、航运、水资源保护、水土保持和水利血防。发挥柘林水库的防洪作用，加高加固尾闾地区圩堤，将修水下游及尾闾地区的防洪能力提高到20～50年一遇；修建潦河甘坊、山口水龙

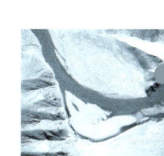

潭峡、黄沙水彭桥、渣津水淹家滩、溪口水布甲等大中型水库调蓄洪水，减轻修水中上游重点地区洪水灾害；支流潦河中下游通过堤防加高加固，使5万亩以上的圩堤达到20年一遇防洪标准。更新改造现有排涝设施，提高下游尾闾安义、永修等重点涝区的除涝能力。开展已建供水设施更新改造与扩建配套。完成已建灌区的续建配套和节水改造。结合综合利用，开发黄溪、夜合山、三都、下坊、虬津等水电站。通过航道整治工程，提升永修至吴城河段航道等级。治理水土流失。实施水利血防等综合措施。

第四节 下游区

一、华阳河

（一）流域概况

华阳河位于长江左岸，流域面积5511平方千米，其中安徽省2958平方千米，湖北省2553平方千米。流域地势西北高东南低，地貌形态多样，山区、丘陵、平原圩区、湖泊水面分别占总流域面积的19.5%、28.4%、32.7%和19.4%。

华阳河水系主要河流均发源于大别山脉南麓，均由北向南流入自西向东一连串呈葫芦状的湖泊中，经过湖泊调蓄后，流入全长37千米的华阳河，在华阳镇汇入长江。华阳河流域经治理后，湖区内水分别由华阳闸、杨湾闸、杨林闸、八一闸和武穴闸排泄入江。华阳河流域以黄梅县梅济大堤（俗称百里长堤）为界，可划分为东、西两片。西片为武山湖和太白湖水系，集水面积1642平方千米；东片有龙感湖、大官湖、黄湖及泊湖，集水面积3869平方千米。长江干堤、西隔堤、东隔堤和北部岗地合围形成华阳河蓄滞洪区。

（二）规划研究过程

1936年11月，扬子江水利委员会设立华阳河工程处负责实施华阳河蓄洪垦殖示范工程，虽曾两次动工兴（复）建，但因规划不周、设计不妥和施工草率而宣告失败。华阳河流域的综合治理是从新中国成立后开始的。

1949年，长江中下游发生大洪水。1950年夏初，长江委下游工程局受命进行华阳河规划工作，本着除害结合兴利和蓄洪与垦殖并重的原则，提出了《华阳河蓄洪垦殖规划》，制定蓄洪垦殖规划方案。蓄洪垦殖区在百里长堤以东，后河新开坝以西，德化圩、合成圩、四合圩以北的湖区，还包括部分小民圩，蓄洪面积约1200平方千米。规划加高培厚百里长堤，修建广济童司牌隔堤，对四合圩堤、德化圩堤和合成圩堤进行加高培厚，筑坝堵塞后河（该河为华阳河与皖河的连接通道），以形成封闭的分蓄洪区。其中，除武穴市童司牌隔堤兴建和黄梅县百里长堤加高加固因种种原因未能实施，以及分洪闸因运用概率极小未曾修建外，规划的其余项目均已实施。在《长江流域综合利用规划要点报告》中，将已建成的华阳河蓄洪垦殖区纳入长江中下游防洪的蓄洪范围。

流域内主要围垦区涉及安徽省的新利农场、杨湾垦区等，湖北省的龙感湖农场、张湖农场等，围垦面积430.1平方千米，增垦耕地43.04万亩，其中百里长堤以西61.1平方千米，百里长堤以东369平方千米。实际围垦情况，远超过原规划围垦面积206.67平方千米指标。血吸虫病治理也取得较大成效。

1972年、1980年由水电部两次主持召开的长江中下游防洪座谈会上，安排华阳河蓄洪区的蓄洪任务为25亿立方米，以保无为大堤安全为主要目的。这一蓄洪任务，在长江委于1990年编制的《长江流域综合利用规划简要报告》中再次得到确认。运用标准是当湖口水位22.5米时分洪。若扒口分洪，实际进洪量将超过25亿立方米。

在华阳河蓄洪垦殖规划实施后，当时沿江干堤标高尚未达到规划要求，堤身各类险情及江岸崩坍还需要继续妥善处理，分蓄洪区内尚待建设安全设施，圩内排涝能力低、区内灌溉发展不平衡状况需要改善，湖区航道淤塞严重，江湖航道分割，水运条件尚需要改善，血吸虫病尚未得到根治。因此，长江委在1990年修订编制的《长江流域综合利用规划简要报告》中，提出了治理华阳河流域的具体规划意见。

二、皖河、菜子湖

（一）流域概况

皖河、菜子湖流域位于长江下游北岸安徽省安庆市境内。流域东南面是圩区，濒临长江；北面以大别山脉和滁河、巢湖流域接壤；西面以羊角尖、界岭与湖北省浠水、蕲水流域相邻；西南部以梅岭、香茗山和华阳河流域为界。

皖河发源于大别山脉南麓太湖县境，上中游称长河，在怀宁县城（石牌）以上5.5千米和3.0千米处，分别接纳主要支流——潜水和皖水后，始称皖河。下游经新中国成立后新开的江镇河，于安庆市以西汇入长江。皖河以花凉亭、怀宁为界，分为上、中、下游。主要支流有潜水和皖水。主要湖泊有武昌湖、石门湖和七里湖。皖河流域面积0.64万平方千米，年径流量48.2亿立方米。

菜子湖由大沙河、挂车河、龙眠河、孔城河及菜子湖周边中小河流组成，均发源于大别山脉东麓，呈平行排列状汇入菜子湖，出湖后流经枞阳长河在枞阳县城的枞阳闸汇入长江。湖泊有菜子湖、破岗湖、三鸦寺湖。菜子湖流域面积0.32万平方千米，年径流量为21.7亿立方米。

皖河、菜子湖流域涉及安徽省安庆市，总人口376.5万，耕地280万亩。安庆市为皖西重要城市，农业较发达，水陆交通较便利。

（二）规划研究过程

新中国成立后，有关单位对皖河、菜子湖流域进行过多次规划，主要有：1957年淮河水利委员会（以下简称淮委）设计院编制的《巢、滁、皖流域规划报告》（初稿），1958年淮委设计院编制的《菜子湖流域规划》，1971年安庆地区水利局编制的《皖河流域规划报告》，流域治理开发的主要任务为防洪、灌溉、除涝、灭螺等。

在1980年全国水力资源普查阶段，安徽省院汇编了以往皖河、菜子湖流域的规划成果。该成果提出：皖河、菜子湖流域的河流开发任务，应以防洪、灌溉为主，结合发电。在上游进行梯级开发，下游则加固加高堤防，并考虑在河口建闸控制。提出了皖河上游——长河及主要支流潜水、皖水梯级开发方案，菜子湖水系的大沙河上游建下浒山梯级。

花凉亭水库是皖河流域控制作用最大的具有防洪、灌溉，结合发电、水产、养殖、旅游等综合利用枢纽工程，总库容24亿立方米，其中调洪库容10.55亿立方米，为皖河第一期工程，于1958年8月开工，1962年缓建，1970年复工，1976年10月基本建成。流域规划提出后，还兴建了毛尖山、钓鱼台、方洲、镜主庙、牯牛背、红旗、长春、观音洞、麻塘湖等9座中型灌溉水库，总库容3.76亿立方米，设计灌溉面积65.8万亩。

1985年8月，安徽省院为配合长江流域规划修订提出了《皖河、菜子湖流域规划意见》。该规划意见就防洪、灌溉、除涝、灭螺等方面提出了治理及实施意见。

在2003年全国水力资源复查成果中，提出了皖河干流及其支流皖水、潜水梯级开发方案。

根据国务院办公厅转发的水利部《关于开展流域综合规划修编工作的意见》（国办发〔2007〕44号文），安徽省院为配合长江流域规划第二次修订，提出了《皖河、菜子湖流域规划意见》，相关成果纳入《长江流域综合规划（2012—2030年）》。该规划根据流域经济社会发生的新变化和存在的突出问题，对规划开发任务进行了调整优化，皖河的主要任务为防洪与除涝、供水与灌溉、水资源保护和水利血防，菜子湖的主要任务为防洪与除涝、供水与灌溉和水利血防。

（三）主要成果简介

《皖河、菜子湖流域规划意见》（1985年版）：

该意见系统分析了流域存在的主要问题，提出治理开发的主要任务为防洪、灌溉、除涝、灭螺等。规划对潜水、皖水、龙眠河、挂车河和孔城河等进行河道治理，重点治理大沙河。通过建设小型蓄、引水工程，引江湖水提灌，已建的花凉亭水库灌区渠系配套，建设下浒山水库、花凉亭水库等，分区域解决区域灌溉问题。通过圩畈区新（扩）建机改电和更新改造提高排涝能力。目前，河床泥沙淤积严重，航道条件恶化，交通部门正在积极研究整治方案，拟恢复通航。为消灭七里湖和石门湖地区钉螺，采取皖河改道、开挖撇洪沟、围垦灭螺等措施。

皖河干流的开发任务以防洪、灌溉和发电为主。在 2003 年全国水力资源复查成果中，其梯级开发方案自上而下为：王珠（458 米，已建）—石堰河（303 米，已建）—吴俊（240 米，已建）—安乐（152 米）—花凉亭（88 米，拟扩建）等 5 级，梯级总调节库容约 1.8 亿立方米，总装机容量 68 兆瓦，年发电量 1.4 亿千瓦时。皖河支流皖水梯级开发方案为：毛尖山（355 米，已建）—九井岗（226 米）—雷公井（155 米，已建）—毕家滩（95 米）—乌石堰（57 米）等 5 级，梯级总调节库容 0.39 亿立方米，总装机容量 73 兆瓦，年发电量 1.7 亿千瓦时。皖河支流潜水梯级开发方案为：八字岩（365 米，在建）—大龙潭（331 米，已建）—大龙潭二级（239 米）—岩湾（188 米，已建）—王岭（168 米，已建）—袁家渡（127 米）—水吼岭（57 米）等 7 级，梯级总调节库容约 0.13 亿立方米，总装机容量 35 兆瓦，年发电量 1.2 亿千瓦时。菜子湖水系大沙河开发任务以防洪、灌溉为主，结合发电。其开发方案为：大岭脚（200 米）—下浒山（120 米），调节库容 1.96 亿立方米，装机容量 17 兆瓦，年发电量 0.4 亿千瓦时。

近期先建设大沙河防洪治理工程，加高培厚堤防、切拐调直清障除患；兴建花凉亭水库灌区配套工程及沿湖电灌站、圩畈区除涝工程等；兴建沿湖和灌区电灌站；新建下浒山和鲁供山等大中型水库及相应灌区。

三、青弋江、水阳江、漳河

（一）流域概况

青弋江、水阳江流域地跨安徽和江苏两省，由长江下游右岸 3 条重要支流——青弋江、水阳江及漳河三水系组成，分别由当涂、芜湖、澛港等三口汇入长江，分布有南漪湖、固城湖、石臼湖等湖泊，流域面积 1.89 万平方千米。其中，安徽省面积约 1.75 万平方千米，年径流量 130 亿立方米。

青弋江发源于安徽省黟县方家岭，正源为舒溪，主干上段称清溪，自南向北流经陈村坝址以上之小河口后始称青弋江，再流经泾县县城至芜湖市长河口汇入长江。干流全长 309 千米，多年平均流量 202 立方米每秒。最大支流徽水，流域面积 1145 平方千米。

水阳江发源于安徽省绩溪县境天目山北麓，自南向北流，源头有东津河、中津河、

西津河3支，以西津河为正源，3条河在宁国市附近相汇后始称水阳江。经宣城等地至当涂县太平口汇入长江，干流全长254千米，平均比降2.13‰。多年平均流量180立方米每秒。以河沥溪、新河庄为界，分为上、中、下游。支流流域面积在1000平方千米以上的有东津河、郎川河。湖泊有南漪湖、固城湖、丹阳湖、石臼湖等4个，均与水阳江干流相通。固城湖东侧在东坝处有胥溪河通太湖流域，石臼湖北端在天生桥处有毛家桥河通秦淮河。

漳河源出安徽省泾县山区，自南向北流至南陵县城以下为畈、圩区，干流在澛港汇入长江，河长90千米。下游河道弯曲。

上述二江一河的下游河道纵横，水网交错，联成一体，因此组成了一个完整的水系。二江一河多年平均年径流量约140亿立方米。

流域属亚热带湿润季风气候，多年平均年降水量1300～1600毫米。汛期5—9月降水量占全年的60%以上。流域上游位于黄山、天目山暴雨区，洪水主要由暴雨形成，具有峰高、量小、历时短的特点。洪水一般发生在5—7月，8—9月外来的台风暴雨也会产生洪水，同时下游平原圩区还受长江洪水严重顶托的影响。

位于流域南部的有黄山风景名胜区，还有历史文化名城歙县及徽州民居等。据2003年全国水力资源复查成果，全流域水力资源理论蕴藏量377兆瓦，技术可开发装机容量为383兆瓦，年发电量9.6亿千瓦时。流域内水能资源已初步开发，装机容量近288兆瓦，年发电量6.8亿千瓦时，其中陈村水电站装机容量1500兆瓦（后扩为1800兆瓦），是长江下游支流上最大的水电站。

流域涉及安徽省、江苏省21个县（市、区），流域总人口709万，耕地543万亩。

流域下游水系发达，河网密布，流域下游是水网区，通航长度约670千米，但河道弯道多，转弯半径小，枯水期水浅碍航，通航条件较差，大部分河道只能季节性通航。

（二）规划研究过程

自春秋战国时期开始，当地就通过围湖造田、开凿人工运河、河道整治、创建灌区等实现开发利用，著名的垦圩有相国圩、金宝圩、养贤圩等；还开凿了沟通太湖和水阳江的人工运河——胥溪河；兴建了佟公坝、安吴渠、柏山渠、三溪等灌区。在历代治理开发中，遗留下本流域最大的边界水利纠纷——胥溪河是开放还是封堵，历经千年未获解决，直到新中国成立后才进行全面规划。

1950年，由长江委下游局牵头，皖南和苏南水利局参加，共同进行了流域性查勘，历时近100天，于1951年12月提出了《水阳江、青弋江流域查勘报告》和《水阳江、青弋江水库查勘报告》。内容主要包括治理方针、规划设想方案等。在防洪方面，提出在"上游建筑水库"进行洪水调节，包括兴建陈村水库，以及平垣、关口、凤凰山、东岸、胡乐司等水库；在"江口建闸"节制江水倒灌；"整理湖泊"以尽量利用其有效容积；"加强中下游堤岸"，保护两岸农田和城乡居民点等。在灌溉方面，提出了修整和改造原有灌区的建议。此外，对航运、发电、水土保持及胥溪河东坝问题等方面，亦进行了初步分析研究。

嗣后，江苏、安徽两省有关单位相继开展了本地区的规划工作，并进行了重点工程的前期工作，如陈村和港口湾水库的勘测设计、西津河（水阳江正源）规划研究等。

1957年，淮委设计院会同上海院和省、地水利局，全面查勘青弋江和水阳江上游，于1958年1月编成《青弋江、水阳江上游水库查勘报告》。经过进一步研究认为，陈村是青弋江流域治理和梯级开发中的关键梯级，建议第一期开发利用。

1958年10月，安徽省院提出了《皖南流域规划简要报告》，明确本地区应解决圩区水灾和丘陵区的旱灾、主要河道的通航及部分山丘区水土保持等问题，同时应合理开发水能。规划提出开发青弋江陈村、徽水大龙和牛岭、西津河港口湾、东津河沙埠、桐汭河凤凰山等综合利用枢纽工程。但规划的工程规模偏大，以致淹没损失也偏大，难于实施，在以后的规划设计和实施中又作了较大调整。河道治理规划初步提出了各河、各控制站的分泄（设计）流量，以及郎川河改道工程的泄流规模等。湖泊治理提出了双桥河、北山河建闸，控制南漪湖，围垦丹阳湖。该报告提出的河道、湖泊治理格局基本合理，但限于当时历史条件，对有些关键防洪问题尚缺乏足够的认识，如上游水库的防洪作用、下游青弋江和水阳江洪水相互关系、石臼湖是否控制，以及河道、湖泊治理标准均有待研究。而报告中提出的灌溉、航运、水土保持等方面任务，因受1958年"大跃进"的影响，指标明显过高。与此同时，江苏省有关部门也作了胥溪河东坝规划及固城湖地区规划等相关的区域规划。由于安徽、江苏两省的规划尚不协调，因而在以后的治理开发过程中不断出现水利矛盾和纠纷。

通过这一阶段的查勘和初步规划，以及勘测设计工作，在流域内兴建和改建了一批水利工程，最主要的是1958年7月开始建设的陈村枢纽工程。江苏省南京市高淳区还在1958年拆除了东坝，打通了胥溪河，并准备兴建东坝水利工程。后因下游以"东坝一倒，苏（州）常（州）不保"的理由加以否定而搁置。

在经历了1958年"大跃进"，以及从1963年开始的三年国民经济调整之后，有关方面对流域内的水利建设成就和存在问题进行了初步总结，安徽、江苏两省分别进行了河流规划。

（1）安徽省

1966—1968年，皖南连续干旱，芜湖地区水电局着手进行规划，研究解决水阳江下游丘陵区干旱缺水补给措施。1970年3月，编制了《青弋江综合利用工程规划报告和设计任务书》，规划在陈村水库下游溪口建闸坝，开挖总干渠和东、西干渠，跨水系引水补给灌溉水阳江中下游左岸和漳河下游易旱耕地。总干渠跨徽水处建黄村闸，可拦蓄徽水来水。1972年2月，水电部批准该灌区工程兴建。

1970年，芜湖地区水电局邀请长办共同进行境内江湖规划工作。1971年9月提出了《安徽省芜湖地区江湖综合利用规划报告》。流域内以洪灾为主，涝灾和旱灾并存。该规划提出了较为完整、全面的规划方案：①防洪方面，加强上中游水土保持和干支流大中型水库调洪削峰。中游郎川河自合溪口附近另开新郎川河；全面整治水阳江新河庄以上干流，并扩大双桥河分流，拟订20～25平方千米的滞洪区以保障境内铁路、公路安全；漳河干流河道实施疏拓及下游裁弯取直等工程。下游治理提出湖泊控制运用，重点河道整治，塞支强干，联圩并圩，兴建外排大站，以及三口建闸，拒江洪顶托倒灌等。②在灌溉方面，提出在平原圩区主要结合江口控制，湖泊蓄水和引江水解决；山丘区主要依靠陈村、平垣水库灌区，以及港口湾、凤凰山水库灌区与滨湖低丘提水灌区等。③航运、水电开发等均提出了相应的开发方案。但对涉及安徽、江苏两省的防洪关系未能统一考虑，如向固城湖分洪系单方面提出，尚未与江苏省协商。另外，提出围垦南漪湖方案欠妥，因南漪湖有正常调洪容积4亿～5亿立方米，对水阳江中游地区的调洪削峰作用显著。关于出江三口建闸问题，缺乏分析论证。与此同时，还进行了郎川河、华阳河、孤峰河、周寒河等多条支流规划。

（2）江苏省

主要进行了固城湖地区、石臼湖地区和东坝的有关规划。华东水利学院等单位于1970年8月提出了《东坝水利规划报告》，其内容主要是：打通东坝水道，发展航运；利用东坝上下水位差开发水电。该方案使"既兴航运之利，又避洪水东下"的设想成为可能。但规划中拟利用上游全部枯水流量通过东坝发电，缺乏依据。

本阶段，建成了流域内最大的综合利用水利枢纽——陈村工程，基本建成陈村尾水灌区配套工程，包括溪口引水闸坝和陈村灌区总干渠、东干渠及纪村水电站。在水阳江支流郎川河上，开凿了一条新郎川分洪道，全长30千米，设计分洪流量1600立方米每秒。

为了妥善解决安徽、江苏两省间的水利纠纷，1975年水电部指示以长办为主，两省协同，对全流域进行统一规划。在安徽、江苏两省有关单位的大力配合下，长办先后提出了《青弋江、水阳江流域综合利用规划初步意见》和《青弋江、水阳江、漳河流域综合利用规划意见》。由于当时受"文化大革命"运动影响，在具体规划方向上有偏差。水利部于1979年经征求安徽、江苏两省意见后，发文通知长办，要求补充完善规划方案，明确应以水阳江下游干流河道整治问题为重点，强调"湖泊是宝贵的水资源，关系到防洪、除涝、灌溉和水产养殖；关系到地区生态平衡，应当瞻前顾后，全面规划，综合利用，一般不应围湖造田，更不应大规模围垦"。根据要求，1981年6月，长办提出了《青弋江、水阳江、漳河流域综合利用规划报告》，并上报水利部，抄报安徽、江苏两省人民政府。规划统筹防洪、除涝、灌溉、发电、航运等综合利用要求，提出了上游控制性水库工程蓄洪，扩大干流河道行洪能力，湖泊调蓄洪水，3个通江口门等综合措施。

在各方面对规划中的有关问题尚未统一意见的情况下，1983年和1984年，流域内又两次出现特大洪水，为此长办于1985年对防洪规划又进行了补充研究，提出了《青弋江、水阳江、漳河流域综合利用规划报告补充研究（洪水分析及对规划方案验证）》，认为原规划方案是合理的，并提出了防御特大洪水的对策。嗣后，水电部和长办又多次组织安徽、江苏两省进行现场查勘和协调工作，并搜集了大量新的资料。

1989年，长办根据水利部指示，又针对流域防洪方面的专题研究开展了工作，重点研究了洪水威胁最严重的水阳江中下游地区的防洪问题，于1992年底提出了《青弋江、水阳江、漳河流域防洪补充规划报告》，对流域内的防洪现状进行了更为详细的分析，对原规划方案的合理性作了进一步的验证，对原规划报告推荐的近期工程再次作了深入研究，还推荐了超标准洪水处理方案。在上述防洪补充规划报告的基础上，长江委于2001年编制了《青弋江、水阳江、漳河流域防洪补充规划报告》(2001年修订)。

2003年全国水力资源复查成果，汇编了青弋江干流和水阳江干流的梯级开发方案。

（三）主要成果简介

1.《青戈江、水阳江、漳河流域综合利用规划报告）》（1981年）

流域治理开发任务是防洪、除涝、灌溉、航运和发电。

流域综合治理开发规划方案如下：

（1）上游兴建控制性水库

规划兴建青弋江干流陈村、水阳江西津河港口湾、水阳江郎川河凤凰山、青弋江徽水牛岭、水阳江华阳河汤村等5座骨干水库，总库容40.3亿立方米，防洪库容14.4亿立方米，水库建成后，青弋江中游防洪标准可由5年一遇提高到约30年一遇，水阳江中游防洪标准可由5~7年一遇提高到15~20年一遇，还可自流灌溉农田223万亩，电站总装机容量250兆瓦。至于漳河防洪问题，因其上游水系呈扇形分布，宜兴建中小型水库，以提高中下游防洪标准。

（2）水阳江中下游河道整治

在上游兴建防洪水库的基础上，计划扩大双桥河分流入南漪河，入口建闸控制。

双桥河分流能力由1000立方米每秒提高到2700立方米每秒。扩大北山河，入口建闸控制，使南漪湖充分发挥调洪、灌溉、航运的作用。北山河设计分洪流量2000立方米每秒，外排设计流量1000立方米每秒。干流新河庄以下卡口严重的水阳镇进行扩宽，以扩大泄量。扩大干流采用右岸退建方案，可提高水阳镇卡口泄流能力500～700立方米每秒。另外，裘公河分流500立方米每秒。

（3）青弋江改造工程

因本流域下游西部地势略高，为改变青弋江洪水东下状况，减轻水阳江防洪压力，结合漳河下游裁弯、圩区联圩，规划了青弋江改造工程，设计流量3000立方米每秒。大于3000立方米每秒的洪水，由控制闸分入原河道下泄。改道线路自十甲人至三埠管汇漳河后，经石硊、楼池在澛港以下入长江，全长32.35千米。

（4）河口建闸控制

为减轻长江洪水对圩区的威胁，结合圩区灌溉和发展航运，于芜湖、当涂两口兴建控制闸（包括船闸）。

（5）湖泊综合利用

为充分发挥流域内湖泊的调洪、提供灌溉水源和便于航运的作用，分别采取一定的工程措施和非工程措施，控制运用。南漪湖在双桥河和北山河入湖口建控制闸和船闸，以利于调洪和航运。初步拟订南漪湖灌溉高水位9米，低水位7米。固城湖，加高杨湾闸，兴建牛耳港控制闸。石臼湖，兴建三岔和塘沟控制闸。丹阳湖，辟为蓄洪垦殖区。

（6）建设芜太运河

为沟通青弋江、水阳江与太湖间的航运，规划建设芜太运河Ⅴ级航道。胥溪河上的东坝船闸，已于1989年建成。

（7）河流开发方案

青弋江干流规划5级开发，即黄河站（208米）—黄河二级（161米）—东坑口—陈村（119米，已建）—纪村（55米，已建）。合计调节库容约14.2亿立方米，总装机容量224兆瓦，年发电量5.5亿千瓦时。水阳江干流规划9级开发，即社坞坑—港口湾（135米，已建）—东风坝（75米，已建）—刘村坝（66米）—广通坝（55米）—月亮湖（40米）—小岭关—佟公坝（24米，在建）—茆村。合计调节库容约4亿立方米，总装机容量93兆瓦，年发电量2.3亿千瓦时。

2.《长江流域综合利用规划简要报告》

青弋江、水阳江治理开发任务为：防洪，除涝，灌溉，航运和发电。

上游规划兴建陈村（已建）、港口湾、平垣（或牛岭）、汤村、凤凰山等水库，总库容 39.53 亿立方米，可削减干支流洪峰，减轻中下游防洪压力，发展自流灌溉 223 万亩，装机容量 250 多兆瓦。水阳江中下游，实施扩大双桥河分流入南漪湖及入口建闸控制，扩大北山河，水阳镇河段扩宽，丹阳湖蓄洪垦殖区，固城、石臼二湖建闸控制运用，青弋江改造工程，芜湖当涂两口兴建控制闸（包括船闸），以减轻流域防洪排涝压力。发展青弋江、水阳江航运，规划建设芜太运河 5 级航道（已于 1989 年建成东坝船闸）。近期安排水阳镇河段扩宽，建设港口湾水库及芜湖控制闸（包括船闸）等工程。

3. 《长江流域综合规划（2012—2030 年）》

水阳江、青弋江、漳河治理开发与保护的主要任务是：防洪与除涝，供水与灌溉，航运，水资源保护和水利血防。上游修建凤凰山、牛岭、汤村等水库拦洪，中下游继续加高加固圩区堤防，修建青弋江分洪道工程，实施阻水河段扩卡拓宽与疏浚整治，芜湖、当涂两口建闸控制，使芜湖市、宣城市等城区防洪达标；实施华阳河、郎川河、徽水等主要支流治理和堤防建设。近期完成万亩以上重点圩区和主要城市（镇）除涝建设。加快灌区续建配套与节水改造，上游山区建设一批小型蓄、引、提工程，中下游地区以引、提为主，并结合下游石臼湖、固城湖和芜湖口、当涂口的控制运用，提高灌溉和供水保障水平；实施南京市高淳区石臼湖备用水源工程、水碧桥河口取水泵站等主要城市应急后备水源工程建设。研究论证澛港建闸控制运用的必要性。以芜申运河为主线，进行干支流航道整治疏浚，并结合芜湖、当涂建闸控制，改善内河通航条件，芜申运河按Ⅲ级航道建设。加强重点河段的监控，加大水污染治理力度；实施水利血防等综合措施。

四、滁河

（一）流域概况

滁河位于江淮之间，为长江下游左岸支流，发源于安徽省肥东县梁园。上游由北向南流至古河镇后渐折向东，中下游干流基本上平行长江东流，在江苏省南京市六合区大河口汇入长江。流域面积 8000 平方千米，其中安徽省 6250 平方千米，江苏省 1750 平方千米。流域内地势西高东低，地形多样，山区面积占流域面积的 29%，丘陵区占 59%，平原圩区占 12%。

滁河干流全长 269 千米，上游自河源至古河镇，流经低山丘陵区，河床比降较陡；中下游由古河镇至河口，平行长江东流于平原圩区，河床比降平缓，为 0.05‰ ~ 0.025‰。

主要支流全部在左岸，以清流河为最大，流域面积 1318 平方千米。右岸人工运

河有驷马山引江水道、宋家山河、马汉河分洪道、岳子河、划子口河，分泄洪水入长江。

滁河流域属亚热带季风气候，多年平均降水量900～1040毫米，降水主要集中在6—9月。洪水特性是峰高流急，汇流快，洪水来量大，干流河道和分洪道泄量小，且受长江洪水顶托。

滁河流域涉及安徽省、江苏省11个市（县、区）。流域现状总人口290万，耕地458万亩。

（二）规划研究过程

1957年，淮委设计院编制了《巢、滁、皖流域规划报告》（初稿），1969年安徽、江苏两省共同编报了《滁河流域规划》，均提出滁河流域的开发任务以灌溉和防洪为主，在干支流上游修建大中型兴利水库，中下游建设防洪除涝工程。据此，在二级支流沙河、一级支流襄河上分别建设了以灌溉和防洪为主的沙河集、黄栗树等两座大（2）型水库工程，以及城西、屯仓、金牛山等3座中型水库。中下游于马汉河分洪道一期工程、滁河干流汊河集至马汉河口段退堤扩宽、驷马山引江水道陆续建成。其间还兴建了乌江闸、襄河口闸、汊河集闸、三汊湾闸、红山窑闸等一批为灌溉、航运服务的节制闸。滁河流域通过初步开发治理后，灌溉问题得到较好解决，而防洪问题日趋突出。

长办根据水电部来文要求，于1974年会同安徽、江苏两省共同进行滁河防洪规划工作，长办于1979年3月提出《滁河防洪规划报告》上报水电部，抄送规划设计管理局和安徽、江苏两省。安徽、江苏两省按规划布置做了大量防洪工程，为战胜1991年6、7月两场大洪水发挥了重要作用。规划重点保证津浦铁路的安全，保障干流沿岸城乡居民安全及提高近100万亩圩区农田的防洪标准，保证津浦铁路安全的铁路圩防御100年一遇洪水，县城防御50年一遇洪水，沿滁两岸居民及圩区农田防御类似1954年洪水（重现期约为20年一遇），中下游按类似1969年洪水校核。采取分段处理洪水方式，即分段开挖分洪道将洪水送入长江，并利用已围垦的荒滩洼地，开辟分蓄洪区蓄纳超额洪水。滁河干流在充分利用现有河道行洪的基础上，扩宽、疏浚汊河集至马汉河口段。在1979年编制的《滁河防洪规划报告》规定的滁河防洪各站控制水位条件下，使滁河入江水道总的泄洪能力由500立方米每秒扩大为2300立方米每秒，滁河干流防洪标准达到8～10年一遇。

《长江流域综合利用规划简要报告》以上述成果为基础，提出滁河流域规划意见。

原滁河防洪的重点是保障津浦铁路的安全，1991年大水后，规划津浦铁路滁河段按100年一遇洪水位标准建设的防洪自保工程已于1993年5月1日竣工，流域内水情和工情发生较大变化，有必要对1979年提出的《滁河防洪规划报告》进行修订。

长江委根据水利部的计划安排，在"91·6"洪水后再次开展滁河防洪规划工作，于1991年9月上报《滁河防洪补充规划任务书》。工作方式以长江委为主，安徽、江苏两省配合。长江委先后完成河道断面测量任务，提出《滁河防洪补充规划水文分析计算报告》，完成滁河防洪补充规划方案的计算工作。1996年4月编制完成了《滁河防洪规划报告（1996年修订）》上报水利部。

（三）主要成果简介

1. 《长江流域综合利用规划简要报告》

在《滁河防洪规划报告》（1979年）基础上，提出滁河治理规划意见，规划以防洪为首要任务，重点是保证津浦铁路的安全，保护沿岸城镇居民，提高圩区农田的防洪标准。规划在上游扩大驷马山引江分洪道，中游扩大马汊河分洪道，超额洪水运用分蓄洪区分蓄；增设抽水机站，并加快灌溉配套工程建设。近期安排汊河集至马汊河口段的河道整治；扩大马汊河分洪道，加固蓄洪垦殖区围堤工程；进行驷马山引江扩建工程；扩大灌溉配套工程和安徽圩区排水站建设。

2. 《滁河防洪规划报告》（1996年修订）

滁河治理开发与保护的主要任务是防洪与除涝、供水与灌溉。滁河防洪是保护沿岸近100万亩农田和城镇的防洪安全。

该规划提出驷马山引江水道下游乌江闸扩建方案、马汊河宁六公路桥和冶南铁路桥改建方案、驷马山分洪道扩大方案、兴建马汊河分洪道三期工程等，以扩大泄流量；规划陈庄枢纽工程设计年过闸货运量300万吨，设计灌溉面积27万亩。建议保留原有的分蓄洪区，包括荒草二圩、荒草三圩、蒿子圩和汪波东荡，不再考虑增辟新的分蓄洪区等。荒草三圩干堤加高加固工程，已于1992年基本完成，形成独立封闭圈。为了使分洪适时适量，计划在荒草二圩、荒草三圩合建一座分洪闸，闸址选在荒草三圩，24小时蓄满的平均进洪流量约500立方米每秒。

3. 《长江流域综合规划（2012—2030年）》

滁河治理开发与保护的主要任务是防洪与除涝、供水与灌溉、水资源保护等。加高加固干流堤防，扩大驷马山、马汊河、划子口河、岳子河的过流能力；按过流能力1200立方米每秒对干流汊河集至马汊河口段进行疏挖；建设荒草二圩、荒草三圩、蒿子圩和汪波东荡蓄滞洪区，使流域防洪能力达到防御"91·6"洪水的标准。增设抽水机站，提高排涝能力。兴建马汊河陈庄水利枢纽等水源工程，加快灌区续建配套和节水改造，提高供水和灌溉保证率。治理滁河南京河段水污染，加强供水水源地保护。

该规划以《滁河防洪规划报告》（1996年修订）为基础，结合新的形势和要求，作了进一步的完善。

长江流域区域规划

长江流域有不少特定区域，涉及经济发达或较发达地区，是国家重要的粮食基地，是具有很大发展潜力的区域。区域规划是长江流域综合利用规划的一个组成部分。新中国成立后针对各个区域地理位置和自然条件，以及洪旱灾害频发、灌溉供水保障程度较低、水污染与生态环境等问题，进行了规划，提出区域规划任务和措施方案。

按区域自然特征，长江流域区域规划分列平原湖区、山丘区和重点开发区三部分。其中，平原湖区包括洞庭湖区、鄱阳湖区、巢湖区、太湖区；山丘区包括滇中高原、四川腹地、衡邵丘陵、南阳盆地、吉泰盆地；2015年长江经济带正式上升为国家战略以来，长江经济带作为重点开发区，也开展了一系列的专项规划。

第一节 平原湖区

一、洞庭湖区

（一）区域概况

洞庭湖为中国第二大淡水湖，位于长江中游荆江河段以南的湖南省北部，由西洞庭、南洞庭和东洞庭3个主要湖泊组成，为我国第二大淡水湖，也是长江流域重要的调蓄湖泊和水源地。洞庭湖除汇集湘、资、沅、澧四水约26.3万平方千米集水面积内的径流外，还接纳通过荆江右岸的松滋、太平、藕池、调弦（1958年冬封堵）四口分泄的长江洪水，通过洞庭湖的调蓄后，于城陵矶（七里山）注入长江。

洞庭湖区范围是指荆江河段以南，湘、资、沅、澧四水控制站以下，高程在50米以下跨湖南、湖北两省的广大平原、湖泊水网区，湖区总面积约2.01万平方千米，其中湖南、湖北分别占80%和20%。湖区涉及湖南长沙、株洲、湘潭、岳阳、常德、益阳和湖北荆州7个地级市42个县、市，其中湖北省4个，湖南省38个。

洞庭湖区地处亚热带季风气候区，年均降水量1100～1400毫米，多年平均入湖水量（"四水"加"三口"，未含无控区间）为2471.2亿立方米，汛期（5—10月）多年平均入湖水量为2240亿立方米，出湖控制站城陵矶（七里山）多年平均出湖水量为2759亿立方米。

洞庭湖区2013年总人口1240万，耕地1233万亩。洞庭湖区所涉湖南6个地级市是湖南省的经济重心，涉及"长株潭"城市群，及其"3+5"城市群一体化范围，湖北省荆州市是鄂中南地区中心城市和我国中部重要的工业生产基地，区域内水陆交通发达。

由于自然演变、泥沙淤积及人类围垦等活动的影响，洞庭湖呈萎缩趋势，湖泊面积从20世纪50年代的4350平方千米减小至目前的2625平方千米，调蓄洪水的能力减弱。三峡水库运用以来，由于水库调蓄改变了径流过程，且三峡出库沙量减少、颗粒级配变细，使江湖关系发生了相应变化，四口水系地区分流进一步减少，河道断流时间进一步加长，河湖连通程度进一步降低，水资源和水生态问题逐步凸显，且存在三口分流减少影响干流防洪的隐忧。

新中国成立以来，通过对湖区的大规模水利建设和综合治理，湖区面貌有了极大改观。但由于长期以来的泥沙淤积和湖洲垦殖，湖泊调蓄容积减少，洪道行洪不畅，仍然存在防洪、排涝不达标，泥沙淤积，河湖演变，带来湖区灌溉、供水困难，航运萎缩，水产下降，血吸虫病回升，经济社会发展引起水质污染严重等主要问题。

（二）规划研究过程

洞庭湖治理规划始于20世纪30—40年代，扬子江水利委员会、长江水利工程总局等先后提出了《划定洞庭湖湖界报告》《整理洞庭湖工程计划》。新中国成立前，曾有不少专家、学者、有识之士对洞庭湖治理有诸多论述。这些论述、设想、计划尽管没有付诸实施，但为日后湖区综合治理规划奠定了初步基础。

新中国成立后，长江委洞庭湖工程处迅速开展洞庭湖整理计划研究，陆续提出了《整理洞庭湖计划轮廓草案》（1951年）、《洞庭湖初步整理方案（草案）》（1953年）、《洞庭湖初步整理基本方案计划概要表》（1954年）、《洞庭湖区概况补充说明》（1955年）等整治方案规划。开展了松滋口、太平口、藕池口建闸控制，整理"四口"及藕池、松滋、澧、沅、资各水入湖洪道和新辟赤磊洪道，修建西洞庭湖、万子湖、大通湖扩大分蓄洪区及烂泥湖等处的蓄洪垦殖工程，提高其防洪排渍的标准等初步研究。洞庭湖区自1952年、1954年洪灾以后，进行了以堵支并垸、整治洪道为中心的大规模治湖工作。20世纪50—60年代，曾多次制订洞庭湖整理计划及专业规划，有的已局部实施。

长江委洞庭湖工程处分别于1955年11月、1956年1月先后提出了《洞庭湖区防洪排渍计划（草案）》和《洞庭湖区防洪排渍计划（草案）补充修正报告》，提出目前藕池建闸、东洞庭湖围垦方案比较可行，南北分流方案防洪排渍效益不显著，四口堵塞方案只能作为远景规划考虑。

1957年12月，长办组织洞庭湖"四口"查勘，提出《四口查勘报告》，对调弦堵口、藕池口、松滋口建闸以及通航等问题都作了论述。

1958年6月，长办提出《洞庭湖区防洪排渍灌溉规划报告》，三峡水库建成前提出了3种防洪方案。方案一堵塞调弦口，兴建钱粮湖、漉湖蓄洪垦殖区；方案二：兴建东洞庭湖蓄洪垦殖区；方案三："四口"建闸控制。推荐方案一。报告还对"四水"规划提出原则意见；结合防洪任务，分类研究了湖区排渍、灌溉、航运、消灭血吸虫病等工作，并提出实施意见。

1958年，湖南省水利水电局提出了《洞庭湖水系流域规划要点报告》，其中对洞庭湖治理提出了"控制四口，整理洪道，清除隐患，加固大堤，围垦荒洲，统一排渍"的治理方针。

1959年7月，长办编制的《长江流域综合利用规划要点报告》对洞庭湖在长江整体规划中的地位进行了分析，认识到在洞庭湖区及城陵矶以下长江洪水组成中，以川江为主、"四水"为辅。

1960年3月，武汉水利电力学院在湖南省水利电力厅及长沙院的共同配合下，完成《洞庭湖水利资源综合利用规划报告》。其主要内容包括：防洪规划（加高堤垸，整治洪道，松滋、藕池"两口"建闸，"四水"上游建库和蓄洪垦殖），除涝灌溉规划（分七大排灌区），航运规划（三纵、三横、三斜航线），水力发电（藕池、松滋、太平"三口"电站），水产及水利卫生（防治血吸虫病）等5个规划。

20世纪70—80年代，由于泥沙淤积严重，加之江湖关系又有新的变化，以致洞庭湖区水情演变日益剧烈，洪涝灾害相应加剧。据此，水电部、长办、湖南省水利电力厅和湖南省院以及湖南省有关单位对洞庭湖区进行了整治开发专项规划，先后编制了《洞庭湖区水利建设规划》（1979年6月）、《洞庭湖区防洪蓄洪建设规划》（1982年4月）等专项规划。湖南省农业区划委员会、湖南省国土委员会和湖南省经济研究中心先后组织了综合考察研究，并编制完成了《洞庭湖资源综合考察报告》（1980年12月）、《洞庭湖区整治开发综合考察研究报告》（1985年12月），提出治理设想和意见，为下一步开展洞庭湖区综合治理规划打下基础。

长江委在相关成果的基础上，进行了系统研究，《长江流域综合利用规划简要报告》（1990年修订）提出了洞庭湖水系的治理开发任务是防洪、发电、灌溉、航运与水利卫生。

1993年7月，水利部江河水利水电咨询中心组织长江委及在京水利系统专家对《湖南省洞庭湖区水利综合治理规划工作大纲》举行咨询讨论会，征求咨询意见时，建议湖南省先编制《湖南省洞庭湖区近期（1994—2000年）防洪除涝规划报告》，以便报批，及时安排近期实施项目。1993年9月，湖南省提出《湖南省洞庭湖区1994—2000年防洪除涝规划报告》（近期治理第二期工程）。1995年10月，国家计委对洞庭湖二期工程规划作了批复。

1994年8月，长江委编制完成了《洞庭湖区综合治理规划任务书》（送审稿）报水利部审批。规划分近期规划（2005年水平年）和远景规划（2020—2030年水平年）两个水平年。综合规划以近期为主；远景综合治理规划应在弄清楚三峡工程作用影响的基础上，对远景治理方案进行多方论证后确定。远景水平牵涉到三峡水库调度，特别是坝下游河道的冲淤变化。考虑到洞庭湖区防洪等方面的建设十分紧迫，故本次拟在考虑三峡建成后情况变化的基础上，按照近期规划与远景规划不矛盾的原则提出近期规划；远景规划则拟在泥沙专家组研究成果的基础上进行。近期规划以湖南、湖北两省为主进行编制，长江委在有关专题研究的基础上，经协调、综合、汇总，于1997年9月提出《洞庭湖区综合治理近期规划报告》报送水利部审查。本次提出的洞庭湖区近期规划，是以防洪、除涝为主，结合进行湖区灌溉、供水、航运、水产、水环境保护、血防等内容的综合规划。1997年12月，水利部在北京召开《洞庭湖区综合治理近期规划报告》审查会，基本同意该规划报告，随后正式批复。

以《长江流域综合利用规划简要报告》《洞庭湖区综合治理近期规划报告》等规划为指导，经过几十年的治理开发，洞庭湖区防洪能力得到了显著提高。然而，三峡工程的防洪库容相对于长江洪水来量仍显不足，遇大洪水，洞庭湖区仍存在大量的超额洪量需要妥善处理，防洪形势仍然严峻。同时，三峡工程在发挥巨大的防洪、发电、航运等综合效益的同时，其对水沙的调节作用也使长江中游来水来沙、河道冲淤、江湖关系等发生新的变化，引起洞庭湖区的水文情势的调整，对湖区枯水期水资源利用、生态环境等带来一定的影响。

针对洞庭湖区治理、开发与保护中的突出问题，根据水利部的统一部署，在湖南、湖北两省水利厅的大力支持下，长江委全面开展了洞庭湖区综合规划的编制工作，编制提出了《洞庭湖区综合规划报告》。水利部水规总院于2012年2月17—19日组织对规划报告进行了审查。会后，按照送审稿审查意见，对规划报告进行了修改完善，并根据有关部门要求，将《洞庭湖生态经济区水利专项规划》与洞庭湖区相关的内容纳入规划。

（三）主要成果简介

1. 《长江流域综合利用规划简要报告》

对洞庭湖水系治理开发的意见如下：

（1）湖区防洪

洞庭湖水系的防洪重点是"四水"尾闾与洞庭湖区。洞庭湖洪水治理要与长江干流与"四水"洪水治理统一安排，并要治水与治沙相结合。三峡水库可有效地拦蓄长江上游洪水和泥沙，减少入湖沙量与水量，为"四口"建闸控制创造了条件，是治理洞庭湖的根本措施；对"四水"洪水进行控制，也是洞庭湖区的重要防洪措施。三峡工程建成以前，根据长江防洪总体规划，洞庭湖区要承担160亿立方米分蓄洪任务，要继续加高加固沅、澧和大通湖等11个重点堤垸的堤防，开展钱粮湖和君山等24处分蓄洪区的堤防和区内安全设施建设；因势利导整治洪道，保持河湖行洪和蓄洪能力。在三峡与"四水"控制性水库建成后，可在荆江松滋、藕池等"四口"建闸，节制入洞庭湖的分流量，三峡水库与"四水"水库进行统一调度，实现长江洪水与"四水"洪水错峰，以降低湖区洪水位，减少淹没损失，并可大大减少入湖泥沙，有利于维持洞庭湖调洪能力。

（2）湖区涝水

拟采取多种措施综合治理。垸内适当退田还湖，增加滞涝容积，增建和改造电排电网设备，提高排涝能力。

（3）湖区航运

近期重点对开湖航线和湘澧航线航道进行整治与疏浚，与湘江下游航道形成通航300～1000吨级船舶的水运网；远景结合水利枢纽建设，对"四水"中下游进行渠化，达到Ⅴ～Ⅲ级航道标准。

（4）湖区血吸虫病控制主要采取的水利灭螺措施

近期结合河道整治，消灭钉螺；远景三峡与"四水"控制性枢纽修建后，调节入湖水量，缩小洪水位变幅，控制钉螺孳生环境。湖区一些地区农业灌溉用水与人畜饮水困难，规划采取兴建引水工程、电灌站及打井等措施解决。

2. 《洞庭湖区综合治理近期规划报告》（1997年9月）

近期规划水平年为2005年（三峡工程防洪生效前）。该规划报告认为，三峡工程建成后，为调整江湖关系创造了条件，对洞庭湖区综合治理从总的方面来说十分有利。本阶段按照与远景规划不矛盾的原则先行提出近期规划。

规划任务为：以防洪除涝为主，兼顾灌溉、供水、航运、水产、水环境保护和血防等。规划目标提出湖区重点堤防全面达到1980年长江中下游防洪的要求，分蓄洪区有初步的安全措施；湖区洪道得到初步整治，遭遇特大洪水时有对策措施，并有一定程度的安排；初步达到10年一遇的排涝标准，相应进行排涝设备的增容、更新配套及电网改造；广辟水源，初步解决城乡工农业用水；结合水利工程的兴建，改善航道，发展水产，改善水质，控制钉螺蔓延；加强水利工程管理，增强管理经费自筹能力。

近期水平年拟开展有关专题研究包括："四口"建闸控制研究；藕州湾裁弯研究；抬高城陵矶控制水位研究；在现状条件下，遇类似1954年洪水分洪量的初步复核。

近期洞庭湖区防洪基本格局仍维持目前洞庭湖区11个重点垸，24个蓄洪垸。堤防建设规划包括湖南省重点垸堤防1192千米，蓄洪垸堤防1150千米。分蓄洪区安全建设规划拟将洞庭湖24个蓄洪垸分3批进行建设，对于在1996年洪水中运用了的蓄洪垸、东洞庭湖的蓄洪垸及保护重要城市的蓄洪垸，优先安排。在不影响"四口"分流及不加大主支防洪压力的条件下，适当堵支并流，近期实施"四口"、纯湖区，以及湘、资、沅、澧四水及汨罗江洪道整治。发挥"四水"建库拦洪作用，其中柘溪水库应按原规划要求，研究扩大五强溪水库防洪库容方案，加快建设江垭水库，力争早日兴建皂市水库，加快宜冲桥水库、敷溪口水库前期工作。开展县级以上城镇防洪达标建设。加强防洪非工程措施。加强排涝设施挖潜、改造和新建。兴建澧水干流艳洲枢纽引水工程、安乡西水东调工程以及澧水、草尾河、长江水作水源的提灌站建设。按照Ⅲ～Ⅴ级航道重点建设长岳（长沙至城陵矶）、澧湘（津市至濠河口）、常岳（常德经茅草街至鲇鱼口）、益岳（益阳经甘溪港至芦林潭）航线，重点建设城陵矶外贸码头和津市、岳阳等3个港口。发展水产养殖。通过综合治理，抑制钉螺滋生。加强水污染治理，使局部污染较严重的水域逐步得到改善，各水域基本满足其功能要求。

3.《洞庭湖区综合规划报告》

几十年来，由于江湖自然演变和人类活动的影响，长江与洞庭湖的江湖关系发生了较大变化，随着三峡及上游干支流控制性水库建成并投入运行，长江中下游江湖关系将进一步发生变化，洞庭湖区水资源开发、利用与保护面临的形势将更趋严峻。根据洞庭湖区治理开发与保护现状、存在问题和经济社会发展需要，拟订洞庭湖区治理开发与保护的主要任务是防洪除涝、供水与灌溉、水资源与生态环境保护、水利血防、航运、水土保持等。

（1）防洪除涝

以现有防洪体系为基础，对湖南省重点垸堤、蓄洪垸堤和重点一般垸堤及湖北省四河河堤等按规划进行加高加固；开展钱粮湖、共双茶、大通湖东、民主、城西等垸的安全建设；在不影响上下游防洪安全的前提下，控支强干，优化调整三口水系布局；

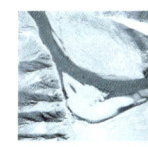

对湖区洪道、四水尾闾洪道、三口洪道进行清淤疏浚疏挖；加强城镇防洪建设；进一步完善湖区防洪非工程措施。形成"自排、调蓄、电排"相结合的除涝体系，全面达到10年一遇的排涝标准。截至2030年，根据经济社会发展状况，有条件的地方可进一步适当提高除涝标准。

（2）供水与灌溉

规划建设澧洲引水工程、安乡引水工程等作为供水水源，结合藕池河、松滋河的水系优化调整，在充分考虑防洪安全要求的情况下，新扩建鲇鱼须河等平原水库工程，并采取新建和改扩建泵站、渠道清淤、退田还湖、新建水厂等措施，进一步增加供水量，保障湖区供水安全。实施灌区续建配套改造建设。

（3）航道整治

开展湖区航道达标建设。以岳阳（含城陵矶）等枢纽为中心，以南县（茅草街）等区域性重要港口为依托，安乡、湘阴等一般港口为基础进行港口建设。

（4）水资源与水生态保护

加强水资源保护和水污染防治，水生态保护与修复，推进水土流失综合治理、水土保持生态修复和水土保持监测网络等工作，与河流综合治理、灌溉节水改造及人畜饮水安全建设等相结合，开展洞庭湖区水利血防工作。

二、鄱阳湖区

（一）区域概况

鄱阳湖是我国最大的淡水湖泊，位于江西省的北部、长江中游南岸，承纳赣江、抚河、信江、饶河、修河"五河"及博阳河、漳田河、潼津河等支流来水，经调蓄后由湖口注入长江，是一个过水型、吞吐型、季节性湖泊，不仅是长江洪水重要的调蓄场所，也是世界著名的湿地，在长江流域治理、开发与保护中占有十分重要的地位。鄱阳湖区是湖口水文站防洪控制水位22.50米所影响的区域，包括环鄱阳湖的13个县（市）和南昌、九江两市，总面积为26284平方千米。对应湖口水位22.5米时，湖区通江水体面积3706平方千米，容积302亿立方米。

鄱阳湖南北长173千米，东西平均宽16.9千米，最宽处约74千米，最窄处约2.80千米，湖岸线总长1200千米。湖面以松门山为界，分为南、北两部分：南部宽广，为主湖区；北部狭长，为入长江水道区。

江西省地理位置优越，是唯一同时毗邻长江三角洲、珠江三角洲和海峡西岸经济区的地区，在国家统筹东中西部区域经济协调发展、保障粮食安全方面具有重要的战略地位。鄱阳湖区涉及环鄱阳湖的南昌、新建、永修、德安、星子、湖口、都昌、鄱阳、余干、万年、乐平、进贤、丰城 13 个县（市）和南昌、九江 2 市，总面积为 26284 平方千米，占鄱阳湖流域面积的 16.2%。湖区面积约 2.63 万平方千米，耕地面积 868.63 万亩，人口约 1217 万。

鄱阳湖属亚热带温暖湿润气候。湖区多年平均降水量为 1387～1795 毫米。

湖区土地资源丰富，农业生产条件优越，是江西省主要的商品粮、油、棉、鱼生产基地。南昌、九江是江西省最大的两座城市，是江西省经济发展的黄金地带。区内交通方便。水路以鄱阳湖为中心四通八达。

新中国成立 50 余年以来，修建了一大批水利工程，防洪、除涝、灌溉、治渍等方面都取得了较大效果。然而，由于所处地理位置、自然条件、湖泊特性等因素，湖区自然灾害仍较严重，主要有洪、涝、旱、渍，血吸虫病尚未完全消灭等。

（二）规划研究过程

党和政府历来高度重视鄱阳湖区的治理、开发和保护工作。新中国成立以来，江西省与长江委（长办）等对鄱阳湖区做了大量调查研究和规划工作，先后编制有《鄱阳湖区水利规划报告》（1958 年）、《鄱阳湖综合调查报告》（1963 年）、《江西省滨湖沿江圩区电力排涝（结合灌溉）规划要点报告》（1963 年）、《江西省鄱阳湖地区电力排灌规划报告》（1964 年）、《鄱阳湖地区商品粮基地农田水利建设规划》（1978 年）、《鄱阳湖地区农业商品粮基地建设规划复查报告（水利部分）》（1980 年）、《江西省鄱阳湖区水利建设规划》（1984 年）、《鄱阳湖区综合考察和治理研究报告（1988 年）》和《江西省鄱阳湖区综合利用规划报告（水规划部分）》（1995 年）等。

经过几十年的治理开发，鄱阳湖区防洪能力得到了显著提高，水资源利用和保护取得了较大成绩，水运交通得到了长足发展，水资源综合管理得到了明显加强，有力地促进了区域经济的发展和社会进步。但受特殊的地理位置、自然条件及区域经济社会发展的影响，目前湖区的自然灾害仍然频繁，防洪减灾、水资源综合利用、水资源与生态环境保护等任务仍十分繁重。鄱阳湖区洪枯水位变幅大，造成沿湖城乡供水和农业灌溉季节性困难、水资源利用程度低、枯水期航深不足，沿湖资源得不到整合利用。随着经济的快速增长，鄱阳湖正面临着巨大的环境压力。特别是近几年来鄱阳湖枯水期长期维持低水位，湖泊水面水体缩小，湿地萎缩，生物量下降，湖泊枯水期水质日渐恶化。三峡工程建成后在发挥巨大的防洪、发电、航运等综合效益的同时，其对水沙的巨大调节作用也使长江中下游来水来沙、河道冲淤、江湖关系等发生新的变化，对鄱阳湖的水文情势亦产生影响，生态安全面临威胁。

为保护鄱阳湖自然生态环境，保障经济社会的可持续发展，维护鄱阳湖生态安全、防洪安全、粮食安全与饮水安全，落实党中央关于建设生态文明的要求，江西省委、省政府于 2008 年提出了建立"鄱阳湖生态经济区"的战略部署，2009 年 12 月国务院正式批复《鄱阳湖生态经济区规划》。

为保障鄱阳湖区经济、社会、环境的可持续协调发展，根据水利部的统一部署，在江西省水利厅的大力支持下，长江委全面开展了鄱阳湖区综合治理规划的编制工作，于 2009 年 12 月提出《鄱阳湖区综合治理规划报告（送审稿）》。2010 年 7 月，水利部水规总院在北京召开会议，对该规划报告进行了审查，提出了初审意见。会后，编制单位对有关问题进一步开展了调查、研究，对报告进行了修改，提出了《鄱阳湖区综合治理规划报告（征求意见稿）》。2011 年 3 月，水利部以《关于征求鄱阳湖区综合治理规划报告（征求意见稿）意见的函》（办规计函〔2011〕135 号文）将规划报告送交有关部委和省（直辖市）征求意见。编制单位按有关部委和省（直辖市）意见对报告作了补充完善，提出了《鄱阳湖区综合治理规划》。

（三）主要成果简介

1.《鄱阳湖区水利规划报告》（1958 年）

新中国成立初期，为开展湖区蓄洪垦殖工作，长江委及湘鄂赣蓄洪垦殖委员会经多次搜集资料及查勘研究后，于 1955 年 4 月提出《鄱阳湖蓄洪垦殖排涝工程的初步意见》。1958 年，长办在对鄱阳湖区再次查勘后，提出了《鄱阳湖区水利规划报告》。

报告提出治理鄱阳湖的方针是："江湖两利，蓄泄兼筹，防排并重，湖区与'五河'治理相结合，近期与远景相结合。"具体任务为：联圩并垸；围堰湖滩，改善排、灌条件，扩大耕地面积；有计划地利用蓄洪垦殖区分洪，随着"五河"中上游水库的兴建，逐步降低蓄洪区分洪运用频率；着手研究"控制鄱阳湖问题"。主要规划内容有：①排水工程规划按所拟降雨标准和水稻生长期的允许水深，分赣江下游区、抚河下游区、饶（河）信江下游区、修水下游区等四大片进行。②灌溉工程规划主要对赣、抚、修 3 区进行，以渠道自流灌溉为主，流动船式抽水机提水灌溉为辅。③关于"控制鄱阳湖问题"，报告提出了"松门山控制"与分区围垦两种基本方案。1959 年，在长江流域综合利用规划中进行技术经济比较之后，决定放弃"松门山控制方案"，推荐分区围垦方案。

2.《鄱阳湖综合调查报告》（1963 年）

根据 1963 年 3 月全国农业科学会议的建议，江西省人大常委会邀请长办、水产部及中国农业科学院等有关单位人员，赴鄱阳湖区进行综合调查，1963 年 11 月中旬，调查组前往滨湖的余干、鄱阳县和赣江三角洲等主要圩区以及国有农场、垦殖场进行了实地调查。调查结束后，编制了《鄱阳湖综合调查报告》。本次综合调查是鄱阳湖区综合规划和科学研究工作的一个良好开端。

3.《江西省滨湖沿江圩区电力排涝（结合灌溉）规划要点报告》（1963年）

1962年全国水利会议和1963年3月全国大型水利水电工程会议均提出了鄱阳湖防洪排涝规划工作任务，并指出鄱阳湖规划应包括防洪、排涝和围垦3个主要方面。为促进圩区农业生产，由江西省水利电力厅勘测设计院和江西省电力设计院等单位组织力量进行滨湖、沿江17个县（市）圩区电力排涝（结合灌溉）规划，于1963年8月提出规划要点报告。

对圩区排涝则根据因地制宜的原则，采取自流和机电提水相结合的措施。其中，滨湖沿（长）江圩区以机电排涝为主，丰城等地圩区则以自流排涝为主。

4.《江西省鄱阳湖地区电力排灌规划报告》（1964年）

根据国家计委《关于江西省滨湖沿江圩区电力排涝（结合灌溉）规划要点报告的复函》精神，由江西省计委牵头，组织江西省电力设计院、江西省水利电力厅机电排灌总站、江西省水利水电规划院等单位参加规划文件编制，各有关地、市、县配合工作。

本次规划范围以初步拟定的旱涝保收、稳产高产农田重点片为基础，包括南昌市及南昌、新建、清江、丰城、新干、新余、余江、崇仁、贵溪、高安、上高、进贤、鄱阳、乐平、万年、东乡、余干、永修、临川、南城等20个县（市），范围虽较前有所扩大，但其中大部分仍属鄱阳湖区。

规划按照技术经济比较原则，研究电力排灌、自流排灌与机械排灌等方案，对大部分圩区进行了不同布局方式的比较。按11种方式布局，其中最基本的有3种：一级外排，分散小站外排和二级排水。规划还考虑了电力排灌与水产、水利卫生及农村电气化的关系。

5.《江西省鄱阳湖地区商品粮基地农田水利建设规划》（1978年）和《江西省鄱阳湖地区农业商品粮基地建设规划复查报告（水利部分）》（1980年）

1978年1月，国家计委、农林部、水电部联合下达关于编报商品粮基地规划的通知，将鄱阳湖地区列为全国12个商品粮基地之一，并要求确定范围后编制规划。中共江西省委据此作出了《关于建立鄱阳湖地区商品粮基地的决定》，江西省计委、省农办于1978年4月上旬布置规划任务，江西省院等于当年7月编制完成了《江西省鄱阳湖地区商品粮基地农田水利建设规划》，并上报国家计委、农林部、水电部。

《江西省鄱阳湖地区商品粮基地农田水利建设规划》编报之后，根据中共十一届三中全会精神及全省经济建设形势的发展，江西省农办于1979年10月组织江西省水利厅、江西省院、江西省水利水电规划队、江西省水文总站等单位，与有关地（市）县共同进行调查研究，对原规划报告作了复查，历时约半年，完成了《江西省鄱阳湖地区农业商品粮基地建设规划复查报告（水利部分）》。

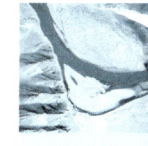

复查报告拟订了平原圩区和丘陵区的规划原则以及防洪工程、除涝工程、抗旱工程的治理原则。规划主要项目如下：①防洪工程：主要圩堤加高加固；饶河尾闾莲角联圩；赣江尾闾堵北支；修水下游治理；清丰山溪治理；大、中型水库除险加固及灌区配套。②机电排灌工程：新建象湖、流湖等9座排灌站，总装机容量220兆瓦。③水电站工程：新建鹭鸶埠、接竹渡、虬津、马背嘴、鱼山等水电站，总装机容量72兆瓦。④田间工程：园田化面积930万亩，喷灌面积85万亩。⑤治理水土流失面积287万亩。远景规划建议兴建鄱阳湖控制工程。

6.《江西省鄱阳湖区水利建设规划》（1984年）

1980年3月，水利部规划设计管理局下达了《对江西省鄱阳湖地区水利规划的意见》。要求鄱阳湖地区水利规划需要结合农业区划再作进一步的修改补充。

根据文件精神，江西省院随即开展规划工作，提出一批初步规划方案，并对航运、水产、血防、水资源保护等商请有关部门作专题规划。1984年9月，编制完成了《江西省鄱阳湖区水利建设规划》，其主要内容为：

（1）防洪规划

包括现有圩堤的加高加固规划；河道整治及堵支并流规划，其中包含赣江尾闾整治规划、饶河下游治理规划、修水尾闾整治规划以及信江下游整治规划；分蓄洪区建设规划。

（2）排涝规划

排涝总面积165.12万亩，按10年一遇进行规划。主要设施有：导托渠总长720.83千米，导托面积1261.28平方千米，调蓄区容积5.16亿立方米；新建电排站总装机容量84.6兆瓦，其中装机容量1兆瓦以上电排站25座。

（3）灌溉规划

合计灌溉面积95.9万亩。主要工程设施有：信江八字嘴引水工程，南昌县红旗引灌工程，进贤县下埠引水灌溉工程，云山水库加固配套工程及星子县坂中水库等。

（4）湖区综合利用规划

包括航运规划、血吸虫病防治规划、水产规划和水资源保护规划。

7.《鄱阳湖区综合考察和治理研究报告》（1988年）

1982年，江西省科学技术委员会邀请省内外的自然科学和社会科学工作者对鄱阳湖区先后进行4次考察，经过多次论证，向江西省人民政府提出了《关于对鄱阳湖及鄱阳湖区进行综合科学考察的请示报告》。同年8月，江西省人民政府批准了这个报告，并正式成立了江西省人民政府鄱阳湖综合科学考察领导小组，进行多学科、跨部门、跨地区的联合科技攻关。历经4年多，于1987年完成了综合考察和开发整治研究的全部任务，1988年8月编制完成了《鄱阳湖区综合考察和治理研究报告》。1989年3月，国家科委对该报告进行了鉴定并顺利通过。此项工作的完成，为进一步开展鄱阳湖区综合利用规划奠定了坚实的基础。

作为本报告的二级课题，1986年11月提出了《人工控制鄱阳湖研究综合报告》，1989年3月通过了国家鉴定。

8.《江西省鄱阳湖区综合利用规划报告（水规划部分）》（1995年）

国家国民经济和社会发展十年规划和第八个五年计划纲要中明确提出要"进一步治理洞庭湖、鄱阳湖、太湖"，江西省委、省政府于1990年12月发出通知，要求省直有关部门抓紧制定鄱阳湖区综合开发利用的总体规划。按上述要求，江西省院于1991年编制了《江西省鄱阳湖区综合利用规划任务书》，国家计委于1991年12月批复，原则同意所报规划任务书。批文指出：鉴于鄱阳湖与长江关系密切，故在规划中要服从长江流域的总体规划，与在建的鄱阳湖分蓄洪工程相衔接，并根据"全面规划、统筹兼顾综合利用、讲求效益"的原则，处理好防洪、除涝、灌溉、航运、发电、环境保护等各方面的关系。

根据以上批复精神，江西省计委组织水利、电力、交通、水产、血防、环保、水保等部门以及有关地、市、县全面开展了鄱阳湖区综合利用规划工作，并于1995年7月编制完成了《江西省鄱阳湖区综合利用规划报告（水规划部分）》。

在江湖关系与河湖关系分析基础上，进行综合利用规划。防洪规划提出了保护38座重点圩堤、376座一般圩堤规划，康山、珠湖、黄湖、方洲斜塘等4座蓄洪区建设规划，鄱阳、德安、永修、都昌、乐平、星子等县城的防洪规划，防汛通信预警系统规划，鄱阳湖洪道整治规划及"五河"尾闾整治规划等。除涝规划新增除涝面积69.5万亩，改善除涝面积238.4万亩。治渍规划初步治理115.2万亩，高标准治理144.85万亩。灌溉规划新增灌溉面积147.02万亩，改善灌溉面积599.56万亩，包括都湖、修潦尾闾、星九、貊皮岭、丰城、饶河尾闾、赣抚尾闾等七大重点灌区工程规划，张家山、余干河东、余干河西、博阳河、流湖、新建、南新蒋巷、昌北湾里等8片非重点灌区工程规划。供水规划包括：湖区乡镇供水规划，昌九（南昌—九江）工业走廊供水规划。第二期分蓄洪工程规划，初步推荐新建枫林山和长山两处分蓄洪区，承纳38.5亿立方米的超额分洪量。鄱阳湖控制工程规划拟订了屏峰山修建一座控制性水利枢纽的全控制和分别在松门山、吴城和赣江中、南支上各建一座控制性水利枢纽的分控制两种方案。该规划还提出了电力、水土保持、水产、航运、血防、水资源保护、水利工程管理、环境影响评价、旅游发展、自然保护区的规划等。

受国家计委委托，水利部水规总院会同长江委于1995年12月在北京召开了《江西省鄱阳湖区综合利用规划报告（水规划部分）》审查会。审查认为：该规划报告从鄱阳湖区实际情况出发，在各部门的配合和协作下，根据其存在的问题和经济社会发展的要求，所提出的湖区综合利用规划的总体安排和设想，符合国家计委《关于江西鄱阳湖区综合利用规划任务书（水规划部分）的批复》，并基本符合1990年国务院批准的《长江流域综合利用规划简要报告（1990年修订）》的原则和要求。规划指导思想正确，资料丰富，内容全面，论证较充分，可作为湖区综合开发、整治的基本依据。会议还提出了今后有关工作意见。在审查意见中，对第二期分蓄洪工程规划及鄱阳湖控制规划认为问题较多，还需进一步研究。

9.《鄱阳湖区综合治理规划》（2011年）

鄱阳湖区治理开发与保护的主要任务是防洪除涝、灌溉供水、水资源与生态环境保护、水土保持等。在现已形成的治理开发与保护格局的基础上，根据湖区治理开发与保护任务及要求，建设鄱阳湖水利枢纽，以恢复和调整江湖关系，逐步完善和健全保障人民生命财产安全的防洪减灾体系，适应经济社会发展要求的水资源综合利用体系，利于人类生存与发展的水生态与环境保护体系以及统一、有序、高效的综合管理体系。

以现有防洪体系为基础，对湖区堤防按不同等级进行加高加固，进行五河尾闾河道整治和湖盆区洪道疏浚，开展康山、珠湖、黄湖和方洲斜塘等4处蓄滞洪区围堤加固及安全建设，制定南昌、九江等城市防洪规划方案，进一步完善湖区防洪非工程措施。根据"高水高排、低水低排、围洼蓄涝"的原则，采取兴建撇洪沟渠、合理保留蓄涝面积、加快已建泵站更新改造和新建泵站等措施，达到规划的排涝标准。

规划改扩建供水水库和蓄引提水工程，完成湖区城乡饮水安全设施建设。以现有大中型灌区续建配套与节水改造为重点，新建鄱阳湖灌区，新建鄱阳湖水源工程和一批中、小型蓄、引、提水工程，逐步解决湖区灌溉水源不足、有效灌溉面积和灌溉保证率低等问题。

通过调整产业结构，加强完善城镇污水配套建设，对污染实行总量控制，全面落实水资源保护和水污染防治规划。加强湖泊的综合管理，以白鱀豚、江豚及鸟类等保护为重点，做好生态与环境保护。推进水土流失综合治理、风沙区治理、崩岗防治、水土保持生态修复和水土保持监测网络等工作，在鄱阳湖区建成一个布局合理、功能完善的水土保持监测网络系统。与河流综合治理、灌溉节水改造及人畜饮水安全建设等相结合，开展鄱阳湖区水利血防工作。

初步实现湖区水利管理现代化。规划成立鄱阳湖流域统一管理机构，使以统筹规划、科学调度、行政审批、执法监督、指导协调为主要特征的湖区涉水事务管理得到全面加强，科技支撑能力、人才队伍保障及水利信息化系统全面提高。

鄱阳湖年内水位变幅大，近年来连续出现的较枯水位对湖区经济社会发展造成影响。为适应鄱阳湖生态经济区经济社会发展的要求，提出了以水资源开发利用及生态环境保护为主要目标、遵循"调枯不控洪"的调度原则的鄱阳湖水利枢纽工程规划方案。鄱阳湖水利枢纽工程定位为恢复和科学调整江湖关系、提高鄱阳湖区的经济和生态承载能力，其主要任务为生态环境保护、灌溉、城乡供水、航运、血防等，同时具有枯期为下游补水的潜力。工程建成后，可根本改善环湖近300万亩农田的灌溉条件，新增50万亩农田灌溉面积；可将环湖64个城镇（场）79座水厂的供水保证率从现状的80%～97%提高至97%～100%，并惠及11个县（市、区）的109个乡（镇）农村人饮约100万人；有利于减少鄱阳湖持续低水位对湿地生态系统的损害，并从一定程度上增强鄱阳湖水生生态系统的稳定性与安全性；可改善湖区航道条件，使江西省的Ⅲ级航道增加200千米以上，并使滨湖地区的各个县（市、区）都有Ⅲ级以上航道贯通。

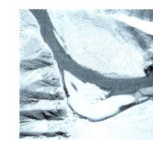

三、巢湖区

（一）区域概况

巢湖曾名居巢湖，俗称焦湖，位于安徽省中部，属长江下游左岸一级支流，巢湖居流域中心，四周支流汇入，巢湖沿湖有杭埠河、丰乐河、派河、南淝河、店埠河、柘皋河、兆河、白石天河等35条支流汇入，然后经巢湖市南的巢湖闸，经裕溪河汇入长江。流域西北部以长江与淮河分水岭为界，东濒长江，南与菜籽湖、白荡湖流域毗邻。巢湖为全国五大淡水湖之一，巢湖流域面积约1.35万平方千米，其中巢湖闸以上流域面积为0.92万平方千米。

巢湖属北亚热带温润性季风气候，流域内多年平均年降水量约1215毫米，巢湖闸闸上平均入湖年径流量约36.5亿立方米，全流域多年平均年径流量65亿立方米左右。

巢湖湖底高程5～6米，正常蓄水位8.0～8.5米，湖泊面积约780平方千米，相应库容17.0亿～21.0亿立方米；设计洪水位12.5米，相应库容52.0亿立方米。其水域范围处在合肥、巢湖、六安、安庆等4个市的16个县（区），现状总人口约870万，耕地面积640万亩。巢湖圩区区内农业较发达，是安徽省重要的粮油、水产品等生产、加工基地。滨湖地区的重要城市有合肥市和巢湖市。流域区位优越，水路、陆路交通发达，是贯通南北、连接东西的重要区域。

巢湖区存在水旱灾害较频繁、水生态与环境污染严重、灌溉保证率偏低等问题。

(二)规划研究过程

新中国成立后,巢湖流域在20世纪50年代和70年代先后进行了两次流域规划,80年代进行了一次流域补充规划,90年代进行了一次流域防洪规划,其规划内容均是以湖(圩)区水利规划为主体。

(三)主要成果简介

1.《巢、滁、皖流域规划》(1957年)

1957年,淮委设计院提出了《巢、滁、皖流域规划》(初稿),其中巢湖流域的规划方案以巢湖区治理为重点,主要是:①在上游山丘区兴建龙河口、董铺等大中型水库,既调蓄洪水,又灌溉、供水、发电。②兴建巢湖闸和裕溪闸,调节巢湖径流和防止江水倒灌。③疏河筑堤排泄巢湖洪水入江。④白湖蓄洪垦殖,调蓄西河洪水。根据上述规划,安徽省有关部门组织了实施,建设了南淝河上游董铺和杭埠河上游龙河口两座大(2)型水库,修建了巢湖口的巢湖闸和裕溪河口的裕溪闸两座大型涵闸,对裕溪河、西河、牛屯河、兆河进行了初步整治,还围垦了白湖等。通过对上述规划的实施,巢湖区的治理取得初步成效。但由于规划方案还不完善,存在一些主要问题:①巢湖区的洪水出路太少,仅有裕溪河一条,远不能满足泄洪要求,以致洪涝灾害仍然严重。②拟定的巢湖和内河的调蓄水位过高,按20年一遇防洪标准,堤防加高加固和河道整治工程的工程量大,挖压占地损失也大,难以达到规划标准。③引江灌溉问题没有得到解决。干旱年份,巢湖灌溉水源不足时,而长江水位较低年份,江水又引不进来,均造成圩区发生大面积旱灾。

2.《巢湖流域水利规划》(1974年)

针对20世纪50年代规划中存在的问题,安徽省水利厅在巢湖地区水利局的配合下,于1974年编制了《巢湖流域水利规划》(初稿)。规划方案是在巢湖设计洪水位近期为12.0米、远期为12.5米的情况下:①疏河筑堤。在全面加高培厚江河圩堤的基础上,重点疏浚裕溪河、西河、兆河等骨干河道,以提高排水和引灌能力。②开挖巢湖金河口分洪道和牛屯河分洪道,以增加巢湖流域的自排出路。③在沿江兴建凤凰颈和神塘河两座大型排灌站,以解决西河洪水出路和引江灌溉问题。该规划方案的主要特点是因地制宜地提出了圩区综合治理的措施,比20世纪50年代规划进了一步。

但仍存在以下主要问题:①疏河筑堤方案工程量巨大,仅土方工程量就达2亿多立方米,由于规划未提出分期实施意见,规划目标难以实现。②巢湖金河口分洪道方案不现实。该方案切岭工程量过大,挖压土地过多,难以实施。

这种规划方案由于种种原因没有全面实施,只是对裕溪河、杭埠河、店埠河、拓幕河等主要河道作了进一步整治,对江河堤防逐年进行加高培厚,使泄洪能力和防洪标准有了提高。

3.《巢湖流域水利规划补充报告》(1984年)

1978年巢湖流域大旱后，安徽省人民政府决定凤凰颈排灌站和牛屯河分洪道两项工程开工，后因基本建设投资压缩而缓建，凤凰颈站只作了站基开挖，牛屯河分洪道建成江口闸。继而在1980年和1983年巢湖流域又发生大洪水，洪涝和干旱问题成为各方关注的焦点。对此，巢湖地区水利局于1984年提出了《巢湖流域水利规划补充报告》，以及《巢湖牛屯河分洪道可行性研究报告》《凤凰颈大型排灌站可行性研究报告》等。

巢湖区开发任务以防洪除涝为主，兼顾灌溉，结合航运、城市供水及水产等。

规划近期目标是使巢湖圩区255万亩圩田的防洪标准全面达到20年一遇，同时解决巢湖周围590万亩的灌溉水源问题，使其灌溉保证率达到90%。

合肥市城市防洪规划防洪标准为100年一遇。防洪工程措施主要是在南淝河支流四里河上兴建大房郢大型水库，进行南淝河及支流四里河、板桥河河道整治，加高加固并新建市区堤防，分片形成独立的城市防洪封闭圈。城区除涝分6片建排涝泵站解决。

圩区内的合裕航运线，是连接合肥、巢湖、芜湖，沟通长江的水运干线，全长159千米。现今湖区与裕溪河段航道标准较高，而南淝河下段枯水期只能通航100吨级船舶。规划对南淝河段进行治理与疏浚，近期达到Ⅳ级航道标准，远景达到Ⅲ级航道标准。规划结合引江济淮工程开辟江淮运河航线，航道标准为Ⅲ级，通航1000吨级船舶。江淮运河航线交通部门推荐大柏店分水岭方案，即由长江北岸裕溪口闸沿裕溪河入巢湖闸进巢湖，再由巢湖北岸丙子铺循派河上溯至大柏店分水岭，顺东淝河、百埠湖，到达淮河流域寿县，全长269千米。

补充规划推荐的综合治理方案是"四河二站"方案，即疏河筑堤方案（整治后河道底宽裕溪河100米、西河55米、兆河70米），加牛屯河分洪道方案，再加凤凰颈、神塘河排灌站方案，使巢湖的洪水出路由1条增加为4条，其中裕溪河、牛屯河两条自排，凤凰颈、神塘河两站抽排。近期工程经比选推荐"两河一站"方案，即开挖牛屯河分洪道，西河小断面整治（底宽30米），兴建凤凰颈大型排灌站。

初步解决巢湖洪水出路和引江灌溉问题。尔后全面整治裕溪河、西河、兆河以及支汊河道，全面实现防洪、除涝、引江灌溉等效益。

上述规划方案的近期工程，安徽省有关部门已于1986—1991年组织实施，巢湖治理"两河一站"工程建成，新增外排流量695～940立方米每秒，新增引江抽水流量200立方米每秒，结合面上的农田水利基本建设，圩区的防洪标准可达到10～20

年一遇，灌溉保证率由原 75% 提高到 90%，工业用水和居民生活用水也有了保障。

4.《巢湖流域防洪规划报告》（1994 年）

1991 年 7 月，巢湖流域发生新中国成立后第二大洪水（50 年一遇），已建的水利工程发挥了较大的防洪作用，但 1991 年洪水也暴露出一些亟待解决的问题，主要包括：①防洪标准不高，巢湖洪水出路没有得到根本解决。②需要建设专门的巢湖闸封闭堤，以解决巢湖闸与圩堤的设计洪水标准不一的矛盾。③需要建设白湖东、西大圩进洪闸，避免靠人工临时扒堤延误蓄洪时机，以及人力物力的浪费。④老桐城闸铁路桥阻水，需要建新铁路桥等。同时，圩区除涝、灌溉、航运和水污染防治等方面亦需要进一步统筹规划。

据此，巢湖地区水利局于 1994 年提出了《巢湖流域防洪规划报告》，其主要规划内容是：巢湖设计洪水位（20 年一遇）从 12.0 米提高到 12.5 米，并相应加固加高堤防和进一步整治骨干河道，以增加巢湖的蓄泄能力；继续完成裕溪河整治和牛屯河分洪道工程的水下土方，扩建巢湖闸（净宽由 50 米扩大为 80 米），条件成熟时建设神塘河排灌站，以增加巢湖的外排能力；对主要支流继续进行治理，根据河流重要性，规划河道堤防设计标准 10~20 年一遇；处理措施包括裁弯、退堤、整治河道和加固加高堤防等；为提高合肥市城区的防洪和供水能力，规划建设 20 世纪 50 年代开过工的南淝河支流四里河上的大房郢水库，总库容 1.8 亿立方米；建设白湖进洪闸，以提高白湖的蓄洪效果。

四、太湖区

（一）区域概况

太湖流域位于长江三角洲南部，北抵长江，东临东海，南滨钱塘江，西以天目山、界岭、茅山等分别与钱塘江、水阳江、秦淮河等流域毗邻，总面积约 3.69 万平方千米，其中江苏占 51.96%，浙江占 33.20%，上海占 14.37%，安徽占 0.47%。

本流域水系是以太湖为中心的湖泊河网系统，主要包括苕溪水系、合溪水系、南溪水系、洮滆水系、黄浦江水系、沿长江水系、运河水系等。各水系相互连通，没有明确的分界，构成纵横交错的河网。

流域属中亚热带北部向北亚热带南部过渡的季风气候。多年平均年降水量 1010~1400 毫米。流域为多台风地区，台风的袭击除了造成直接的灾害外，还使沿海及长江口一带水面潮位产生增水。

太湖是中国五大淡水湖之一，岸线长 405 千米，多年平均水位 2.99 米时面积 2338.1 平方千米，平均水深 1.89 米，蓄水量 44.28 亿立方米，是流域内最重要的供水水源地，也是一座天然调蓄水库。太湖水源主要来自西部山丘区苕溪和南溪等水系。通常以太湖北岸的直湖港口和南岸的长兜港口为分界点，两分界点以西为太湖上游来水区，以东为下游出流区。

湖区的主要灾害是洪涝，因降雨过多和强度集中而形成。遇特殊干旱年，工农业用水仍然严重不足。1978年5—9月，黄浦江朱市渡站月平均下泄流量仅85立方米每秒，江水黑臭时间长达106天。

根据太湖流域综合治理任务、地区特点和水系特征，流域可划为8个水利分区：上游有湖西区、浙西区和太湖区；下游有武澄锡虞区、阳澄淀泖区、杭嘉湖区、浦东区和浦西区。其中上海的浦东区和浦西区已形成独立的排水系统。

在流域总面积中，山丘区占20%，平原区占80%。山丘主要分布在流域西部。地貌特点为四周较高、中部低洼，形成一个以太湖为中心的碟形洼地平原。其间河港纵横，湖荡棋布。

太湖流域为全国经济发达区域之一，除特大城市上海外，尚有苏州、无锡、常州、镇江、杭州、嘉兴、湖州等大中城市以及迅速发展的城镇乡村。太湖区内交通发达。通航里程1.2万千米，属Ⅲ～Ⅵ级航道；出海港口有上海港、张家港、太仓港、乍浦港等。航道主要问题是通过能力不足，阻塞断航时有发生。

新中国成立以来，太湖流域水利建设取得了很大成就，兴建了一批大、中、小型水库、闸坝和排灌站，加高培厚了江堤、海塘与圩堤，完成了浏河、淀浦河和杭州湾南排等工程，保证了地区工农业生产的发展。但是，由于气象因素、地形因素以及人为因素使然，湖区水利仍存在着下列问题：①洪涝灾害频繁，缺乏流域性骨干排水河道，洪水威胁仍为流域的心腹之患。②城市防洪标准偏低，快速增长的乡镇经济缺乏必要的防洪保障。③水资源不足，缺乏骨干引水工程。④环境保护措施严重落后于地区经济发展，江河湖泊污染日益严重，水质性缺水已成为水资源供需的主要矛盾。

（二）规划研究过程

新中国成立后，在对毁损工程修复和重点河道疏浚的同时即着手进行太湖治理规划的准备工作。

1951年2月，华东军政委员会水利部召开太湖治理小组会，提出太湖治理应统一规划，分区研究；目前主要任务是查勘、测量及各项基本资料的搜集整理，为太湖规划做好准备。同年5月，成立太湖水利委员会。1953年，长江委下游工程局提出《整治太湖水利初步规划意见》。

1954年5—7月，太湖流域遭遇特大洪水，损失严重。嗣后，鉴于太湖治理任务的迫切，各省分别开展了规划。水利部于1957年4月召开太湖规划会议，提出《太湖地区流域规划任务初步意见》。1958年11月，中共华东局召集江苏、浙江两省及上海市领导人研究太湖规划原则，并对增加太湖流域洪涝外排的某些工程达成初步协议。

1959年长办编制的《长江流域综合利用规划要点报告》中指出，太湖流域存在两大主要问题：①湖东和湖南地势低洼，苦于洪涝；湖西和湖北地势略高，苦于干旱。解决涝与旱在水位问题发生矛盾，一公寸之差，影响数十万亩。②流域水量不足，除了灌溉用水，还要向黄浦江供水。经水量平衡粗略计算，尚需要从相邻流域引水30亿~40亿立方米。主张统筹兼顾，上蓄、下泄、外引，统一解决防洪、除涝、灌溉和供水问题。

1962年，全国水利会议决定，由上海勘测设计院（以下简称上海院）协同有关省（直辖市）进行太湖流域治理规划，提出的成果有《黄浦江与吴淞江简况》《太湖流域历代治理情况》《太湖水文情况》《圩区调查研究》《对太湖排水出路的初步看法（初稿）》。

太湖作为长江的一个支流区，从1958年开始进行了长达27年的规划工作和反复协商，1987年国家计委批准了《太湖流域综合治理总体规划方案》，成为太湖水利史上第一部经各方协调一致、国家批准的规划。

1983年，国务院成立上海经济区规划办公室。办公室受水电部委托，协调太湖规划方案。同年7月，水电部及上海经济区规划办公室向国务院请示，建议成立"长江口开发整治领导小组"，其任务为统一领导长江口开发整治与黄浦江的综合治理工作。经国务院批复同意。以后扩大并更名为"长江口及太湖流域综合治理领导小组"。

1997年5月，国务院召开治淮治太第四次工作会议。会议对原投资概算进行了调整，决定增补黄浦江上游干流（闵行三角渡）防洪工程即黄浦江治理工程，确定治太工程建设总投资为98亿元，明确2000年基本完成、2002年全面完成治太11项工程的建设目标，并落实了太浦闸、望亭枢纽和常熟枢纽等3项流域性枢纽工程的管理体制与经费渠道。自此，经过江苏、浙江、上海两省一市各级政府、水利部门、有关勘测设计科研单位、高等院校、施工企业和广大群众共同努力，11项骨干工程全部开工建设。其中望虞河、太浦河、杭嘉湖南排、环湖大堤工程于2000年前全部完成，其余工程也于2001—2002年陆续建成。

1999年6—7月，太湖流域又发生了超历史纪录的特大洪水。太湖最高水位达5.08米，超过设计水位0.42米。在抗御这次特大洪水中，已建治太工程发挥了巨大作用，初步估算流域减灾直接经济效益达92亿元，为已投入治太建设经费的2倍。

1999年8月，水利部召开治太工作会议，会议肯定了治太建设所取得的成绩，认为1999年太湖抗洪实践再一次证明国务院治理太湖的决定是正确的；太湖治理总体规划是科学的，也是符合太湖流域实际的，效益是好的；治太工程经受了超标准洪水考验，其设计、施工质量也是好的。同时，会议要求加强治太工程建设领导，切实增加建设资金投入，确保实现国务院第四次治淮治太会议提出的目标。

（三）主要成果简介

1.《太湖流域综合治理总体规划方案》（1986年3月）

（1）治理任务

以防洪除涝为主，统筹考虑供水、航运和环保等利益。

1）防洪。改善太湖流域的排水条件、增加排水出路、防止洪水漫溢是当前的首要任务。同时，在台风高潮时要控制太湖下泄水量，防止洪水与高潮遭遇，有助于上海市防洪安全。

2）除涝。流域东部是地势最低而又是产业最集中的地区，在治理中必须统筹兼顾，合理解决洪涝矛盾，安排足够的排涝河道和抽排设备。

3）供水。流域内遇到干旱年份，降雨量减少到正常年份的50%～70%，工农业缺水；同时，黄浦江污染严重，还需要向黄浦江补充清水。

4）水运。在治理中要结合防洪除涝和引水，改善航行条件，新增航道里程。在方案拟定中要充分考虑水运。

5）为发展多种经营、促进流域经济发展提供方便。

（2）治理原则

统筹兼顾，综合治理，适当分工，分期实施。

（3）治理标准

1）根据对洪水类型和典型洪水年的研究，结合长江口潮位分析，直接选用1954年5—7月降雨过程作为确定流域性骨干工程规模的设计标准，其最大90天降雨量重现期约为50年一遇。

2）各分区的防洪标准和设计暴雨结合当地具体情况制定，一般以当地20年一遇的短期暴雨作为设计标准。

3）干旱年的供水，以1971年实际雨情为设计供水年，其7、8月降雨量保证率为94%。

4）主要航道上的通航建筑物规模按2000年规划货运量设计。

（4）治理方案

根据批准的治理方案对1954年设计典型年5—7月流域性洪涝水的安排是：

1）太湖容蓄45.6亿立方米，太浦河泄洪22.5亿立方米，望虞河泄洪23.1亿立方米，湖西有效排水6.7亿立方米。

2）杭嘉湖区：北排11.6亿立方米，东排15.8亿立方米，南排22.4亿立方米，同时控制平望水位不超过3.30米。对于比1954年型更小的洪水，平望水位控制可低于3.30米，尽量不超过3.10米。

3）淀泖区：东太湖不分洪，太浦河北岸设控制，拦路港泄水6亿立方米。

4）青松区：实行大控制，扩大拦路港、泖河及斜塘。

在上海市遇到台风高潮时，短时间关闭太浦闸并控制东泄水量，减轻上海市防洪负担。

工程项目包括太浦河、望虞河、环湖大堤、杭嘉湖南排、湖西引排、红旗塘、东西苕溪防洪、拦路港、武澄锡引排、杭嘉湖北排道等10项。以后增补黄浦江上游干流防洪工程即黄浦江治理工程，故实施的骨干工程项目为11项。

上述骨干工程分为三类。第一类是以太湖洪水安全蓄泄和流域水资源调度为主要目标的重点流域骨干工程。具体包括望虞河、太浦河、环太湖大堤、杭嘉湖南排工程。第二类是以地区排涝和引水效益为主，对流域防洪、供水也有重要作用的骨干工程。具体包括湖西引排、武澄锡引排、东西苕溪防洪工程。第三类是协调形成总体规划方案必须包含的省（直辖市）际边界工程。具体包括拦路港、红旗塘、杭嘉湖北排、黄浦江上游干流防洪工程，这些边界工程协调了跨省骨干排水河道上下游的关系，提高了地区防洪除涝能力。

1991年，太湖流域遭遇仅次于1954年的大洪水，直接经济损失110亿元。当年9月，国务院召开治理淮河和太湖工作会议，作出治理太湖的决定。要求在"八五"计划期间着重解决太湖洪水出路，基本建成太浦河、望虞河、环湖大堤、杭嘉湖南排、东西苕溪防洪、湖西引排、武澄锡引排、拦路港、红旗塘、杭嘉湖北排等10项总体规划方案确定的骨干工程。

2.《长江流域综合利用规划简要报告》（1990年修订）

太湖流域综合治理开发任务以防洪除涝为主，统筹考虑航运、供水和环境保护等方面的利益。

1）太湖流域治理，重点是以1954年实际洪水为标准，安排洪涝水出路。上游区洪涝水，经水库湖泊河网调蓄和少量滨江河道自排后，剩余水量连同杭嘉湖区各闸入湖水量由太湖调蓄以及望虞河和太浦河自排或抽排入江。下游区洪涝水，拟分区解决。浦东区可自排（包括调蓄）；澄锡虞区北排入长江；阳澄、淀泖和浦西区，一部分排入长江，一部分排入黄浦江；杭嘉湖区洪涝水，除少量由河网调蓄和北排入太湖外，大部分排入杭州湾、太浦河和黄浦江。为了承担上述蓄泄任务，规划治理工程包括望虞河、太浦河、杭嘉湖南排（在建）、杭嘉湖北排通道、环湖大堤、湖西引排、红旗塘、东西苕溪防洪、拦路港、武澄锡引排等 10 项骨干工程。

2）太湖流域农业灌溉以及城市生活和工业用水，采取湖西和武澄锡引排工程引长江水，望虞河自引和抽引长江水以及在太浦闸附近建抽水站向黄浦江供水等措施解决。

3）太湖流域拟改造 14 条航道，航道规划等级近期一般为Ⅴ～Ⅵ级，远景达到Ⅳ～Ⅴ级。其中，江南运河、长湖申线和苏申外港线改造规划已经国家计委批准，沟通钱塘江与江南运河的工程已经建成，并完成江南运河长湖申线部分航道改造。此外，还规划有芜太运河。

流域近期工程安排，以首先打通洪涝水出路为目的。据此，应续建杭嘉湖南排工程，续建望虞河，开通太浦河，兴建环湖大堤与开通红旗塘。航运安排江南运河、长湖申线、苏申内外港线、锡澄运河、六平申线等航道建设。

第二节 山丘区

一、滇中高原

（一）区域概况

滇中高原位于云南省中部，主要包括昆明、楚雄、大理 3 个市、州的 22 个县（市、区），总面积约 4.2 万平方千米。2004 年开展的滇中调水工程规划，云南省提出的滇中范围则包括昆明、玉溪、楚雄、曲靖、大理、红河、丽江 7 个市、州的 49 个县（市、区），总面积 9.49 万平方千米。滇中地区地处金沙江、澜沧江、红河、南盘江（属珠江水系）四大水系的分水岭地带，地形较为平坦，气候适宜，土地肥沃，耕地集中，是云南省粮、烟、油和多种经济作物的重要产区，也是重要工业的生产基地。昆明市为云南省政治、经济、文化的中心。滇中地区降水少、蒸发大，是云南省水资源较少的地区，人均水资源量约 1700 立方米，其中滇池流域人均水资源量仅为 276 立方米。区内河流众多，主要坝子和人类活动的场所集中在水系一、二级支流的源头段，水低田高，汇流面积小，缺乏修建骨干水源工程的条件。这些因素导致既有资源性缺水，又有工程性缺水。

20 世纪 80 年代以来，随着经济社会的迅速发展、城市化进程的加快，进一步加剧了水的供求矛盾，生态用水被挤占、水污染等造成的水环境水生态问题逐渐凸显，滇池（亦称昆明湖、昆明池、滇南泽、滇海）、杞麓湖、星云湖、异龙湖等著名高原

湖泊已呈现严重富营养化状态，区内许多河段水质状态堪忧。2009—2010 年，云南遭遇特大干旱，区内大量河道断流，水库干枯，人畜饮水困难，仅农业损失就达 170 亿元。

滇中地区是长江流域缺水最严重的地区之一，长期以来，水资源短缺成为制约经济社会发展的重要"瓶颈"。为解决滇中地区日益突出的水资源供需矛盾，相继建成了或正在建设一批区内调水工程，一定程度上缓解了局部地区的缺水矛盾，但远未能从根本上解决水资源制约经济社会发展的问题。

（二）规划研究过程

1959 年长办编制的《长江流域综合利用规划要点报告》第七篇第三章——分区规划，对云南省中部的昆湖（滇池）水利规划有如下初步意见：昆湖区基本上没有涝灾，存在的主要问题是旱灾及水土流失。

自 20 世纪 50 年代后期以来，云南省一些知名人士曾为引水滇中高原大声疾呼和实地考察，并请示中央领导，积极要求开展引水规划研究。1960 年，长办编制的《金沙江流域规划意见书》中，规划在虎跳峡库区引水，并根据水库不同的正常蓄水位，提出了相应的引水线路和工程估算成果。1978 年，长办对金沙江引水灌溉滇中高原问题作了进一步的调查研究，提出高低两种引水方案：高方案在日免筑坝，引水位 2260 米；低方案在拖顶筑坝，引水位 2100 米。此外，还作了在虎跳峡库区石鼓附近引水的方案，引水位 2050 米。

1983 年，云南省有关人士经过实地考察和初步研究，建议在下亨土定向爆破筑坝，引水高程 2160 米，引水流量 150 立方米每秒，对引水线路也做了初步安排。云南省院对于金沙江引水滇中高原先后做过一些工作。引水方案之一是结合虎跳峡水能资源开发，建高坝提高金沙江的水位，在石鼓小河提水 270 米，然后开渠引水至昆明，线路总长约 660 千米，总年调水量 15 亿立方米。工程考虑分两期建设：第一期解决大理州工业用水及 10 个坝子 68 万亩农田灌溉，年调水量 6 亿立方米；第二期引渠延伸至楚雄、昆明市。

20 世纪 90 年代以来，云南省有关部门和长江委等单位先后开展了引水滇中的供水范围、工程规模及供水线路的研究工作。1997 年 5 月，长江委同云南省水利厅及云南省院对金沙江（虎跳峡）引水滇中高原线路及主要供水区进行了综合考察，实地了解引水口位置，引水线路的走向，主要渠系建筑物（隧洞、渡槽及其他交叉建筑物）的分布位置，沿线的地形、地质条件，主要坝子区分布及干旱缺水状况，并听取引水区域的意见和要求，为编制金沙江虎跳峡枢纽引水滇中高原初步规划做准备。考察结束后，长江委向云南省人民政府作了专题汇报，对初步规划工作做了安排。

1998年4月，长江设计院与云南省院共同编制完成了《金沙江引水滇中高原初步规划报告》，其主要结论是：为保证滇中高原国民经济可持续发展，应进一步做好节约用水，挖掘现有工程潜力，尽可能开发利用当地水资源，调引外水（尤其是金沙江水）势在必行；虎跳峡枢纽是金沙江引水滇中高原较为理想的水源工程，具有地理位置优越、水量丰沛、水质良好、运行费用低等优势；金沙江引水线路沿线有较为理想的调蓄工程（如洱海、滇池及沿线的中型水库等），因而引水建筑物的规模较小；引水干渠建筑物有部分深埋长隧洞和高跨度渡槽等在设计及施工上存在一定难度，但不存在不可逾越的难题，技术上是可行的。该规划研究从虎跳峡河段的引水方案，并重点对虎跳峡坝址和石鼓坝址进行了规划设计，规划受水区涉及昆明、楚雄、大理3个市（州）的22个县（市、区），2030年远期规划水平年拟订引水量为13.84亿立方米，引水口设计流量为81.61立方米每秒。

2002年，根据国家计委、水利部开展全国水资源综合规划的统一部署，云南省重点开展了滇中水资源规划专题研究，完成了《滇中水资源规划简要报告》。与《金沙江引水滇中高原初步规划报告》相比，受水区范围从昆明、楚雄、大理3个市（州）的22个县（市、区）增大为大理、楚雄、昆明、玉溪、丽江5个市（州）的27个县（市、区），引水规模从13.84亿立方米（2030年水平年）扩大到19.2亿立方米（2020年水平年），预测2030年水平年需水量还将有较大幅度的增长。

近年来，云南省相继研究了引漾入洱、引水济昆、牛栏江引水等小区域的调水规划，但工程规模较小，引水量有限，仅能缓解局部地区短期内的缺水矛盾。

长江委编制的《金沙江干流综合规划报告》，对金沙江引水滇中高原作了如下轮廓规划：金沙江、澜沧江水量充足，水质好，干流规划梯级具备引水条件，是解决滇中高原地区缺水的比较好的水源方案。通过综合分析比较认为，金沙江水质、水量有保证，对下游梯级的动能指标影响小，引水线路短，工程难度和投资相对较小，作为引水水源更为有利。在虎跳峡水库集中引水和虎跳峡至乌东德沿途各水库分散引水两种方案中，从用水户经济承受能力和可能性来看，从虎跳峡引水进行集中供水的方案更具优势。建议在近期开展的水资源综合规划中，在节水挖潜和充分利用当地水资源的基础上，按水资源有效利用和合理配置的原则，深入进行滇中地区水资源供需平衡分析，进一步论证引水规模，优化工程线路，加快规划的前期工作，推动滇中引水工程早日上马。

受云南省委托，从2003年12月至2005年7月，长江设计院联合昆明院、中南院及云南省院等单位开展滇中调水工程规划工作，针对水资源配置、生态与环境、工程布置、建管体制、水价等重大关键问题开展了11项专题研究，大部分专题通过公开招标的方式，由包括中国水利水电科学研究院、南京水利科学研究院、长江科学院、北京师范大学、长江水资源保护科学研究所、水利部发展研究中心等国内技术力量雄厚的有关科研单位、高等院校承担，其中与水资源配置有关的有5个："滇中节水规划研究""滇中灌溉规划研究""滇中城镇生活与工业需水研究""虎跳峡枢纽调水与发电协调运行调度研究""滇中水资源配置与需调水量研究"；与生态和环境有关的有3个："洱海、滇池水质保护与水污染防治专题研究""滇中调水工程水资源保护规划研究""滇中调水工程生态与环境影响初步研究"；与工程布置有关的有"滇中调水工程水源方案比选专题研究"；与资金和水价有关的有2个："滇中调水工程建管体制与资金筹措研究""滇中调水工程水市场及水价研究"。"滇中调水工程规划报告"于2005年通过了云南省发改委、云南省水利厅组织的审查，2008年7月云南省人民政府批复了规划报告。

由于虎跳峡河段开发方案未定，规划推荐的水源工程未能落实。2010年4月，云南省提出了滇中引水不与金沙江虎跳峡河段水电梯级相捆绑的工作思路，并委托长江设计院对规划报告进行修订。为此，长江设计院对虎跳峡及以上河段进行了研究，并补充分析了澜沧江古水等引水方案。考虑滇中区经济社会已经有了较大发展，还联合云南省院重新对滇中区水资源配置进行了研究，并补充开展了滇中引水工程规划环评专题，2011年修订后的工程规划通过水利部审查。

云南省滇中引水办于2010年4月委托长江设计院牵头开展滇中引水工程项目建议书编制。2014年，项目建议书先后通过水利部水规总院审查和中咨公司咨询评估，国家发改委广泛征求相关部委意见并请示国务院后，于2015年4月同意项目立项，批复了项目建议书。2017年4月15日，国家发改委批复可行性研究报告。2017年8月4日，云南省在昆明市举行开工仪式。至此，滇中引水工程全面进入建设实施阶段，几代人梦寐以求的伟大工程，终于从梦想走到现实。

（三）主要成果简介

1.《长江流域综合利用规划要点报告》

各河上游山丘区进行水土保持；丘陵地区发展塘堰灌溉；各河支流上游修建山谷水库，发展自流灌溉及解决城市用水用电；滨湖平原利用昆湖发展提水灌溉。如将来发展需要，尚可研究修坝引水，增加昆湖水源，提高综合利用效益。

2.《长江流域综合利用规划简要报告》

长江委编制的《长江流域综合利用规划简要报告》（1990年修订），其中第三章对滇中高原（含金沙江云南部分的干热河谷）灌溉规划提出了原则意见："应充分利用当地水资源，兴修以蓄为主，蓄、引、提结合的工程，调节径流，加强科学管理，实行节约用水措施，并改变农业结构，调整作物组成，适当发展旱作。长远考虑必须研究从澜沧江支流黑惠江、金沙江调水的方案，从根本上解决高原灌溉问题。"

3.《金沙江引水滇中高原初步规划报告》

为保证滇中高原国民经济可持续发展，应进一步做好节约用水，挖掘现有工程潜力，尽可能开发利用当地水资源，调引外水（尤其是金沙江水）势在必行；虎跳峡枢纽是金沙江引水滇中高原较为理想的水源工程，具有地理位置优越、水量丰沛、水质良好、运行费用低等优势；金沙江引水线路沿线有较为理想的调蓄工程（如洱海、滇池及沿线的中型水库等），因而引水建筑物的规模较小；引水干渠建筑物有部分深埋长隧洞和高跨度渡槽等在设计及施工上存在一定难度，但不存在不可逾越的难题，技术上是可行的。

该规划金沙江引水滇中高原总体规划，仅研究从虎跳峡河段的引水方案，重点对虎跳峡坝址和石鼓坝址进行了规划设计，规划受水区涉及昆明、楚雄、大理3个市（州）的22个县（市、区），2030年远期规划水平年拟定引水量为13.84亿立方米，引水口设计流量为81.61立方米每秒。

4.《长江流域综合规划（2012—2030年）》

《长江流域综合规划（2012—2030年）》指出："通过对多种水源研究比较，金沙江虎跳峡及以上河段为滇中引水工程的最佳水源地。""滇中引水工程多年平均调水量34.17亿立方米，所调水量的64.6%供给长江流域，调水量占金沙江调出河段径流量的9.37%，对水源区的影响较小。下阶段应进一步分析用水需求的合理性及提高用水效率的可能性，研究开发利用当地径流的潜力，并结合虎跳峡河段开发方案，深入论证滇中引水工程取水方案和规模。"

二、四川腹地

（一）区域概况

四川腹地，即四川盆地的腹部，位于四川省东部、重庆市西北部，包括长江以北，都江堰市（灌县）、绵阳、苍溪、通江连线以南，西起雅安，东止云阳的广大山丘、平原地带，行政区划辖四川省的成都、内江、南充、自贡、遂宁、德阳6个市的全部和绵阳、达州、宜宾、泸州、雅安、乐山以及重庆市的部分，共计94个县（市、区）。区内土地面积约14万平方千米。其中平原区1.78万平方千米，占12.7%；丘陵区9.36万平方千米，占66.9%；山区2.86万平方千米，占20.4%。

西部为成都平原，河网密布、土质肥沃、物产丰富，素有"天府之国"之称，区内有著名的水利工程都江堰；中部为丘陵区，丘间洼地平缓，土壤以紫色土为主，肥力好；东部为一系列北东—南西走向的平行山脉，谓之"盆东平行岭谷"，平坝镶嵌其间，耕地集中，土质肥沃。区内有岷江及其支流青衣江、沱江、嘉陵江及其支流涪江、渠江等，诸河大体由北向南经腹地而注入长江。

四川省水资源量总体丰富，但水资源时空分布不均。岷江、涪江、长江地区西起青衣江、岷江干流中下游，东界涪江，南抵重庆市，北至安县、都江堰市一线，主要包括成都、德阳、绵阳、遂宁、内江、资阳、乐山、眉山、宜宾、自贡、泸州等市，幅员面积5.76万平方千米，约占四川省幅员面积的12%，是四川省经济社会最发达的地区，需水量大，但该区属盆地腹部地区，水资源极度缺乏，年径流深不到300毫米，水资源分布与区域生产力布局发展不相协调，严重制约经济社会的发展，必须引入区外水源补水，才能满足各用水部门的需要。而盆地西部边缘地区紧邻的盆周山区，区内地势西北高、东南低，是四川省的富水区，其中青衣江—鹿头山暴雨区年径流深一般为1000～1600毫米，区内需水较少，水资源开发利用程度不高，具备向区外调水的条件。

（二）规划研究过程

四川腹地水利工程建设起步很早，至新中国成立前，有水利灌溉的农田计约868万亩，新中国成立后进行了系统的水利规划。20世纪50年代，长办等单位即进行过岷江、涪江及长江地区的轮廓性规划。1959年《长江流域综合利用规划要点报告》针对长江流域内山区、丘陵区、平原区的不同特点作了研究，并对四川腹地等14个重点地区提出了规划意见，相关成果列入长办于1959年提出的《长江流域综合利用规划要点报告》。

在《长江流域综合利用规划要点报告》中，四川腹地为全国五大商品粮基地之一，要求对腹地内各相关支流进行具体规划。长办曾于1960年提出《嘉陵江流域综合利用规划要点报告》。根据流域地形特性、干支流水库负担灌溉水量的能力、各地区径流利用程度划分以下几个灌区：嘉涪区（包括涪梓灌区、亭谭灌区、西河灌区、西梓灌区）；嘉渠区（包括嘉渠灌区、消巴灌区、仪东灌区）；渠江区（包括罗江口灌区），涪江右岸区（包括涪凯灌区）；渠江左岸区（包括东柳河及铜钵河灌区、渠江左岸灌区、明月江灌区）。

20世纪70年代，四川省有关水利部门分别进行了都江堰扩灌规划、长征渠灌溉规划、毗河引水灌区规划等。1977年10月，四川省委邀长办研究岷江、沱江、长江地区的灌溉问题，长办提出《岷、沱流域部分地区规划工作要点报告》。鉴于该地区南部已由四川省有关部门做了大量的分析研究工作，并提出了长征渠灌区规划和《涪江流域综合利用规划报告》等，长办遂将工作重点放在研究以引岷为主的2400万亩灌溉规划。通过多次综合查勘、调查研究，于1983年10月提出了《引岷灌区水资源供需平衡分析报告（讨论稿）》。该报告对引岷灌区水资源现状及可能东调水量作了分析，提出以下研究成果：①引岷灌区灌溉用水分析。②都江堰丘陵灌区水土平衡计算。③成都平原地下水综合利用分析。④都江堰渠首近期引水工程。

长江委1990年编制的《长江流域综合利用规划简要报告》对腹地水利规划均有专述。此外，由于腹地分属嘉陵江、沱江、岷江流域，上述各支流规划之中也分别针对性地提出了以灌溉为主的区域水利规划。

在《四川省水资源开发总体规划报告》（川府函〔2001〕368号文）中，提出了多水源、多工程"长藤结瓜"引蓄结合的方案，以岷江干流水源为主的都江堰及毗河供水工程，解决该区的上部和中部的供需矛盾；以青衣江引水、大渡河干流补水、金沙江向家坝水库引水工程解决该区的下半部水资源短缺的状况，并逐步遏制因缺水而引发的生态环境日益恶化的问题；同时利用就近水源，解决岷江干流中下游丘陵区的岷沱江分水岭地区的干旱缺水问题。岷江干流通过修建调入与调出的跨流域调水工程，与沱江、涪江和金沙江等三大江河的联系，逐步构成四川省的"五横六纵"为主体的供水网络，形成一个有机整体，以相互补充。

川南丘陵区水资源短缺已严重制约了当地经济社会的健康发展，规划提出通过向家坝水库引水，并结合利用当地径流是解决川南丘陵等地区用水矛盾的有效措施。由四川省院完成的《金沙江向家坝水电站灌区工程规划报告》顺利通过审查，2009年水利部正式批复该规划，这标志着被称为"川南都江堰"的向家坝水电站灌区工程将正式开始实施。

都江堰扩灌、毗河引水工程等有序实施，引大济岷、长征渠引水等工程相关研究工作积极开展。

（三）主要成果简介

1. 《长江流域综合利用规划要点报告》

四川腹地的水利规划为：以灌溉为主，结合防洪、发电、航运等要求，利用嘉、岷、沱上中游水库和塘堰充分发展自流灌溉。四川腹地大致可分为9个灌区。

（1）川西平原灌区

本区以从岷江渠堰引水为主，包括都江堰、官渠堰、三合堰、东山、牧马山引水工程，扩大的通济堰，以及沱江支流湔江、石亭江、西河等引水工程灌溉，控制范围为温江专区、绵阳专区、内江专区、乐山专区、成都市等24个县（市），灌溉面积共774万亩。

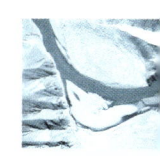

（2）名蒲邛灌区

包括名山、蒲江、邛崃三角地带，以百丈、霖雨、夹关水库为骨干结合小型水利工程自流灌溉42万亩。

（3）岷江、沱江、长江灌区

可利用岷江水源由彭山青龙场附近引水，为东山灌区东南干渠延长，并在本区中小河流上修建水库与之串联，灌溉岷江左岸乐山以下，宜宾以北至川西平原边缘简阳、资阳1.81万平方千米地区，利用渠道及小水库可装机容量160兆瓦，通航568千米。

（4）青衣江、岷江灌区

包括青衣江引水工程、石面堰引水工程、头堰引水工程，灌溉乐山的洪雅、丹棱、夹江、青神、眉山、峨眉、乐山等县一部分或大部分约120万亩。

（5）涪江、沱江、长江灌区

范围东至涪江，西至沱江，南至长江，北至金堂，面积2.65万平方千米。可由沱江赵家渡九龙滩引水配合凯江小里山水库，并在灌区内修小型塘堰水库串联。干渠长679千米，灌溉1930万亩，可利用发电装机容量134兆瓦，通航680千米。

（6）涪江、凯江灌区

北至通江南，南至凯江，东起涪江，西至凯江支流秀水河，面积3000平方千米。可利用安昌河上游晓坝水库及凯江干流小里山水库，再配合区内小型塘堰自流灌溉169万亩，发电装机容量10兆瓦，通航90千米。

（7）涪江、嘉陵江灌区

包括涪江左岸与嘉陵江右岸地区，北起苍溪，南至遂宁，东抵合川，西至江油，面积约1.65万平方千米。利用涪江干流武都水库，嘉陵江支流西河升钟寺水库及梓潼江谭家嘴水库，配合小型塘堰水库自流灌溉690万亩，发电装机容量73兆瓦，通航1450千米。

（8）嘉陵江、渠江灌区

包括嘉陵江左岸，渠江右岸至嘉、渠汇合口，面积1.31万平方千米。利用嘉陵江干流亭子口水库，配合支流东河麻溪濠水库及罐子坝水库与区内小型水库串联灌溉312万亩，发电装机容量39.6兆瓦，航运695千米。

（9）渠江左岸及开江、梁平、垫江灌区

范围包括渠江左岸明月江、龙溪河、铜钵河、东柳河及大洪河等，面积9226平方千米。利用明月江宝石桥水库、盐井口水库作骨干，引水入龙溪河上游，配合小型水库灌溉96万亩；在大竹、邻水、江北一带，修建平滩、乌木滩、大洪河支流水库等灌溉275万亩。发电装机容量26兆瓦，通航60千米。

2.《岷、沱流域部分地区规划工作要点报告》(1977年)

岷江、沱江、涪江地区地处盆地中西部,大多为浅丘地区,除都江堰灌区外,其他地区干旱缺水,春、夏、秋旱情交错出现。从长远看,水源应以区域外引水为主、当地径流为辅,但近期应主要靠当地径流发展喷灌,实现坡地水利化。从岷江向东引水是本区最理想的方案。成都平原地下水丰富,只要开采合理,可成为用之不竭的水力资源。

规划灌区总灌溉面积3000万亩,年总引水量151亿立方米,其中引岷江92亿立方米,引青衣江30亿立方米,抽地下水29亿立方米,分以下3个灌区:①成都平原地下水灌区。该区有耕地460万亩。②青衣江引水灌区。灌溉面积共约600万亩。③岷江引水灌区。共有灌溉面积1930万亩。分为人民渠、东风渠、毗河灌区和江津灌区等4个灌溉系统。总干渠自宝瓶口引水,将现有老河道裁直加大向东输水,在适当地点进人民渠灌区,在石堤堰处入府河,供东风渠灌溉和成都市工业用水。其余沿毗河东引至苟家滩,按已规划的毗河引水总干渠,直至内江地区安岳县斗口子处与原规划长征渠的东干渠衔接进入江津灌区。由宝瓶口至斗口子总干渠共长约310千米,总落差280米,可装机容量1100兆瓦。

3.《长江流域综合利用规划简要报告》(1990年修订)

本阶段根据分工安排,腹地内沱江、岷江和嘉陵江分别有四川省院、成都院和长办提出了流域规划意见。综合上述各支流规划及都江堰扩灌规划中的相关内容,以灌溉为重点的四川腹地的水利规划汇编于《长江流域综合利用规划简要报告》(1990年修订),现简述如下:

按照全省规划,预计腹地2000年人口为8800万,以人均粮食425千克计,需粮食3750万吨,其中水稻2000万吨;耕地面积略有减少,约为6585万亩,有效灌溉面积达4143万亩,净增面积664万亩,灌溉需水量228亿立方米。腹地缺水严重,周边山丘区年径流较丰,可向腹地补充水量。研究表明,除兴建蓄、引、提水工程充分利用当地径流外,还要兴办西水东调工程补充腹地水源。对岷江、涪江、长江地区曾考虑过大渡河、青衣江、岷江、沱江、涪江及长江等多种水源,并认为从青衣江引水和岷江引水补充该区的水量是合理的。近期首先兴建沱江和毗河引水工程及小井沟水库灌区,均可与总体规划相结合。对嘉陵江地区的涪江左岸及渠江间地区,可以根据嘉陵江流域规划,兴建武都、升钟、谭家嘴、亭子口及罐子坝等以灌溉为主的综合利用水利枢纽,解决灌区供水问题。渠江以东地区适当发展中小型蓄、引、提水工程,逐步扩大灌溉面积。

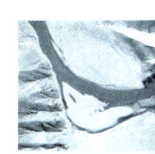

4.《长江片农业开发区水利规划》（1990年）

根据水利部1989年《关于编制农业开发区水利规划的通知》，长江委于1990年10月编制了《长江片农业开发区水利规划》。其中四川盆地水利规划简述如下：

1）根据盆地水源不足、时空分配不均、大型骨干工程甚少且配套差的特点，该区应兴修蓄水骨干工程和从盆边富水区引水的调水工程，同时因地制宜地发展中小型工程，对现有工程加强配套和管理，在水源保证的条件下逐步扩大灌溉面积。

2）在盆地西部平原地区，应加强对现有的都江堰、玉溪河、通济堰工程灌区的配套，特别是对都江堰灌区的扩建、改建。为解决都江堰灌区灌溉高峰水源紧缺问题，应尽快兴建紫坪铺水库。以上工程控灌以外的地区，宜适当发展小型工程，解决干旱死角问题。

3）盆地中部广大丘陵区干旱严重，除兴建蓄、引、提水工程充分利用当地径流外，要兴办调水工程补充该区域水源。规划兴建毗河、沱江、长征渠等引水工程，从岷江、沱江、青衣江引水灌溉岷江、涪江、长江地区；升钟、武都等在建的大型蓄、引水工程，配合规划的谭家嘴、亭子口、罐子坝等调蓄水库解决嘉陵江区左岸与渠江右岸的灌溉问题，渠江左岸适当发展中小型蓄、引、提水工程，逐步扩大灌溉面积。

4）盆地东部平行岭谷地，利用"三山两槽"地形修建中小水库，结合中小电站的开发，在江河沿岸有条件的地方发展提灌，同时合理开发山麓地下水。

5.《金沙江向家坝水电站灌区工程规划报告》

四川省西南部和云南省东北部的低山丘陵区涉及四川省宜宾市、泸州市、自贡市及云南省昭通市4个市的19个县（市、区）的部分地区，土地面积1.02万平方千米，总人口566.54万，耕地383.22万亩，粮食总产量271.12万吨，地区生产总产值302.72亿元，是粮食和经济作物的重要产区之一，也是重要的酿酒、机械和化工基地。

该区降水较为丰沛，但年内分配不均，年际变化大，干旱频繁，工农业生产、城镇生活和乡村人畜用水普遍缺水，目前灌区内各类用水总缺水率为42.4%，尚有201万人、209.36万头牲畜饮水困难，富顺、长宁和泸县由于工业污染、来水量不足，存在工业和生活用水挤占农业用水现象，严重制约了经济社会的健康发展。随着地区经济的发展，工农业和城市生活用水的矛盾也将日益突出，而当地水资源进一步开发潜力不大，因此解决川南丘陵地区用水矛盾的重要出路在于从外部引进水源。

川南丘陵区径流西多东少，南多北少，而人口、耕地的分布趋势相反。通过向家坝水库引水、长征渠引水及当地径流解决等几种方案比较，江北和江南灌区采用以向家坝水源为主，结合当地径流解决的方案较合理。

根据《四川省水资源开发总体规划报告》和国家《金沙江向家坝水电站灌区规模

及需水量预测报告》《金沙江向家坝水电站可行性研究报告》中所确定的范围，规划灌区范围为北起自贡市大安区，南至兴文县共乐镇，西起向家坝枢纽，东以长江、赤水河为界，共涉及宜宾、泸州、自贡17个县区，设计灌溉面积为365万亩。其中农业灌溉设计保证率为80%，城镇工业和生活供水保证率为95%，农村供水保证率为90%。

向家坝引水工程实施，将为坝址下游两岸的川南丘陵区的城镇和大片农田提供水源保证，并可改善生产和生活条件，促进川南经济和中小城镇的发展，具有极大的社会效益、环境效益和经济效益。

6.《岷江流域综合规划》引大济岷（含引青济岷）工程

天府新区是都江堰供水区的重要组成部分。区内当地水源缺乏，且受平原区地形条件限制，多以汛期雨洪形式出现，仅可通过现有小微型水利设施少量利用。考虑到都江堰已成供水区及规划新建的毗河供水工程用水量增加，现状都江堰水资源开发利用率较高，开发潜力不大，很难完全满足供水区长远用水需求，必须在强化节水、高效利用现有水源的前提下进行开源。与供水区相邻的青衣江、大渡河干流具有水量丰沛、位置相对较高、当地用水量很少等优势，通过建设引大济岷（含引青济岷）工程可作为天府新区的主要供水水源及都江堰供水区的补充水源。

引大济岷（含引青济岷）工程以向天府新区和都江堰供水区供水为主，并兼顾改善生态环境。根据水利部已审批的《四川省成都天府新区总体方案水资源论证报告书》，天府新区2030年总用水12.84亿立方米，扣除当地水、都江堰配水后，需引大济岷（含引青济岷）工程供水5.61亿立方米；若加上引大济岷（含引青济岷）工程向都江堰供水区（不含天府新区）的其他区域补水量，需引大济岷（含引青济岷）工程的总引水量约为12亿立方米。

四川省水利厅正在组织开展引大济岷（含引青济岷）工程的前期工作，初步规划从泸定水电站库区取水，经天全县境内的天全河锅浪跷水电站库区和禁门关水电站库区、芦山县境内的宝兴河铜头水电站库区、邛崃市夹关河观音岩水库，通过管道输水至天府新区，输水线路全长约116千米。观音岩水库坝址位于邛崃市夹关河观音岩段，水库正常蓄水位715米，兴利库容8.5亿立方米，最大坝高120米，水库淹没面积32.7平方千米，人口1.3万，耕地0.9万亩，通过水库调蓄供水，可满足天府新区的用水需求。

7.《岷江流域综合规划》长征渠引水工程

长征渠引水工程是四川省盆地腹部区"西水东调"大型水利工程之一，通过开发利用青衣江、大渡河干流水资源，全程自流引水解决岷江、涪江、长江丘陵区中下部

1400万亩（含重庆市384万亩）耕地的灌溉问题。

长征渠取水枢纽位于青衣江洪雅县已建的槽鱼滩枢纽，引水高程516.4米，设计流量180立方米每秒，控制流域面积1.08万平方千米，多年平均径流量146亿立方米。原规划的长征渠灌区四川省境内涉及乐山、眉山、宜宾、内江、自贡、泸州等6个市的29个县（市、区），控制范围1.92万平方千米，总设计灌溉面积1016万亩；重庆市境内可控灌荣昌、大足、永川、铜梁、璧山等县（市、区）。

近年来，随着金沙江下游向家坝水库灌区方案的分期实施，已批复的毗河灌区已经实施，长征渠引水工程规模应适当调整，经初步规划，长征渠灌区范围为四川境内的眉山、乐山、自贡、内江、宜宾5个市的23个县，设计总灌溉面积为864万亩（新增灌溉面积402万亩，改善灌溉面积462万亩），岷江流域片主要由总干渠及南干渠进行控管控灌，涉及眉山、乐山、自贡、内江、宜宾5个市的11个县（市、区），规划设计灌溉面积198.87万亩，其中新增有效灌溉面积82.75万亩，并可研究将长征渠进一步延伸，向重庆市渝西主要缺水地区供水。

三、衡邵丘陵

（一）区域概况

衡邵丘陵区泛指湘、资两水之间及湘水右岸和资水左岸的广大丘陵地带，位于湖南省中南部，行政区划辖衡阳、衡南、衡山、衡东、常宁、祁东、祁阳、零陵、东安、邵阳、邵东、新邵、双峰、涟源、隆回、武冈、洞口、新宁、耒阳等19个县（市）。据1990年《长江流域综合利用规划简要报告》，该区总人口1012万，土地面积2.9万平方千米，耕地717万余亩。

本区属大面积干旱地区，其中又以"三邵"（邵阳、邵东、新邵）、"三衡"（衡阳、衡山、衡南）、"二祁"（祁阳、祁东）等县为突出重旱区。该区平均年降水量小于1200毫米，约为全省平均年降水量的84%，且年际年内变化及地域上的分布极不均衡，常年6月以后，天气晴热少雨，干旱严重。区内溪河大多源短流小，无适宜建库条件，但长期以来，当地天然产水量又未能充分利用。此外，本地区由于土质差、植被少、蓄水保水能力很弱，也易造成干旱。

（二）规划研究过程

关于本区的治理规划，长江委、湖南省水利厅、湖南省院及区内各市（县）的水利部门都曾做过一些工作。

长办于1959年编制的《长江流域综合利用规划要点报告》第七篇第三章——分区规划中，对衡邵区的水利规划有如下初步意见：本区规划以灌溉为主，并大力展开水土保持工作。

鉴于本区干旱严重，新中国成立初期即已进行初步治理。1950—1957年，区内各县兴修小型农田水利工程，如塘、坝及小型水库等，但对解决干旱问题收效有限。1958年，开始着手流域治理规划。

1958年，湖南省水利厅开始规划夫夷水金龙山水库灌溉邵阳、邵东、祁阳、祁东、衡阳、衡南、涟源、双峰、新宁、洞口、武冈等11个县（市），包括开垦地在内的325万亩耕地，企图以一库解决衡邵丘陵区的干旱问题。但因引水高程较低，渠道挖压又多，且不能解决位置较高的现有水田和开荒造田的水源，作用不大。于是又初步拟订资水、湘水分流域解决灌溉问题的规划方案。

该方案提出在资水流域选择干流的罗家庙、支流夫夷水的崀山及赧水支流蓼水的红岩等3处为枢纽。①罗家庙枢纽位于赧水与夫夷水汇合处的下游，上距邵阳县城约4千米。灌溉范围西起资水的罗家庙，东至湘江边，南临四明山坡脚及湘江边，北至侧水与蒸水边。实际上本枢纽仍属跨流域引灌，引水高程为240米（吴淞高程，以下同）。②崀山枢纽在夫夷水新宁城西南约7.5千米，拟建库引灌新宁、邵阳、邵东、东安之间耕地60万~70万亩，使95%的耕地能自流灌溉。③红岩枢纽在绥宁县桃坪区，位于赧水支流蓼水上，控制流域面积923平方千米，拟建坝高37米，引灌洞口、武冈、隆回之间丘陵地区。

在湘水流域则选择干流的太洲、支流潇水的双牌、春陵水的湖溪桥及耒水的泗江口等4处为枢纽。①双牌枢纽在湘水一级支流潇水下游，引灌方向为潇水左右岸，西抵石期河，东至白水黄花河，下迄湘江边，属零陵、祁阳的丘陵地。②泗江口枢纽在湘水一级支流耒水泗江河口约500米处，拟建库引灌耒阳、衡东地区。③湖溪桥枢纽位于湘水一级支流春陵水，建库引灌耒阳、常宁、衡南地区。④湘水干流太洲枢纽为京广大运河规划中湘桂运河航运梯级之一，干渠渠首拟设于湘水左岸，灌溉范围主要为干渠以南、湘水以北及祁水以西的零陵、祁阳两县丘陵地区。

上述方案中的7处枢纽，付诸实施的只有3处：双牌大型水库于1958年动工兴建；红岩枢纽则在1963年改为兴建6.5米高的拦河低坝；湖溪桥枢纽则为1966年兴建的欧阳海大型水库。

由于湘水水量丰富，1960年曾规划仍从太洲建库引灌零陵、祁阳、祁东、衡南等县177万亩耕地。至于邵阳地区灌溉，则拟在邵水支流修建朱家坝水库引灌邵东、双峰等地。但该方案淹田多，大部分为提灌，且不能完全解决所需水源，于是放弃。

1971年，湖南省院又进行了深入研究，认为区内邵东县邵水以北、东安县芦洪江以西，水源条件较好，可以加建中小型工程分散解决。祁东县归阳、河洲两个区，祁阳县潘家埠、羊角塘、下马渡3个区和衡阳市均濒临湘江，抽水灌溉，扬程不高，充分利用当地径流，适当发展电灌，亦可分散解决。余下大部分地区除加建、扩建中小型水利工程，利用当地径流增加灌溉水源外，夫夷水位置高，具有跨流域引灌这片丘陵的有利条件，在新宁以上崀山建库确有其优越性。1974年提出夫夷水河流规划，选定崀山水库为第一期工程，有效库容12.33亿立方米，引水高程326.5米；渠系均布置在各溪流的分水岭上，95%的耕地能自流灌溉；渠道与区内中小型水利工程长藤结瓜、蓄引提相结合，能解决新宁城以下夫夷水右岸包括资水以东，湘水西北，北抵双峰、邵东，南迄东安、零陵的丘陵区灌溉问题。

由于崀山水库需淹没耕地1.6万多亩，迁移人口1.7万多，且涉及广西壮族自治区的资源县，该县淹没耕地和迁移人口两项淹没损失分别占26%、39%，却并不受益，因此当时两省未能达成协议。同时渠系工程亦相当艰巨，且挖压损失耕地6000余亩，迁移人口近万，拆除房屋5千多间，因此也难下决心。此外，1958年以来，区内各县连年兴建中型水库，截至1973年，共动工兴建52座中型水库，已完成42座，对解决区内干旱问题起了一定的作用。尤以1958年、1965年及1966年3年内建双牌、大圳和欧阳海3处大型灌区，于1973年以前先后完成，重点解决了湘江以南的零陵、祁阳、常宁、耒阳、衡南和夫夷水以西的新宁、武冈、邵阳、洞口、隆回等县的灌溉问题，于是兴建崀山水库跨流域引灌已无必要。此后，衡邵丘陵区的灌溉规划方向是分流域解决灌溉问题，采取因地制宜，以小型为主，在必要与可能的条件下，积极举办大中型工程，采用远距离引水，大、中、小型结合，形成长藤结瓜式的水库群、灌溉网。1974年开始，区内除续修10座中型水库外，还加紧3处大型灌区的配套工作。至1985年，又连续新建了16座中型水库。

衡邵丘陵区1958—1985年共建成中型水库66座、大型水库2座，计划灌田505.2万亩，实际灌溉面积达到90%以上，约占19个县（市）总耕地面积的40%。历年来的抗旱事实证明，采用因地制宜、大中小工程并举、发展灌溉治理干旱的方针是正确的。1988年湖南省发生严重干旱，湘西、湘北、湘南等地区都遭受了重大损失，唯独衡邵丘陵区免受其害，充分说明区内众多的大中型水利工程在抗旱中发挥了骨干作用，抗旱效果十分显著。

《长江流域综合利用规划简要报告》提出在资水南源夫夷水建犬木塘水库，以解决本区的灌溉水源问题。1995年湖南省院在《资水流域规划报告》中，考虑淹没影响因素，将犬木塘水库正常蓄水位由370米调整至340米，列为近期工程。该规划提出的湘江近尾洲工程，已于1997年建成。

除下游尾闾地区的益阳市属湖南省"3+5"城市群而经济发展水平相对较高外，

其他地区大多属于山区,经济发展相对滞后。上游的大部分地区属武陵山区和衡邵干旱走廊,是长江以南一块较大的集中连片贫困山区。近年来,中央已率先启动武陵山区区域发展与扶贫攻坚试点工作,为全国其他连片特困地区提供示范,国务院于2011年11月批复《武陵山片区区域发展与扶贫攻坚规划(2011—2020年)》。该规划涉及资水流域的14个县(市、区)。与此同时,湖南省人民政府以湘政函〔2012〕184号文批复了《衡邵干旱走廊综合治理规划》。在中央的关怀和各级地方政府的努力下,近年来区内基础设施建设进展很快,经济建设取得长足进步,经济发展成效显著。

在《湘江流域综合规划》《资水流域综合规划》中将进一步细化规划方案。

(三)主要规划成果简介

1.《长江流域综合利用规划简要报告》

《长江流域综合利用规划简要报告》(1990年修订)中的第三章衡邵丘陵区灌溉规划中,对解决本区干旱提出了如下意见:"除充分发挥现有水利设施的作用外,还需要修建塘、堰、坝、引、提等小型水利工程,调蓄水库及跨流域引水工程。2000年前应以配套挖潜为主,调整作物结构和布局,节约用水,同时修建六都寨和犬木塘水库,以及在湘江修建近尾洲灌溉工程。"

衡邵丘陵区的主要河道为资水上中游及湘水中游。湘水在区内的大支流有潇水、春陵水、耒水等,资水的大支流有夫夷水等,水量丰富,具有综合开发的基本条件。根据本区特点,在这些干支流上兴建大中型水库,是解除干旱威胁的有效途径。资水流域除下游的益阳市发展条件相对较好外,其他大部分地区属武陵山区和衡邵干旱走廊,是长江以南一块较大的集中连片贫困山区。由于流域降雨时空分布不均及不利自然条件,旱灾发生频繁。资水上游是湖南省著名的衡邵丘陵干旱区的一部分。

犬木塘跨流域引水灌区,规划设计面积148.41万亩,现状灌区面积139.9万亩,新增灌溉面积8.51万亩,灌区龙头水源为新宁县的犬木塘水库,结合区内现有的小微型水利工程和规划的小吉塘水库、小塘冲水库、郭家嘴水库、长冲水库、两丝水库联合灌溉湖南省湘资分水岭的衡邵干旱走廊,范围地跨湘江与资水两个流域,灌区灌溉范围内涉及祁水、白水、蒸水、侧水、邵水上中游。从20世纪50年代以来,经过几辈人论证的资水犬木塘水库(神滩渡坝址方案)引资济湘工程应是解决衡邵干旱走廊区域灌溉需水的最佳途径,湘江流域内灌区规划设计灌溉面积126.28万亩,现状灌溉面积119.01万亩,灌区建成后,改善、新增灌溉面积7.27万亩。

2.《衡邵干旱走廊综合治理规划》

根据规划区的地理位置和地形特征,本次规划范围为以湘江和资江的分水岭为中轴的丘陵地区,共涉及33个县(市、区),东西长约350千米,总面积5.12万平方千米。

考虑到怀化市部分县市自然环境和资源条件、干旱成因及受灾程度与规划区相似，将旱情较严重的新晃、芷江、麻阳、辰溪、溆浦五县列入衡邵干旱走廊综合治理规划范围。结合规划区的实际情况，坚持除害兴利结合，开源节流与生态修复并重，加快抗旱工程体系建设，在水库除险加固与扩容，恢复和提高现有水源工程的抗旱能力基础上，规划新建犬木塘水库等一批骨干蓄水工程，新建引资济涟调水工程、太芝庙水库等4个跨区域水源工程等，以欧阳海灌区、六都寨灌区、白马灌区、大圳灌区和双牌灌区为中心，通过新建连通工程，形成水资源综合调配工程体系，新建犬木塘1个大型灌区，开展灌区续建配套与节水改造，完善饮水安全工程，强化水土保持措施，改善"三生"用水条件，保障区域粮食安全、经济安全、生态安全。

四、南阳盆地

（一）区域概况

南阳盆地包括河南省南阳市所辖县市（区）的大部分及湖北省襄阳市所辖部分县（市、区）。盆地北为伏牛山，西接肖山，东南以桐柏山为界，南临汉江，土地总面积2.82万平方千米，其中，河南省2.04万平方千米，湖北省0.78万平方千米。盆地西部系山丘区，中南部为河湖相堆积平原，平原地面高程80~200米，盆地总的地势向南倾斜。区内主要水系有唐河、白河、小清河。唐河、白河贯穿整个盆地，在襄阳市附近汇合，纳滚河后入汉江；小清河在襄阳市直接注入汉江。在对《长江流域综合利用规划要点报告》修订补充之前称唐白河区。

盆地位于亚热带北缘，属亚热带季风气候，四季分明，年平均气温14.9~15.6摄氏度，平均年降水量700~1200毫米，雨量较为丰沛，但年内分配和地区分布不均，6—9月降水量占全年降水量的60%~70%，年降水总量大致由东南向西北递减。

据1986年统计，盆地内有耕地面积1728万亩（其中，河南省1311万亩，湖北省417万亩），总人口1017万，人均耕地1.7亩。南阳盆地气候温和，日照充足，土地资源丰富，历来是重要的粮棉产区，生产潜力大。存在的主要问题是降水时空分布不均，灌溉水平不高，历年水旱灾害比较频繁。初夏雨少，多干热风，7、8月炎热，降雨集中，形成暴雨，一年内常有先旱后涝或先涝后旱，但以旱为主。据河南省1949—1983年旱灾资料统计，平均年成灾面积83万亩，占耕地面积的6.3%。干旱最严重的1961年，成灾面积达590万亩，占耕地面积的43%。连续干旱的年份有1959—1961年和1978—1979年。湖北省部分据1955—1983年干旱资料统计，发生干旱50次，其中大旱19次。此外，由于夏秋暴雨，水灾也常有发生。

盆地内有水利工程5600余座，有效灌溉面积786万亩，其中河南省538亩，湖北省248万亩，灌溉率45%。盆地内有3个大型灌区：河南省的鸭河口灌区、刁河灌区和湖北省的引丹灌区。现有水利工程存在的主要问题是：设计标准偏低，工程质量差，老化失修，有的水库带病运行；灌区不配套，效益难以充分发挥。

南阳地区水利事业历史悠久，并随历朝治乱而兴衰。至新中国成立前，南阳地区总灌溉面积仅有29.44万亩。以灌溉为重点的南阳盆地水利规划始于新中国成立初期。

（二）规划研究过程

长江委1955年9月组成综合查勘队查勘了唐白河流域，并提出《查勘唐白河流域灌溉、防洪及引汉济黄工程报告》。

1956年2—3月，长江委再次组织查勘，并与华中农学院（现华中农业大学）合作组成土壤调查队，对唐白河流域丘陵与平原地区进行土壤调查，并于1958年11月编制完成了《长江流域唐白河地区土壤调查报告》。

1956年11月，长办完成的《汉江流域规划报告》中提出了唐白河流域发展灌溉的计划，初步勘选在干支流上游建20个水库，可灌溉水库上下游耕地290余万亩，其余1220万亩需要自丹江口水库引水灌溉。规划将唐白河引丹灌区列为汉江流域第一期灌溉发展计划。

1958年12月，长办提出《唐白河区灌溉规划要点报告》。在1959年长办完成的《长江流域综合利用规划要点报告》中，对唐白河区提出规划意见。1961年11月，长办提出《引汉工程唐白河区刁南灌区引水方案研究报告》，在湖北省水利水电规划勘测设计院1961年3月编制的《汉江丹江口水库工程唐西灌区方案比较阶段报告》的基础上，对另开引水渠方案中选出陶岔为代表，引汉总干渠分水方案中选出马凹引水及利用刁河输水两种方案为代表进行综合分析比较，并提出了建议方案。

1963年3月，长办提出《鸭河口灌区轮廓规划总体计划》和《鸭河口水库白桐灌区设计任务书》，并对引汉唐白河灌区规划作了补充研究，研究将灌区范围作了调整。调整后灌区总面积为1.46万平方千米，灌溉面积为1550万亩。

1965年春，鸭河口水库灌区完成了白桐试验灌区的修建，1966年，白桐灌区大站头渠首建成，保证了5万亩试验灌区的灌溉引水。

丹江口水库于1967年汛后蓄水发电，蓄水位由145米上升至155米，具备了引汉灌溉的条件。长办邀请河南、湖北两省共同进行陶岔、王岗、清泉沟、张泉等引水口、引水路线查勘。查勘讨论后，决定引汉唐白河灌区规划由长办和河南、湖北两省共同进行，对引水口、引水路线作比较选择，并作专题报告报请中央审批。

1968年11月，水电部军管会同意河南、湖北两省分别(在陶岔和清泉沟)开口引水。

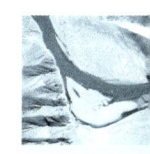

引汉陶岔渠首枢纽工程（包括引渠、渠首闸、总干渠）1969年初开工，1974年4月建成；清泉沟引丹灌溉渠首工程（包括引渠、塔式进水闸、隧洞）1970年初开工，1973年5月建成通水。至1988年12月，宋岗、陶岔灌区续建配套工程第一批任务已经完成。陶岔、宋岗两提灌站，先后在1975年、1982年建成，可灌溉面积5万亩，收到一定的效益。为了提高水库移民安置区抵御自然灾害的能力，长办会同河南省地方政府，决定扩大提灌区灌溉面积8.66万亩，其续建配套工程，分一、二、三批实施。1989年8月，河南省南阳地区水利局向长江委报送《鸭河口灌区续建配套工程设计任务书汇报提纲》。

在《长江流域综合利用规划简要报告》（1990年修订）中，提出以灌溉为重点的南阳盆地水利规划意见如下：盆地气候属于南北过渡带，水资源缺乏，规划由丹江口水库补充水量。2000年前规划的工程项目，对湖北省部分，完成引丹灌区续建配套，罗桥水库扩建，兴建石台寺泵站及新店水库，共新增有效灌溉面积89.5万亩；对河南省部分，完成刁河灌区、鸭河口灌区及宋家场灌区的续建配套，兴建罗汉山、青山、龟山水库灌区及小型灌区（包括井灌区）的配套和新建，共增加有效灌溉面积214.9万亩。两省共新增灌溉面积304.4万亩，其中南水北调中线新增灌溉面积共172.7万亩（湖北省引丹灌区55万亩，河南省刁河灌区117.7万亩）。未来需推进已成灌区的续建配套，以进一步发挥灌区效益。

（三）主要规划成果简介

1. 唐白河区灌溉规划（1958年）

当时全区耕地面积为1980万亩，远景可发展到2070万亩。根据地形、土壤和水资源条件，以水力资源为主将灌区划分为两大类：利用当地径流区和引丹江口水库灌溉区。

（1）利用当地径流区

唐白河区周围山地和地面是坡度较陡且比较破碎的丘陵区，共有耕地417万亩。该区应注重水土保持工作；在盆地边缘丘陵与平原的过渡地带，由于具有兴修大中型水库利用当地径流的条件，因此在各水库下游多划为水库灌区。这部分灌区有耕地224万亩，水源可基本满足其灌溉需要。

（2）引丹江口水库灌溉区

为除利用当地径流外的其余区域，所需水量从丹江口水库引水，其中自流引水灌区900余万亩，机械提水灌溉500余万亩。

2. 《长江流域综合利用规划要点报告》

唐白河区是汉江中游左岸的山前盆地，包括河南省南阳地区的大部分及湖北省襄阳地区的一部分，全区总面积 2.68 万平方千米，耕地 1750 万亩。地势北高南低，区内主要河流有唐河、白河、刁河、湍河、小清河等。各河上游水土流失严重，水旱灾频繁。本区大部分系旱作物，根据土壤、自然条件，宜于发展水稻及其他粮食作物。

本区规划以灌溉为主，结合防洪、航运，在充分利用本地区水力资源的基础上，再考虑从汉江丹江口水库引水，可划分为利用当地径流灌区和引丹灌区两种类型。

（1）利用当地径流灌区

除在山区丘陵区大力开展水土保持外，再修建 18 个山谷水库，组合成鸭河口、青山、管驿、龟山、羊册及付岗等 6 个联合灌区，灌溉引丹总干渠以北及盆地边缘地区的 1.29 万平方千米的面积。

（2）引丹灌区

总干渠引水枢纽拟订在陈岗，灌区分自流和提水两部分。自流区由刁河、湍河、潦河等 12 个小区组成，提水灌区由林扒、镇平等 5 个小区组成，灌溉盆地中部、平原和部分浅丘区，总面积 1.39 万平方千米。

山区丘陵区广泛开展水土保持和修建必要的山谷水库后，能使唐河、白河由现有 5～10 年一遇的防洪能力，提高到 20～50 年一遇的标准，航运、交通、发电等也得到一定程度的满足。

规划方案提出以后，唐白河区水利建设逐步转入工程设计和实施阶段，同时继续对规划进行修改、补充。

3.《长江流域综合利用规划简要报告》

在《长江流域综合利用规划简要报告》中，对以灌溉为重点的南阳盆地水利规划有如下原则意见：南阳盆地预计 2000 年人口达 1270 万，需要粮食 540 万吨，耕地维持不变，有效灌溉面积为 1100 万亩。盆地气候属于南北过渡带，水资源缺乏，规划由丹江口水库补充水量。2000 年前规划的工程项目，对湖北省部分，完成引丹灌区续建配套工程，包括已建西排子河等水库的除险加固，渠系及田间工程配套，进行滚河灌区大岗坡电灌站灌区配套，罗桥水库扩建，兴建石台寺泵站及新店水库，共新增有效灌溉面积 89.5 万亩；对河南省部分，完成刁河灌区、鸭河口灌区及宋家场灌区的续建配套工程，兴建罗汉山、青山、龟山水库灌区及小型灌区（包括井灌区）的配套和新建，共增加有效灌溉面积 214.9 万亩。两省共新增灌溉面积 304.4 万亩，其中南水北调中线新增灌溉面积，共 172.7 万亩（湖北省引丹灌区 55 万亩，河南省刁河灌区 117.7 万亩）。

五、吉泰盆地

（一）区域概况

吉泰盆地位于江西省赣江中游，本次吉泰盆地规划范围为吉安、吉水、泰和、万安、安福、永丰、峡江、新干以及吉安市的吉州区和青原区共计10个县（区），总面积1.87万平方千米。赣江纵贯盆地中部，主要支流蜀水、禾水、泸水、孤江、乌江等分别由西东两侧汇入，构成由东西两侧逐渐向中部倾斜的南北向带状盆地。

盆地属亚热带季风气候，气候温和，光、热资源充足，雨量丰沛，多年平均年降水量约1470毫米。

据统计，2013年盆地内总人口362.26万，耕地554.04万亩。该区农业生产潜力大，是江西省主要的产粮基地。

吉泰盆地存在的主要问题是干旱。虽雨量充沛，但其年内分配不适宜农作物生长需要，一般4—6月降雨占年降水总量的46%，7—9月仅占21%。区内现有水利设施少，且小型工程比重大，缺乏大型骨干调蓄工程。尤其是赣江西岸，河短水少，调节性能差，抗旱能力低，加之工程分布不均，配套不全，管理不善，不能确保农业生产用水。农业灌溉是吉泰盆地亟待解决的问题，尤以赣江西岸的泸北、禾泸、蜀水3个灌区为甚。此外，赣江两岸及各支流下游低洼地带有一定的洪涝灾害。

鉴于本区干旱严重，新中国成立以来先后进行了初步治理。以灌溉为重点的吉泰盆地水利规划是赣江流域综合治理规划的重要组成部分，其研究过程及主要成果大致都纳入了赣江流域规划之中。

（二）规划研究过程

民国时期，由赣江水利建设委员会于1948年编制的《赣江流域水利建设计划报告》提出的建设任务为："防洪为第一急务，灌溉排水次之。"在工程规划方面，认为："灌溉应着重于各河中下游平原及滨湖区域，工程形式以自流及抽水二者并重，南部山陵地区之零星梯田，以水库、圩塘等小型工程为主。"

新中国成立后，赣江流域综合治理开发规划逐步展开，解决该地区干旱缺水问题的灌溉规划为其重要组成部分。

长办1958年编制了《赣江流域规划要点报告》，提出："以防洪、发电、航运、灌溉为主体的综合利用开发任务。""中下游以防洪、灌溉为主。"

1958年8月，又编制的《万安水利枢纽初步设计要点报告》认为：根据万安枢纽的地形条件，可以发展吉泰盆地较大面积灌溉。

1959年12月，长办编制的《赣江综合开发任务及方案》提出的灌区在吉泰盆地有万安、杨梅山、东谷等水库灌区，泸惠渠灌区与富田渠灌区。20 世纪 70 年代后期，江西省水利水电规划队编制了《赣江干流梯级开发方案复核与近期工程选择规划报告》。该报告指出，"赣江上游水能蕴藏量丰富，应以开发水电为主，但也应为中下游防洪、灌溉、航运承担一定的任务；中游沿岸，为旱灾严重地区，有迫切的灌溉要求，在开发水电的同时，应兼顾灌溉、防洪和航运"。1982—1986 年，长办对赣江流域规划修改补充中再次提出"赣江中游的吉泰盆地和袁河、锦河流域间地区受旱较为严重，要着重解决灌溉问题"。

1985 年 10 月，江西省吉安地区水利局提出了《吉泰盆地灌溉规划报告》，嗣后，经多次修改、补充。1990 年 10 月，由江西省赣江流域规划委员会编制的《赣江流域规划报告》经国家计委批复，《吉泰盆地灌溉规划报告》为该报告的附件，其主要内容已纳入《长江流域综合利用规划简要报告》。《吉泰盆地灌溉规划报告》中部分水源工程（如湖陂、谷中等）因库区淹没问题等难以实现，灌区联并条件不成熟，以及灌区管理难度较大，九大灌区难以建成。为此，根据新的形势和要求，及时调整了规划方案，并纳入《赣江流域综合规划》等成果之中。

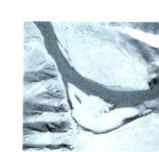

（三）主要规划成果简介

1.《吉泰盆地灌溉规划报告》

吉泰盆地的规划原则以蓄水为主，引水、提水相结合；小型与配套为主，适当修建一批大、中型骨干蓄水工程；尽可能达到灌溉、发电、防洪、养鱼等综合利用。

根据地形、水系，可能利用水资源情况及工程布局，结合县乡行政区划，将盆地划分为 9 个灌区。

（1）蜀水灌区

本灌区位于赣江西岸，万安水电站以下，蜀水和禾水下游，包括万安、太和、吉安等地所属 20 个乡及太和垦殖场，总土地面积 1707 平方千米，现有耕地 60.57 万亩。

规划在 2000 年以前兴建南车、谷中、梅陂等大中型水库，新建小型水库及工程 16 座，提水工程 21 座，新增有效灌溉面积 22.17 万亩，新增旱涝保收面积 22.11 万亩。南车水库效益全部发挥后，旱涝保收面积达 53.98 万亩。

（2）禾泸灌区

本灌区位于赣江西岸的禾水以北，泸水以南，包括吉安县所属 11 个乡，土地面积 1264 平方千米，现有耕地 27.31 万亩。

规划在 2000 年以前新建湖陂、福华山水库，小（1）型水库 1 座，小（2）型以下水库 37 座；有效灌溉面积可达 26.06 万亩，旱涝保收面积达到 17.74 万亩。待湖陂水库渠系全部建成后，旱涝保收面积可达 28.6 万亩。

（3）泸北灌区

本灌区位于赣江以西，泸水以北，包括安福、吉安、吉水县及吉安市所属42个乡、2个垦殖场，土地面积4554平方千米，现有耕地119.01万亩。

规划在2000年以前新建东谷、月里、社上等大中型水库，有效灌溉面积达96万亩，旱涝保收面积达67.16万亩。如东谷水库能在2000年后全部发挥效益，则有效灌溉面积可达121.81万亩，旱涝保收面积96万亩。

（4）津富灌区

本区位于赣江东岸，万安以下，孤江以南，包括万安、太和、吉安等地所属21个乡及东固垦殖场。区内有通津、云亭、仙槎、富水等河由东向西注入赣江。土地面积2699平方千米，现有耕地65.37万亩。

规划在2000年以前，新建白云山、老营盘等水库，小（1）型水库6座，小（2）型水库及以下的水利工程300座；新增有效灌溉面积10.1万亩，新增旱涝保收面积10.81万亩。

（5）乌江、孤江灌区

本灌区包括永丰、吉水、吉安市乌江、孤江流域范围内31个乡，土地面积3924平方千米，现有耕地76.14万亩。

规划在2000年前，新建百里、洋源等水库，小（1）型水库9座，其他水利工程474座；新增有效灌溉面积19.9万亩，新增旱涝保收面积11.24万亩。

（6）荇田灌区

荇田灌区位于乌江支流荇田河中上游，土地面积490平方千米，现有耕地13.68万亩。规划在2000年以前，完成返步桥、高虎脑水库配套和加固工程，新建下溪中型水库及小（1）型水库1座，其他工程60座；新加有效灌溉面积4.57万亩，新加旱涝保收面积3.97万亩。

（7）八都灌区

八都灌区包括吉水县赣江东岸八都和住歧、水田、双村、醪桥、文峰等乡镇。土地面积668平方千米，耕地14.57万亩。

规划在2000年以前，完成大山等水库配套加固，新建2座小（1）型水库及其他小型工程103座；新增有效灌溉面积2.6万亩，新增旱涝保收面积3万亩。

（8）峡江灌区

峡江灌区包括峡江县全部，由于地形限制，外水难以调入，全部利用当地径流灌溉。土地面积1287平方千米，现有耕地32.27万亩。

规划在2000年新建石洞等中型水库及大溪引水工程，小（1）型水库3座，其他小型工程 104 座；新增有效灌溉面积 8.0 万亩，新增旱涝保收面积 5.79 万亩。

（9）新干灌区

本区将新干全县单独划为一个灌区。土地面积 1248 平方千米，现有耕地面积 45.13 万亩。

规划在 2000 年以前，新建余竹等中型水库，其他小型工程 75 座；新增有效灌溉面积 7.6 万亩，新增旱涝保收面积 4.26 万亩。

2.《赣江流域综合规划》

目前，吉泰盆地灌区主要由 1592 座大、中、小型灌区及灌溉片组成，规划改扩建与新建一批蓄、引、提水工程。分别对吉泰盆地 4 座大型灌区（南车、白云山、万安、袁惠渠）、10 座 5 万~30 万亩重点中型灌区、9 座 1 万~5 万亩中型灌区、1275 座小型灌区及 200 亩以下灌溉片进行续建配套与节水改造工程建设，新建东谷和峡江灌区 2 座大型灌区，石林和丹村果业基地 2 座中型灌区。

（1）东谷灌区

东谷灌区位于江西省重要的商品粮基地之一的吉泰盆地内。灌区目前有大（2）型水库 1 座（东谷水库），另有一批小型水库、塘堰及引、提水工程。规划通过渠首、渠系及相关配套工程建设，改善灌溉面积 15.40 万亩，新增灌溉面积 17.8 万亩，使整个灌区可控灌溉面积达到 33.20 万亩。

（2）峡江灌区

峡江灌区位于赣江的中游河段。灌区内现有大洲、田南、中棱、洞塘 4 座中型水库，16 座小（1）型水库，1 座引水工程（袁惠渠引水工程），及其他小（2）型水库、塘坝、小型引、提水工程共计 500 余处。规划通过渠首、渠系及相关配套工程建设，改善灌溉面积 21.26 万亩，新增灌溉面积 11.69 万亩，使整个灌区可控灌溉面积达到 32.95 万亩。

第三节 重点开发区

长江流域横跨我国东、中、西部，其中长江流域国土面积约 145 万平方千米，2013 年总人口 4.28 亿，城镇化率 54.4%。该区域以全国 15% 的国土面积承载了全国 31% 的人口和 36% 的 GDP，拥有全国约 32% 的水资源和超过 1/2 的内河航运里程，是我国水资源配置的战略水源地、重要的清洁能源战略基地、横贯东西的"黄金水道"、珍稀水生生物的天然宝库和改善我国北方生态与环境的重要支撑点，在我国经济社会发展和生态环境保护中具有十分重要的战略地位。

《长江经济带发展规划纲要》将长江经济带发展战略定位为生态文明建设的先行

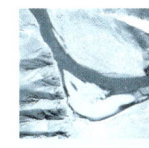

示范带、引领全国转型发展的创新驱动带、具有全球影响力的内河经济带、东中西互动合作的协调发展带。

为配合长江经济带发展国家战略，根据中央和水利部的部署，长江委先后编制完成了《长江经济带发展水利专项规划》《长江经济带两口一源规划》《长江岸线保护和开发利用总体规划》《长江经济带生态环境保护规划》《长江经济带水资源保护带生态隔离带建设规划》《长江经济带水资源保护与利用空间布局》，为长江经济带发展提供水利支撑与保障，一江清水向东流。

一、长江经济带发展水利专项规划

（一）规划研究过程

按照《长江经济带发展水利专项规划任务书》（水规计〔2015〕223号文）（以下简称《任务书》）要求，长江委组织开展了规划编制工作。2016年11月，《长江经济带发展水利专项规划》（以下简称《规划》）由水利部正式印发。

2014年12月15日国家发改委召开了长江经济带发展规划纲要编制工作启动会，要求在《国务院关于依托黄金水道推动长江经济带发展的指导意见》（国发〔2014〕39号文）基础上，抓紧编制《长江经济带发展规划纲要》。为此，水利部组织编制了《长江经济带发展规划纲要（水利部分）》，并要求长江委组织开展《规划》的编制工作。

2015年2月5日，水利部矫勇副部长主持召开了《长江经济带发展规划纲要——水利专项规划》编制工作会议，落实规划编制工作。2月12日，长江委召开了《规划》编制工作会议，在委领导的重视和各方的共同努力下，3月初提出了规划初步成果。水利部召集相关司局和部门对规划报告进行了专题讨论，4月，长江委根据会议讨论意见和水利部各司局反馈的书面意见，对《规划》进行了修改和补充完善。

5月，水利部以水规计〔2015〕223号文批复了《任务书》。

7月，《规划》经长江委主任办公会讨论通过，并正式上报水利部。水利部办公厅以办规划函〔2015〕1105号文，征求长江经济带11个省（直辖市）水利（务）厅（局）意见，《规划》经进一步的修改和补充完善，2015年11月水利部以水规计〔2015〕426号文印发。

（二）主要成果简介

经过多年的水利建设，长江经济带水利工程体系初步形成，在支撑和保障经济社会发展中发挥了重要作用。但随着城镇化、工业化快速发展，以及受全球气候变化和人类活动影响，洪涝灾害频繁仍然是心腹之患，水资源供需矛盾日益加剧、生态与环境压力日趋增大仍然是可持续发展的主要瓶颈,河势不稳仍然是黄金水道建设的掣肘。为充分发挥水利在长江经济带发展中的支撑保障与约束引导作用,切实提高水安全保障程度,按照国家统一部署和要求,水利部组织编制了《规划》。本规划范围为长江经济带11个省(直辖市)属于长江流域的区域,规划依据长江流域综合规划及防洪、水资源等相关规划,科学制定了2020年和2030年长江经济带水利建设目标与控制性指标,提出了河道综合治理、防洪排涝与抗旱减灾、节约用水与水资源配置、水资源保护与水生态修复、水利管理体制与机制创新等方面的建设任务和规划方案,以精准地服务于长江经济带发展。

1. 防洪排涝与抗旱减灾规划

开展钱粮湖、共双茶、大通湖东垸等重要蓄滞洪区围堤达标和安全设施建设,松滋江堤、南线大堤等长江干堤重点薄弱环节和连江支堤以及主要支流重点河段堤防建设,加强防洪水库建设、重点中小河流治理及山洪灾害防治,加快重点地区排涝工程、抗旱应急水源工程建设,保障城乡居民生命财产和公共基础设施的安全。

2. 节约用水与水资源配置

以各地区水资源承载能力为基础,优化水资源配置格局,建设节水型社会,加快下浒山水库、溇天河水库扩建工程等大中型骨干水源工程建设,积极推进牛栏江滇池补水、引汉济渭等重大引调水工程建设,抓紧湖北省"一江三河"水资源配置工程、湖南省洞庭湖区河湖连通生态水网工程等水系连通工程的研究与实施,加强城乡饮水工程、灌区工程建设,提高水资源保障能力,引导长江经济带在水资源和水环境承载能力范围内合理安排产业布局。

3. 水资源保护与水生态修复

积极采取江湖关系变化应对措施,建设高原湖泊生态修复等重大工程,大力加强入河排污口优化布局与整治、重要饮用水水源地保护、生态需水保障、生态保护与修复、水土保持重点治理等,维护区域生态系统健康。

4. 水利管理体制与机制创新

建立完善流域执法监督、管理协调、生态补偿机制,建立健全控制性水利水电工程联合调度、河湖保护与管理制度,完善水利综合监测站网建设,推进水利信息化。

二、长江经济带沿江取水口、排污口和应急水源布局规划

(一)规划研究过程

为落实《国务院关于依托黄金水道推动长江经济带发展的指导意见》(国发〔2014〕39号文)和《长江经济带发展规划纲要》,有效保护长江水资源,按照《2015年推

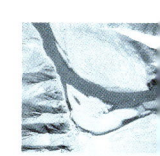

动长江经济带发展工作要点》，水利部会同有关部门编制了《长江经济带沿江取水口排污口和应急水源布局规划》，长江委承担了规划编制和汇总协调，沿江各省（直辖市）水行政主管部门配合。2015年6月，水利部以水规计〔2015〕259号文批复了《长江经济带沿江取水口、排污口和应急水源布局规划》；7月，长江委以长水保〔2015〕478号文向沿江11个省（直辖市）水利（水务）厅（局）及长江委各有关部门和单位印发了规划编制工作大纲，全面启动该规划编制。

经商推动长江经济带发展领导小组办公室同意，2016年9月23日，水利部正式印发《长江经济带沿江取水口、排污口和应急水源布局规划》（水资源函〔2016〕350号文）。

（二）主要成果简介

以2013年为现状基准年，2020年为近期规划水平年，2030年为远期规划水平年，以近期规划水平年为重点。规划范围以长江干流为依托，覆盖长江经济带涉及长江流域145万平方千米范围内的11个省（直辖市）的92个地级以上城市（含9个自治州政府所在地），长江干流沿江的45个县级城市，以及太湖全流域。为突出重点，保障城市供水安全，取水口、排污口布局规划以92个地级以上城市及45个县级城市为重点，应急水源布局规划以92个地级以上城市为重点。本规划主要开展了如下工作：一是补充、复核了近年来的规模以上取水口、排污口及城市应急水源资料，并对其现状情况进行了评价；二是提出了沿江取水口、排污口设置水域分区方案，将取水口设置水域划分为适宜取水区和不宜取水区，将排污口设置水域划分为禁止排污区、严格限制排污区和一般限制排污区；三是根据分区成果，提出了沿江取水口、排污口整治及布局规划意见；四是以提高城市供水安全保障和应急供水能力为目标，提出了沿江地级以上城市应急水源布局规划意见；五是提出了建立健全取水口、排污口和应急水源的管理制度和执法监管体系的管理规划意见。

三、长江经济带水资源管理三条红线制定报告

（一）规划研究过程

按照《国务院关于预托黄金水道推动长江经济带发展的指导意见》的总体要求和水利部的工作部署，推动长江经济带实行最严格水资源管理制度的全面建立，明确长江经济带11个省（直辖市）在流域层面和行政层面相结合的水资源开发利用红线、用水效率红线、水功能区限制纳污红线及其阶段性控制指标，为长江经济带沿江取水口、排污口和应急水源布局规划提供约束条件，为保护和利用好长江水资源、促进长江经济带经济社会发展与水资源可持续利用提供技术支撑方案。

2014年11月，国务院办公厅以国办函〔2014〕75号文印发了《贯彻实施〈国务

院关于依托黄金水道推动长江经济带发展的指导意见〉重点任务分工方案（2014—2015年）》，以及推动长江经济带发展领导小组第一次会议审议通过《2015年推动长江经济带发展工作要点》，明确由水利部提出《关于落实〈2015年推动长江经济带发展工作要点〉的分工方案》，要求"编制完成沿江取水口、排污口和应急水源布局规划，研究划定长江水资源开发利用红线、用水效率红线，切实保护和利用好长江水资源"；明确由长江委会同太湖流域管理局（以下简称太湖局）组织开展相关工作。

按水利部的总体部署，2015年6—7月长江委、太湖局完成了《长江经济带水资源管理三条红线制定工作大纲》编制，并以办水资源函〔2015〕127号文下发有关省（直辖市）和单位。本次长江经济带三条红线控制指标分解以用水总量红线和水功能区限制纳污红线制定为重点，用水总量红线按水资源二级区套省级行政区思路开展工作，2015年9月长江委完成征求意见稿，并以办水资源函〔2015〕175号文征求各省（直辖市）水利（水务）厅（局）意见，9月20—22日召开成果协调汇总会议，在各省（直辖市）水利（水务）厅（局）反馈意见基础上，与太湖流域成果进行汇总，完成了《长江经济带水资源管理三条红线制定报告（送审稿）》。

（二）主要成果简介

本报告工作范围拟定为长江经济带11个省级行政区中的长江流域部分（含太湖流域），涉及国土面积约145万平方千米（其中太湖流域3.69万平方千米）。现状水平年为2013年，近期规划水平年为2020年，远期规划水平年为2030年。

本项工作具有较好基础：一是2013年《国务院办公厅关于印发实行最严格水资源管理制度考核办法的通知》（国办发〔2013〕2号文）颁布，明确了省级行政区三条红线控制指标，且长江经济带各省（直辖市）大部分据此完成指标分解细化工作。二是全国水资源综合规划、全国水资源保护规划、相关流域综合规划、全国水中长期供求规划等成果已批复或即将完成；各省（直辖市）上述规划也已完成或即将完成。三是汉江、嘉陵江、岷江、沱江、赤水河、太湖等主要江河流域水量分配方案已通过水利部技术审查，乌江、金沙江和牛栏江等流域水量分配方案编制已基本完成。四是2011年8月长江委完成的《长江流域水资源管理指标方案》对流域三条红线控制指标进行了分解，经协调各省（直辖市）后成果已上报水利部。上述成果为完成本项目提供了有力的技术支撑与保障。

按照《国务院关于实行最严格水资源管理制度的意见》（国发〔2012〕3号文）、《国务院关于依托黄金水道推动长江经济带发展的指导意见》等要求，依据《全国水资源综合规划（2010—2030年）》《全国水资源保护规划（2015—2030年）》《长江流域综合规划（2012—2030年）》《太湖流域综合规划（2012—2030年）》等规划成果，结合近年来长江经济带水资源及其开发利用状况、供水工程建设现状及规划工程建设情况、经济社会发展的新情况和新要求，在长江经济带的11个省（直辖市）已明确的地市（或县级行政区）用水总量控制指标、用水效率控制指标、水功能区限制纳污指标的基础上，制定流域分区套/或行政区的用水总量控制指标、用水效率控制指标、水功能区限制纳污指标。

1. 用水总量控制红线制定

根据国家下达的各省级行政区用水总量控制指标，结合各省级行政区已制定的用水总量控制指标，按照流域与区域相结合的原则要求，协调分解工作范围内水资源二级区套省级行政区和地级行政区的 2020 年、2030 年用水总量控制指标。

2. 用水效率控制红线制定

分析各地区的分类用水定额、用水效率等指标可达性与先进性，在用水总量控制的前提下，提出工作范围内省级、地级行政区 2020 年的万元工业增加值用水量、农田灌溉水有效利用系数两个用水效率控制指标。

3. 水功能区限制纳污红线制定

依据国务院下达的长江经济带各省级行政区 2020 年和 2030 年重要水功能区水质达标率指标，核算重要水功能区达标率，协调分解出工作范围内省级行政区 2020 年和 2030 年水功能区水质达标率指标。

4. 长江干流和主要支流的主要断面水资源管理控制指标制定

根据本次长江经济带三条红线指标分解结果，对长江干流和主要支流的重要控制断面（省界断面、重要水系节点、重要城市断面和重要控制性工程断面）的水资源管理控制指标进行复核，包括生态基流控制指标、最小下泄流量控制指标、水质控制指标、最低水位控制指标等。

四、长江岸线保护和开发利用总体规划

（一）规划研究过程

为贯彻国务院《关于依托黄金水道推动长江经济带发展的指导意见》精神，按照《2015 年推动长江经济带发展工作要点》部署，水利部、交通运输部、国土资源部牵头开展了《长江岸线保护和开发利用总体规划》（以下简称《岸线规划》）编制工作。2015 年 9 月，就《岸线规划》征求沿江 10 个省（直辖市）人民政府办公厅意见，并根据反馈意见对《岸线规划》进行了修改。2015 年 10 月，水利部水规总院对《岸线规划》进行了审查，编制单位根据评审意见对报告进行了修改。2015 年 12 月底，水利部将《岸线规划》（征求意见稿）印送有关部门征求意见，并根据反馈意见修改完善。

2016年9月,《水利部 国土资源部关于印发长江岸线保护和开发利用总体规划的通知》（水建管〔2016〕329号文）予以印发。

（二）主要成果简介

岸线是一定水位下水域与陆域的交线，通常指水陆边界一定范围内的带状区域。长江岸线既是长江生态系统的重要组成部分，也是长江流域经济社会发展的重要支撑。长江岸线保护和利用对推进长江经济带发展战略实施具有重大的支撑作用。

《长江岸线保护和开发利用总体规划》的规划范围为长江干流溪洛渡坝址至长江口，岷江、嘉陵江、乌江、湘江、汉江、赣江等6条重要支流的中下游河道，以及洞庭湖入江水道、鄱阳湖区，河道总长约6768千米，岸线总长约17394千米，其中长江干流岸线长8311.7千米。规划在确保防洪安全、河势稳定、供水安全、通航安全，满足生态环境保护等要求的前提下，考虑河道自然条件、岸线资源现状以及保护和开发利用要求，将岸线划分为保护区、保留区、控制利用区、开发利用区等4类功能分区，并对各功能区提出了相应的管理要求。

规划范围内共划分岸线保护区516个，长度为1964.2千米，占岸线总长度的11.3%；岸线保留区1034个，长度为9306.3千米，占岸线总长度的53.5%；岸线控制利用区817个，长度为4642.8千米，占岸线总长度的26.7%；岸线开发利用区232个，长度为1480.4千米，占岸线总长度的8.5%。其中，长江干流共划分岸线保护区229个，长度为1344.8千米，占岸线总长度的16.2%；岸线保留区356个，长度为3279.5千米，占岸线总长度的39.5%；岸线控制利用区381个，长度为2700.3千米，占岸线总长度的32.5%；岸线开发利用区108个，长度为987.1千米，占岸线总长度的11.9%。

五、长江经济带生态环境保护规划

（一）规划研究过程

党中央、国务院高度重视长江经济带生态环境保护工作。习近平总书记多次对长江经济带生态环境保护工作作出重要指示，强调推动长江经济带发展，理念要先进，坚持生态优先、绿色发展，把生态环境保护摆在优先地位，涉及长江的一切经济活动都要以不破坏生态环境为前提，共抓大保护，不搞大开发。思路要明确，建立硬约束，长江生态环境只能优化、不能恶化。为切实保护和改善长江生态环境，编制了《长江经济带生态环境保护规划》。

（二）主要成果简介

到2020年，生态环境明显改善，生态系统稳定性全面提升，河湖、湿地生态功能基本恢复，生态环境保护体制机制进一步完善。建设和谐、健康、清洁、优美、安全长江。

到 2030 年，干支流生态水量充足，水环境质量、空气质量和水生态质量全面改善，生态系统服务功能显著增强，生态环境更加美好。

上游区水土流失、荒漠化严重、矿产资源开发等带来的环境污染和生态破坏问题突出，大城市及周边污染形势严峻。应重点加强水源涵养、水土保持、生物多样性维护和高原湖泊湿地保护，强化自然保护区建设和管护，合理开发利用水资源，禁止煤炭、有色金属、磷矿等资源的无序开发，加大湖库、湿地等敏感区的保护力度，加强云贵川喀斯特地区、金沙江中下游、嘉陵江流域、沱江流域、乌江中上游、三峡库区等区域的水土流失治理与生态恢复，推进成渝城市群环境质量持续改善。

中游区湖泊、湿地生态功能退化，江湖关系复杂，沿江重化工高密度布局，污染重、风险隐患大，部分地区总磷、重金属污染较重。要加强丹江口库区及上游地区、湘资沅中游、赣江中上游等区域的水土流失治理与生态修复，重点协调江湖关系，保护水生态系统，维护生物多样性，恢复沿江沿岸湿地，确保水质安全，优化和规范沿江产业发展，管控土壤环境风险，引导湖北磷矿、湖南有色金属、江西稀土等资源合理开发。

下游区生态空间破碎化严重，环境容量偏紧，饮用水水源环境风险大。要重点修复太湖等退化水生态系统，强化饮用水水源保护，严格控制城镇周边生态空间占用，深化河网地区水污染治理及长三角城市群大气污染治理。

六、长江经济带水资源保护带生态隔离带建设规划

（一）规划研究过程

2016 年 5 月，《长江经济带发展规划纲要》正式印发，在"有效保护和利用水资源"部分，提出了"建设沿江、沿河、环湖水资源保护带和生态隔离带，增强水源涵养和水土保持能力"的要求。同年，推动长江经济带发展领导小组办公室以 14 号文印发了《〈2016 年推动长江经济带发展工作要点〉和〈2016 年长江经济带重大项目表〉的通知》，水利部据此制定了《关于〈2016 年推动长江经济带发展工作要点〉水利重点工作分工方案》，并安排长江委组织开展长江经济带水资源保护带、生态隔离带建设规划前期工作。2017 年 1 月，水利部以水规计〔2017〕11 号文批复了《长江经济带水资源保护带建设规划项目任务书》，按照水利部工作总体安排，由长江委同太湖局共同组织，长江经济带 11 个省（直辖市）水行政主管部门共同编制完成。

2017 年 3 月，水利部水规总院在北京组织召开了《长江经济带水资源保护带、生态隔离带建设规划技术大纲》审查会，确立了水资源保护带、生态隔离带建设规划的定位以及规划编制的基本思路。

2017年6月，长江委同太湖局组织长江经济带11个省（直辖市）水行政主管部门召开了长江经济带水资源保护带、生态隔离带建设规划工作会议，全面部署规划编制工作。在摸清了长江经济带重要饮用水水源地安全现状、重要河湖水环境与水生态现状、水资源保护监测与管理现状及存在问题的基础上，拟定总体战略格局、重点区域布局和建设体系布局，各省（直辖市）规划措施和规划实施意见，于2018年8月编制完成了《长江经济带水资源保护带、生态隔离带建设规划》。

12月21日，由长江委上报的《长江经济带水资源保护带、生态隔离带建设规划》通过水利部水规总院组织的技术审查。

该规划的编制和实施，是落实新形势下"以共抓大保护、不搞大开发为导向推动长江经济带发展"战略需要的具体举措，对实现长江经济带沿江地区生态安全、建设长江绿色生态廊道具有重要意义。

（二）主要成果简介

本次规划范围为长江经济带涉及的上海、江苏、浙江、安徽、江西、湖北、湖南、重庆、四川、云南、贵州等11个省（直辖市）属于长江流域（含太湖）的区域，面积约145万平方千米。规划范围内"一干、八支、五湖"（长江干流，雅砻江、岷江、嘉陵江、乌江、汉江、沅江、湘江、赣江，太湖、鄱阳湖、巢湖、洞庭湖、滇池）流域面积约占规划范围总面积的80%，涵盖了规划范围内的主要河流、重点湖泊水库，水环境和水生态问题突出。

本规划以《全国重要江河湖泊水功能区划（2011—2030年）》《全国重要江河湖泊水功能区纳污能力核定和分阶段限排总量控制方案》《长江流域（片）水资源保护规划》《长江岸线保护和开发利用总体规划》和《长江经济带沿江取水口、排污口和应急水源布局规划》等有关规划和研究成果为基础，以2016年为现状水平年，2025年、2035年为近期、远期规划水平年，规划开展了重要饮用水水源地生态隔离防护建设规划和重要江河湖库水资源保护带建设规划工作，分别提出针对饮用水水源地的陆域隔离防护带建设、滨水缓冲带建设、水域净化带建设规划方案，以及沿江、沿河、环湖入河排污控制带建设、水生态系统保护与修复带建设、生态防护林带建设、面源污染阻控带建设规划方案；并提出进一步增强水资源保护监测与管理能力的建设要求，以及水资源保护管控要求与意见。

七、长江经济带水资源保护与利用空间布局方案

（一）规划研究过程

为贯彻落实习近平总书记视察长江的重要讲话精神，按照"多规合一"的要求为

优化国土空间布局提供支撑，依据自然资源部《长江经济带国土空间规划编制工作方案》（自然资发〔2018〕101号文）有关任务分工，根据《水利部规计司关于抓紧开展长江经济带水资源保护与利用空间等研究工作的通知》（规计规〔2018〕88号文）要求，长江委同淮委、珠江水利委员会（以下简称珠委）和太湖局承担长江经济带水资源保护与利用空间布局方案编制。2019年3月1日，长江委召开长江经济带水资源保护与利用空间布局方案编制启动会，讨论长江经济带水资源保护与利用空间布局方案工作大纲，布置有关工作任务，水利部规计司、水规总院，淮委、珠委、太湖局，长江经济带11个省（市）水利厅（局）参会。长江委会同淮委、珠委和太湖局编制提出了《长江经济带水资源保护与利用空间布局方案》。2019年8月16日，水利部水规总院在北京召开《长江经济带水资源保护与利用空间布局方案》技术审查会。本次会议有力推动了国土空间规划涉水工作的开展，为省（直辖市）开展相关工作奠定了坚实的基础。

（二）主要成果简介

本方案结合长江经济带各省（直辖市）水利改革发展需求，在充分利用已有成果的基础上，本次工作范围为长江经济带全境，以11个省（直辖市）为单元。规划到2035年，通过完善工程措施和非工程措施，防洪减灾体系更加完善，防洪减灾能力进一步提高；节水型社会基本建成，基本实现水资源高效利用，用水总量控制在3001.09亿立方米以内；水生态环境质量明显改善，"水多""水少""水浑""水脏"等新老水问题得到解决，水生态空间得到有效保护，河湖功能得到有效维护，水生态系统稳定性全面改善，河湖生态功能基本恢复；基本实现流域综合管理现代化。到2050年，防洪减灾能力全面提升，水资源高效利用全面实现，河湖功能进一步提升，水生态环境质量全面提升，实现流域综合管理现代化。

水生态空间对象包括河流、湖泊、水库、蓄滞洪区等河湖水域岸线以及源头水保护区、饮用水水源地、水土流失重点防治区等陆域（涉水）部分，梳理水资源开发利用保护情况，开展水资源承载状况评价；划定水生态空间范围，厘清河湖水域岸线和陆域（涉水）部分的管理边界，遏制侵占河湖空间行为，分类提出管控要求，加强水生态空间管控；制定水利基础设施网络布局，预留必要的水利基础设施建设空间，为《长江经济带国土空间规划》提供水利支撑。

第六章

长江流域专业（专项）规划

第一节 水资源综合规划

一、概述

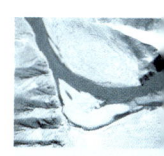

长江流域是我国水资源丰沛地区之一，多年平均水资源总量为 9958 亿立方米，约占全国总量的 35%，人均占有水资源量为 2315 立方米，单位国土面积水资源量为 56 万立方米每平方千米，耕地亩均占有水资源量为 2001 立方米。长江流域水资源总量相对丰富，但人均、亩均水资源占有量均处于较低水平，耕地亩均占有水资源量约为世界平均水平的 70%，人均占有水资源量仅为世界人均占有水资源量的 30%，且地区之间分布不均。

长江流域水资源量的年际变化较大，常出现连续丰水年或连续枯水年的情况。在 1956—2000 年水资源总量系列中，最大量是 1998 年的 13045 亿立方米，最小量是 1978 年的 7577 亿立方米，最大量和最小量的比值为 1.7。长江流域降水量和河川径流的 60%～80% 集中在汛期，上游比下游、左岸比右岸集中程度更高，年内分配不均匀性比较显著。

目前，流域内已建成水库的调蓄能力不足，不能保障经济社会发展对水资源的需求，遇枯水年份或连续干旱年份，供用水矛盾突出。长江流域的水资源配置工程体系尚不完备，已有的灌溉设施也老化严重、配套不全，工程现状供水能力约为设计供水能力的 76%。作为水资源配置工程的重要方面，节水工程建设尚未得到应有的重视，已建节水工程没有发挥其应有的作用，节水灌溉面积仅占有效灌溉面积的 30% 左右，工业用水重复利用率不高。由于资源配置体系不完善，流域内尚有 1/3 的城市存在不同类型的缺水现象，部分地区农村尚存在人畜饮水困难问题，一些地区缺水现象还较严重。四川盆地腹地、滇中高原和黔中、湖南湘南湘中、江西赣南、汉江唐白河、湖北鄂北岗地等是长江流域水资源供需矛盾比较突出的地区。长江三角洲的水质性缺水状况严重。一些重点湖泊污染严重，供水不能达到水质要求，如滇池、巢湖、太湖等。

二、规划研究过程

水是生存之本、文明之源、生态之基。水资源是基础性自然资源、战略性经济资源，是生态环境的重要控制性要素，也是一个国家综合国力的重要组成部分。我国分别于20世纪80年代初、21世纪初，相继开展了两次全国范围的水资源调查评价工作。

20世纪80年代初，我国开展了全国第一次水资源评价工作，基本摸清了水资源的家底，对水资源总体状况、存在问题与演变规律进行了系统调查评价。进入21世纪，北方的大部分地区持续干旱，供水不足，水资源形势十分严峻，水资源短缺和水环境恶化问题已成为影响部分地区经济社会稳定和可持续发展的重要制约因素。为研究制定新时期我国水资源开发、利用、节约、保护的总体部署，加强水资源科学管理，促进水资源可持续利用，依据《中华人民共和国水法》，由国家发改委和水利部牵头，会同国家有关部门，在全国范围内组织开展了水资源综合规划编制工作。按照《水利部、国家计委关于开展全国水资源综合规划编制工作的通知》，计划用3年左右的时间制定全国、流域和各省（自治区、直辖市）以及重要城市的水资源综合规划。为做好规划编制工作，水利部要求各流域机构和各省（自治区、直辖市）以及重要城市在《全国水资源综合规划任务书》（水规计〔2002〕83号文）、《全国水资源综合规划技术大纲》（水规计〔2002〕330号文）和技术细则等基础上，逐级分解工作大纲和技术细则等各项技术要求，明确分工，落实责任，全面组织好水资源综合规划编制工作。

根据国家的总体部署，长江委负责组织编制长江流域、西南诸河（澜沧江以西）、西北诸河（西藏境内）（以下简称长江流域片）水资源综合规划工作。2002年4月成立了由长江委领导和有关部门及流域内各省（自治区、直辖市）水利厅（局）负责同志参加的长江流域片水资源综合规划编制领导小组及其办公室，同时成立了水资源调查评价、水资源开发利用情况调查评价、水资源保护和综合规划4个专业工作协调小组。

2002年6月，长江委组织召开了长江流域、西南诸河水资源综合规划编制工作第一次会议，全面启动和部署了水资源综合规划编制工作。2003年1月，长江委以长规计〔2003〕11号文印发《长江流域、西南诸河（澜沧江以西）、西北诸河（西藏境内）水资源综合规划工作大纲》和《长江流域、西南诸河（澜沧江以西）、西北诸河（西藏境内）水资源综合规划技术细则》（试行），下发至各省（自治区、直辖市）。

在长江流域片各省（自治区、直辖市）提交成果的基础上，经长江委多次平衡协调，完成了《长江流域水资源综合规划报告（送审稿）》《西南诸河（澜沧江以西）水资源综合规划报告（送审稿）》。按水利部"三定"方案和水利部《关于水资源综合规划调查评价阶段工作的指导意见》，太湖流域水资源综合规划成果由太湖局组织编制，其成果经协调平衡后汇入长江流域水资源综合规划成果中。红河属西南诸河区，由珠委负责独立开展工作，西南诸河区其他部分地区由长江委负责；资料与成果由水利部水规总院牵头协调平衡，形成西南诸河区报告。

规划工作自2002年起，分两个阶段：第一阶段为水资源调查评价，2004年完成《中国水资源及其开发利用调查评价》，并通过了审查，2008年2月得到了国务院同意；第二阶段为水资源规划编制，经全国流域和区域层面的多次协调平衡、征求意见和修改完善。

根据全国水资源综合规划的分工安排，长江委开展长江流域（片）水资源综合规划工作，并汇总协调流域涉及19个省（自治区、直辖市）成果，完成了《长江流域（片）水资源综合规划》，成果先后经过水利部水规总院审查，并征求长江流域（片）各省（自治区、直辖市）人民政府意见。

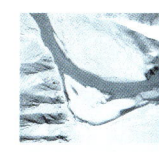

2009年5月，水利部、国家发改委在京组织召开全国水资源综合规划专家审查会，审查通过了《全国水资源综合规划报告》，《长江流域水资源综合规划报告》作为《全国水资源综合规划报告》的附件通过审查。12月，根据国家有关部委对《全国水资源综合规划报告》提出的意见，对长江流域（片）水资源综合规划报告进行了修改，并作为附件与《全国水资源综合规划报告》一并报送国务院。2010年10月国务院批复了《全国水资源综合规划》。

三、主要成果简介

规划深入贯彻落实科学发展观，按照建设资源节约型、环境友好型社会的要求，以推动发展方式转变、强化用水需求管理、改善和保护生态环境、促进经济社会又好又快发展为目标，通过全面建设节水型社会、转变用水方式、提高水资源循环利用水平、合理配置和有效保护水资源、实行最严格的水资源管理制度，着力解决我国水资源的突出问题，保障饮水安全、供水安全和生态安全，以水资源可持续利用支撑经济社会可持续发展。

规划到2020年，长江流域用水总量力争控制在1920亿立方米以内；万元国内生产总值用水量、万元工业增加值用水量分别降低到 120 立方米、65 立方米，均比 2008 年降低 50% 左右；农田灌溉水利用系数提高到 0.55；城市供水水源地水质基本达标，主要江河湖库水功能区水质达标率提高到 80%。到 2030 年，长江流域用水总量力争控制在 1967 亿立方米以内；万元国内生产总值用水量、万元工业增加值用水量分别降低到 70 立方米、40 立方米，均比 2020 年降低 40% 左右；农田灌溉水利用系数提高到 0.6；江河湖库水功能区水质基本达标。

主要任务为：严格用水总量控制，抑制对水资源的过度消耗；严格用水定额管理，提高用水效率和效益；加强水生态环境保护，逐步恢复河湖生态功能；合理调配水资源，提高区域水资源承载能力；完善供水安全保障体系，提升水资源对经济社会发展的保障能力；逐步完善现代水资源管理体系；全面提升水资源管理能力。

《全国水资源综合规划》为《中华人民共和国水法》规定的国家水资源战略规划，是我国水资源开发、利用、节约、保护和管理的重要依据。该规划的制定和实施对指导今后一个时期我国水资源宏观配置、开发利用、节约保护与科学管理工作，着力解决流域突出的水资源问题，积极应对气候变化，推动水资源可持续利用，促进经济长期平稳较快发展和社会和谐发展，具有十分重要的现实意义和战略意义。

开展长江流域主要江河水量分配，赤水河、岷江、沱江、嘉陵江、汉江等 5 条河流的水量分配方案获批。

第二节　防洪

一、概述

长江流域洪水主要由暴雨形成，按暴雨地区分布和覆盖范围大小，通常将长江大洪水分为两类：一类是区域性大洪水，如 1860 年、1870 年、1935 年、1981 年、1991 年、2016 年、2017 年等年份的洪水；另一类为流域性大洪水，如 1931 年、1954 年、1998 年和历史上的 1788 年、1849 年等年份洪水。此外，山丘区可由短历时、小范围大暴雨引起的突发性洪水，地震、滑坡等形成堰塞湖溃决洪水，上游高海拔地区存在冰湖溃决洪水，长江河口三角洲地带受风暴潮威胁。

长江中下游地区是长江防洪的重点区域。据史料记载，从汉代至清朝的 2096 年中，曾发生较大洪水 214 次，平均约 10 年一次；近代洪灾更为频繁，约 6 年一次。长江中下游 1931 年、1935 年洪水，长江中下游死亡人数分别为 14.5 万、14.2 万；1954 年洪水为长江流域百年来最大洪水，长江中下游淹没农田 4755 万亩，死亡 3 万余人，京广铁路不能正常通车达 100 天。沿江两岸经济发达、人口密集，两岸平原区地面高程一般低于汛期江河洪水位数米至十数米，是洪水威胁最严重的地区，一旦堤防溃决，淹没时间长，损失大。

新中国成立后，长江防洪规划一直持续深入地进行研究。

二、规划研究过程

1950 年 2 月，长办成立，在大力进行长江堵口复堤和堤防整修加固工作的同时，积极开展了水文、勘测、科研等治江基本资料的搜集整理和分析研究，并着手进行长江中下游防洪排渍规划工作，这是系统的长江防洪规划的开端。

1951 年春，拟定了近期"以荆江分洪建闸工程为中心，结合洞庭湖整理，荆江河床治导及中下游沿江全部湖泊控制"的整体计划，并从 1951 年至 1953 年先后提出和完善了以防洪为重点的治江 3 阶段战略计划。1954 年大汛后，长江委对九江以上地区进行了较全面的防洪排渍规划，1955 年提出了《长江中游平原区防洪排渍方案》。在流域规划要点工作阶段，对水库调洪的方案，在长办上游工程局研究的基础上，又结合综合利用进一步作了深入研究，提出了《长江流域综合利用规划要点报告》的防洪规划相关篇章。

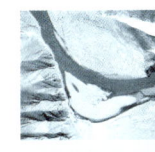

1972 年、1980 年水利部先后主持召开了两次长江中下游防洪座谈会，会议进一步明确了"蓄泄兼筹，以泄为主"的治江方针，对长江中下游防洪方案作了局部调整，确定了长江防御标准，并对重点建设项目做了安排。

1971 年 11 月 20 日至 1972 年 1 月 25 日，水电部在北京主持召开了"长江中下游防洪座谈会"，湖南、湖北、江西、安徽、江苏、浙江、上海、四川 8 个省（直辖市）及长办的代表参加了会议。会议着重研究了长江中下游治理规划相关问题。在防洪方面，会议要求"四五"计划期间沿江各重点堤段逐步达到防御水位下，遇到类似 1954 年严重的洪水时，中下游尚需分蓄洪水约 500 亿立方米。长江下游河槽泄量较大，争取不分洪。会议要求主要堤防（荆江、监利、洪湖、武汉、黄广、同马、无为）全面加高加固，江心洲治理应服从泄洪和江道整治的要求。此外，会议还讨论了关于兴建荆北防淤工程、洪湖隔堤工程、洞庭湖区治理、鄱阳湖区治理、华阳河流域湖区治理和太湖流域治理，并提出了初步意见。

根据国务院领导在人民来信上关于长江防洪问题的批示，1980 年 6 月下旬，水电部在北京召开了长江中下游防洪座谈会，湖北、湖北、江西、安徽、江苏、上海 6 个省（直辖市）和长办代表参会。长办在会上提出了《长江中下游平原区防洪规划要点报告》及附件、《长江中下游平原区近期防洪规划方案》《上荆江主泓南移方案》

等主要报告。会议着重研究了在三峡工程建成前的长江防洪部署问题。长江中下游近十年的防洪任务是遇类似1954年严重的洪水确保重点堤防安全,努力减少淹没损失。主要措施是:培修巩固堤防,落实分蓄洪措施,停止围垦湖泊,继续有计划地整治上下荆江,扩大泄洪能力,加强防汛。

会后,水利部向国务院上报了《关于长江中下游近十年防洪部署》的报告。报告根据上述任务,提出了十年内主要防洪项目和投资安排意见。主要工程包括湖北省荆江大堤加固、武汉市堤防加固,湖南省洞庭湖区重点堤防工程、洪道整治工程和分蓄洪区安全设施建设,安徽省无为大堤、同马大堤的加固,江西省鄱阳湖区圩堤加高加固工程及圩区安全建设等。

20世纪80年代初,开始长江流域规划修订补充工作,防洪规划是修订规划的重点。1986年6月,中央决定对三峡工程进行深入论证,防洪亦是论证的重点问题之一,长办将此项工作与规划修订工作结合进行。国务院1990年批准《长江流域综合利用规划简要报告》后,根据国发〔1990〕第56号文件精神,长办积极开展了长江中下游蓄洪防洪工程规划及长江中下游干流河道治理规划工作,并分别于1992年9月及1996年12月提出正式规划报告上报水利部。

1998年大洪水后,水利部安排开展新一轮长江防洪规划,通过进一步深化研究,长江委于2003年提出《长江流域防洪规划报告》报审。根据国务院1990年批转同意《长江流域综合利用规划简要报告》文件的精神,长江委积极开展了"长江中下游蓄洪防洪工程规划"工作。《长江中游蓄洪防洪工程规划》原是"六五"计划期间国家安排的重点规划项目之一,后由于长江流域规划的修订和审查进程较原计划后延,又因三峡工程论证工作全面展开等,本规划工作相应推迟。为了全面研究长江中下游平原区的防洪治理措施,将原定的《长江中游蓄洪防洪工程规划》扩展为《长江中下游蓄洪防洪工程规划》。此外,鉴于三峡水库建成以后,长江中下游地区严峻的防洪形势将有一个根本的改变,同时中下游河、湖水沙情态及河势也将发生变化,需要进一步研究其演变影响。因此,这次规划着重研究三峡水库建成以前的防洪部署。《长江中下游蓄洪防洪工程规划》于1992年9月提出正式规划报告上报水利部。

2007年,新一轮长江流域规划修订工作启动,以防洪减灾、水资源综合利用、水资源与水生态环境保护和流域综合管理等四大体系为主体框架,防洪减灾体系包括了防洪、除涝、中下游河道治理等专业规划,在干流规划和主要支流及湖泊规划,以及长江上游干支流控制性水库与三峡水库联合调度研究等专题研究中,也针对防洪除涝进行了全面规划,提出了具体规划方案和安排。

三、主要成果简介

（一）《长江流域综合利用规划要点报告》

《长江流域综合利用规划要点报告》列有防洪篇，另包含防洪要求的计划还有"以防洪发电为主的水利枢纽开发计划"和"以防洪除涝为主的平原湖泊区综合利用计划"两大部分。《长江流域综合利用规划要点报告》对长江中下游防洪规划进行了全面深入的阐述，指出：防洪是长江流域规划的首要任务。长江中下游平原区防洪问题的根本解决需要较长时间，其步骤大体上可分为三个阶段。第一阶段主要依靠堤防的适当加高加固及充分利用分蓄洪工程，以基本消灭普通洪水灾害，减轻大洪水损失，提高重点区和重要区的防洪标准；第二阶段是在第一阶段的基础上，继续兴建平原分洪工程、干支流水库，进一步提高防洪标准，以逐步达到遇类似1954年洪水重要区不受灾；第三阶段将兴建更多的山谷水库，逐步提高防洪能力，而平原区的分蓄洪工程将逐步减少运用数量与机会。

结合长江水利资源的综合开发，修建山谷水库，以达到从根本上消除洪水灾害的目的。重点论证了兴建三峡水库在防洪上具有的决定性作用。支流水库的兴建与三峡水库配合，可以使长江干支流防洪问题得到解决。

《长江流域综合利用规划要点报告》对重点地区和重要支流的防洪也提出了相应的意见。

（二）《长江流域综合利用规划简要报告》

20世纪80年代初，长江流域规划修订补充工作提上议事日程，防洪规划是修订规划的重点。1986年6月，中央决定对三峡工程进行深入论证，防洪亦是论证的重点问题之一。1990年国务院批准的《长江流域综合利用规划简要报告》根据前述防洪治理方针和原则，对长江防洪又进行研究规划，肯定了1959年《长江流域综合利用规划要点报告》和两次长江中下游防洪座谈会制定的长江防洪总体布局，并对主要支流防洪和城市防洪做了安排。

长江中下游防洪治理的方针仍应是"蓄泄兼筹，以泄为主"，还应考虑"江湖两利"和左右岸兼顾、上中下游协调的原则。长江干流堤防按1980年长江中下游防洪座谈会的要求进行加高加固，整治河道，安排分蓄洪区安全建设，结合兴利逐步兴建干支流水库，按照分级补偿控制沙市水位或进一步控制城陵矶洪水位补偿调度，可以使长江干流荆江河段防洪标准达到100年一遇，并应创造条件使荆江河段在遭遇类似1870年历史特大洪水时保证行洪安全，左右两岸干堤不自然溃漫，防止发生毁灭性灾害，并大幅度减少城陵矶以上分蓄洪区的使用范围与机会。城陵矶以下河段，以

1954年实际洪水作为防御目标。逐步达到以三峡水库为骨干、堤防为基础，配合其他干支流水库、分蓄洪工程、河道整治工程及非工程防洪措施，使长江中下游防洪问题得到较好的解决。中下游各支流的防洪，应根据本身条件采取合适的措施，其中对有拦洪作用的水库，应考虑在干支流洪水遭遇时与干流防洪统一调度的可行性。

长江上游地区治理的方针应坚持疏导与调蓄相结合，以疏导为主，除尽量结合兴利建库拦洪外，主要靠加高加固重点地区堤防、整治河道、清除行洪障碍、加强非工程措施等。长江上游四川盆地根据其地理特点，规划结合水资源综合利用，在主要江河上游和盆地边缘选择合适条件兴建雅砻江的二滩（已建）、金沙江的溪洛渡、岷江的紫坪铺（正建）、大渡河的瀑布沟和龚嘴（加高）、嘉陵江的亭子口、合川、宝珠寺（正建）、碧口（已建），乌江的构皮滩、彭水、东风（已建）、乌江渡（已建）等一批有一定调洪能力的水库。河道整治和堤防建设的重点为：对成都平原及成都市有影响的行洪河道，主要江河沿岸易受淹城镇及平坝河段。还要加强非工程防洪措施，以适应上游支流洪水陡涨陡落的洪水特性。

在流域整体防洪规划的基础上，按照城市的特点和地位，合理安排沿江城市防洪布局，并与城市发展规划相协调。武汉、南京、上海地位十分重要，有条件时还应进一步提高标准。其他地区，应根据其地位及洪灾可能造成的影响，分别拟定不同的标准。

（三）《长江中游蓄洪防洪工程规划》

该规划对堤防工程、分蓄洪工程和河道整治工程，以及洪水预报、警报和分蓄洪区建设、管理及全江防汛通信等防洪非工程措施提出了规划意见。

1. 堤防工程

对中下游重点堤防荆江大堤、同马大堤、无为大堤、赣抚大堤、松滋江堤、荆江分洪区南线大堤、黄广大堤以及长江中下游其他干支堤防加固工程提出了具体规划意见。

2. 分蓄洪工程

由于长江超额洪水量大，干支流可能修建的水库库容也有限，因此，一部分平原分蓄洪工程将长期使用，将来仍然是长江整体防洪的重要组成部分，是减少洪灾损失、保证重点地区防洪安全的有效措施，但代价很大，临时转移安置群众和善后工作复杂，且无法防御类似1860年、1870年特大洪水。因此，结合兴利，修建长江干支流水库拦蓄洪水，逐步代替部分平原蓄洪工程，并弥补平原蓄洪之不足，是有效解决长江防洪问题的根本措施。规划对荆江区的蓄洪工程（荆江分洪区、涴市扩大分洪区、虎西备蓄区、人民大垸蓄洪区）、城陵矶附近地区的蓄洪工程（洞庭湖区和洪湖区）、武汉附近区的蓄洪工程（西凉湖、武湖、张渡湖、东西湖、白潭湖、汉江下游杜家台分洪区等 6 处）、湖口附近区的蓄洪工程（鄱阳湖区的康山圩、珠湖圩、黄湖圩、方洲斜塘圩及华阳河蓄洪工程）的现状、作用、存在问题和建设方向提出了具体意见。

3. 河道整治工程

与防洪有关的河道整治工程主要包括护岸工程、裁弯取直工程以及局部河势调整工程等。本规划分别对各项已治理工程的现状、作用、存在问题和今后规划意见作了叙述，并对簰洲湾裁弯、武汉至九江狭窄河段影响行洪等问题进行了分析研究，提出了意见。

同时，还对洪湖八十号隔堤与半路堤隔堤问题及排涝入江水量对防洪的影响，鄱阳湖控制工程，提高城陵矶防洪水位问题，长江中下游近期水情变化，特大洪水、较大洪水防御措施等进行了专题分析研究，对城市防洪规划提出了意见。

（四）《长江流域防洪规划报告》

1998 年，长江流域发生了继 1954 年以来的又一次全流域型大洪水。在党中央、国务院正确领导下，取得了长江防汛斗争的伟大胜利。但 1998 年的大洪水，也暴露出了防洪工程投入不足，未能按规划实施，抗洪能力低，蓄滞洪区安全建设缓慢，水库防洪作用与防洪对其要求差距较大等问题，同时也出现了一些新情况。

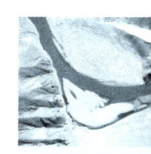

1998 年长江大洪水后，长江防洪问题引起全国各界的极大关注。国务院总理办公会议适时提出了"封山植树，退耕还林；平垸行洪，退田还湖；以工代赈，移民建镇；加固干堤，疏浚河湖"的灾后重建政策措施；当年 10 月，中央又下发了《关于灾后重建、整治江湖、兴修水利的若干意见》，对水利建设作了全面部署。

1998 年 10 月，水利部布置开展防洪规划工作。根据《防洪规划任务书》的安排及要求，结合长江流域的具体情况，长江委于 1998 年 11 月编制完成了《长江流域防洪规划工作大纲》。1999 年 2 月，水利部以水规计〔1998〕560 号文对防洪规划工作大纲进行了批复。

1999 年 3 月，长江委主持召开了长江流域防洪规划工作会议，流域内 16 个省（自治区、直辖市）参加会议，会议明确了长江委负责长江中下游地区防洪规划、干流防洪规划、水土保持规划、非工程防洪措施规划、跨省（自治区、直辖市）重要支流的防洪规划，这些支流包括嘉陵江、乌江、清江、汉江、青弋江、水阳江、滁河等。太湖水系防洪规划水利部已安排太湖局编制，因此本规划只纳入入湖流域的社会经济状况资料，具体规划安排见《太湖流域防洪规划简要报告》。各省（自治区、直辖市）负责社会经济资料的搜集、城市防洪规划、大型和重要中型病险水库除险加固规划、除涝规划、有关主要支流规划。长江委汇总规划成果后，编制完成长江流域防洪规划报告。

长江流域开发治理以防洪为主，贯彻"上蓄下疏""标本兼治、综合治理"的总方针。长江中下游是长江防洪治理的重点，必须贯彻"蓄泄兼筹，以泄为主"的指导方针，以总体防洪目标、布局为依据，根据远近结合、突出重点、标本兼治、综合治理的原则，通过合理地加高加固堤防，整治河道，安排建设平原蓄滞洪区，结合兴利兴建干支流水库等综合措施，达到1954年洪水重现时，确保重点地区防洪安全的目标。金沙江本身防洪任务不重，石鼓至宜宾河段具备兴建高坝大库容水库条件，金沙江梯级开发承担川江河段和长江中下游防洪是其重要任务之一。金沙江防洪治理方针为："加大石鼓至宜宾河段梯级水库预留防洪库容的力度，配合三峡水库对长江中下游防洪；金沙江下段及川江河段近期宜采用堤防、河道整治、水土保持以及非工程措施等综合措施，形成初步的防洪体系，远期相继开发金沙江及支流梯级水库，逐步提高各防护对象的抗洪能力。"推荐溪洛渡、向家坝两梯级是近期工程。

本次规划通过大量分析论证及防汛实践，在充分肯定了原防洪规划的指导方针及综合工程布局的基础上，在防洪体系中增加了协调人与自然"封山植树、退耕还林，平垸行洪、退田还湖"的内容，使新的防洪体系更为完善。在工程规划中，对堤防按新的规范要求划分了等级，同时鉴于城陵矶附近近几年高洪水位的实际情况，为增强该地区的抗洪能力和洪水调度的灵活性，规划城陵矶附近河段的设计堤顶高程再增加0.50米，对长江干流的洲滩民垸及湖区一般垸堤防、上游堤防等提出了规划建设原则。蓄滞洪区按远近结合、分期实施的原则，提出了近期需要重点建设的城陵矶附近区100亿立方米分蓄洪的建设规划；同时提出了在三峡工程建成后，遇类似1954年洪水仍需要使用及对荆江防洪有重要意义的荆江蓄滞洪区等，需要安排建设；其他蓄滞洪区作为长江防洪体系的重要组成部分，逐步安排建设；应充分发挥现有水库的防洪作用，对病险水库进行除险加固，对提高重点保护区防洪标准作用较大的水库尽快兴建。另外根据研究，提出了金沙江梯级水库可以进一步扩大防洪库容，与三峡工程联合运用，进一步提高中下游防洪标准的规划意见；河道整治除根据现状存在问题按规划实施外，还应进一步考虑三峡工程的影响，特别是紧临坝下游、河道演变复杂的荆江河段；大力加强坡耕地改造，做好水土保持工作；另外在非工程措施规划中，针对1998年洪水暴露出来的问题及从保证工程措施发挥最大防洪作用的角度，提出了洪水预警预报系统规划、蓄滞洪区管理、水库管理意见等。

2005年1月19—21日，水利部组织召开了长江流域防洪规划审查会，国务院有关部委和流域内各省（自治区、直辖市）的代表及特邀专家审查通过了《长江流域防洪规划》。2008年7月，国务院以国函〔2008〕62号文正式批复本规划。

（五）《长江流域综合规划（2012—2030 年）》

2007 年依据《长江流域综合规划修编任务书》（水规计〔2007〕341 号文），确定防洪减灾、水资源综合利用、水资源与水生态环境保护和流域综合管理四大体系为主体框架的 14 项专业规划中，防洪减灾体系日趋系统和完善，包括了防洪、除涝、中下游干流河道治理，防洪仍列为首要规划的任务。在有重点地选择的 8 项控制性指标中，包括了主要控制站防洪控制水位。本规划在 2008 年国务院批复的《长江流域防洪规划》的基础上，根据规划水平年长江干支流控制性水利水电工程建成后中下游超额洪量的变化情况，对蓄滞洪区作了如下调整：2020 年前将荆江地区的荆江分洪区由重要蓄滞洪区调整为重点蓄滞洪区；将武汉附近区的东西湖蓄滞洪区由一般蓄滞洪区调整为蓄滞洪保留区；调整华阳河蓄滞洪区规划范围，蓄滞洪区面积调整为 1307 平方千米，蓄洪容积由 62 亿立方米调整为 25 亿立方米。2020 年以后拟将城陵矶附近区的建设垸由重要蓄滞洪区调整为一般蓄滞洪区，九垸由一般蓄滞洪区调整为蓄滞洪保留区，取消安化、和康、南顶及六角山等 4 个蓄滞洪区；对武汉附近区的东西湖蓄滞洪区可深入论证调减蓄滞洪区范围或取消的可行性。中下游河道治理和长江口整治主要沿用了以往完成的规划成果。在本阶段开展的 3 个专题研究中，包括了长江上游干支流控制性水库与三峡水库联合调度专题研究、城陵矶防洪控制水位专题研究，着重分析研究了三峡水库等建成后的新情况、新问题和应对策略。

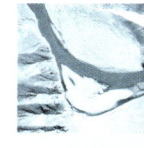

防洪规划提出，长江中下游采取合理地加高加固堤防，整治河道，安排与建设平原蓄滞洪区，结合兴利修建干支流水库，要逐步建成以堤防为基础、三峡水库为骨干，其他干支流水库、蓄滞洪区、河道整治相配合，平垸行洪、退田还湖、水土保持等工程措施与防洪非工程措施相结合的综合防洪体系。

除涝规划提出，涝区治理应坚持排、滞、蓄、截相结合，逐步形成综合除涝体系。根据圩区性质、行政区划、自然条件，规划将长江中下游分为 7 个排涝片区，提出了分区除涝规划的意见。

中下游干流河道治理规划提出，要按照突出重点、兼顾一般的原则，根据不同河型的演变特点及存在的主要问题，以河道主流线为依据确定河道控导线，抓紧进行河势控制工程与河势调整工程。近期全面加固的岸段总长约 794 千米，新护岸段总长约 362 千米，以应对上游来沙大幅减少可能带来的不利影响。远期河势控制工程的具体布局，需根据三峡等工程建成后的河道演变情况，进一步深入研究确定。

第三节 水力发电

一、概述

水力发电规划的任务是根据国民经济发展的需要和河流的自然特性、河流水能资源开发利用的技术经济条件，按照综合利用原则和水电开发的方针，从总体上制定河流（流域）开发的总体布局，选择干支流梯级开发的方案，确定梯级工程规模和开发程序。

长江流域水能资源十分丰富，其技术可开发量占全国的一半以上，且许多水电站的开发条件优越，大多数水电工程都具有综合利用效益。为满足缺能地区的电力发展需要，20 世纪 90 年代国家有关部门在流域或河流开发规划的基础上，规划在水能资源丰富、开发条件较好的地区拟在建 12 个水电基地，实现西电东送。共有电站 370 余座，总装机容量约 22.66 亿千瓦，年发电量 10204.88 亿千瓦时，其中长江流域有金沙江水电基地（石鼓—宜宾）、雅砻江水电基地（两河口—河口）、大渡河水电基地、乌江水电基地、长江上游水电基地（宜宾—宜昌、清江）、闽浙赣水电基地（江西部分）等，电站 154 座，总装机容量 1.44 亿千瓦，年发电量 7045.17 亿千瓦时，分别占全国水电基地总装机容量和年发电量的 63.66%、69.03%。水能资源开发不仅与国家经济发展有关，而且与规划工作深度的关系也很密切。新中国成立以来，流域内的水电规划由小到大，由局部转向全面，反映出水能资源的开发力度也在逐步增大。截至 2018 年，长江流域已建、在建水电站（单站装机容量 0.5 兆瓦以上，不含抽水蓄能电站）约 1 万座，总装机容量 23.7 万兆瓦，年发电量 8700 亿千瓦时，发电量约占流域技术可开发量的 67%。

二、规划研究过程

新中国成立以来，先后在 1954—1955 年、1956—1958 年、1977—1980 年、2000 年 12 月，开展了水力资源初查和两次复查，旨在摸清水能资源蕴藏情况。水电规划与长江流域水电事业不同的发展阶段休戚相关，新中国成立初期的 20 世纪 50 年代为准备期，20 世纪 60—70 年代先后配合西南大三线建设开展了以西南金沙江、川江地区、赤水河、乌江支流芙蓉江和渠河、渡口地区、岷江上游、大渡河干流等水电选点为主的规划，为满足缺能地区的电力发展需要，龚嘴、乌江渡水利枢纽等一批水电站相继建成投产。20 世纪 90 年代，国家有关部门在流域或河流开发规划的基础上，规划在水能资源丰富、开发条件较好的地区拟在建12个水电基地，实现西电东送。长江干流和各主要支流的规划及开发进程加快。

20世纪90年代以后，根据长江干流和各主要支流的规划，水电站的开发建设基本上集中在上述水电建设基地。其间完成的与水电开发有关的规划，主要有《金沙江中游河段水电规划报告》《金沙江干流综合规划报告》《雅砻江干流水电规划报告（卡拉至江口河段）》《大渡河干流规划报告》《乌江流域综合利用规划报告》《清江流域规划报告》（1993年修订），以及洞庭湖"四水"和鄱阳湖"五河"的规划报告等。

三、主要成果简介

（一）不同阶段水力资源普查

全国先后组织了4次水资源普查：1954—1955年第一次水力资源估查；1956—1958年对1000多条主要干支流进行实地查勘后，对1955年成果进行了修正；1977—1980年开展第三次水力资源普查；2000年12月，国家组织全国水力资源复查。

新中国成立初期，长江流域的水电事业处于准备阶段，仅对一些条件较好的、新中国成立前做过一些勘测、规划的河流，如四川龙溪河、江西上犹江等进行了规划研究和开发。1954—1955年，开展新中国成立后第一次水力资源估查，在搜集了各种地形图和水文资料的基础上，辅以部分查勘资料进行量算，共量算大小河流1598条，统计得到全国水力资源理论蕴藏量为5.4亿千瓦，长江水系为2.17亿千瓦。

1956—1958年，由水力发电建设总局与水利部共同组织成立了几十支水力资源普查队，对全国1000多条主要干支流进行实地查勘，根据资料修正了1955年的成果，得到全国水力资源理论蕴藏量为5.8亿千瓦，长江水系为2.8亿千瓦。

1977—1980年，为了扭转国家持续多年严重缺电的局面、促进水电建设事业的更大发展，水电部组织了全国第三次水力资源普查，以摸清全国实际可能开发的水力资源，指导今后水电开发的规划、勘测、设计及远景计划的编制。长办负责长江流域的水力资源普查工作，在流域内各省（自治区、直辖市）水利、水电部门及部属勘测设计院共同努力下，于1979年率先完成《长江流域水力资源普查成果》。本次普查成果较全面也较准确地揭示了长江流域的水能资源状况。全流域普查了水能资源在10兆瓦以上的河流1090条，以及部分小于10兆瓦的河流，全流域水力资源理论蕴藏量为2.68亿千瓦，单站装机容量500千瓦以上的、可能开发的电站总装机容量1.97亿千瓦，年发电量1.03万亿千瓦时。普查成果表明，长江流域的水能资源主要集中在宜昌以上的上游地区，其理论蕴藏量占全流域的81.5%，而可能开发的水力资源则占89%；大型水电站比重大，全流域250兆瓦及以上的大型水电站105座，其装机

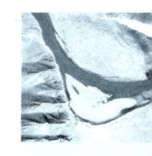

容量和年发电量占全部可能开发水能资源的80%以上；开发程度不高、全流域已开发的水电站年发电量只占可能开发量的5.95%。在长江流域和其他流域水力资源普查成果的基础上汇编而成的《中华人民共和国水力资源普查成果》在1986年获首届国家科技进步一等奖。

为了进一步查清全国水力资源情况，2000年12月国家决定开展全国水力资源复查。

本次水力资源复查统计项目包括理论蕴藏量、可能开发量、已开发量，并新增经济可开发量指标。复查中对10兆瓦及以上水电站的技术可开发量和经济可开发量分5类进行统计。本次复查统计截止时间为2001年12月31日。

长江委负责"长江流域""西南诸河""雅鲁藏布江及西藏其他河流"3片水力资源复查，在各省（自治区、直辖市）完成复查成果基础上汇总，于2004年2月完成正式报告。复查成果表明，长江流域水力资源理论蕴藏量10兆瓦及以上的河流共1697条，理论蕴藏量年发电量24336亿千瓦时，平均功率277800兆瓦；技术可开发量的总装机容量256000兆瓦，年发电量11879亿千瓦时；经济可开发量的总装机容量228000兆瓦，年发电量10498.3亿千瓦时；已开发、正开发量的总装机容量69727兆瓦，年发电量2925亿千瓦时。

本次复查成果显示，长江流域水力资源的特点与1980年普查成果基本一致：①水力资源分布西多东少，宜昌以上的长江上游地区，技术可开发量的总装机容量和年发电量分别占流域总量的86.8%、89.9%。全流域52座1000兆瓦及以上的水电站，有48座分布在长江上游。②水力资源的构成以大型水电站为主，中小型水电站点多面广。全流域装机容量300兆瓦及以上的大型水电站共有107座，其技术可开发量占全流域总量的73.1%（装机容量）和72.5%（年发电量）。③开发利用程度较低，目前已建、正建水电站的装机容量和年发电量仅分别占流域技术可开发量的27.2%、24.6%，占全流域经济可开发量的30.5%、27.9%。

（二）以西南水电选点为主的规划

1960—1962年，国家经历了三年困难时期。1965年中央提出"备战、备荒、为人民"，对全国经济发展形势与工业布局进行了大的调整，开始西南三线建设。为满足三线建设对用电的急切要求，开展了以西南水电选点为主的规划工作；同时根据"统一规划，全面发展，适当分工，分期进行"的原则，长办及有关单位还开展了长江干流各河段、主要支流及地区的规划。

1960年，长办提出的《金沙江流域规划意见书》中拟定了金沙江干流的梯级开发方案及综合利用要求，需选择一批规模较小、投资少、见效快的水电电源点。为满足三线建设，特别是攀枝花钢铁基地对需电的要求，1964—1965年分别对金沙江中下游河段的虎跳峡、老君滩、溪洛渡等河段进行了查勘，提出了低坝开发的规划，其中虎跳峡于1965年进点，开展并完成了低坝顺江引水方案的规划设计。在此期间，长办还分别对虎跳峡河段附近的水落河、黑白水、漾弓江、硕多岗河、雅砻江支流理塘河，以及川江地区的赤水河、乌江支流芙蓉江和渠河等进行选点规划工作，提出了一批可供开发的中小水电电源点。

成都院于1973年完成了《渡口地区水电选点报告》，推荐二滩水电站为近期建设项目，并在20世纪60—70年代先后提出了《岷江上游综合利用规划报告》《大渡河干流复勘情况及开发意见报告》等。在此期间，长办、成都院等单位还完成了岷江干流偏窗子、紫坪铺、映秀湾和大渡河干流龚嘴等水电站的初步设计。龚嘴水电站于1965年开工建设，1971年底第一台机组发电。

为满足西南三线的需电要求，1964—1965年长办还会同西南局和四川省有关单位对白龙江下游进行了查勘选点，推荐宝珠寺等水电坝址，并开展了初步设计；西北院则于1966年提出碧口水电站为开发对象。此外，对乌江水力资源开发也做了大量的规划设计工作。1970年初，长办与八局设计院共同完成了《乌江渡水利枢纽技施设计报告》，4月该枢纽正式开工。1970年10月，长办开展了以彭水枢纽为重点的下游河段选点工作，1975年研究提出了彭水至思南河段的开发方案。贵州省水电厅设计院和八局设计院也相应开展了乌江干流有关梯级和干流河段的规划设计工作。

在开展西南选点规划工作的同时，有关单位对长江中下游主要支流也进行了河流梯级开发的规划，如洞庭湖"四水"、鄱阳湖"五河"的规划。长办在1964年提出了《清江流域规划报告》，1966年提出了《汉江上游河段开发方案报告》等。

（三）流域综合规划水力发电开发方案

在1959年提出的《长江流域综合利用规划要点报告》中，将流域综合利用规划概括为"五大开发规划"，其中"以防洪、发电为主的综合利用枢纽开发规划"提出了干支流70个梯级的枢纽开发方案，主要有：川江的石硼、朱杨溪、三峡，金沙江的虎跳峡、溪洛渡、向家坝，岷江的紫坪铺、偏窗子，大渡河的龚嘴、铜街子，嘉陵江的亭子口、武都，乌江的乌江渡、构皮滩、武隆，清江的永和坪（隔河岩）、长滩（高坝洲），资水的柘溪，沅江的五强溪、碗米坡，汉江的石泉、二郎滩（安康）、丹江口，赣江的峡山、万安、峡江，抚河的廖坊，修水的柘林，青弋江的陈村等。《长江流域综合利用规划要点报告》提出的这些枢纽梯级对以后的河流规划和水电开发规划起到了重要的指导作用。

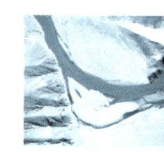

（四）《长江流域综合利用规划简要报告》（1990年）

1985年，由水电部电力小组主持编制、由长办汇总的全国《1986—2015年电力发展纲要》，对全国电网的现状与发展、各类电源的配置做了全面系统的安排，从而弄清了长江流域涉及的西南、华中、华东三大电网负荷发展水平、电源开发设想，为三大区2000年、2015年、2030年3个水平年需电发展预测提供了条件。以1980年完成的《长江流域水力资源普查成果》和《1986—2015年电力发展纲要》成果为基础，在总结长江水电开发的经验与教训、充分调查研究的基础上，长江流域规划修编阶段全面分析了长江流域国民经济不同水平年需电的要求，对流域水电规划的梯级布局给予合理安排。

水电规划表明，2030年长江流域涉及的三大区投产水电总装机容量约达1.32万兆瓦，其中流域内总装机容量为1.17万兆瓦。主要开发长江三峡和金沙江、雅砻江、大渡河、乌江等水能资源富集的河段或河流。2030年水电在整个电力系统中所占的比重将为31.1%～36.8%，符合"南水北煤"与长江水能资源分布丰富的特点。

（五）《长江流域综合规划（2012—2030年）》

流域内水能开发多数在综合规划的指导下进行，但也存在以下问题：一是出现无序开发情况，影响水资源综合利用效益和电站群整体效益的发挥，部分河流建设了一些无规划、无设计、无管理、无验收的"四无"电站，成为威胁社会公共安全的隐患；二是不重视生态环境保护，如一些河流采取连续的引水式开发方式，不考虑泄放生态流量，致使下游河道断流、环境恶化等。

水利水电工程的水库移民涉及政治、经济、社会、人口、环境、资源、工程技术等诸多领域，是今后一个时期在水利水电工程开发中需要处理好的重大问题。数十年的水库移民工作的实践虽已积累了宝贵经验，但也有深刻的教训，要贯彻开发性移民的方针，按照"移得走、稳得住、能致富"的原则，以人为本，充分尊重移民意见，优化安置方案，妥善处理好水电业主、地方政府和移民之间的利益关系，进一步深入研究解决移民安置问题的有效途径，采取前期补偿、补助与后期扶持相结合的办法，使移民生活达到或者超过原有水平，并具有可持续发展的物质基础和资源条件，切实保障移民的合法权益，实现区域经济社会的和谐稳定。

第四节 城乡供水

一、概述

长江流域水源条件好，城市供水条件较优越，20世纪80年代以前，水利部门一直没有开展供水规划工作。随着人口的增加、经济的迅速发展以及城市化进程的加快，一些地区和城市出现了缺水问题，已经影响到人民的生活安定和经济社会的发展。为此，80年代开展的长江流域修订补充规划时，将城市供水作为主要开发任务之一纳入规划中。颁布实施的《中华人民共和国水法》，明确了开发利用水资源应当首先满足城乡居民生活用水，统筹兼顾农业、工业用水和航运需要，因而城乡供水规划工作进一步得到加强。

二、规划研究过程

为了解决城市缺水问题、合理利用水资源，根据水利部及相关主管部门的统一安排，流域内相继进行了缺水城市供水水源规划和水的中长期供求计划工作，一些城市还开展了供水专业规划、节水专业规划以及水资源保护规划、污水处理及中水利用规划等工作。

20世纪80年代开展的《长江流域综合利用规划修订补充任务书》，正式将城市供水规划列为综合规划的14项任务之一。预测了2000年流域内98个城市工业需水约620亿立方米，年均增长率为6.6%，可供水量约340亿立方米，年均增长率5.1%；2000年城市总人口将增至1.09亿，平均用水定额考虑由1985年每人每天169升提高至205升，生活需水量约82亿立方米。城市供水意见中提出必须坚持"开源节流并重"的方针，加快供水设施建设，加强经营管理。要大力开展节约用水、科学用水、保护水源的工作；要提高供水的经济效益，综合考虑城市工业、运输、能源、旅游、生活等方面水量和水质的要求；要提倡循环用水，一水多用，调整产业结构，提高工业用水重复率，减少排污量；要把城市供水纳入城市发展规划中统筹解决。

1991年，水利部颁发了《编制缺水城市供水水源规划工作大纲》，在全国部署开展缺水城市供水水源规划工作。要求以国民经济和社会发展规划为依据，以规划期内供水、用水的协调平衡为目标，根据本地区的具体水资源与环境条件，制定出供水水源开发和保护方案，不仅为缺水城市安排今后的供水水源建设提供决策依据，而且能为有关部门和单位进一步开展详细规划或计划提供前期工作基础。

1993年3月，国家计委农经司、水利部水资源司联合发出《关于开展缺水城市供水水源规划的通知》，对规划编制工作提出了具体要求：各省（自治区、直辖市）计划单列市以及流域机构都需要在所辖区各个缺水城市供水水源规划成果基础上，通过汇总和综合，提出各自的规划成果。10月，长江委在审查、验收各省（自治区、直辖市）所提出规划的基础上，以流域总体规划和地区规划为依据，考虑本地区水资源的开发利用现状和进一步开发的条件，并与用水需求相协调，从总体出发，统筹兼顾，按轻重缓急选择切实可行的方案，提出了《长江流域缺水城市供水水源规划简要汇编》，表明长江流域内不同程度缺水的城市一共有69个。该成果主要内容包括：对城市发展及其水资源状况变迁，城市发展和用水预测，新增供水水源工程及供水量预测，供水规划方案等。

1994年8月，长江委进一步提出了《长江流域缺水城市供水水源规划简要报告》，并参加水利部水资源司组织的全国汇总。该简要报告包括流域概述、流域城市和水资源分布及特点、城市需水量预测、供水工程规划及方案分析、实施供水水源规划的建议等内容。

1994年10月，国家计委、水利部联合发出《关于开展全国水中长期供求计划编制工作的通知》，以1993年为基准年，2000年和2010年分别为中期和长期规划水平年，初步分析长江片59个重点城市中，35个城市不同程度上存在缺水现象，预测2000年、2010年生活与工业缺水量将分别达到99.27亿立方米和211.25亿立方米。规划采用多种途径、运用多种方式大力兴建水源工程和建设水厂；加快城市供用水管理工作，指导流域内城市的计划用水、节约用水，促进城市水资源管理体制改革，实现水资源统一管理。

1988年《中华人民共和国水法》颁布实施后，上海市成为水资源建立统一管理体制后第一个编制城市供水专业规划的城市。上海市水务局于2000年开始组织编制《上海市供水专业规划》，于2002年11月编制完成并得到市政府批复同意。《上海市供水专业规划》以《上海市城市总体规划》和《上海市水资源综合规划纲要》为依据，以提高供水水质为主线，形成黄浦江和长江双水源地和覆盖全市的供水网络，实现城乡统筹供水及集约规模经营。提出加速太浦河翻水泵站建设和七大措施的落实，实现到2020年使全市供水水质达到发达国家水平。

为加强对全国节约用水的领导，1998年国务院在水利部设立了全国节约用水办公室，负责编制节约用水规划。长江流域各省（自治区、直辖市）都在水行政主管部门内相应地成立了节水办公室，发挥了组织指导监督职能，制定规划，落实各种节水措施，为缓解当地水资源紧缺、保障人民生活和经济社会的正常运行发挥了重要作用。

为积极应对我国水供求面临的新形势、新问题和新挑战,依据《中华人民共和国水法》,2011年9月水利部在全国范围内组织开展了《全国水中长期供求规划》编制工作。根据水利部的总体部署,长江委负责长江流域(片)水中长期供求规划编制工作,2012年3月长江委在武汉组织召开了规划工作会议,5月以长规计〔2012〕289号文下发了《长江流域(片)水中长期供求规划工作大纲》,全面启动规划编制工作;2013年2月,长江委完成《长江流域水中长期供求规划》报告、《西南诸河(澜沧江及以西)水中长期供求规划》,将规划成果提交水利部水规总院,纳入全国水中长期供求规划。

三、主要成果简介

以国务院批复的《全国水资源综合规划(2010—2030年)》确定的水资源配置总体格局为基础,以合理调控长江流域水供求关系为核心,按照"节水优先、空间均衡、系统治理、两手发力"的新时期水利工作方针,针对目前长江流域存在的水资源供需矛盾突出、水环境污染等问题,重点解决今后一段时期流域和区域水资源配置能力空间布局问题,提出保障长江流域供水安全的具体措施和方案。

本规划严格按照国务院办公厅《关于印发实行最严格水资源管理制度考核办法的通知》(国办发〔2013〕2号文)中下达的各省级行政区用水总量控制目标,结合长江委完成的《长江流域水资源管理指标方案》成果,提出长江流域(不含太湖)2020年和2030年用水总量控制指标分别为1920亿立方米、1967亿立方米。

2020年目标:通过实施强化节水措施,实现节水量115亿立方米以上,万元国内生产总值用水量较现状下降20%,万元工业增加值用水量较现状降低18%,农田灌溉水有效利用系数达到0.53,用水总量控制在1920亿立方米以内;通过水源置换和合理调配,增加供水能力320亿立方米,现状超采的地下水量和被挤占的河道内生态水量退还60%。

2030年目标:全面建成节水型社会,实现节水量190亿立方米以上,万元国内生产总值用水量较现状下降55%,万元工业增加值用水量较现状降低50%,农田灌溉水有效利用系数达到0.60,用水总量控制在1967亿立方米以内;建立完备的城乡供水保障体系,增加供水能力370亿立方米,现状超采的地下水量和被挤占的河道内生态用水量全部退还。

根据长江流域各地经济社会发展形势、水资源环境承载能力以及未来流域区域水资源配置方案等要求,因地制宜、合理布局、突出重点、分类指导、梯次推进,提出规划总体布局。

上游地区重点实施滇中引水、黔西北调水等重点引调水工程和夹岩水利枢纽等重点水源工程建设，积极推进引江济淮、白龙江调水、引江济柴、引大济岷（含引青济岷）等工程前期工作；加快南水北调中线一期受水区配套工程建设，推进南水北调中线后续工程前期工作，适时进一步深化南水北调西线工程前期论证。坚持蓄、引、提、调结合，大、中、小、微并举，着力构建布局合理、保障有力的水源及输配水工程体系。

中下游区推进河湖连通，生态水网建设，重要湿地、自然保护区等环境敏感区保护与修复，以及重要水源地、重要水生态修复治理区和蓄滞洪区生态补偿机制建设，修复水生态环境功能；重点实施鄂北水资源配置工程、引汉济渭等引调水工程和湖南毛俊、江西四方井等重点骨干水源工程建设；开展引江补汉工程前期论证工作；积极推进引江济淮工程建设；加快南水北调东、中线一期受水区配套工程建设，推进南水北调中、东线后续工程前期工作；加强灌区续建配套与节水改造，积极推进鄱阳湖水利枢纽前期论证，优化水资源配置格局，保障武汉城市圈、长株潭城市群、鄱阳湖生态经济区、洞庭湖生态经济区等重点区域的供水安全。

第五节　灌溉

一、概述

长江流域横跨我国东部、中部、西部，雨量充沛，土地肥沃，光热资源充足，自然条件优越，历来是我国重要的农业生产基地。据考古及相关资料记录，早在新石器时代，长江流域就已经依靠原始工具，开展了筑堤、开沟、引灌等水利活动，秦蜀郡守李冰主持修建的都江堰水利枢纽建成至今已有2200多年的历史。

二、规划研究过程

新中国成立以来，长江流域灌溉事业得到迅速发展，大致经历了恢复重建期、高潮期、缓慢发展期、发展转型期4个发展阶段。

1. 恢复重建期（1949—1957年）

主要是修复新中国成立前战乱失修、破坏的灌溉工程，并发动群众修建了大量的塘坝和小型引水工程；1952年以后结合防洪，修建了一些综合利用水库和少量大中型引水灌溉工程。流域有效灌溉面积由1949年的约1亿亩，增加到1955年的约1.65亿亩。

2. 高潮期（1958—1980 年）

农业合作化和 1957—1960 年的"大跃进"期间，为建设高潮期，修建了鸭河口水库灌区、漳河水库灌区、水府庙水库及韶山灌区等一大批大中型水库和灌区，流域灌溉面积增长较快。1966 年后受"文化大革命"的影响，水利建设一度陷于停顿。1971 年以后又有所发展，主要是对已建成的水库灌区进行续建配套，灌溉保证率有较大提高，到 1980 年灌溉面积达 2.27 亿亩。

3. 缓慢发展期（1981—1995 年）

改革开放初期，由于农业生产体制和财政体制改革，对水利投资和投劳减少，加之原有工程的老化失修和灌溉水源、灌溉面积分别被工业和城市建设占用等，流域农田灌溉面积逐年下降，1986 年以后才有所恢复，到 1995 年灌溉面积达 2.19 亿亩。

4. 发展转型期（1996 年至今）

根据中央关于保障粮食安全的指示精神，加强了病险水库加固改造和已成灌区的续建配套，并加快了灌溉水源工程新建，灌溉面积稳步增长，2017 年流域农田有效灌溉面积达 2.41 亿亩。

在《长江流域综合利用规划要点报告》《长江流域综合利用规划简要报告》《长江流域综合规划（2012—2030 年）》等指导流域灌溉发展的历次规划中，均根据流域农林牧业发展现状及规划要求，制定农业灌溉发展目标和灌溉发展规划意见，指导重点区域灌溉发展。

党的十八大以来，长江流域坚持节水优先，大力发展农业节水，先后启动了 34 个规模化节水灌溉增效项目建设，高效节水灌溉工作积极推进，组织编制了《南方节水减排发展规划》《现代灌溉发展规划》。截至 2017 年底，长江流域高效节水灌溉面积达到 2355 万亩，其中喷灌面积 513 万亩，微灌面积 450 万亩，低压管道灌溉面积 1392 万亩，农业节水能力有效增强。

三、主要成果简介

（一）《长江流域综合利用规划要点报告》

《长江流域综合利用规划要点报告》根据流域内农林牧业的现状和发展要求，以及不同地区特点，研究了各地区的水利化计划，估算出全流域的灌溉用水量约 1000 亿立方米。规划远距离引水灌区包括四川盆地、唐白河平原、湘中衡邵丘陵区、江西中部丘陵区、太湖西岸浅丘区、皖中浅丘区等。对农业生产有重大意义的 14 个地区提出了灌溉和水土保持规划意见。

（二）《长江流域综合利用规划简要报告》

全国计划 2000 年粮食产量为 5 亿吨，长江流域相应为 1.825 亿～1.925 亿吨。为了实现上述目标，在加强续建、配套、挖潜的基础上，适当增建新工程；提高单位面积产量；扩大灌溉面积，增加粮食产量，发展重点是大面积干旱缺水而生产潜力很大的四川腹地、南阳盆地、吉泰盆地、滇中高原、衡邵丘陵区、鄱阳湖区、洞庭湖区等主要商品粮和经济作物基地，并针对上述重点灌区提出规划意见。规划 2000 年有效灌溉面积由 2.277 亿亩增加到 2.6 亿亩，灌溉需水量增加 700 亿立方米。

（三）《长江流域综合规划（2012—2030 年）》

该规划对现有灌溉工程进行充分的配套、挖潜和改造；推广节水、节能、高产、高效的灌溉新技术；同时兴建一批水源和灌区工程；加强应急备用水源建设，加强旱情监测预警调度管理系统和抗旱服务体系的建设，提高抗御旱灾风险能力。积极推进大、中型灌区的新建与扩建。重点提出了四川盆地腹地、滇中高原、黔中地区、南阳盆地、衡邵丘陵区、湘南地区、洞庭湖区、吉泰盆地、鄱阳湖区、皖江地区重点地区灌溉规划。

第六节　跨流域调水

一、概述

跨流域调水是在两个以上流域间进行水资源优化配置的举措，一般是从丰水流域向缺水流域调水，常具有灌溉、城乡生活及工业供水、航运、发电、分洪等单项或多项任务。

勤劳智慧的中华民族早在中国古代就兴建了一些跨流域调水工程，最著名的有公元前 486 年，由吴王夫差始建邗沟（即淮扬运河），后经隋朝历代开拓，于元代最后修成的京杭大运河，是沟通钱塘江与长江、淮河、黄河、海河四大水系的水运大动脉，至今仍有一些河段可通航；由秦国蜀郡守李冰于秦昭襄王末年（约公元前 256—前 251 年）主持兴建的都江堰水利枢纽，引岷江水进入沱江水系灌溉农田；此外还有秦始皇二十六至三十三年（公元前 221—前 214 年）开凿的灵渠，连接长江支流湘江与珠江支流桂江，形成湘桂运河，是南北交往的重要通道。

我国水资源总量为 28412 亿立方米，人均水资源占有量约为 2110 立方米，仅为世界人均占有量的 28%，水资源禀赋并不优越，且在地域分布上也十分不均，呈现南方水多、北方水少的基本格局。长江流域及其以南的河川径流量约占全国的 80%，耕地面积不足全国的40%；而黄淮海三大流域的耕地面积接近全国的40%，河川径流量却仅占全国的5.4%，水资源的自然分布与我国经济社会发展布局不完全适应。长江流域是我国水资源相对丰富的区域，与干旱缺水的西北、华北地区相邻，通过跨流域调水可以缓解北方地区严重的缺水问题，促进人口、资源、经济社会协调发展，在我国水资源优化配置中具有十分重要的战略地位。

南水北调规划工作经历了半个世纪，积累了大量的研究成果，形成众多的方案和设想。20世纪，主要是在总体构想下，分线路着重于工程布局和技术经济指标的研究。2002年10月，国家发展计划委员会和水利部提出并经国务院审议通过的《南水北调工程总体规划》，是南水北调由规划进入实施的一个重要转折点。南水北调中、东线一期工程相继建成通水，引汉济渭工程、引江济淮工程、滇中引水工程、鄂北水资源配置工程等相继开工建设，逐步形成我国南北调配、东西互济的水资源配置大水网。

二、规划研究历程

早在1952年10月，毛泽东主席视察黄河时即提出了"南方水多，北方水少，如有可能，借一点水来也是可以的"伟大战略构想。1958年8月，中共中央政治局北戴河扩大会议发布的《关于水利工作的指示》中提出："全国范围的较长远的水利规划，首先是以南水（主要是长江水系）北调为主要目的的，即江、淮、河、汉、海各流域联系为统一的水利系统的规划，和将松辽各流域联系为统一的水利系统的规划，应加速制订……"

毛泽东主席在1952年提出南水北调伟大构想之时，全国有关水利机构正开始研究河流治理开发利用规划。长办于1958年，提出了丹江口水库在近期和远景的引水位、引水量及不同阶段济黄、济淮设想；初步选定巢湖引江济淮线路；参照淮河沂沭泗河规划，提出引江济黄、济淮大运河线路方案；初步查勘研究了自三峡水库引水至丹江口水库（下接引汉总干渠）的引江方案、两沙运河提水方案，从嘉陵江上游引水穿越汉嘉分水岭入汉江的方案，并在各河流规划基础上初步研究了引江济黄、济淮的总方案。

1958年，中共中央北戴河会议《关于水利工作的指示》下达前后，南水北调规划研究工作掀起了高潮，中国科学院和水电部共同组成了南水北调研究组，水电部、北京院、长办、黄委、昆明院、兰州西北勘测设计院（以下简称西北院）、成都院、清华大学、武汉大学等单位，以及长江以北相关14个省（自治区、直辖市）水利部门参加，开展了大规模的综合考察和分析研究工作，提出了在西部地区从长江上游调水的多种方案。

长江委在对引江济黄、济淮方案进行补充调研的基础上,与有关单位紧密配合,根据中国的自然地理和社会经济条件,经过几年综合研究,形成了分别从长江上、中、下游多条线路引水实施南水北调的总体格局:上游从金沙江调水;中游近期从丹江口水库调水,远景从长江干流调水;下游沿京杭大运河从长江调水和巢湖线引江济淮。以上研究成果均纳入了1959年《长江流域综合利用规划要点报告》的"南水北调"篇。

黄委和中国科学院综合考察委员会等单位还研究过从怒江、澜沧江引水入黄河的方案。

1973年,为了重点解决从20世纪70年代以来日益严重的华北水资源危机,配合国土规划,在全面研究的基础上对调水总体布局研究又有了新进展:西线从长江上游引水供西北地区并补充黄河水量;中线从长江中游引水主要供黄淮海平原西部地区;东线从长江下游引水供黄淮海平原东部地区;安徽的引江济淮从长江下游引水在省内自成体系。规划中北京市为中线供水目标,天津市为东线的供水目标。

1978年2月,在全国人大第五届第一次会议上作的《政府工作报告》中,正式提出"兴建把长江水引到黄河以北的南水北调工程"。同年5—7月,水电部组织了对《南水北调近期工程规划报告》(初稿)的现场初审和讨论。1979年3月,中国水利学会在天津召开南水北调学术讨论会,会后成立了水电部南水北调规划办公室。在各有关省(自治区、直辖市)和单位参与配合下,规划修订工作于1980年基本完成。

1979年3月,中国水利学会在天津主持召开的南水北调规划学术讨论会上,长办提交了《南水北调中线引汉工程规划要点》和《尽早完建丹江口水利枢纽后期工程充分发挥综合效益和加速南水北调》两个报告。水利部在天津会议后,研究了各方面的意见,以《关于加强南水北调规划工作及成立南水北调规划办公室的通知》发文,进一步明确西线规划工作由黄委负责;中线规划工作由长办负责,淮委、黄委和天津勘测设计院(以下简称天津院)配合;东线规划工作由天津院负责,淮委参加,黄委配合。要求上述单位分别提出各线调水工程的综合规划。水利部也正式成立了南水北调规划办公室。

1988年9月,李鹏总理明确指出"南水北调必须以解决京津及华北用水为主要目标"后,在中线和东线规划的供水方案中都把北京、天津同时纳入了各自的供水目标和范围。1990年,《长江流域综合利用规划简要报告》中拟定的南水北调工程总体方案为:西线从长江上游通天河、雅砻江、大渡河引水到黄河上游;中线和东线共同向黄淮海平原供水。中线近期从丹江口水库引水,远景从长江引水;东线近期从长江干流江都三江营抽水,第一期先调水到黄河南岸东平湖(后修改为送水京津地区);安徽省引江济淮线从长江北岸裕溪口、凤凰颈、神塘河引水,经巢湖到淮河。全国水资源与水土保持工作领导小组 1990 年 7 月 23 日的审查意见中认为：南水北调东线、中线和引江济淮线路，从长江引水的地点和水量基本可行，可以作为各线路规划的基础。这 3 条引水线路已进行多年规划研究工作，应抓紧进行可行性研究，协调处理好有关部门、地方的关系，逐步实施；南水北调西线引水，应继续进行科研、勘探和规划等工作。

1992 年 3 月，国家计委在京召开了南水北调工程研讨会，国家计委有关司局、中国国际工程咨询公司、农业部、建设部建设司、水利部、长江委、淮委、海委及北京、天津、河北、河南、湖北、山东、江苏 7 个省（直辖市）计委和水利厅（局）负责同志参加，由国家计委副主任刘江主持，国务院副总理邹家华等出席会议。邹家华在听取汇报后作了重要讲话，指出：不管是东线还是中线，都要把解决京津和华北缺水问题作为重点。在黄河以南，如果要解决山东和苏北的部分地区的问题，就应是东线方案。如果要解决河南和湖北的部分地区的问题，就应是中线方案。会后请刘江同志负责组织人员再对这两种方案进行深入研究，提出意见，最后再报送国务院。

1990—1994 年，南水北调东线和中线相继完成了规划的补充修订工作和可行性研究报告，并通过了水利部的审查；西线也加快了超前期研究进度。以后对各线路方案又作了补充研究。

1995 年 6 月，国务院召开会议，专门研究南水北调问题。会议指出，南水北调是一项跨世纪的重大工程，关系到子孙后代的利益，一定要慎重研究、充分论证、科学决策。为从根本上缓解我国北方地区严重缺水的局面，水利部成立了南水北调领导小组，组织开展南水北调工程论证工作，并在认真分析和总结以往大量前期工作成果的基础上，于 2000 年 9 月提出了《南水北调工程实施意见》，重点分析了北方地区面临的缺水形势，就南水北调工程的总体布局、近期实施方案、投资结构与筹资方式、生态建设与环境保护等主要方面进行了分析论证，并先后征求了国家发展计划委员会、中国国际工程咨询公司和有关资深专家的意见。

2000 年 9 月 27 日，国务院召开南水北调工程座谈会，朱镕基总理主持会议，听取了水利部关于《南水北调工程实施意见》的汇报和国家发展计划委员会、中国国际工程咨询公司及与会专家的意见，并对南水北调工作作了重要指示，强调南水北调工程的实施势在必行，明确要求南水北调工程的规划和实施要建立在节水、治污和生态环境保护的基础上，务必做到先节水后调水、先治污后通水、先环保后用水。

根据中共十五届五中全会通过的《中共中央关于制定国民经济和社会发展第十个五年计划的建议》中关于"加紧南水北调工程的前期工作，尽早开工建设"的精神，以及中央领导人的一系列重要指示，国家发展计划委员会、水利部于 2000 年 12

月21—23日在北京召开了南水北调工程前期工作座谈会，部署了南水北调工程的总体规划工作。2000—2002年，水利部组织了《南水北调工程总体规划》的编制工作，于2002年7月完成了《南水北调工程总体规划》及12个附件，并与国家发展计划委员会联合呈报国务院审批。2002年10月，《南水北调工程总体规划》经国务院审议通过。此外，国务院也通过了丹江口水库大坝加高工程的立项申请，要求抓紧开展丹江口水库大坝加高工程、库区淹没实物指标调查和移民安置规划等工作。

中央领导审议并通过了《南水北调工程总体规划》，要求抓紧做好各项前期工作，尽早实施南水北调工程，早日通水，造福于人民。举世瞩目的中国南水北调工程自此由规划阶段正式转入新的前期工作和第一期工程实施阶段。

2002年12月，国务院批复了《南水北调工程总体规划》，明确中线工程分两期建设。第一期工程：渠首引水流量350～420立方米每秒，多年平均调水量95亿立方米；第二期工程：在第一期工程的基础上扩大输水能力，渠首引水流量增至500～630立方米每秒，多年平均年调水规模达到130亿立方米，届时将根据调水区生态环境实际状况和受水区经济社会发展的需水要求，在汉江中下游兴建其他必要的水利枢纽或确定从长江补水的方案和时间。

2012年3月20日，国务院南水北调建设委员会召开第六次全体会议，会议指出"要从根本上破解缺水的困局，实现可持续发展，必须加快转变经济发展方式和调整经济结构，在大力节水和治污的同时，加快推进南水北调这样的优化我国水资源配置的重大战略工程"。为进一步落实"第六次全会"精神，水利部提出并开展了《南水北调中线工程补充规划》的工作安排。

2012年5月，长江委组织编制了《南水北调中线工程补充规划任务书》（以下简称《任务书》），并以长规计〔2012〕315号文报送水利部。2012年6月，水利部水规总院对《任务书》进行了审查，并提出审查意见。2013年3月，水利部以水规计〔2013〕143号文批复了《任务书》。

2012年8月，按照水利部要求，长江委同海委组织编制了《南水北调中线工程补充规划工作大纲》（以下简称《工作大纲》）。2012年11月，水利部南水北调规划设计管理局组织专家对《工作大纲》进行了咨询，并提出咨询意见。随后，长江委同海委根据咨询意见对《工作大纲》进行了修改补充。2013年4月，根据水利部批复的《任务书》要求，对《工作大纲》作了进一步的修改完善，长江委下发《工作大纲》给各参编单位。

根据《任务书》批复意见，由于近年来《南水北调工程总体规划》中确定的南水北调中线工程建设目标所依据的相关条件已发生了变化，同时经济社会发展与生态环境保护对水利建设也提出了更高的要求。为满足新形势下区域经济社会发展对水资源的需求，在《南水北调中线工程规划（2001年修订）》及已有工作、最新相关规划成果基础上，补充规划主要研究中线二期工程受水区水资源配置方案；分析研究中线一期工程扩大供水能力及增强总干渠供水稳定方案；分析中线一期工程增加调水对汉江中下游可能带来的影响及对策；研究中线二期水源工程布局及建设方案。

补充规划工作由长江委组织，海委配合开展。根据《工作大纲》的分工要求，长江设计院为编制工作的技术牵头单位，负责补充规划工作的技术组织与协调，承担并完成主要规划成果，汇总补充规划报告。长江委水文局、海委科技咨询中心等相关单位分别承担并完成部分规划成果。海委科技咨询中心承担受水区海河流域相关资料的收集整理工作、受水区海河流域径流系列延长（至2010年）及水文分析计算工作以及受水区海河流域需水量预测及水资源配置等工作。

编制单位在补充收集整理了大量的汉江流域、引江水源区及北方受水区的水文气象、地形地质、水资源开发利用工程、经济社会发展、各行业和部门的相关规划和研究成果的基础上，进一步分析了二期工程供水范围及供水目标，研究了中线二期工程受水区的需水量及过程，在对丹江口水库来水系列进行延长的基础上，考虑现有水源或增加新水源条件下，研究了利用一期工程设计规模扩大供水能力的相关方案，提出了满足新形势下新增水源的规模和要求，进一步研究了受水区调蓄水库的调蓄作用和调蓄方案，分析了中线增加调水对汉江中下游可能带来的影响及对策，提出中线二期水源工程布局及工程建设方案。

2014年7月，长江委提出补充规划初步成果，水利部南水北调规划设计管理局组织召开了补充规划工作协调会，并组织专家对补充规划的初步成果提出了意见和建议。会后，长江委同海委组织编制单位对补充规划的研究内容做了进一步修改与完善，2014年12月完成了补充规划报告咨询稿。2015年1月5日，长江委在北京组织召开了补充规划报告专家咨询会。

会后，长江委同海委根据专家咨询意见组织编制单位对补充规划的研究内容进行补充修改，于2015年6月完成补充规划征求意见稿。2015年6月，长江委在武汉召开座谈会，征求陕西、重庆、湖北、北京、天津、河南、河北7个省（直辖市）对补充规划的意见，会后，长江委同海委结合各省（直辖市）意见组织编制单位对补充规划的研究内容进行补充完善，于2015年7月完成了补充规划报告送审稿。

（一）南水北调东线工程

南水北调东线初期研究始于1951年，安徽、江苏两省分别对长江下游引江水济淮河沟通江淮水道、引江灌溉苏北地区进行过调查研究。1956年前在黄河、海河及沂沭泗等流域规划中，都曾对从长江下游引水进行过研究。长办在上述研究的基础上，从1956年开始对长江下游引江济淮、济黄作了进一步研究，1958年编写了《引江济黄济淮运河线路和巢湖将军岭线路技术报告》《引江济黄、济淮规划意见书》（初稿）。1959年2月提出的《南水北调初步意见》中，对长江下游两条线路作了进一步研究，并将相关成果纳入《长江流域综合利用规划要点报告》"南水北调篇"中，提出从长江下游引水的两条线路：引江经巢湖至淮河线，引江经大运河至黄河线。

20世纪60年代以治理洪涝灾害为重，加之国家又遇暂时困难，东线规划研究工作放缓了进度。

1972年海河流域大旱，为解决海河流域的水资源危机，1973年水电部决定由黄委、治淮领导小组办公室和十三工程局组建"南水北调规划组"，研究近期从长江下游向华北平原调水的东线方案，华北电力设计院研究东线工程的供电方案。1976年规划组编制了《南水北调近期工程规划报告》（初稿）。1977年10月，报告由水电部、交通部、农林部和第一机械工业部联合上报国务院，同年还上报了交通部编制的《南水北调近期工程发展京杭运河的规划报告》。

1980年和1981年，海河流域又连续两年严重干旱。为缓解天津市供水的严重危机，产生将东线黄河以南工程作为第一期工程提前实施的考虑。1983年1月，淮委根据国务院指示，提出了《东线第一期工程可行性研究报告》，水电部在河北涿县召开会议审查通过了该报告，3月该报告获国务院批准，同时要求着手进行通水到天津的第二期工程可行性研究，争取1983年冬动工，1985—1986年争取通水通航到济宁。水电部决定《东线第二期工程可行性研究报告》由天津院负责编制，研究拟定第二期工程以2000年为设计水平年，在第一期工程的基础上研究提出继续向北调水到天津的方案。

淮委考虑了江苏、山东两省的意见，于1984年11月完成了《南水北调东线第一期工程设计任务书》报水电部，1985年初由水电部上报中央。在1986年1月中旬的全国计划会议上确定将东线第一期工程列入"七五"计划，并于3月获全国人大第六届第四次会议通过。与此同时，调水到天津的《东线第二期工程可行性研究报告》也在加紧编制。

1986年9月，根据国务院治淮会议精神，国家计委委托中国国际工程咨询公司对"第一期工程设计任务书"进行评估后，国务院同意对设计任务书进行补充修改后，再考虑审批。根据上述要求，由水利部南水北调办公室牵头，淮委、海委和天津院共同参加，于1990年、1991年先后完成了《东线工程修订规划报告》和《东线第一期工程修订设计任务书》及《环境影响规划报告书》。

1991年3月，国务院副总理邹家华要求水利部尽快提出东线、中线两项工程等深度的可行性研究，供宏观决策，以便纳入十年大型工程建设项目计划。水利部当即安排了这项工作。据此，在1991年《第一期工程修订设计任务书》的基础上，经过进一步修改补充，又重新进行编制，于1992年12月底完成了《南水北调东线第一期工程可行性研究修订报告》。

1993年9月，由水利部主持，有关部门和有关省（直辖市）代表参加，审查通过了《修订规划报告》和《第一期工程可行性修订报告》。《修订环境影响报告书》于1992年初完成，1993年7月水利部预审后，以此为基础于12月编制了《南水北调东线第一期工程修订环境影响报告书》。以后，又于2001年提出了《南水北调东线工程规划（2001年修订）》。

（二）南水北调中线工程

1953年2月，在毛泽东主席提出了"南水北调"的战略思想后，长江委主任林一山立即组织了引汉济黄线路的查勘，最初选了从汉江穿越秦岭经渭河入黄河的引水方案。1953年，长江委协同有关省及流域机构查勘了嘉陵江上游和汉江中、上游，并对从丹江口水库引水、从三峡引水和从嘉陵江引水进行了初步研究。在进行汉江流域规划中，研究提出了从丹江口附近河段引水经唐白河平原穿越汉、淮分水岭"方城缺口"进入淮河流域，向东北经舞阳、许昌等地由郑州附近入黄河。同年11月，长办完成了《汉江流域规划要点报告（送审稿）》报水利部。该报告中提出，丹江口枢纽是汉江综合利用开发中最重要的梯级，并选定为第一期工程，还研究了引汉济黄、济淮以及开辟郑州至武汉通航运河问题。1958年以前对引嘉济汉诸方案进行的研究表明，从工程难度和可调水量等因素综合分析，方案难以成立，故未再继续开展工作。

为配合1958年丹江口工程开工要求，1957—1958年开展了引汉渠首枢纽选址方案的研究、引汉总干渠渠首至宝丰段的渠线选择和总体布置研究，完成了《唐白河灌区引汉总干渠初步设计要点报告》和《引汉总干渠渠首枢纽初步设计报告》报水电部，确定近期年引水100亿立方米左右，远景年引水270亿立方米，还需要补给京广运河及平武运河的航运用水；对陕南与豫东南区间航运，作为远景考虑，在总体布置中预留航运建筑物位置。

1958年3月25日，中央政治局成都会议通过了兴建丹江口工程的决定。同年4月25日，水电部下达了《丹江口水利枢纽初步设计任务书（草案）》，规定枢纽任务是：解决汉江中下游防洪问题；开发动能；引水灌溉唐白河流域；调节径流，改善汉江中下游航运条件。长办据此于当年5月提出《丹江口水利枢纽初步设计要点报告》报水电部，选定正常蓄水位170米，死水位150米。6月，经有关部委审查，确定分两期引水：第一期保证唐白河灌溉用水；第二期在汉江保证率50%，年引水约270亿立方米的情况下，除满足唐白河灌区外，余水济黄、济淮。

1958年9月1日，丹江口工程举行了开工典礼。10月，水电部批准《丹江口水利枢纽初步设计任务书》。该任务书明确指出：引水灌溉唐白河流域是枢纽近期主要任务之一，引汉济黄、济淮作为远景考虑，从而进一步确定了丹江口水库为南水北调中线调水的水源工程地位，长办据此开展了唐白河流域规划及引汉总干渠设计研究，编制了《唐白河流域规划报告要点》（草稿）、《唐白河灌区引汉总干渠设计任务书（草案）》《唐白河灌区规划要点报告》。

1959年7月，长办对丹江口水库、唐白河引汉灌区，以及不同阶段济黄、济淮的设想，沿线及渠道设计等多方面进行了研究，南水北调中线方案主要成果已编入《长江流域综合利用规划要点报告·南水北调篇》中，提出近期从丹江口水库引水经唐白河流域过"方城"沿淮河平原西入规划的黄河桃花峪水库，远景是从三峡引水经宜昌、谷城至汉江边的黄家港建渡槽过汉江接引汉总干渠。同年，黄委编制了《引汉济黄规划报告》，对京广运河京—郑段线路作了查勘研究，提出高、中、低各两种共6条线路方案。

1961年3月，水电部审查了长办1959年提出的《引汉总干渠渠首枢纽初步设计报告》，并下达了《引汉工程补充设计任务书》。1963年8月，长办提出了《引汉第一期工程设计任务书汇报提纲》，还编制了《引汉第一期工程设计任务书》。以上成果均是以丹江口水库正常蓄水位170米、引水位150米为基础的引水方案。

1962年3月，丹江口工程由于质量事故等，中共中央批准主体工程停工处理补强。1966年6月，国务院批准的丹江口水利枢纽停工后的续建规模为：设计蓄水位155米（1975年批准提高到157米），死水位140米，相应坝顶高程162米（原设计的完建规模坝顶高程175米降至162米，称"初期规模"，175米称"后期规模"）。

丹江口水库初期规模于1967年汛后蓄水，具备了引汉灌溉条件，河南、湖北两省和长办共同提出的《关于引汉灌溉工程开工的请示报告》报部和国务院业务组批准，同意兴建从水库引水的河南陶岔和湖北清泉沟两座渠首闸，其中河南陶岔闸设计由长办承担，清泉沟闸由湖北省负责。1969年4月至1970年1月，长办提出了《引丹灌溉工程陶岔渠首枢纽设计简要报告》及其补充修改设计报告。陶岔与清泉沟两渠首工程于1969年分别开工，1973年与丹江口水库初期规模同期建成。由于丹江口水库在施工过程中改为分期建设，因此在初期的设计和施工中水库大坝和陶岔闸都考虑了后期加高的条件和要求。1970年7月还编制了《丹江口水利枢纽初期设计蓄水位155米水利规划报告》。从1979年起，南水北调中线主要研究丹江口水库在初期规模条件下的调水规划，一直持续到1990年。

1980年3月，长办提出了《南水北调中线引汉工程规划要点补充报告》，重点研究了以丹江口后期完建规模为基础的调水规划。1982年9月，长办提出了《南水北调中线规划阶段工程地质勘察报告》（陶岔—方城段）。1983年9月，国家计委将南水北调中线规划列为国家"六五"计划前期工作重点项目。1984年5月，长办提出了《南水北调中线初期引汉工程规划阶段性报告》，1985年底提出了《南水北调引汉规划报告》（初稿）。1986年4月，长办与水电部南水北调办公室共同在石家庄召开会议，对规划报告初稿进行了讨论。中线工程部分勘测工作与规划同步交叉进行。1987年，长办在综合各勘察成果的基础上编制了《南水北调中线规划阶段报告引汉总干渠工程地质》。当年5月，长办还编制了《初期引汉工程陶岔渠首至沙河段规划》。

1987年上半年，长办按1984年规划协调会议和1986年石家庄会议纪要精神编制了《南水北中线规划报告》及有关附件。同年，水电部决定分两阶段审查《南水北调中线规划报告》。第一阶段审查会于1987年9月在北京举行，中线水源区和北京、河北、河南、湖北等省（直辖市）的有关部门和国家计委、科委、交通部、地矿部、城乡建设部、农牧渔业部、铁道部、中国科学院的领导专家和有关流域机构代表参会。1988年，长办与有关部门协作，针对第一阶段审查会提出的问题修正补充，提出了《南水北调中线规划补充报告》和《南水北调中线规划简要报告（1988年修订）》，该规划成果已纳入1990年修订的《长江流域综合利用规划简要报告》中。水电部领导对中线工作的考虑是开展部分专题研究，在此基础上编制可行性研究报告，故原安排第二阶段审查未进行。

1990年8—9月，国家计委、水利部派魏昌林等人到湖北、河南两省与有关部门进行调研协调，从南水北调大局考虑，湖北省及河南省均表示积极支持丹江口水库大坝加高，因而中线工程规划工作重点逐渐转向以丹江口水库加高调水方案为主，即进入了"后期引汉规划"阶段，当时指按照丹江口水库加高完建后期规模条件下的调水规划方案。同年9月下旬，水利部杨振怀部长主持召开了中线工程研讨会。10月，水利部《关于加强南水北调中线前期工作的通知》，要求抓紧完成丹江口水利枢纽后期完建工程及调水方案的可行性研究和设计任务书工作。11月，邹家华副总理视察丹江口工程并了解丹江口水库引水华北的规划。根据水利部通知精神，长江委编制了《南水北调丹江口水库后期规模引水补充方案规划报告》，并开展了可行性研究的准备工作。

为缓解北方水资源紧缺的矛盾，国家要求尽快提出东线、中线两项工程同等深度

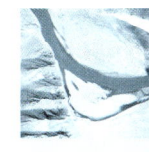

的可行性研究，供宏观决策，以便将南水北调工程纳入十年大型工程建设项目计划。1991年5月，水利部下达《关于转发国家计委关于印发〈1991年基本建设重点项目前期工作计划〉的通知》，其中南水北调中线工程为新建项目，建设规模为从丹江口水库引水150亿立方米，工作阶段为设计任务书。根据上述要求，长江委和有关省（直辖市）以及一些专业单位广泛开展了中线各部门和各专业的研究，提出了《南水北调中线工程规划报告（1991年9月修订）》《南水北调中线工程初步可行性研究报告》以及各项专题研究、图册共20多件。水利部在北京主持召开了上述两个报告的审查会，水利部有关司局、水利部水规总院、南办、水科院、长江委、黄委、淮委、海委、天津院参加。会议原则同意两个报告，肯定了丹江口工程加高调水、不分期、总干渠黄河以北定"高线"、不考虑通航等大的格局，并增加向天津市供水任务。会议认为，提交的报告加上审查意见可作为国家决策比选南水北调中、东线的基础之一。

1992年3月，国家计委在京召开了南水北调工程研讨会，会后要求对南水北调中线、东线方案进行深入研究，提出意见，最后再报送国务院。

为此，1992年4月上旬，长江委和湖北省计委共同召开了水源地区工作研讨会，研究了中线工程对湖北的影响及对策。4月中旬，水利部召开中线工程协调会，会上确定长江委为中线总负责单位，有关流域机构和水科院参与中线工作，要加快中线工程前期工作，开展专题研究。

5月下旬，长江委有关技术负责人前往天津会同河北省水利厅、天津市水利局、海委等单位进行中线向天津供水线路的查勘。1992年6月，国家计委农经司、水利部计划司组织了中线考察团，北京、天津、河北、河南4个省（直辖市）计委、水利厅（局）负责人和长江委参加，进行全线考察。据国家计委3月和7月两次会议精神，海委、淮委有关领导都到长江委就配合中线工程有关工作进行了研讨。会上对西线、中线和东线工程方案进行了讨论，认为从长远看西线、中线、东线都需要，都应抓紧前期工作，东线和中线尽早实施。

根据国家决策的需要，9月国家计委农经司、水利部计划司在京联合召开了中线工程前期工作会议。会议决定：为了加快前期工作步伐，要求长江委于10月中旬拿出《可行性研究报告》初稿，并组织各有关省（直辖市）技术负责人参加初审，10月下旬由国家计委、水利部和有关省（直辖市）计委、水利厅（局）负责人进行复审，要求11月将正式文本上报国家计委。

1992年10月12日，江泽民总书记在中国共产党第十四次全国代表大会上的报告中提出：集中必要的力量，高质量、高效率地建设一批重点骨干工程，抓紧长江三峡水利枢纽、南水北调、西煤东运新铁路通道、千万吨级钢铁基地等跨世纪特大工程的兴建。10月中旬，国家计委副主任刘江、农经司副司长魏昌林、国务院办公厅二局迟文江等一行在长江委和河南、湖北两省计委、水利厅（局）负责人陪同下，实地考察了南水北调中线工程丹江口至黄河段。

1992年10月，长江委在《初步可行性报告》的基础上经过补充研究提出了《南水北调中线工程可行性研究报告》（讨论稿），并由国家计委农经司在武汉组织了北京、天津、河北、河南、湖北5个省（直辖市）计委、水利厅（局）和丹江口工程局及长江委等单位参加的讨论会进行讨论修改。10月下旬，国家计委在湖北省丹江口市召开中线工程工作会议，有关省（直辖市）计委主任和水利厅厅（局）长和国家环保总局、中国国际工程咨询公司、水利部、长江委、丹江口工程局负责人及有关专家参加。审查认为：该报告符合南水北调主要解决北京、天津、华北地区用水的精神；其内容、深度、广度和总的框架已达到可行性阶段深度，工作基础扎实；请长江委按会上所提意见适当充实后按基建程序上报国家，提供国家决策。

随后长江委按审查意见作了补充修正，于11月提出了《南水北调中线可行性研究报告》，附有图册及8个专题报告，于1993年1月上报水利部抄报国家计委。国家计委办公厅当月即日发出《关于征求对〈南水北调中线工程可行性研究报告〉意见》的函，发送北京、天津、河北、河南、湖北、陕西6个省（直辖市）人民政府办公厅，要求对中线工程技术经济可行性、合理性以及贯彻李鹏总理关于南水北调工程由中央及地方共同投资建设指示等方面提出书面意见送国家计委。6个省（直辖市）复文表示同意。

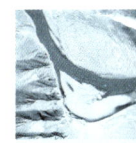

国家计委在征求6个省（直辖市）及有关方面意见后，会同水利部和中国国际工程咨询公司针对中线工程重大技术经济问题组织几个专家组进行了调研、评估及论证。在此基础上，水利部于1994年1月组织审查通过了《南水北调中线工程可行性研究报告》。1993—1995年，长江水资源保护科学研究所在有关省（直辖市）环保部门及环保科研单位协作下，完成了中线工程的环境影响评价工作，提出《南水北调中线工程环境影响报告书》及27个专题报告，并获国家环保总局正式批准。

1994年6月，根据国务院领导指示，国家计委召开南水北调中线工程论证会，进一步明确了建设中线工程的必要性和紧迫性，对工程技术可行性和经济合理性展开热烈的讨论，邹家华副总理到会并作了重要讲话，再次明确了南水北调的总格局和各条线路的主要任务。会后，长江委又根据国务院领导指示研究了从长江干流引水北调和采用暗渠或管道输水的方案。研究结果表明，从技术经济分析比较，可行性研究报告推荐的方案最优。

根据1995年6月国务院第71次总理办公会议精神，水利部和国家计委分别组织了对南水北调东线、中线、西线的全面论证和审查，中线是论证和审查的重点。论证和审查工作延续到1998年，虽然论证报告获得通过，但仍有较大的分歧。部分水利界的老领导、老专家对中线工程的一些关键问题提出不同意见，使进一步深化规划研究更为必要和紧迫。2000年前后由水利部组织编制了《南水北调工程总体规划》，对中线工程规划再次作了补充修订。

（三）南水北调西线工程

南水北调西线地处西部的长江上游，规划从长江上游通天河和主要支流雅砻江与大渡河引水到黄河上游。早在1952年8月，黄委就组织了黄河河源查勘队，初步查勘了从通天河引水入黄河的线路，研究了从长江上游通天河色吾渠引水200立方米每秒至黄河源（河源至玛多）的可能，编写了《黄河源及通天河引水入黄查勘报告》。1952年10月，毛泽东主席亲临黄河视察，听取治黄工作汇报，提出了关于南水北调的宏伟构想。到1954年，在《黄河综合利用规划技术经济报告》第一卷第六章第七节"其他河流引水"中提出从通天河、汉水引水到黄河的设想。

1958年中共中央《关于水利工作的指示》发布后，黄委于当年11—12月底查勘了内蒙古、宁夏、甘肃、青海、新疆、陕西等省（自治区）的缺水地区。1958年至1960年初，北方14个省（自治区、直辖市）对南水北调均先后提出了调水要求，调水量从开始的1000多亿立方米增加到4696亿立方米，引水路线向南延伸至怒江、澜沧江，提出的长距离引水方案多达十几种，最长线路超过6000千米，工程量达数百亿乃至上千亿立方米，坝高达800米、910米，从而超越了现实条件。1958—1960年的3年中，黄委又多次组织对引水线路的地形地质勘测和综合考察，推荐玉树—积石山线和恶巴—洮河线，但坝高洞长，工程量浩大。1959年5—7月，黄委又对从金沙江、怒江、澜沧江引水济黄可能性进行了调查，提出了可能调水的初步意见。

1959年2月，中国科学院和水电部在北京召开有关部委、高校及苏联专家考尔涅夫参加的"西部地区南水北调考察研究"工作会议，总结了前阶段的工作，提出了"蓄调并施，综合利用，统筹兼顾，南北两利，以有济无，以多补少，水尽其用，地尽其利"的指导方针，也确定西线规划研究，以及引水地区、引水线路的勘测工作由黄委负责，综合考察以中国科学院为主，科研问题由水电科学院配合。另外，中国科学院自然资源综合考察委员会曾先后派出大批科研综合考察队伍，赴南水北调西线有关地区进行综合考察研究。水电科学院在1959—1961年，为西线进行了渠道渗漏试验，甘肃、内蒙古也派人参加了线路勘测。

1960年3月，国家科委、中国科学院和水电部在北京召开了"西部地区南水北调科学技术工作"会议，将西部地区南水北调工作列入改造西北干旱地区面貌的国家重点科研任务之内，提出力争3年完成西部地区南水北调规划报告的目标。但由于三年自然灾害，加上西线工程浩大、技术要求高、条件困难等因素，使西线工作难以进行，至1963年初，各项外业工作基本停顿。

西线工程指从长江上游通天河、支流雅砻江和大渡河上游筑坝建库，开凿穿过长江与黄河分水岭巴颜喀拉山的输水隧洞，调长江水入黄河上游。1978年，根据水电部指示，黄委重新开展西线调水工程前期工作。1985年4月，黄委编制《南水北调西线引水工程规划研究报告》。同年7月，南水北调西线工程列入"七五"超前期工作项目。1978—1985年，黄委共组织了4次综合考察，重点考察了西线调水区通天河、雅砻江、大渡河3条河分别单独引水和联合引水入黄的线路，同时对与引水线路有关的支流和坝址也进行了查勘考察，研究了引水入黄的自流引水和抽水引水的可能方案。

1989年4月，黄委勘测设计院在以上查勘考察、规划研究的基础上，编写完成了《南水北调西线工程初步研究报告》。该报告总结了30年来的工作成果，明确了引水河段，提出了从通天河调水100亿立方米，雅砻江、大渡河各50亿立方米，共调水200亿立方米的方案。这一方案后来列入《长江流域综合利用规划简要报告》（1990年修订）中。以该报告为基础编报《南水北调西线工程超前期工作任务书》，并于1990年10月由国家计委批准下达。

1987年下半年至1990年，黄委勘测设计院在极其艰苦的条件下，开展了雅砻江地区大量勘测工作，以及调水影响和效益的研究。1992年9月，水利部在北京召开了《雅砻江调水工程规划研究报告》审查会并予以通过。

1991年底，黄委勘测设计院提出了《通天河调水方案比选报告》，对原《西线工程初步规划研究报告》引水河段、坝址和调水方案等作了调整，为通天河调水规划研究奠定了基础。

西线工程虽然是最早研究的调水线路，但由于工程艰巨，直到1987年才进行全面的超前期规划研究工作，开展了测绘、勘探和试验工作，比选了近百种调水工程方案，于1996年完成了《南水北调西线工程规划研究综合报告》。随后，开始转入规划工作阶段。规划阶段将原拟定在海拔3800～4200米的引水枢纽，下移集中到海拔3500米左右，以降低工程施工和运行管理的难度。2001年5月完成了《南水北调西线工程规划纲要及第一期工程规划》。

（四）引江济淮工程

1. 巢湖线

安徽省1958年前初步研究认为，以巢湖线抽水灌溉较好。引水线路为1953年计划的沟通江淮运河的线路。当时曾研究过3条线，经比较认为，自长江裕溪口取水，

经巢湖过江淮分水岭"将军岭"达淮河灌区较优。从灌溉兼作沟通江淮航运考虑，初期研究了"将军岭"明挖方案，灌溉耕地3422万亩。长办在此基础上经查勘调研，于1958年10月编写了《引江济黄济淮规划意见书》《引江济黄济淮运河线路和巢湖将军岭线路技术报告》。

1972年北方大旱，安徽省治淮指挥部为满足以皖北淮河流域灌溉为主的需要，于1973年提出了《安徽省南水北调工程的近期设想（草案）》。其中巢湖线是南水北调的组成部分，洪泽湖、微山湖两线路是与"东线近期工程规划"方案相结合的线路。

20世纪70年代研究的巢湖线比初期增加了凤凰颈、神塘河两处抽水站，引水线从裕溪口经裕溪河和荻港对岸凤凰颈、神塘河两路抽江水入巢湖并提水引至大柏店东，开隧洞穿分水岭顺东淝河进湖过闸入淮河。灌溉农田1330万～1850万亩。计划两期开发。

1979年中国水利学会天津会议后，安徽水利厅又对引江线路、供水范围、工程规模作了重点研究，于1981年提出了《引江济淮工程研究》，1983年还根据中国科协两淮考察资料修改了部分供水方案：长江至巢湖段只考虑在凤凰颈一处设流量300立方米每秒的抽水站，裕溪口不设站。在长江高水位时可从裕溪口自流引水入巢湖，长江水位低时由凤凰颈抽水入巢湖。而巢湖北至淮河段，又将大柏店北改为明渠开通江淮分水岭，然后顺东淝河入瓦埠湖进淮河。渠线与溦河总干渠立交，将总干渠改为渡槽，以满足江淮通航要求。灌溉农田1448万亩，并提供沿淮工业及城市生活用水约16亿立方米。线路长度，裕溪口至淮河269.4千米，凤凰颈到淮河288.5千米。

"两淮"（淮南、淮北）是华东煤炭基地，两淮地区内进外出的物资交流频繁。安徽省交通厅于1985年提出了《江淮运河可行性研究报告》，其内容在巢湖以南方案与水利部门基本一致；巢湖以北推荐了"运河桥"方案，以35千米长的运河桥跨越江淮分水岭，水位跌降入瓦埠湖经东淝闸入淮河，既可引江济淮，并减少挖占耕地，又缩短航程50余千米。

巢湖线在巢湖以南部分第一期工程均于1980—1985年陆续兴建：裕溪口闸已建，巢湖至长江水道已疏通，凤凰颈抽水站已兴建。巢湖以北至淮河段的方案需待下一步研究，将按照"统一规划、综合利用，两者兼顾、相互结合"的原则进行。巢湖线可灌溉的主要干旱地区在南水北调中、东线规划中都未考虑，故有其独立性，且只涉及安徽一省范围，工程相对简单，有部分工程已建成，可根据经济社会发展需要，适时兴建此项跨流域调水工程。为解决淮河流域日益突出的缺水问题，引江济淮工程前期工程加快推进。2015年3月，国务院正式批复引江济淮项目建议书。2016年12月，国务院批准引江济淮工程可行性研究报告。2017年9月，水利部、交通运输部正式批复引江济淮工程（安徽段）初步设计，引江济淮工程进入全面开工建设阶段。

2. 洪泽湖线

洪泽湖引水线，是结合东线大运河线的输水线路，是将东线工程抽入洪泽湖的水，以淮河干流和怀洪新河作为引水支线，引灌安徽宿县地区和定凤嘉地区540万亩农田以及供城镇工业用水。两支线均分期实施，第一期工程于1985年前后动工，已完建。

3. 微山湖线

该引水线是将东线工程送入微山湖的水，利用当地引水渠线，提水灌溉安徽省最北部的砀山县、肖县等地140万亩农田。由于引江大运河线穿过微山湖，从微山湖引水补给肖砀地区，工程简易。分洪泽湖和微山湖线主要为农业供水，是南水北调东线的组成部分。

（五）引汉济渭工程

为解决关中缺水问题，陕西省从1993年开始南水北调相关前期工作。受陕西省水利厅委托，陕西省水利学会组织相关水利专家从5月初开始，开展了南水北调工程查勘工作，推荐实施引红济石，以解决西安、咸阳的城市用水问题，将引嘉济渭、引子济黑列为远景项目，并于1994年4月28日向陕西省计划委员会报送了查勘成果，接着又调查了三河口水库，为引汉济渭工程的总体布局奠定了基础。

根据陕西省新近编制的《渭河流域综合治理五年规划（2008—2012年）》，引汉济渭工程建成后，可满足关中地区渭河沿线西安市等4个设区市、13个县城、8个工业园区2020年的城市生活、工业和生态环境用水需求，还可以归还渭河河道被挤占的生态用水量，使渭河河道低限生态用水量达到51.1亿立方米，极大地改善渭河河道的生态环境。

引汉济渭工程是解决陕西关中、陕北缺水的战略性水资源配置工程。2014年底，该项目获水利部批复。2014年三河口水利枢纽工程开工建设。2019年12月30日，肩负该工程调蓄中枢重任的引汉济渭三河口水库下闸蓄水。2018年12月20日，引汉济渭黄金峡水利枢纽主体工程首仓混凝土浇筑仪式举行，标志着黄金峡水利枢纽主体工程正式开工建设。目前，陕西引汉济渭工程建设已进入全面攻坚阶段。

三、主要成果简介

（一）南水北调工程总体规划

根据北方受水区的经济社会发展和水资源短缺状况，以及水源条件，规划选定了

南水北调工程东线、中线、西线的调水水源、调水线路和供水范围，与长江、黄河、淮河和海河四大江河相互连接，构成"四横一纵"的工程总体布局。按照"节水治污""资源配置""总体布局"和"机制体制"4个部分展开工作。分析研究受水区和调水区的节水、治污以及生态环境保护，论证水资源的科学配置方案，确定合理的工程调水规模，论证工程总体布局和分期实施方案，研究工程的筹资方案、水价形成机制以及建设与管理体制。规划到2050年，南水北调东线、中线和西线工程多年平均调水规模分别为148亿立方米、130亿立方米和170亿立方米，合计为448亿立方米。经论证，东线和中线将分别按三期和二期建设，其第一期工程可以先期实施。东线工程将在加强治污和水质保护的基础上，第一期工程抽江水规模89亿立方米（其中新增抽江水规模39亿立方米，江苏现有的年调水能力50亿立方米），向山东年供水16.8亿立方米。中线工程将以大坝加高扩容后的丹江口水库为水源，第一期工程的年调水规模为95亿立方米，向黄河以北输水63亿立方米。规划东线和中线第一期工程将分别于2007年和2010年前建成。西线工程要继续进行前期工作，规划分三期建设，第一期工程将于2010年前后开工，年调水规模为40亿立方米。

《南水北调工程总体规划》在12个附件和45项专题研究的基础上经综合分析研究编成，12个附件分别为《南水北调节水规划要点》《南水北调东线工程治污规划》《南水北调工程生态环境保护规划》《南水北调城市水资源规划》《海河流域水资源规划》《黄淮海流域水资源合理配置研究》《南水北调东线工程规划（2001年修订）》《南水北调中线工程规划（2001年修订）》《南水北调西线工程规划纲要及第一期工程规划》《南水北调工程方案综述》《南水北调工程水价分析研究》和《南水北调工程建设与管理体制研究》。

（二）南水北调东线

依据2002年水利部编制并经国务院批准的《南水北调工程总体规划》，东线工程利用江苏省已建的江水北调工程，逐步扩大调水规模并延长输水线路。从长江下游扬州附近抽引长江水，利用京杭大运河及与其平行的河道逐级提水北送，并连通起调蓄作用的洪泽湖、骆马湖、南四湖、东平湖。出东平湖后分两路输水：一路向北，在位山附近经隧洞穿过黄河，经扩挖现有河道进入南运河，自流到天津，输水主干线全长1156千米，其中黄河以南646千米，穿黄段17千米，黄河以北493千米；另一路向东，通过胶东地区输水干线经济南市输水到烟台、威海，全长701千米。

东线工程的主要供水范围是黄淮海平原东部和胶东地区，达18万平方千米。主要的供水目标是：解决津浦铁路沿线和胶东地区的城市缺水以及苏北地区的农业缺水，补充山东西南部、山东北部和河北东南部部分农业用水以及天津市的部分城市用水。东线工程除调水外，还兼有防洪、除涝、航运等综合效益，亦有利于京杭大运河的保护。

东线工程除解决沿线城市缺水，并可为江苏江水北调地区的农业增加供水，补充京杭大运河航运用水以及为安徽洪泽湖周边地区提供部分水量，工程的年总调水规模为：抽江水量148亿立方米（流量800立方米每秒）；过黄河水量38亿立方米（流量200立方米每秒）；向胶东地区供水21亿立方米（流量90立方米每秒）。东线工程完成后，多年平均增供水量106.2亿立方米（未包括江苏省江水北调工程的现状供水能力），扣除输水损失后，净增供水量90.7亿立方米。

2002年12月27日，南水北调东线一期工程开工建设，2013年11月15日通水。

（三）南水北调中线

依据2002年水利部编制并经国务院批准的《南水北调工程总体规划》，中线主体工程规划重点研究了从汉江丹江口水库调水和从长江调水（从三峡库区的大宁河或香溪河抽水入丹江口水库再北调和从龙潭溪引水直接北调等方案）两种水源方案。近期从汉江引水，可以满足规划的近期供水目标；从三峡库区引长江水的各种方案，宜结合未来北方受水区需水要求的变化，作为中线工程的后续水源比选方案加以研究。

中线主体工程项目包括水源工程、输水工程、调蓄工程和汉江中下游治理工程。

1. 水源工程

丹江口水库于1958年开工建设，1973年建成初期规模，坝顶高程162米，正常蓄水位157米，相应库容174.5亿立方米，主要任务是防洪、发电、供水、航运。在库区河南省淅川县境内建有陶岔引水闸和清泉沟引水隧洞，分别为河南省刁河灌区150万亩和湖北省清泉沟灌区210万亩农田供水，枯水年份的供水量约15亿立方米。丹江口水库大坝按正常蓄水位170米一次加高，分期分批安置移民。大坝加高后，第一期工程的多年平均调水规模为95亿立方米，特枯年份调水量为62亿立方米，基本满足需调水量的要求；同时，可使汉江中下游防洪标准由20年一遇提高到100年一遇，两岸14个民垸70多万人可基本解除洪水威胁。丹江口大坝加高后，库区新增淹没范围涉及河南、湖北两省5个县（市、区）48个乡镇。根据1990年调查结果，考虑人口增长的动态因素，推算到2010年移民安置人口约30万。

2. 输水工程

渠首在丹江口水库陶岔闸，沿伏牛山南麓山前岗垅、平原相间地带向东北方向延伸，在方城县城南过江淮分水岭垭口进入淮河流域，在鲁山县跨过（南）沙河和焦枝铁路，经新郑市北部到郑州，在郑州以西约30千米的孤柏嘴处穿越黄河，然后沿京广铁路西侧向北，在安阳西北过漳河，进入河北省，从石家庄西北穿过石津干渠和石

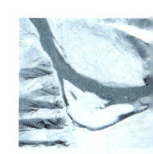

太铁路，至徐水县分两路。一路向北跨北拒马河后进入北京市团城湖，另一路向东为天津供水。中线工程从长江支流汉江丹江口水库陶岔渠首闸引水至北京团城湖，输水总干线全长1267千米，其中黄河以南477千米，穿黄段10千米，黄河以北780千米。天津干线从河北省徐水县分水向东至天津外环河，长154千米。

3. 调蓄工程

输水线路东西两侧现有向城市供水的水库和洼淀19座，总调蓄库容为67.5亿立方米；可充蓄的调节水库、洼淀调蓄库容10.9亿立方米。

4. 汉江中下游治理工程

中线工程从丹江口水库多年平均调水量130亿立方米，对汉江中下游生活、生产和生态用水将有一定的影响，需兴建兴隆水利枢纽、引江济汉、改扩建沿岸部分引水闸站、整治局部航道等4项工程，以减少或消除因调水产生的不利影响。规划确定的第一期工程调水规模为95亿立方米，对汉江中下游影响较小，但考虑到环境问题的复杂性和敏感性，仍安排了汉江中下游上述4项治理工程项目；第二期工程将视环境状态变化等因素，再考虑兴建其他必要的水利枢纽。

在以往长期研究、反复比选的基础上，本次规划再次重点研究了从汉江丹江口水库调水和从长江调水两种水源方案。从长江调水分别研究了从三峡库区的大宁河或香溪河抽水入丹江口水库再北调和从龙潭溪引水直接北调等方案。经反复论证，比较一致的意见是：近期从汉江引水，可以满足规划的近期供水目标，也比较经济；从三峡库区引长江水的各种方案，提水扬程达245～450米，所需投资大、运行费用高，由于其前期工作深度不够，许多问题尚待勘察、分析和研究，宜结合未来北方受水区需水要求的变化，作为中线工程的后续水源比选方案加以研究。

（四）南水北调西线

2001年5月完成了《南水北调西线工程规划纲要及第一期工程规划》。

西线工程指从长江上游通天河、支流雅砻江和大渡河上游筑坝建库，开凿穿过长江与黄河分水岭巴颜喀拉山的输水隧洞，调长江水入黄河上游。至于曾经粗略研究过的从怒江、澜沧江、雅鲁藏布江调水的一些设想方案，可作为更长远的后续水源和扩大供水范围，故未纳入总体规划。

西线工程主要是解决涉及青海、甘肃、宁夏、内蒙古、陕西、山西6个省（自治区）黄河上中游地区和渭河关中平原的缺水问题。结合兴建黄河干流上的大柳树水利枢纽等工程，还可以向临近黄河流域的甘肃河西走廊地区供水，必要时也可相机向黄河下游补水。

通过对规划区各调水河流20余处引水枢纽的分析研究，规划选定了3个调水区，综合分析可调水量、缺水量以及经济技术合理性等因素，规划确定西线工程调水规模为 170 亿立方米，分别占引水枢纽处河流径流量的 65%～70%。经综合比选，确定西线调水的工程布局为：从渡河和雅砻江支流调水的达曲—贾曲自流线路（以下简称达—贾线），从雅砻江调水的阿达—贾曲自流线路（以下简称阿—贾线），从通天河调水的侧坊—雅砻江—贾曲自流线路（以下简称侧—雅—贾线）。

1. 达—贾线

在大渡河支流阿柯河、麻尔曲、杜柯河和雅砻江支流泥曲、达曲 5 条支流上分别建引水枢纽，联合调水到黄河支流贾曲，年调水量 40 亿立方米，输水期为 10 个月。该方案由"五坝七洞一渠"串联而成，输水线路总长 260 千米，其中隧洞长 244 千米，明渠 16 千米。

"五坝"即在 5 条引水河流上各建一座引水枢纽，即达曲的阿安、泥曲的仁达、杜柯河的上杜柯、麻尔曲的亚尔堂和阿柯河的克柯坝址。坝高分别为 115 米、108 米、104 米、123 米、63 米，年引水量分别为 7 亿立方米、8 亿立方米、11.5 亿立方米、11.5 亿立方米、2 亿立方米。

"七洞"即利用线路通过河流的地形，将输水隧洞自然分为 7 段，总长 244 千米。其中，达曲—尼曲段长 14 千米，泥曲—杜柯段长 73 千米，杜柯河—结壤段长 33 千米，结壤—麻尔曲段长 3 千米，麻尔曲—阿柯河段长 55 千米，阿柯河—若果郎段长 16 千米，若果郎—贾曲段长 50 千米。最长洞段 73 千米，最大洞径 9.58 米。

"一渠"即隧洞出口由贾曲到黄河的 16 千米明渠。

2. 阿—贾线

在雅砻江干流阿达建引水枢纽，引水到黄河支流的贾曲。年调水量 50 亿立方米。该方案主要由阿达引水枢纽和引水线路组成，枢纽大坝坝高 193 米，水库库容 50 亿立方米。引水起点阿达枢纽坝址高程 3450 米，由隧洞输水。在达曲接达—贾线，平行布置输水隧洞一直到黄河贾曲出口，高程 3442 米。输水线路总长 304 千米，其中隧洞 288 千米（最长洞段 73 千米，洞径 10.4 米），明渠长 16 千米。

3. 侧—雅—贾线

在通天河上游侧坊建引水枢纽，坝高 273 米，输水到德格县浪多乡汇入雅砻江，顺流而下汇入阿达引水枢纽，布设与雅砻江调水的阿—贾线平行的输水线路，调水入黄河贾曲。年调水量 80 亿立方米。侧坊枢纽坝址高程 3542 米，水库死水位 3770 米，雅砻江浪多乡入口处高程 3690 米。侧坊—雅砻江段输水线路长度 204 千米，其中两条隧洞平行布置，每条隧洞长 202 千米，分 7 段，最长洞段 62.5 千米，洞径 9.58 米，明渠 2 千米。雅砻江—贾曲段线路与从雅砻江调水的阿—贾线相同，线路长度 304 千米，

其中有两条平行隧洞的长度288千米，可分为8段，最长洞段73千米，洞径9.58米。

（五）下游引江济淮线

淮河水量年际变化大，丰、枯年水量相差极为悬殊，且干流和淮北地区蓄水工程调节能力也不大，干旱年份缺水严重，农田灌溉用水难以保证。沿淮工业和城市又有很大发展，需水量将更大。为了满足安徽在淮河流域，特别是淮北和定（远）凤（阳）嘉（山）地区扩大灌溉所需水量以及沿淮工业和城市用水，必须从长江抽水引江济淮。其次，安徽省淮北和江淮地区，是能源、矿产和粮食基地，省境的长江、淮河均为东西流向，省内很多物资交流和煤炭运输是南北向，沟通江淮水道可避免绕道淮河下游到长江的曲折航行，省路省时省费用，对促进两淮地区经济发展也意义重大。

引江济淮工程是一项以城乡供水和发展江淮航运为主，结合灌溉补水和改善巢湖及淮河水生态环境为主要任务的大型跨流域调水工程。2017年9月，该工程进入全面开工建设阶段。引江济淮工程自南向北分为引江济巢、江淮沟通、江水北送三段，输水线路总长723千米，其中新开河渠88.7千米、利用现有河湖311.6千米、疏浚扩挖215.6千米、压力管道107.1千米。引江济淮工程供水范围涵盖安徽省12市和河南省2市，共55个区县。其中，安徽省有亳州、阜阳、宿州、淮北、蚌埠、淮南、滁州、铜陵、合肥、马鞍山、芜湖、安庆12个市46个县（市、区），河南省有周口、商丘2个市9个县（市、区），涉及面积约7.06万平方千米。总投资逾900亿元。总工期72个月。工程将建设凤凰颈、枞阳、兆河、庐江、白山、派河、蜀山和东淝河共八大枢纽，配合现有河道、疏浚扩挖、铺设管道等方式，再加上梯级泵站，逐步提升抬引江水，一路送到皖北直至河南，将沟通长江、淮河两大水系，开创一条平行于京杭大运河的南北水运大通道，推动长江经济带、淮河生态经济带、中原经济区三大发展战略区协同发展，绘就"一渠清泉干净水，一道靓丽风景线，一条生态经济带"的绿色发展新蓝图。

（六）引汉济渭工程

引汉济渭是从汉江干流上游规划梯级黄金峡水库、汉江支流子午河中游三河口水库调水，横穿秦岭补给渭河水系。供水对象为关中地区的西安、宝鸡、咸阳、渭南、杨陵5个重点城市，兴平、武功等13个县级城市以及沿线8个重要工业园区的生活、生产用水。

关中地区是陕西省经济社会发展的核心地带，属严重资源性缺水地区。原规划其在西线供水范围内，由于西线工程难度大，为解决关中地区日益严重的缺水问题，通过多种区外调水方案的比较，引汉济渭工程具有水量可靠、工程难度小、易于实施的优点，是缓解关中地区缺水最佳的途径。

鉴于南水北调中线一期工程实施后，汉江流域要维持自身水生态和水环境的要求，故而引汉济渭工程规划需分步实施。规划2020年从汉江引水不超过10亿立方米为宜，到2030年可结合南水北调中线后期从长江引水扩大引水量，或考虑从嘉陵江补水，调水量扩大至15亿立方米。

为保证引汉济渭工程基本不影响南水北调中线一期工程，在调度运行中应服从汉江流域水资源统一调度和管理的原则，并在枯水年采取避让措施。

（七）滇中引水工程

金沙江石鼓以上多年平均年径流量433亿立方米，水量丰富，水质好。通过对多种水源研究比较，金沙江虎跳峡及以上河段为滇中引水工程的最佳水源地。滇中引水工程供水范围包括大理、楚雄、红河、昆明、玉溪、丽江，以城镇生活用水和工业用水为主，兼顾农业和生态环境用水。可以采取自流或自流和抽水相结合的方式引水。

滇中引水工程多年平均调水量34.17亿立方米，所调水量的64.6%供给长江流域，调水量占金沙江调出河段径流量的9.37%，对水源区的影响较小。下阶段应进一步分析用水需求的合理性及提高用水效率的可能性，研究开发利用当地径流的潜力，并结合虎跳峡河段开发方案，深入论证滇中引水工程取水方案和规模。

四、规划实施效果

1. 南水北调中线一期工程

2014年12月12日14时32分，南水北调中线一期工程正式通水。北京、天津、河北、河南4个省（直辖市）沿线约6000万人将直接喝上水质优良的汉江水，近1亿人间接受益。

根据国家安排，这项重大工程将向北京、天津等华北20个大中城市及100多个县（市）提供生活、工业用水，兼顾生态和农业用水。整个项目年均调水量为95亿立方米，其中河南省年均配额为37.7亿立方米（含刁河灌区现状用水量6亿立方米），河北省34.7亿立方米，北京市12.4亿立方米，天津市10.2亿立方米。

调水工程从丹江口水库陶岔渠首闸引水，沿线开挖渠道，经唐白河流域西部过长江流域与淮河流域的分水岭方城垭口，沿黄淮海平原西部边缘，在郑州以西李村附近穿过黄河，沿京广铁路西侧北上，可基本自流到北京、天津，线路全长1432千米。

创下多个世界之最的这项大型工程于2003年12月30日开工建设，2013年12月全线贯通。2014年9月完成全部设计单元工程通水验收，同月29日通过全线通水验收，满足调水要求。

2. 引江济汉工程

为减小南水北调中线工程对丹江口水库下游的影响，在南水北调中线干线工程建

设的同时，同步实施了引江济汉、兴隆水利枢纽、改扩建沿岸部分引水闸站、整治局部航道4项补偿工程。引江济汉工程连通长江和汉江，渠道全线衬砌，全线立交。

引江济汉干渠全长67.23千米，渠道在拾桥河相交处分水入长湖，经田关河、田关闸入东荆河。该工程于2010年3月26日开工，2014年8月8日应急调水抗旱，9月12日通过通水验收。2014年9月26日，引江济汉工程正式通水。24小时后，水头抵达汉江，润泽汉江下游4万平方米农田和800多万人口。

引江济汉工程设计流量为350立方米每秒，最大引水500立方米每秒。工程建成后，每年可向汉江兴隆以下河段（含东荆河）调引30.8亿立方米长江水，有效地补充因南水北调中线调水而减少的水量，改善该河段的生态、灌溉、供水条件，还可缩短长江荆州段至汉江潜江段航程600千米，对促进湖北省经济社会可持续发展和汉江中下游地区的生态环境修复具有重要意义。引江济汉工程先期通水为南水北调中线一期工程通水创造了有利条件。

第七节　河道整治

一、概述

长江中下游干流河道，上起宜昌，下迄河口50号灯标，全长1893千米，流经湖北、湖南、江西、安徽、江苏、上海等6个省（直辖市）。沿江地区农业经济发达，工业门类齐全，城镇化水平较高，基础设施较好，水资源丰沛，是长江流域的精华地带。

二、规划研究过程

新中国成立前，长江河道基本上处于自然演变状态，主流摆动，江岸在水流冲刷下的崩坍十分剧烈。新中国成立后，积极采取防护治理措施，并组织开展了中下游河道治理的规划设计工作。

1959年，长办编制的《长江流域综合利用规划要点报告》提出了"以航运为主的干流航道整治与南北运河计划"；1960年，长办又编制了《长江中下游河道治理规划要点报告》（未上报审批）。在规划指导下，完成了下荆江中洲子、上车湾裁弯工程，南京、镇扬等河段整治工程和中下游及长江河口大量的护岸工程。进入20世纪80年代后，进一步开展了长江中下游干流河道综合治理的规划研究工作。在1990年《长江流域综合利用规划简要报告》中，提出了"干流长江中下游以防洪、航运与岸线利用为目标的河道整治规划"，对各河段治理提出了方向性、轮廓性的意见。根据水利部指示，针对目前河道变化与防洪航运及经济建设要求不相适应的突出矛盾，1993年提出了《长江中下游河势控制应急工程规划报告》，1996年1月又提出了《长江中下游河势控制应急工程规划补充报告》。1992年5月，长江委编制了《长江中下游干流河道治理规划任务书》上报水利部，全面开展了长江中下游干流河道治理规划工作，于1997年编制完成了《长江中下游干流河道治理规划报告》，1998年得到水利部批准。

2003年三峡水库蓄水运用后，中下游干流河道崩岸强度与频度明显大于水库蓄水运用前，为保障防洪安全、维护河势稳定，长江委于2006年组织实施了荆江河段河势控制应急工程。2008年，长江口综合整治规划经国务院批复后，新通海沙、中央沙、青草沙等整治工程已实施完成。据统计，截至2010年，长江中下游累计完成护岸工程约1555千米，基本稳定了中下游河势。1997年规划拟定的2005年近期规划目标基本实现。

随着三峡工程及上游干支流水库的陆续兴建，长江中下游水沙条件发生了较大的变化，长期清水下泄对中下游干流河道防洪、河势等方面带来一系列影响。为保证长江中下游的防洪安全，进一步控制河势，《长江流域综合规划（2012—2030年）》对中下游河道治理提出了方向性的意见。

根据《长江中下游干流河道与洲滩控制利用规划任务书》（水规计〔2010〕317号文）、《长江中下游干流河道规划修订水文测验、洲滩地形图测量及基础信息系统建设、环境评价报告书》（长规计〔2011〕13号文），长江委同湖北、湖南、江西、安徽、江苏、上海6个省（直辖市）有关部门开展了新一轮长江中下游干流河道治理规划。先后开展了长江中下游查勘和较大规模的长江中下游主要汊道分流分沙比水文测验，长江中下游干流洲滩规划信息管理系统建设等，编制完成了《长江中下游干流河道治理规划（2016年修订）》，并获水利部批复。

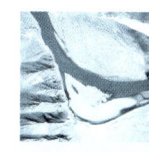

三、主要成果简介

《长江中下游干流河道治理规划（2016年修订）》全面系统地研究了三峡工程运用后长江中下游干流各河段的演变特点与演变趋势，并分析在新的水沙条件下长江中下游干流河道目前存在的主要问题及面临的新形势，在深入分析未来沿江经济发展对河势控制的要求，对洲滩、岸线、江砂资源利用的需求基础上，提出近期（2020年）对现有护岸段和重要节点段进行全面加固和守护，基本控制分汊河段的河势，对河势变化较大的河段进行治理，保障防洪安全，避免三峡工程运用后河势出现不利变化。远期（2030年）对长江中下游干流河段进行全面综合治理，使长江中下游干流河道的有利河势都得到有效控制，不利河势得到全面改善。从全面系统治理的角度出发，着重研究了三峡工程运用后长江中下游干流河道的河势控制规划方案，重点河段和一般河段的综合治理方案，洲滩、岸线、江砂的规划意见与控制条件，并对规划实施程序、资金筹措、管理以及下一阶段的工作提出了建议。

第八节　岸线利用

一、概述

长江中下游干流河道，由于边界条件抗冲性较差，河岸冲淤变化频繁，局部岸段时发崩岸险情，局部河段河势调整较为剧烈。进入到21世纪以来，随着长江沿江地区岸线开发利用项目的增多，出现了一些岸线布局不合理、土地和岸线资源缺乏高效利用，以及因岸线使用不当带来对防洪和河势负面影响等问题，不利于岸线的可持续利用。

二、规划研究过程

水利部于2006年启动了全国主要河流的流域综合规划修编工作，岸线利用管理规划作为流域综合规划重要的专项规划以及流域水行政管理的重要基础工作，受到水利部的高度重视。2007年2月，水利部印发《关于开展河道（湖泊）岸线利用管理规划工作的通知》。2007年9月11日，水利部水规总院以水总研〔2007〕522号文下发《全国河道（湖泊）岸线利用管理规划工作大纲》（以下简称《工作大纲》）。

按照水利部的统一部署，2008年5月30日，长江委以办江务函〔2008〕107号文下发了《工作大纲》。按照《工作大纲》的总体要求，沿江四川、重庆、湖北、湖南、江西、安徽、江苏及上海8个省（直辖市）负责收集整理各行政区域内河道整治工程、河道岸线利用现状等有关基础资料，并提交各行政区域内长江干流岸线利用管理规划意见。在各省（直辖市）提交成果的基础上，长江委于2008年12月编制完成了《长江宜宾以下干流岸线利用管理规划报告》（汇总稿）、规划附表及附图集，并参加了全国岸线规划汇总。

三、主要成果简介

本次岸线利用管理规划的范围为长江宜宾以下干流河道（含三峡库区），两岸岸线长度约5831.56千米，洲岸线长度约1198.02千米，其中崇明岛、长兴岛、横沙岛及太平洲洲岸线长度约428千米。

规划紧紧围绕构建社会主义和谐社会的目标，遵循全面、协调、可持续的科学发展观，按照人与自然和谐发展的理念，依据《中华人民共和国水法》等法律法规，着眼于长江岸线的可持续利用，在保障防洪安全、河势稳定、供水安全的前提下，合理开发利用长江岸线资源，充分发挥岸线的综合功能，实现岸线资源的有效利用、科学保护与管理，促进沿江地区经济社会的可持续发展。本规划主要内容包括：①评价岸线资源条件，分析岸线利用现状，总结长江岸线开发利用实践和近年来岸线管理工作存在的主要问题。②系统分析长江干流宜宾以下河道历史演变、近期演变及演变趋势，分析岸线开发利用与长江河势控制、河道整治的相互关系，为岸线功能区划分提供基本依据。③在各省（直辖市）提交岸线功能分区初步成果的基础上，联系河道治理方案和防洪规划，对宜宾以下河道两岸岸线及洲岸线进行了功能区的划分。④结合各功能区实际情况，提出了各功能区的岸线利用与保护的敏感性目标；综合考虑沿江各省、各地区经济发展水平，全面提出不同岸段的开发利用条件和适宜利用的方向，阐明开发利用的制约条件，在此基础上提出控制利用的指导意见和措施。

第九节 采砂

一、规划研究过程

长江中下游干流河道自宜昌至长江口全长1893千米，流经湖北、湖南、江西、安徽、江苏、上海6个省（直辖市）。长江中下游干流河道砂石是重要的建筑和填筑材料。随着长江经济社会的快速发展，对砂石料的需求量大增。

为规范长江河道采砂活动，根据《长江河道采砂管理条例》的要求和水利部的部署，长江委同长江中下游干流沿江有关省（直辖市）水行政主管部门分别于2002年10月和2011年8月编制完成了《长江中下游干流河道采砂规划报告》和《长江中下游干流河道采砂规划（2011—2015年）》，水利部在2003年以水规计〔2003〕39号文和2011年以水规计〔2011〕559号文分别批复了这两轮采砂规划，对长江中下游干流河道采砂起到了较好的指导和约束作用，采砂管理总体状况良好。加强和规范长江上游宜宾以下河道采砂管理，长江委同有关地方水行政主管部门，还编制完成了《长江上游干流宜宾以下河道采砂规划》（2015—2019年），并获水利部批复，于2015年7月1日开始实施。

根据《全国江河重要河道采砂管理规划任务书》（水规计〔2010〕153号文）、《全国江河重要河道采砂管理规划工作大纲》（办规计〔2010〕176号文）要求，水利部组织七大流域开展全国江河重要河道采砂管理规划。长江委同四川、重庆、湖北、湖南、江西、陕西、广西7个省（自治区、直辖市），编制完成了《长江流域重要河道采砂管理规划》，2012年3月9日，《全国江河重要河道采砂管理规划》通过了水利部组织的审查。

长江上游水利枢纽的蓄水运用后，依据《长江中下游干流河道采砂规划（2016—2020年）任务书》（水〔2014〕450号文），长江委着手规划修订工作。2016年5月形成了《长江中下游干流河道采砂规划（2016—2020年）》，水利部以水建管〔2016〕409号文予以批复。

二、主要成果简介

1. 《长江流域重要河道采砂管理规划》

规划涉及四川、重庆、湖北、湖南、江西、陕西、广西等7个省（自治区、直辖市），长江流域共有长江干流、岷江、嘉陵江、乌江、沅江、湘江、赣江等19条江河，鄱阳湖、洞庭湖2个湖泊纳入规划，规划的河段总长度约1.2万千米，约占全国规划河段总长度的40%，规划可采区1076个，采砂控制总量105125万吨。此次规划的规划期为5年，坚持维护河道河势稳定，保障防洪、通航、供水和水环境安全，科学发展、可持续发展，全面、协调、统筹兼顾，总量控制、分年实施、突出重点、兼顾一般等五大原则，依据各流域河道的演变情况、演变趋势、来水来沙情况，充分考虑保障防洪和通航安全、保障沿江涉水工程和设施正常运用以及水生态环境保护等方面的要求，结合经济社会发展要求，研究提出规划期内各河段禁采区、可采区、保留区规划，年度采砂控制总量及分配规划，以及河道采砂规划实施与管理意见。

2. 《长江中下游干流河道采砂规划（2016—2020年）》

随着长江上游三峡、向家坝、溪洛渡等水利综合枢纽的相继蓄水运用，长江中下游河道输沙量等江砂开采条件发生了显著变化。为更好地适应长江新的水沙及河道条件变化和采砂管理新要求，发挥采砂规划的指导性和约束性作用，迫切需要对现行规划进行修订和补充完善。

根据2014年12月31日水利部批复的《长江中下游干流河道采砂规划（2016—2020年）项目任务书》，长江委同长江中下游干流沿江6个省（直辖市）水行政主管部门提出了《长江中下游干流河道采砂规划（2016—2020年）》。2016年11月21日，水利部以水建管〔2016〕409号文批复了该规划。

该规划根据长江中下游干流河道水文泥沙特性及冲淤变化趋势，结合区域经济社会发展和河道采砂的限制性要求，合理确定年度采砂控制总量为 8330 万吨，其中建筑砂料 1730 万吨，其他砂料 6600 万吨。科学划定禁采区、可采区和保留区。针对鱼类产卵场、江豚重要栖息地、水产种质资源保护区以及通航要求，提出禁采期。并研究提出采砂规划实施与管理的具体指导意见。

第十节　水土保持

一、概述

长江流域水土流失面积为 48.08 万平方千米，水土流失面积和年土壤侵蚀总量均居我国各大流域之首。加之人为活动比较强烈，存在造成新的水土流失的风险。水土流失类型复杂多样，以水力侵蚀为主，还存在风蚀、冻融侵蚀、滑坡重力侵蚀和泥石流、崩岗混合侵蚀等。水土流失导致水源涵养能力降低，泥沙淤积，灾害加剧，生态恶化。

二、规划研究过程

新中国成立以后，国家对水土保持工作十分重视，开展了一系列规划和治理工作。长江流域水土保持规划从 20 世纪 50 年代开始逐步深入。

长江流域土壤侵蚀区划是长办 1959 年初委托中国科学院西北水土保持研究所进行的，长办及中国科学院南京土壤研究所参加了这项工作。全流域路线调查共 1 万余千米，控制面积约 140 万平方千米，并在云南昭通、四川遂宁、湖南宁乡、江西兴国等县约 100 个典型地区作了重点调查研究，于 1961 年 8 月完成了《长江流域土壤侵蚀区划报告》，首次进行了流域土壤侵蚀区划划分，共分为 8 个区域、29 个区、83 个亚区。

1958 年 12 月编制了《长江流域水土保持规划（草案）》，作为《长江流域综合利用规划要点报告》的一部分，也是全国第一个全流域水土保持规划。

20 世纪 60 年代中期至 70 年代中期，由于"文化大革命"的影响，长江流域水土保持工作陷于停滞状态。直到中共十一届三中全会以后才逐步恢复生机，并进入稳步发展的阶段。80 年代初期，长江流域规划修订补充工作全面开展，在此期间所进行的水土保持规划工作也为全流域的综合规划工作打下了良好的基础。

1980—2000 年，是我国水土保持工作不断加强和扩展的时期，主要规划成果包括《长江流域综合利用规划简要报告》（水土保持部分）、《长江流域水土保持规划纲要》《长江上游水土保持重点防治区总体规划报告》《长江上游水土保持重点防治区（四大片）水土保持规划》《全国水土保持建设规划（1998—2050年）》（长江流域部分）。

进入21世纪，随着水土保持工作的深入开展，基础工作扎实推进，规划工作成果也日益增多，主要完成的规划包括《丹江口库区及上游水污染防治和水土保持规划》《丹江口库区及上游水污染防治和水土保持"十二五"规划》《丹江口库区及上游水污染防治和水土保持"十三五"规划》《南方崩岗防治规划（2008—2020年）》《三峡库区水土保持规划》。三峡后续规划《三峡库区生态建设与环境保护分项规划》《长江上游滑坡、泥石流预警规划》，以及《长江流域防洪规划》《长江流域综合规划（2012—2030年）》等相关规划中也有水土保持专章内容。

这些规划大多已通过水利部水规总院审查，部分已获得国务院、发改委、水利部的正式批复并实施。

三、主要成果简介

1.《长江上游水土保持重点防治区总体规划报告》

1988年初，长办会同上游各省对长江上游首批开展水土流失重点防治的三峡库区、金沙江下游及毕节地区、嘉陵江中下游区及陇南、陕南地区"四大片"进行了水土流失综合考察。1989年，按照统一要求，在长江上游水土流失重点防治区第一、二批实施的78个重点防治县完成的县级水土保持总体规划基础上，长江委水土保持局完成了《长江上游水土保持重点防治区总体规划报告》。

2.《长江流域水土保持规划纲要》

按照水利部的统一要求和部署，1990年4月水利部农田水利司成立了"全国水土保持规划纲要编写组"，成员主要由各个大流域机构的专家组成，并在北京召开了首次会议。会议讨论了水土保持规划纲要的提纲、规划方法等内容，并要求各流域机构首先完成本流域的水土保持规划纲要，在此基础上汇总完成了《全国水土保持规划纲要》。《长江流域水土保持规划纲要》中社会经济资料以各省1990年底的统计资料为准，水土流失面积以《长江流域综合利用规划简要报告》1986年的统计资料扣除到1990年累计治理水土流失的保存面积后计算得出，规划时段是1991—2000年。在流域各省完成的水土保持规划基础上，按照水利部统一规划大纲的要求，历时两年于1992年9月完成《长江流域水土保持规划纲要》（送审稿）上报水利部，并作为《全国水土保持规划纲要》的附件。

第十一节　水资源保护

一、概述

1976年1月，国务院环境保护领导小组和水电部联合批复成立长江水源保护局（1984年更名为长江流域水资源保护局），自此长江流域水资源保护工作全面启动。长江流域水资源保护规划是一个不断探索、实践、总结和发展的过程。就规划范围而言，经历了由局部干流到干流、由干流到支流、由河流到湖库、由区域到流域的过程；就规划内容而言，由以往单一的水质保护规划拓展到水质、水量、水生态协同规划，由单一水环境质量评价发展到水功能区划分、科学核定纳污能力、提出限制排污总量，并通过工程措施和非工程措施解决水生态环境问题；就规划思路而言，形成了"水资源保护要纳入综合规划目标、水质水量水生态要协同并重保护、规划环境影响评价要考虑战略问题"的水资源保护规划新思路。整个过程按年代可分为3个阶段，各阶段特点鲜明，突破点不同，规划重点也不同。

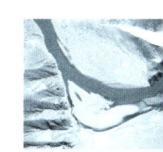

二、规划研究过程

1. 第一阶段：1990年以前

1983年9月，长江水源保护局承担了水电部下达的"长江干流污染物稀释自净规律及武汉江段污染防治规划的研究"课题任务，于1984年6月完成《长江武汉江段污染防治规划研究》；1987年，长江流域水资源保护局还参与武汉市环境保护局组织开展的武汉市城市环境规划等研究课题中长江、汉江武汉段的规划任务，于1989年编制了《长江、汉江武汉段污染防治规划初步研究》。

1985年，国家环保总局、水电部联合发布的《关于编制长江流域水资源保护规划的通知》，长江流域水资源保护局在长江干流沿岸省（直辖市）有关部门和单位的协助下，于1987年9月完成《长江干流水资源保护规划报告》（送审稿）。同时，根据该规划报告编写了"水资源保护与环境影响评价"章节，并纳入《长江流域综合利用规划简要报告》。

此外，结合重点科技攻关项目，地方环境保护部门还开展了湘江、黄浦江、沱江以及上海经济区太湖流域、铜陵市水资源保护规划，提出了《湘江污染源综合防治规划》《黄浦江污染综合治理规划》《沱江水质管理规划》《上海经济区太湖流域水污染综合防治规划》《铜陵市水污染控制规划》等。

本阶段长江水资源保护规划以水质监测站网规划及污染源调查为主，主要以污染防治任务紧迫的城市江段为对象，规划内容侧重于污染物排放总量控制，规划目标、程序与方法等技术内容还带有探索研究的特征。

2. 第二阶段：1990—2000 年

1991 年，根据水利部水资源司下达的任务，在有关城市江段水环境保护以及水污染防治规划的基础上，长江流域水资源保护局开展了长江干流九江至南京段水资源保护规划研究工作，于 1993 年 1 月完成了《长江干流九江—南京段水资源保护规划研究》报告。这是对 1986 年完成的《长江干流水资源保护初步规划》的进一步完善和补充，重点突出了水质目标管理与排污口（污染源）控制的关系。

从 2000 年起，根据国务院的"三定"方案，水利部在全国范围内组织开展水功能区划和重新编制新时期流域水资源保护规划。长江委组织流域内各省（自治区、直辖市）拟定了长江片水功能区划，2001 年底编制完成了《长江片水资源保护规划报告》。2002 年 2 月，本报告经修订已通过由水利部水规总院组织的审查。

其间，根据 1996 年 10 月 30 日国家环保总局《关于编制巢湖、太湖、滇池水污染防治规划》的要求，中国环境科学研究院、昆明市环境科学研究所、安徽省巢湖淮河水环境保护办公室和安徽省环境保护科学研究所等分别编制完成了太湖、滇池、巢湖水污染防治"九五"计划及 2010 年规划，并获国务院、安徽省人民政府等批复。为了落实国务院副总理邹家华关于重庆市和三峡库区水污染整治的批示，在国家计委和国家环保总局的统一部署下，重庆市计委和市环境保护局于 1998 年 12 月编制了《长江上游（重庆部分）水污染整治规划》。1999 年 1 月获国务院正式批准，1999 年 6 月获重庆市人民政府批复并安排实施。此外，地方相关部门还提出了《汉江流域水污染防治规划研究》《马鞍山区域水环境质量控制规划研究》《昆明市滇池流域水资源保护规划》《南通市城市水资源保护规划》《上海市河道污染综合整体总体规划》等。

3. 第三阶段：2000 年至今

进入 21 世纪，水资源开发利用活动对生态与环境带来的不利影响逐步显现，水资源短缺、水污染严重、水生态恶化等问题日益突出。2005 年，按照水利部的安排，长江委开始了新一轮的长江流域综合规划编制工作，"水资源保护要纳入综合规划目标、水质水量水生态要协同并重保护、规划环境影响评价要考虑战略问题"的水资源保护规划新思路在本轮流域综合规划中得到了充分体现。

1999 年，长江流域水资源保护局研究提出了水功能区两级分区分类的原理和技术方法，作为全国水功能区划的技术依据，组织和指导流域内各省（自治区、直辖市）开展水功能区划工作。2002 年 2 月，长江流域片水功能区划成果通过了水利部组织的审查，其内容纳入《中国水功能区划》，由水利部颁布试行，这标志着我国水资源保护和合理开发利用工作进入了新的发展阶段。到2007年7月，长江流域片19个省（自治区、直辖市）水功能区划全部由当地省级人民政府批准实施，为长江流域片全面实现以水功能区管理为核心的水资源保护管理奠定了坚实的基础。在各省（自治区、直辖市）批复的水功能区划基础上，经复核和调整后，成果纳入了2011年12月国务院批复的《全国重要江河湖泊水功能区划（2011—2030年）》（国函〔2011〕167号文）。

根据水利部要求，2004年8月长江委核定并编制完成了《三峡库区水域纳污能力及限制排污总量意见》，由水利部审议通过后依法提交给国家环保总局，这是水利部向有关部门提交的第一份限制排污总量意见。2011年，水利部组织开展全国重要江河湖泊水功能区纳污能力复核和分阶段限制排污总量制定工作（水资源〔2011〕544号文）。2013年，长江委编制完成了《长江流域片重要江河湖泊水功能区纳污能力核定和分阶段限制排污总量控制方案报告（报批稿）》，报送水利部。

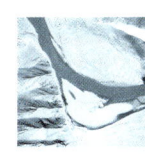

2010年以后，按照水利部和长江委的统一部署，长江流域水资源保护局开展了新一轮《长江流域片水资源保护规划》工作。2018年1月8日，《长江流域（片）水资源保护规划（2016—2030年）》通过水利部水规总院审查，相关成果汇入全国水资源保护规划总报告。

三、主要成果简介

1.《长江片水资源保护规划》（2001年）

为贯彻国务院赋予水利部的"三定"职责，根据水利部《关于在全国开展水资源保护规划编制工作的通知》，为了加强长江片（含西南诸河）水资源保护规划工作的领导，有效组织并顺利开展长江片水资源保护规划工作，2000年3月，长江委成立了长江片水资源保护规划工作领导小组。长江片内各省（自治区、直辖市）水利（水务）厅（局）也都相应成立了水资源保护规划领导小组和办事机构。长江流域水资源保护局编写了《长江片水资源保护规划工作大纲》《长江片水资源保护规划技术细则》与《长江片水功能区划分技术细则》等文件。2000年10月，长江片各省（自治区、直辖市）水功能区划成果（包括区划报告、区划登记表和区划图）初步完成，并经预审会后的修改与完善，流域水资源保护机构于2000年12月汇总成《长江片水功能区划报告》。2001年7月，长江委完成了《长江片水资源保护规划报告》（初稿）。本次水资源保护规划在水环境系统分析的基础上，根据经济社会发展需要，合理划分水功能区，拟定可行的水资源保护目标，进而分析计算水域使用功能不受破坏条件下的纳污能力，并据此提出近期和远期不同水功能区的污染物控制总量及排污削减量，为水资源保护监督管理提供依据。

2.《长江流域（片）水资源保护规划》（2012年）

2010年以后，经济社会发展与水资源保护的矛盾日益突出，水资源短缺、水污染严重、水生态恶化等问题已成为制约我国经济社会可持续发展的一个主要瓶颈。随着水资源保护工作的深入，水资源保护工作的内涵也日趋丰富。2012年，按照水利部的统一部署，长江委组织开展了《长江流域（片）水资源保护规划》编制工作。

该规划在总结以往规划成果和近20年来长江流域水资源保护工作的基础上，针对新时期最严格水资源管理对水资源保护的要求，以"维护健康长江，促进人水和谐"为基本宗旨，实现水资源可持续利用与水生态系统良性循环为目标，拟定长江流域片水资源保护战略与总体布局，形成了金沙江石鼓以上、金沙江石鼓以下、干流宜宾至宜昌、干流宜昌至湖口、干流湖口以下、岷沱江、乌江、嘉陵江、汉江、洞庭湖、鄱阳湖等共11个规划单元，并针对各单元不同现状问题与保护需求，拟定了主要保护措施方向与布局，为各项措施规划指明了方向。该规划识别筛选出长江流域水资源保护的重点地区包括"五大城市"（即上海、南京、武汉、重庆、攀枝花）、"五条支流"（即岷江、汉江、湘江、嘉陵江、沱江）、"四个重点湖泊"（即巢湖、滇池、洞庭湖、鄱阳湖）、"两个重要水库"（即三峡、丹江口）和"一头一尾"（即长江源、长江口），并提出了各重点区域水资源保护主线。该规划坚持工程措施与非工程措施并举，统筹地表与地下、保护与修复，提出了水功能区限排总量、入河排污口布局与整治、内源与面源治理、生态需水与保障、水生态保护与修复、地下水超采区治理、饮用水水源地保护等工程措施，入河排污总量控制、水资源保护监测与管理两大类非工程措施组成的规划方案。规划拟定了近期项目安排与实施时序建议，推荐了部分典型示范区域，为今后一段时期水资源保护工程建设提供了基础依据。同时，在已有监测体系的基础上，进行水资源保护监测顶层设计，提出水资源保护监测站网规划方案和监测能力建设方案。

自此，长江流域水资源保护规划形成了一套新的较完善的规划体系。

第十二节　水生态保护

一、规划研究过程

长江流域是我国水资源较为丰富的地域之一，也是全国水资源战略优化配置的重要水源地，更是我国生物资源多样性最为丰富的地区，全国 2/3 的生物资源分布在长江流域。长江流域已初步形成了类型较齐全、布局较合理、功能较健全的自然保护区网络，针对中华鲟、白鳍豚、胭脂鱼等珍稀特有物种设立了专门的保护区。在长江干支流开发中，特别近 20 年来，为减缓大坝阻隔影响、恢复长江水生生物资源，陆续在长江上游金沙江河段以及雅砻江、乌江、汉江、湘江和赣江等支流上修建过鱼设施，开展鱼类增殖放流，并在生态调度方面进行了一些有益的实践。

为了适应流域经济社会的快速发展，满足新时期"治水思路"的转变，协调解决好流域水资源开发利用与生态环境保护的关系，国家发改委批准启动流域综合规划的修订工作。在水利部批复的《长江流域综合规划修编任务书》中，明确要求开展长江流域生态与环境敏感区保护研究，长江委编制完成了相关专题研究成果。

为了适应经济社会的快速发展，满足新时期"治水思路"的转变，协调解决好流域水资源开发利用与生态环境保护的关系，2009 年水利部组织编制了《全国主要河湖水生态保护与修复规划》，长江委编制完成了《长江流域主要河湖水生态环境保护与修复规划》。

国家层面进一步强化和突出了水生态保护，相继出台了一系列重大决策部署。在《长江经济带发展水利专项规划》等相关规划中，日益突出水生态保护地位，在国家发布的《长江经济带生态环境保护规划》（环规财〔2017〕88 号文）、《重点流域水生生物多样性保护方案》（环生态〔2018〕3 号文）中，相应明确了长江水生态保护的目标和规划措施。相关规划成果为当前和今后一段时期的长江水生态环境保护和修复提供了行动指南。长江水生态相关规划主要的水生态修复措施包括生态环境需水保障、河湖水系连通、重要生境保护与修复、湿地保护与修复、生物多样性维护、岸边带生态修复、重点水域禁捕、自然保护区能力建设、生态调度、划定并严守生态保护红线、增殖放流等。

二、主要成果简介

1.《长江流域生态与环境敏感区保护研究》

本专题研究在收集、整理、识别、分析、研究的基础上，采用"3S"技术、集成技术等先进手段，分水系、分区域提出了长江流域生态与环境敏感区及制约因素，提出了长江流域水资源开发利用可能涉水区域的环境敏感区（对象）基本信息附表，以及长江流域分布的各类型生态敏感区分布图件，为长江流域综合规划修编提供了大量的基础数据，以及流域重点水系、重点区域水资源开发利用中的环境保护理论依据。通过长江流域生态与环境敏感区保护研究，摸清了长江流域重要生境和敏感区，为制定流域规划和流域水资源保护政策提供了科学依据，为水资源开发利用中的生态与环境保护管理提供了技术支撑。从维系长江流域优良生态与环境的角度出发，在长江流域综合规划修编中研究长江流域生态环境敏感区的保护，对保持长江流域生物资源的多样性、实现"人与自然的和谐共处"，具有十分重要的现实意义和深远的战略意义。

本专题研究由长江流域水资源保护局承担，水利部中国科学院水工程生态研究所协作配合。长江流域水资源保护局承担完成了专题研究报告中的长江流域重要陆生生境及生态环境敏感区的辨析、长江流域水资源开发利用的限制条件分析及制约因素初步分析，重点水系、重点区域的水资源开发利用与生态环境关系辨识，长江流域生态环境敏感区保护对策建议，以及专题研究报告中的结论与建议，识别提出了流域重点水系、重点区域生态环境敏感区基本信息附表12套，负责制作完成了长江流域分布的各类型生态敏感区分布图件16套等；水利部中国科学院水工程生态研究所协作主要完成了长江流域重要水生生境及水生态环境敏感区的辨析。

2.《长江流域主要河湖水生态环境保护与修复规划》

2009年，长江委按照水利部的统一部署，参与全国水生态保护与修复规划的编制工作。从流域水生态规划单元划分、水生态现状调查与评价、主要保护对象与目标识别等方面，对长江流域片的水生态现状进行了评价与识别，从生态需水保障、水环境保护、河流生境形态与保护、水生生物保护、管理与监测等方面提出了流域水生态保护的总体布局与措施内容，并提出了丹江口、岷江两个试点区域的水生态保护与修复规划的建议。

第十三节 航运

一、概述

航运规划主要是针对长江水资源综合治理与开发的条件，结合流域地区经济发展的要求，对长江的水运资源作出合理的开发利用规划，其规模依据综合交通网建设的要求进行合理的配置。长江流域航运专题规划，新中国成立以来已进行过3次修订，其主要成果已为两次流域规划报告所采用。

二、规划研究过程

1955—1957年，编制完成了《长江流域航运规划报告》，主要内容有航运经济运量规划、港口规划、长江干流和支流航运规划、船舶营运规划、航运通信与船厂专业规划、南方水运网规划、重要水利枢纽航运规划、三峡水利枢纽航运规划等工作。

新中国成立初期，交通部根据国务院的指示，协作配合长江流域规划工作。1955年4月，交通部内河航运规划委员会会同交通部长江航运管理局，在武汉筹备成立了交通部长江流域航运规划组。航运规划组参加长江流域规划统一组织与专业计划管理系列，并作为长办机构的组成部分，先后称为铁道航运室和交通运输室，为交通部派出单位。后在长办改称为交通运输处，接受长办与交通部的双重领导，以交通部领导为主，承担航运规划的编制。双方一直合作至1969年12月31日。

1984年3月，交通部成立了长江水系航运规划领导小组和长江水系航运规划办公室，启动开展了长江水系航运规划工作。1986年，交通部长江水系航运规划办公室编制了《长江水系航运规划报告》。该规划报告包括：重点河流33条，长江中下游运河水网，跨流域的湘桂、赣粤运河，规划水平年为1990年和2000年，干流发展500～1000吨级船舶、支流发展300～500吨级为主，发展机动驳顶推运输；港口规划改造老港、建新港，提高机械化程度，发展集装箱运输和港口，初步选定17条河流作为第一批安排前期工作计划的项目。该规划报告的主要内容已编入《长江流域综合利用规划简要报告》。

1990年10月，为了加强长江干流航运规划，交通部在《关于长江干线航运总体布局规划编制工作计划的批复》中，责成长江航务管理局牵头，组建长江干线航运规划领导小组及其办公室，会同各省（直辖市）交通部门及有关单位，开展规划编制工作，于1993年完成了《长江水系航运规划报告（1993年修订）》。该规划的规划水平年近期2000年、远期2020年，有渠化梯级开发任务的通航河流规划水平年远期为2030年；规划的重点河流由33条增至40条，规划长江流域航运发展干流开发重点是港口和航道，增强通过能力；支流开发以航道为重点，以通为主，逐步提高航道等级；用30年左右的时间，逐步形成以1000吨级航道为骨干，以300～500吨级航道为基础的标准水深航道网，重点提出长江干流的48个主要港口和支流的35个主要港口规划，并对江汉运河、江淮运河、湘桂运河和赣粤运河的建设进行了规划。建立起港口、航道、船舶以及支持系统各方面协调发展、设备配套、技术先进、管理科学、干支相通、铁水联运、江海直达的现代化长江综合运输系统。为充分发挥内河水运优势、完善国家综合运输体系，交通部和国家发展改革委组织编制了《全国内河航道与港口布局规划》，形成我国"两横一纵两网十八线"的内河高等级航道布局，规划是今后一段时期内指导我国内河水运建设和又好又快发展的纲领性文件，实施期为2007—2020年。

三、主要成果简介

1.《长江流域综合利用规划要点报告》

1959年,长办编制的《长江流域综合利用规划要点报告》中,"以航运为主的干流航道整治与南北运河计划"是综合规划的五大组成部分之一。第八篇《航运规划》为交通部门首次系统编制的长江水系航运规划。该规划调查研究和分析了长江流域航道、客货运输、船舶和港埠的情况,结合长江流域水资源综合利用规划情况,论证了航道、客货运输、船舶和港埠的发展条件和发展前景,并对跨流域的水运交通条件进行了研究。《航运规划》指出:流域内通航里程有8.47万多千米,约占全国的54.3%,其中机动船通航里程约1.8万千米,共有通航河流700多条,除长江干流外,主要通航支流有13条,包括岷江、赤水河、嘉陵江、渠江、涪江、乌江、清江、洞庭湖、湘江、资水、沅水、汉江、赣江等河流(湖泊);流域内有65个较大港口和105个主要小港,1957年港口吞吐总量为7000万吨,其中上海、南京、汉口、宜昌、重庆5个大港占了55%。规划报告以1967年为规划水平年,规划流域客运量将以10%~13.7%的速度逐年递增,货运量以15%~50%的速度逐年递增;规划将发展运用5000吨级驳船,以大大降低运输成本。《航运规划》着重论证了长江中下游10个主要港口和支流13个港口的发展前景;还论证了长江流域通过湘桂运河和赣粤运河连接珠江流域,通过南水北调引汉干渠工程和京杭大运河沟通长江流域、华北各地区,通过赣湘运河连接洞庭湖和鄱阳湖两大水系,通过嘉陵江将长江与黄河连接等跨流域、跨地区水运通道的发展前景。

2.《长江流域综合利用规划简要报告》

长江水系通航里程7万余千米,占全国内河通航里程的70%(其中通航300吨级以上船舶的航道仅4226千米),是我国内河航运最发达的河流,1985年货运量和周转运量分别占全国内河总量的90%,对长江流域经济发展作出了突出贡献,在交通运输网中起着重要的作用。但其也存在航道、港口条件差,生产力布局不合理,河流缺乏统一规划,内河水运扶持不够等问题。该规划充分利用水系天然航道,结合长江水资源综合开发利用,在干流上游、支流中下游渠化河流,淹没滩险,扩大航道尺度,提高航道等级,延伸通航里程;干流中下游通过疏浚整治,稳定河势,改造支汊,固定岸线,以及开凿新的运河等。21世纪末逐步形成以长江干流为主体、干支畅通的航运系统。

近期整治疏浚宜宾至重庆航道,三峡工程建成后可使川江航道得到根本改善。主要支流中下游通过疏浚整治,中上游结合兴建水利枢纽和航运梯级,逐步实施渠化。

2000年前干流自云南水富以下达到3级航道标准，通航千吨级船舶；主要支流嘉陵江、岷江、湘江、汉江、信江等中下游逐步达到Ⅳ～Ⅲ级航道标准；其他多数主要支流达到Ⅴ级航道标准。两沙运河、江淮运河按3级航道标准建设。

3.《长江流域综合规划（2012—2030年）》

长江是我国内河航运最发达的水系，航运发展尚有很大潜力。近20年来，通过渠化并结合整治，长江水系航道等级显著提高，通航条件明显改善。长江水系正逐步形成以上海、南京、武汉和重庆为中心的区域性港口群，基本形成了涵盖整个长江沿江地区，以石化、煤炭、矿石、集装箱和通用件杂货等大宗货物运输为主体的运输系统格局。但存在航道通航等级偏低，航道等级结构不合理，干支流、上下游、主要内河通航区之间航道等级不衔接，长江干线航道潜能尚未充分发挥，长江沿岸港口基础设施仍较薄弱，综合通过能力不足，港口的功能布局亟待优化与完善等主要问题。根据国务院2007年批复的《全国内河航道与港口布局规划》，提出了长江干线、岷江、嘉陵江、乌江、湘江、沅江、汉江、赣江、信江、合裕线、长江三角洲高等级航道网"一横十线一网"的国家高等级航道标准和建设规划方案，地区重要航道，以及皖东南航道网，唐河、白河、丹江（库区）等其他航道，应根据经济社会发展的需要以及批准的河流综合规划、航运规划合理确定航道标准和规模，提出研究湘桂运河、赣粤运河的建设时机和航道标准。江淮运河为Ⅲ级航道标准，结合引江济淮工程进行建设。长江水系主要港口布局以上海、南京、武汉、重庆等大型综合枢纽为中心，以其他主要港口为重点，形成长江港口主枢纽布局，并辐射地区重要港口建设规划的意见。

第十四节　水利血防

一、概述

我国血吸虫病流行区位于长江流域及其以南的上海、江苏、浙江、安徽、江西、福建、湖北、湖南、广东、广西、四川、云南等12个省（自治区、直辖市）450个县（市、区），其中广东、上海、福建、广西、浙江5个省（自治区、直辖市）于1995年前达到传播阻断标准。钉螺是血吸虫的唯一中间宿主，水利血防主要是通过在血吸虫病流行区实施河流（湖泊）综合治理、节水灌溉、人畜饮水和小流域综合治理等水利工程，改变钉螺滋生环境，控制钉螺的滋生、繁殖和扩散，从而达到控制和切断血吸虫传播、减少人群和家畜感染血吸虫病的目的。

经过半个多世纪的努力，我国血吸虫病防治成效显著。2017年全国血吸虫总病人 37601 人，钉螺总面积 363069 万平方米，与 2003 年实施血吸虫病综合治理前血吸虫总病人和钉螺面积相比较，分别下降了 95.5% 和 4.1%，血吸虫病急性感染病例得到了控制。通过开展药物灭螺和环境改造灭螺，螺情上升趋势得到一定程度的遏制。但安徽、江苏、江西、湖南、湖北、云南、四川 7 个省的防治任务仍然面临挑战，2017 年 7 个省血吸虫总病人 36641 人，钉螺总面积 362983.9 万平方米，分别占全国血吸虫总病人和钉螺总面积的 97.38% 和 99.98%。

二、规划研究过程

2004 年以来，国务院下发了《关于进一步加强血吸虫病防治工作的通知》（国发〔2004〕14 号文），国务院办公厅印发了《全国预防控制血吸虫病中长期规划纲要（2004—2015 年）》（国办发〔2004〕59 号文），卫生部联合国家发改委、农业部、水利部、林业局、财政部等部委先后出台了《血吸虫病综合治理重点项目规划纲要（2004—2008 年）》（卫疾控发〔2004〕357 号文）、《血吸虫病综合治理重点项目规划纲要（2009—2015 年）》（卫疾控发〔2010〕36 号文）。

根据《全国预防控制血吸虫病中长期规划纲要（2004—2015 年）》（国办发〔2004〕59 号文）的要求，全国血吸虫病防治工作分近期和中长期两个阶段。近期阶段为 2004—2008 年，中长期阶段为 2009—2015 年。2004 年，按照国务院对全国血防工作的统一部署，在《血吸虫病综合治理重点项目规划纲要（2004—2008 年）》的具体框架下，水利部组织长江委同疫区 7 个省编制完成了《全国血吸虫病综合治理水利专项规划报告（2004—2008 年）》，2006 年国家发改委正式批复该规划。2005 年起在血吸虫病疫区付诸实施，结合水利建设开展了以环境改造灭螺为主的综合治理措施，至 2008 年底已基本完成《2004—2008 年水利血防规划》提出的建设任务。

依据《全国预防控制血吸虫病中长期规划纲要（2004—2015 年）》（国办发〔2004〕59 号文），2008 年全国达到疫情控制标准，仅是我国血防工作取得的阶段性胜利。根据《血吸虫病综合治理重点项目规划纲要（2009—2015 年）》的要求，2008 年 9 月，水利部批复《全国血吸虫病综合治理水利专项规划（2009—2015 年）任务书》（水规计〔2008〕362 号文），安排长江委同疫区 7 个省开展了规划的编制工作。2014 年 2 月，国家发改委、水利部、卫计委以发改农经〔2014〕216 号文正式印发了《全国血吸虫病防治水利二期规划》。

自从《全国血吸虫病综合治理水利专项规划报告（2004—2008 年）》和《全国血吸虫病防治水利二期规划》实施以来，对减少钉螺面积、压缩血吸虫病流行范围、阻断疫情传播发挥了重要作用。为深入贯彻全国血吸虫病防治工作会议精神，进一步巩固和扩大水利血防治理成果,根据全国消除血吸虫病的总体目标要求,2015 年 1 月水利部以水规计〔2015〕36 号文批复了《全国血吸虫病防治水利三期规划任务书》。长江委同疫区各省完成了《全国血吸虫病防治水利三期规划》的编制工作。

三、主要成果简介

1.《全国血吸虫病综合治理水利专项规划报告(2004—2008 年)》

根据《血吸虫病综合治理重点项目规划纲要(2004—2008)年》的相关要求,本次规划范围覆盖云南、四川、湖北、湖南、江西、安徽、江苏 7 个省的 164 个综合治理重点项目县(市、区)。规划项目包括河流综合治理、人畜饮水、节水灌溉、小流域治理和水利行业血防 5 类,规划河流综合治理工程项目 54 项,治理总长度 4807 千米,人畜饮水工程解困人数 386 万,节水灌溉大中型灌区 74 个,其中 38 个纳入《大型灌区规划》《中型灌区规划》,渠道硬化 10105 千米,小流域治理工程 169 个,水利血防规划总投资 68.72 亿元。

2.《全国血吸虫病防治水利二期规划》

根据《血吸虫病综合治理重点项目规划纲要(2009—2015 年)》,确定本次规划范围为疫区 7 个省尚未达到传播阻断标准的 189 个血吸虫病流行县(市、区)。按照投资来源,规划项目分为已有投资渠道和水利血防专项两类。

已有投资项目指疫区规划期内已审批立项或国家已逐年下达投资的项目,规划共计河流治理 1494 千米,灌区改造硬化渠道 3339 千米,解决 718 万疫区群众饮水安全,小流域治理 5 个。水利血防专项项目包括河流综合治理、灌区改造、水利行业血防 3 类,规划治理河流长度 976 千米,灌区改造硬化渠道 2418 千米,水利行业血防安排长江委属单位环境改造灭螺工程 195 处、改水 104 处、改厕 94 处,健康教育 10.69 万人次,以及科研、管理、监测等能力建设,水利血防规划总投资 31.62 亿元。

第十五节 长江流域片流域管理水利综合监测站网规划

一、规划研究过程

多年来,长江委根据流域管理职能和业务发展需要,先后设立了水文、水环境、水土保持、水生态监测及科学实验等不同类型的监测站网,这些监测站网在不同时期在流域的防汛抗旱及防灾减灾、水资源开发利用和管理、水环境治理与保护、水生态保护与修复、重点工程建设、流域规划与水行政监督管理、水土保持、水科学研究等

方面发挥了重要作用,但也存在着"站点密度不够、监测能力不足、缺乏统一管理机制、测站功能单一、重复建设、信息共享程度低"等方面的问题,严重制约了流域管理职能的充分发挥,已经不能适应水利改革发展的新形势、流域水行政管理的新要求。

根据长江委工作部署,由长江委规划计划局组织,长江委水文局牵头,委属有关管理部门以及长江流域水资源保护局、长江科学院、水利部中国科学院水工程生态研究所、陆水试验枢纽管理局、长江流域水土保持监测中心站、长江设计院共同参与,于2015年编制完成了《长江流域片流域管理水利综合监测站网规划报告》。

二、主要成果简介

本规划以"摸清家底、整合资源、理顺关系、适当发展"为主线,根据现有站网功能评价及需求分析的结论,以监测站点空白区、重要防洪区域、省界断面、重要水功能区、水源地、水土流失重点监督区和重点治理区、重要河段、重要取排水口、水事纠纷敏感区及其他重要控制性节点等为重点,通过功能整合,规划2020年以前需要增设的站点8517个(委属站6250个、地方站2267个),通过综合站网的布局及各单项站网的整合,进而形成流域内功能齐全的综合监测站网体系,构建管理与投资体系顺畅、运行高效、信息资源共享的水利综合监测站网建设和运行管理模式,满足长江流域片综合管理的需要。分布在长江干流以及金沙江、岷沱江、嘉陵江、汉江、乌江、洞庭湖、鄱阳湖水系、西南诸河。力求通过加强统一规划、强化站网整合,实现"业务协同、资源共享,管理高效"的目的。

第七章

长江流域综合规划——治理开发与保护的基本蓝图

长江流域各时期的综合规划,是依据经济社会发展需要和水资源开发现状编制的开发、利用、节约、保护水资源和防治水害的总体部署,是为相当长一段时期内全面、有效、合理地开发、治理、保护长江,促进流域经济社会发展勾画的宏伟蓝图,为依法开发、治理、保护长江提供了重要依据,对于构建和谐社会、创建美好水环境具有现实和长远的意义。

第一节 《长江流域综合利用规划要点报告》

一、规划方针和任务

1958年4月5日,中央政治局正式批准了《中共中央关于三峡水利枢纽和长江流域规划的意见》,明确了长江流域综合规划方针和基本原则,"长江流域规划工作的基本原则,应当是统一规划,全面发展,适当分工,分期进行。同时,需要正确地解决以下七种关系:远景与近期,干流与支流,上中下游,大中小型,防洪、发电、灌溉与航运,水电与火电,发电与用电。这七种关系必须相互结合,根据实际情况分轻重缓急和先后次序,进行具体安排。三峡工程是长江规划的主体,但要防止在规划中集中一点,不及其他和以主体代替一切的思想"。

规划的主要任务为:根除洪水灾害,保障人民和工农业生产的安全;消除旱涝灾害,保证农业生产的迅速发展;防止水土流失,发展广大山区经济;充分开发水力,提供大量廉价动力,促进工业的迅速发展,促进整个国民经济建设的技术改造;改善水运条件,提高运输能力,降低运输成本,便利物资交流;注意水产的发展和水利卫生的改善。此外,还必须根据全国一盘棋的精神对南水北调问题和沟通相邻流域的运河问题,进行全面考虑,做出适当安排。上述规划任务对应为:防洪,抗旱除涝,水

土保持，水力发电，航运，水产养殖，水利卫生，跨流域调水和水系连通。

二、规划主要内容

新中国成立初期，在党的鼓足干劲、力争上游、多快好省地建设社会主义总路线的鼓舞下，各地生产飞跃发展，为实现波澜壮阔、规模巨大的共产主义宏伟远景，该规划提出了适应新形势要求的，以三峡枢纽为主体的全面开发长江水力资源，使远景与近期、大中小型、水电与火电、发电与用电等工程计划相互结合的长江流域总体开发计划。

（一）长江干流梯级开发方案及主要支流开发方向

长江干流宜昌以上的洪水是全江洪水的主要来源，水力资源的绝大部分集中在宜昌以上，航运的主要困难也在宜昌以上，因此长江干流宜昌以上河段的开发问题在流域规划中有决定性的意义。长江干流在宜宾以上的金沙江年径流变化比较稳定，对控制洪水作用相对较小，加之交通条件差，地质条件复杂，规划中未列入近期开发的对象，暂未作较深入的研究；宜宾至宜昌是干流主要洪峰汇集的河段，水力资源理论蕴藏量丰富，且是西南区物资外运的大动脉，但滩险流急，阻碍航运发展，作为规划重点研究对象，规划确定了以三峡工程作为长江流域规划的主体工程，工程在防洪、发电、灌溉与航运等方面起着决定性意义；长江自宜昌以下进入平原区，规划提出干流河道上不宜建设有较大调节库容的水利枢纽，对中下游广大平原区的防洪要求及其与干支流开发的密切关系提出进一步作专题研究。

在规划工作的前期，对作为长江上游洪水主要来源的岷江、嘉陵江、乌江及宜宾以下区间，重点研究长江干流上的三峡、猫儿峡、朱杨溪、石硼、宜宾（南广河口），岷江上的偏窗子、沙嘴，以及嘉陵江上的温塘峡枢纽，并将当时资料条件较好、在技术上又有可能建设控制性枢纽的岷江和嘉陵江的下游河段，并入干流主要河道一同研究。

1. 长江干流梯级开发方案

三峡枢纽是长江流域规划的主体工程，也是世界最大的水利枢纽，为全国上下所瞩目。针对宜宾至宜昌河段梯级开发，开展了三峡枢纽正常蓄水位190米、200米、210米、220米、235米、260米6种不同方案比较研究，考虑正常蓄水位高于200米时是不利的，对重庆市区及其以上的江津地区、支流嘉陵江河谷内较重要的农业区、大型企业和铁路枢纽站等都将造成较大的淹没损失。因此，中央成都会议决定三峡正常蓄水位不应高于200米，并需要论证较低的方案。规划从防洪、发电、航运、向华北引水等方面经比较研究和综合考虑，认为三峡正常蓄水位采用200米方案是合理的，并建议中央采用正常蓄水位 200 米方案。

针对三斗坪（火成岩基础）和南津关（石灰岩基础）两个坝区，经深入研究后，规划以三斗坪方案（该方案下游还需再建一个低水头反调节枢纽）为代表方案。从三峡枢纽对全国的防洪作用以及需电量预测分析，提出开发三峡工程宜早不宜迟，并对兴建三峡枢纽的技术可能性进行了分析。

2. 干流金沙江段及长江主要支流开发方向

规划针对干流金沙江，以及主要支流岷江、沱江、赤水河、嘉陵江、乌江、清江、湘江、资水、沅江、澧水、汉江、赣江、抚河、信江、饶河、修水的状况、存在问题及经济社会发展需求，因地制宜地提出河流开发方向，拟定梯级开发方案，并提出近期推荐方案。

（二）五大实施计划

按照开发任务的不同，实施计划包括以下五个方面：

1. 以防洪、发电为主的水利枢纽开发计划

规划总方针提出，在综合利用水利资源时，应优先考虑并满足防洪要求。长江洪水主要来源于降水，长江最高洪峰来自宜昌三峡以上，每年汛期宜昌三峡以上至少占干流主要汛期水量的 50%。三峡枢纽不仅具有巨大的防洪库容，还可发挥有效的调蓄和补偿作用，能有效地控制川江洪水，解除对荆江河段的严重威胁和洞庭湖广大地区的洪涝灾害；且可利用该河段水量大且稳定、水头较高的优势，蓄能发电，经济指标优越，发电效益巨大；三峡工程是长江水运大动脉的关键工程，可彻底消除三峡天险，改善中下游通航条件；规划还分析了三峡枢纽对灌溉排涝计划的重要作用。三峡工程作为长江上的主体工程，具有巨大的防洪、发电、航运等综合效益。

支流规划是全面实现长江流域规划的关键所在，必须正确处理三峡枢纽对全江整体开发计划的相互关系。规划在长江干流和各主要支流上，建议包括三峡工程在内的 70 座主要水利枢纽，总有效库容约 2300 亿立方米，有效蓄洪库容约 1700 亿立方米，发电装机容量约 140000 兆瓦，年发电量约 6500 亿千瓦时。在三峡工程建成前，金沙江的白鹤滩，岷江的偏窗子，嘉陵江的亭子口和飞鹅峡，乌江的乌江渡和武隆，汉江的丹江口和石泉，清江的长阳，洞庭湖四水的柘溪，鄱阳湖五水的万安和柘林，以及青弋江的陈村等综合效益显著的大型水利枢纽有可能建设，同期还将建成一批发电装机容量在 500 兆瓦以下的水利枢纽。规划预测三峡水利枢纽建成时，三峡以上干流和主要支流各类水利工程防洪库容约 600 亿立方米，三峡以下约 700 亿立方米。

规划预测三峡水库投入运行后，沿江各地的防洪标准普遍提高，使宜昌千年一遇

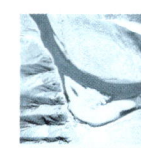

的特大洪水下泄流量调节到近期不超过沙市安全泄量 45000 立方米每秒，同时也为控制四口创造了有利条件，可有效解决全江问题最突出的荆江地区防洪问题。

2. 以灌溉、水土保持为主的水利化计划

长江流域山地、丘陵和平原分别占陆地总面积的 65%、22% 和 13%。规划研究了各地区的水利化计划，估算了全流域的灌溉用水量约 1000 亿立方米，并指出发展灌溉和进行水土保持工程，平原和山岳地带一般可就地利用水源，但浅丘地区耕地多在冲积地带，不利于修建较大积水面积的大型水库，部分缺失地区必须有计划地由大型水库远距离供水。规划远距离引水灌区包括四川盆地、唐白河平原、湘中衡邵丘陵区、江西中部丘陵区、太湖西岸浅丘区、皖中浅丘区。水利化计划的重点是对农业生产有重大意义且与长江整个规划关系较大的 14 个地区的灌溉和水土保持提出了规划意见。规划认识到水土保持对于减少山谷水库淤积、延长水库寿命有决定作用。

以灌溉水土保持为主的水利化计划的实现，将实现山丘河岸果园化、道路林荫化、沟谷水利化、船舶机械化和公社电气化的新面貌。

3. 以防洪除涝为主的平原区和湖泊区综合利用计划

长江中下游沿江广大平原区和湖泊区土地肥沃，人口密集，交通发达，素有"鱼米之乡"之称，是全国商品粮棉油的主要基地之一，也是工商业发达地区，沿江有武汉、南京、上海等大中型城市。但由于地势低、水网交错，湖泊众多，堤垸繁密，地面高程普遍低于长江及其支流尾闾洪水位几米至几十米，长江中下游沿江广大平原区和湖泊区是长江流域洪涝旱灾最为频繁且又严重的地区。规划在湖泊整治工程研究和防洪排涝实践经验总结的基础上，制订了平原水网地区防洪排涝综合开发计划，分为 7 个重点地区，即洞庭湖区、洪湖区、汈汊湖区、鄱阳湖区、华阳河区、巢湖区及太湖区（包括青弋江水阳江流域）。

以防洪除涝为主的平原区和湖泊区综合利用计划全部实现，可以在山谷水库建成以前，蓄纳长江洪水 513 亿立方米，缩小洪水灾害；基本消除现有旱涝灾害，垦殖农田约 450 万亩，并可有计划地扩大养鱼事业，消灭血吸虫病害，结合排灌渠道发展与改善航运事业。

4. 以航运为主的干流河道整治与南北运河计划

长江航运是我国内河运输的总枢纽，形成了以长江干流航道为骨干，并通过南北向的京广大运河，与邻近水系相连通。长江东西向的干流标准航道，可由上海通过三峡枢纽向上延伸，直到宜宾以上。重庆至宜宾河段通过梯级渠化工程，宜昌至海口将通过河段整治工程，达到深水航道的统一标准。

南北向的东线京广大运河，可由北京沿京杭大运河通过扬州、湖口间的长江河段，接赣粤运河直达广州。西线京广大运河可由引黄骨干运河的京郑段，引汉济黄运河的郑州平顶山段、平顶山武汉段到达武汉，然后再由武汉到长沙，沿湘桂运河直达广州。还研究提出了鄱阳湖与钱塘江、闽江相沟通，开辟浙赣运河和闽赣运河，由长江下游接通淮河中游的江淮运河，由芜湖通至太湖的芜太运河设想，以及利用两沙运河接通鄂西工业区与平顶山煤矿等计划。

通过长江航运建设，将建成江海通航、干支结合、富有强大运输能力的水运网，将各地陆上交通路线结合，把祖国各地连接起来。

5. 同相邻流域有关的引水计划

华北的广大冲积平原横跨黄河、淮河、海河、滦河、沂沭泗水及胶莱等流域，包括河北、山东、河南、江苏、安徽省的一部分，共有1.5亿人口、4.5亿亩耕地，在我国政治经济各方面均处于十分重要的地位。该地区年降雨量仅400～800毫米，且分配极不均匀，不能满足农作物的需要及国民经济部门的用水要求，亟须另外补给水源。初步估算当地水资源量1320亿立方米，初步预测缺水量700亿～1700亿立方米。

在研究南水北调以往的引水线路基础上，规划提出了认为可能的引汉济淮济黄方案、由三峡自流引水华北、长江下游机械抽水、长江河源引水向北4条线路。

三、规划特点

1）本次规划以1958年中央政治局成都会议通过的《中共中央关于三峡水利枢纽和长江流域规划意见》（以下简称《规划意见》）提出的"统一规划，全面发展，适当分工，分期进行"的基本原则和需要正确解决的7种关系作为流域规划的方针，提出了防洪、抗旱除涝、水土保持、水力发电、航运、水产养殖、水利卫生、跨流域调水和水系连通等开发任务，以三峡枢纽为主体，进行长江流域总体开发规划研究，规划全面，重点突出，较好地落实了《规划意见》精神，是综合开发利用长江水资源的重要依据。

2）《长江流域综合利用规划要点报告》的重点是当时亟须解决的长江防洪问题，报告明确提出防洪是长江规划的首要任务。在综合规划的五大实施计划中，以防洪、发电为主的水利枢纽开发计划，以防洪除涝为主的平原区和湖泊区综合利用计划均体现了防洪的重要性。

3）该报告明确了三峡枢纽在流域规划中的战略地位，是流域规划的主体。报告中充分论证了三峡枢纽在解决长江中下游防洪中的控制性作用，同时对三峡枢纽规模也进行了全方位的分析研究。

4）由于受当时经济社会发展状况及认识水平的影响，报告过分强调了对水资源的充分利用，而对水库淹没处理的困难认识不足，规划了较多的高坝大库，导致这些工程移民工作量大，难以按规划方案实施。

四、规划实施与评价

长江委编制完成的1959年《长江流域综合利用规划要点报告》，在基本摸清了长江干流和主要支流的特点及其相互间的关系的基础上，确定以长江中下游防洪为首要任务，提出以三峡水利枢纽为主体的五大开发计划，合理安排了江河治理和水资源综合利用、水土资源保持内容，注意协调了干支流和其他方面的关系，初步确定了综合治理长江的轮廓方向和总体规划方案，比较选出了近期开发的一些设计项目，指导了一个时期的长江水利建设，构想三峡工程、南水北调等远景规划，谋划长江治理宏伟蓝图。

在《长江流域综合利用规划要点报告》的基础上，长办继续开展长江干流各河段、主要支流和地区的规划，长江干流金沙江河段、宜宾至重庆河段、重庆至宜昌河段以水利枢纽为主的梯级开发规划；长江中下游以防洪、航运为主的河道整治规划，以及荆江河段、武汉河段、马鞍山河段、南京河段、镇（江）扬（洲）河段整治规划研究；嘉陵江、赤水河、乌江、清江、汉江、青弋江、水阳江、滁河、太湖等支流规划。此外，相关省和有关部委设计院还开展了洞庭湖四水流域规划、鄱阳五水规划、大渡河、雅砻江、沱江、岷江等规划。并配合国家建设和三线建设供电急需，对选定的虎跳峡、白鹤滩、溪洛渡、向家坝（金沙江河段）、石硼、朱杨溪（宜宾至重庆河段）、三峡、葛洲坝等进行了选点和勘测设计工作，一批防洪、供水灌溉、航运、跨流域调水等骨干工程得以实施。

治理开发长江的实践证明，《长江流域综合利用规划要点报告》的规划方针和方案基本上是正确的。按照规划大力开展综合治理长江的工作取得了显著成效，在抗御自然灾害、利用水资源、促进工农业及交通事业发展、改善人民生活方面发挥了巨大作用。

但由于规划基础、研究认识深度和经济社会发展水平等诸多因素的制约，工程建设规模、干支流部分开发方案与后期论证研究存在一定的偏差，浙赣运河和闽赣运河等设想尚待进一步研究论证。

《长江流域综合利用规划要点报告》作为第一部长江流域综合规划，开创了长江流域河流综合开发、水利水电建设的新篇章，其规划重要性和权威性是毋容置疑的。

第二节 《长江流域综合利用规划简要报告》

一、规划方针和任务

1. 方针

要认真贯彻执行国家建设方针和政策，遵照《中华人民共和国水法》《中华人民共和国土地管理法》《中华人民共和国城市规划法》《中华人民共和国环境保护法》《中华人民共和国水污染防治法》《中华人民共和国森林法》《中华人民共和国矿产资源法》和《中华人民共和国河道管理条例》《水土保持工作条例》《中华人民共和国土地复垦规定》等国家制定的有关法律、条例和规定，继续执行党中央成都工作会议的决定，坚持"统一规划，全面发展，适当分工，分期进行"的长江流域规划工作的基本原则，正确地处理远景与近期、干流与支流、上中下游、大中小型、防洪、发电、灌溉与航运，水电与火电，发电与用电和经国家计委下达的《长江流域综合利用规划要点修订补充任务书》提出的整体与局部，以及水土和生物资源的利用与保护等方面的关系。

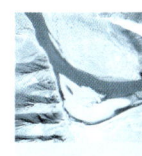

2. 任务

根据国家经济建设的战略部署，从流域的实际情况出发，全面考虑国民经济有关部门的要求。考虑两个不同的水平年，近期以 2000 年国民经济生产总值比 1980 年翻两番为目标，远景以 2030 年及以远为目标提出综合利用长江水资源的要求。对长江干流和主要支流开发基本方案进行必要的修改和补充。综合利用的主要任务为：水资源开发利用、防洪、除涝、水力发电、灌溉、航运、水土保持、河道整治、南水北调、水产、城市供水、水资源保护、旅游等。

二、规划主要内容

1990 年的《长江流域综合利用规划简要报告》的根本出发点放在提高经济效益上，并同整个国土整治结合起来。规划在认真总结以往规划工作及其实施等方面的经验教训，深入调查研究流域自然规律和经济规律的基础上，坚持"统一规划，全面发展，适当分工，分期进行"的长江流域规划工作基本原则，同时正确解决需要与可能，整体与局部，近期与远景，除害与兴利，生产与生活，农业与工业，干流与支流，上游与下游，左岸与右岸，滞蓄与排泄，防洪、发电、灌溉与航运，水电与火电，发电与用电，以及水土和生物资源的利用与保护等方面的关系，全面考虑国民经济各部门发展的需要，包括研究相邻流域对长江的要求，统筹兼顾，综合平衡。

（一）长江流域概况及经济发展趋势

长江流域是我国重要的经济发展地带，规划在全国国土总体规划纲要提出的国土开发和建设总体布局的框架基础上，贯彻落实"十分珍惜和合理利用每一寸土地，切实保护耕地"的基本国策，研究流域经济发展趋势和布局设想，农牧业、林业、工业（包括钢铁、有色金属、化学、电力、煤炭、石油类）、交通运输（包括铁路、航运）各部门经济发展的轮廓设想。

（二）长江流域综合利用规划

1. 水资源综合利用

流域水资源开发尚存在已建工程建设标准不高、地区间利用不平衡等问题，规划提出大力增加调节水库，调节径流的时空分布，进一步防治水害和开发利用水资源。初步提出南水北调总水量680亿立方米规划方案，约相当于长江多年平均入海水量的6.8%和枯水年径流量的8.9%，建议优化调水方案，以减少调水后对长江流域的不利影响；针对各调水路线方案调水后的具体影响，提出应采取必要的补救措施的建议。规划强调节约用水，科学用水，因地制宜地开发利用地下水资源，加强水资源保护。在水资源利用条件特别困难的地区，除应开源节流外，更应因地制宜地调整农业结构来保证农业生产。

2. 防洪规划

防洪是长江流域综合利用规划中的首要任务。新中国成立以来，通过长江干支流堤防、分蓄洪区、河道治理、防洪水库等建设，目前防洪标准普遍偏低，长江中下游主要堤防能防御类似1954年实际洪水，其中荆江地区接近10年一遇，其他地区10～20年一遇。同时大部分支流仅能防御10～20年一遇洪水，澧水下游仅能防御2～3年一遇洪水，太湖防洪标准也很低。

规划长江干流荆江河段应达到百年一遇，并在遭遇类似1870年历史特大洪水时保证行洪安全，南北两岸干堤不自然溃漫，防止发生毁灭性灾害；城陵矶以下河段，防御类似1954年实际洪水；有条件时应进一步提高武汉市、南京市、上海市重要城市防洪标准。

长江中下游应坚持"蓄泄兼筹，以泄为主"，还应考虑"江湖两利"、左右岸兼顾，上、中、下游协调的原则，按照1980年长江中下游防洪座谈会所规定的防御水位标准，加高加固堤防，整治河道，安排与建设平原分蓄洪区，结合兴利逐步兴建干支流水库，逐步达到以三峡水库为骨干、堤防为基础，配合以其他干支流水库、分蓄洪工程、河道整治工程及非工程防洪措施，使长江中下游防洪问题得到较好的解决。长江上游支流应坚持疏导与调蓄结合，以疏导为主，除尽量结合兴利建库拦洪外，主要靠加高加固重点地区堤防、整治河道、清除行洪障碍、加强非工程措施等。长江下游区的大通以下，河槽宽阔，行洪能力大，洪水变幅相对较中游小，在大通以上对超额洪水妥善处理的基础上，加高加固堤防，整治河道。中下游各支流的防洪，应根据本身条件采取合适的措施，其中对有拦洪作用的水库，应考虑在干支流洪水遭遇时与干流防洪统一调度的可能性。

规划系统提出长江中下游平原区、长江上游四川盆地、沿江城市防洪规划方案。2000年前拟重点安排长江中下游及各支流堤防加高加固、分蓄洪工程安全建设、河道整治，尽早启动三峡工程建设，结合兴利兴建紫坪铺、武都、飞仙关、亭子口、江垭、皂市、峡江、港口湾等一批防洪作用较大的支流水库等。

3. 除涝规划

长江流域易涝耕地7000多万亩，其中93%在中、下游平原，是除涝规划的重点区。新中国成立后，建成排水涵闸7000多座，开挖疏浚排水河网，发展机电排水装机容量5100兆瓦，有效地提高了平原区和湖泊区的排涝能力，但存在标准偏低、除涝系统布置不合理、工程配套差、内湖过量围垦、电源短缺、设备老化、城市排涝标准偏低等问题。规划针对涝区特点拟定分区排涝标准，2000年前使大部分地区逐步达到或超过10年一遇暴雨的排涝标准。采取自排与提排结合，安排适量的蓄渍内湖，防洪、排涝、灌溉统筹考虑，航运、水产养殖、生态环境相互促进的综合治理措施。

根据自然条件，规划提出洞庭湖区（湖南省部分）、江汉平原区、鄱阳湖区、华阳河及巢滁皖区、青弋江水阳江区、太湖区、通扬区排涝规划意见。

4. 水力发电规划

长江流域水能资源丰富，但分布"西多东少"，能源供应困难和调峰措施缺少的问题突出。流域开发利用程度低，规划2000年前拟建太平驿、紫坪铺、亭子口、合川、彭水、构皮滩、洪家渡、天生桥一级、瀑布沟、三峡、水布垭、高坝洲、凌津滩、王甫洲、新集、江垭、泰和、峡江、皂市、潘口、敷溪口、珊溪、滩坑、港口湾等大中型水电站及天荒坪等抽水蓄能电站。在能源开发的供求"东大于西"的背景下，应加速三峡水电站建设，以缓解华中、华东地区火电用煤困难的局面。根据预测的需电要求，提出2020年以后的水电安排意见。

长江流域小水电资源丰富，但分布极不平衡，规划提出开发西部山区的小水电，在普及用电基础上向初级电气化县发展；中游丘陵区中小水电站开发并举；川西平原及长江干流中下游沿江两岸平原区农村需电主要靠大电网供给。

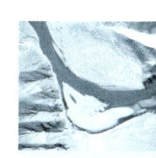

5. 航运规划

长江水系通航里程7万余千米，占全国内河通航里程的70%（其中通航300吨级以上船舶的航道仅4226千米），是我国内河航运最发达的河流，1985年货运量和周转运量分别占全国内河总量的90%，对长江流域经济发展和在交通运输网中起着重要的作用，但存在航道、港口条件差、生产力布局不合理、河流缺乏统一规划、内河水运扶持不够等问题。规划充分利用水系天然航道，结合长江水资源综合开发利用，在干流上游、支流中下游渠化河流，淹没滩险，扩大航道尺度，提高航道等级，延伸通航里程；干流中下游通过疏浚整治，稳定河势，改造支汊，固定岸线，以及开凿新的运河等。21世纪末逐步形成以长江干流为主体、干支流畅通的航运系统。

近期整治疏浚宜宾至重庆航道，三峡工程建成后，可使川江航道得到根本改善。主要支流中下游通过疏浚整治，中上游结合兴建水利枢纽和航运梯级逐步实施渠化。2000年前干流自云南水富以下达到Ⅲ级航道标准，通航千吨级船舶，主要支流嘉陵江、岷江、湘江、汉江、信江等中下游逐步达到Ⅳ～Ⅲ级航道标准，其他多数主要支流达到Ⅴ级航道标准。两沙运河、江淮运河按Ⅲ级航道标准建设。

6. 灌溉规划

长江流域1980年现有耕地3.65亿亩，耕地率13.5%，有效灌溉面积22770万亩，灌溉率约62%。存在灌溉设施不足、保证率低、工程不配套、机电灌排站设备老化、工程管理水平低、渠系水利用系数低、病险库多、经济效率较低等问题。全流域多年平均因旱成灾面积仍达2380万亩，1978年受灾面积达6040万亩，占耕地面积的17%。全国计划2000年粮食产量为5亿吨，长江流域相应为1.825亿～1.925亿吨，为了实现上述目标，要加强续建、配套、挖潜，充分发挥现有工程作用，并适当增建新工程；提高单位面积产量；扩大灌溉面积，增加粮食产量，发展重点是大面积干旱缺水而生产潜力很大的四川腹地、南阳盆地、吉泰盆地、滇中高原、衡邵丘陵区和鄱阳湖区、洞庭湖区等主要商品粮和经济作物基地，并针对上述重点灌区提出规划意见。规划拟定2000年有效灌溉面积由2.277亿亩增加到2.6亿亩，灌溉需水量增加700亿立方米。

（1）四川盆地

进一步扩大引岷江水量，以及从青衣江引水，或进一步合理利用成都平原地下水灌溉岷江、涪江、长江地区，以解决腹地水源不足，近期可先期建设岷江、毗河及小井沟水库灌区。嘉陵江地区除已建升钟水利枢纽外，还需要兴建涪江武都、谭家嘴、亭子口、罐子坝等水利枢纽。

（2）南阳盆地

湖北省完成引丹灌区续建配套，兴建石台寺电力提灌站。河南省完成刁河灌区、鸭河口灌区、宋家场灌区及罗汉山、青山、龟山水库灌区的续建配套。

（3）吉泰盆地

规划就地建 13 座大中型水库和一些小水库，形成 9 个灌区，今后可进一步扩大灌溉。

（4）滇中高原

从长远考虑，必须研究从澜沧江支流黑惠江、金沙江调水的方案，从根本上解决高原灌溉问题。

（5）衡邵丘陵区

规划修建六都和犬木塘水库，以及湘江近尾洲灌溉工程。

（6）洞庭湖区

以防洪排涝为主，沟渠河湖统一规划，形成深沟大渠的良好排水系统，发展提灌，综合利用。

（7）湘南地区

改善已有灌溉措施，扩建泿天河水库和欧阳海水库，配套现有中小型工程。

7. 水土保持规划

受地形、岩层、土壤、降雨，以及滥伐森林、陡坡开荒、超载放牧、采矿、筑路等人类不合理的经营活动影响，1985 年全流域水土流失面积 56.2 万平方千米，占流域总面积的 31.2%，土壤侵蚀总量估计为 22.39 亿吨，其中尤以宜昌以上特别是四川省水土流失最为严重。流失面积比重较大的依次为沱江、嘉陵江、岷江、汉江及上游干流区等。长江流域强产沙区，主要在嘉陵江上游陇南山区及大渡河、金沙江下游。

坚持以防为主，防治结合，因地制宜，综合治理，重点突破，积极推进，规划采取加强长江中上游防护林体系建设、坡耕地治理、多种途径解决农村生活能源、水土保持工程措施以及预防监督预警等。推进兴国县、葛洲坝库区和金沙江下游及毕节地区、陇南地区、嘉陵江中下游地区、三峡库区等首批重点流失区治理。争取将沱江流域、江南丘陵区、汉江中下游和大别山南麓，逐步列入重点区进行治理。2000 年前治理流失面积 27 万平方千米，占全部流失面积的 48%，可减少地面侵蚀总量 7.5 亿吨，治理坡耕地 75%，流失区森林覆盖率增加 18.6%。

8. 南水北调

我国河川径流总量 2.71 万亿立方米，水资源分布是南多北少，长江流域及其以南河川径流量占全国的 80% 以上，耕地不足全国的 40%；黄淮海流域的河川径流量不到全国的 6.5%，耕地却占全国近 40%。西北、华北及豫鲁地区水资源不足，已成为国民经济发展和改善生态环境的制约因素，必须跨流域引水补源。规划提出南水北调西线、中线、东线及引江济淮方案。

（1）南水北调西线工程

从长江上游通天河、雅砻江、大渡河引水到黄河上游，解决西北地区缺水问题。但引水线路处于高寒地带，交通困难，勘测、规划、科研工作尚未达到规划阶段要求，应抓紧时间在 20 世纪内做好前期准备工作。

（2）南水北调中线工程

规划分期实施，解决黄淮海平原西部地区工业、城市生活及农业灌溉用水。近期从汉江丹江口水库引水，引水 40 亿立方米，建议在 2000 年以前实施；远景扩大引水 100 亿立方米至北京，引水需要从长江补水。因引汉造成的对汉江中下游的影响，拟采用修建下游渠化梯级、两沙运河等措施解决。

（3）南水北调东线工程

近期从长江干流江都三江营抽水，供江苏、山东、安徽、河北、天津 5 个省（直辖市）用水，计划分期实施，解决沿线工业、航运、城市生活、灌溉用水。第一期先调水到黄河南岸东平湖，多年平均抽江水量 62.7 亿立方米，工程规划在 2000 年前实施。第二期送水到天津，多年平均抽江水量 210 亿立方米，过黄河 76 亿立方米。

（4）引江济淮

从长江北岸裕溪口、凤凰颈、神塘河引水，经巢湖到淮河，补水两淮地区的工农业和城市生活用水，灌溉农田约 1450 万亩，沟通江淮，发展航运，最大引水量 42.4 亿立方米，其中抽江水量 29 亿立方米，自流引江 13.2 亿立方米。引江济淮线凤凰颈抽水站已列入专款实施计划。

南水北调工程涉及范围广泛，影响复杂，投资巨大，规划提出进一步加强南水北调统一规划、科研，水源保护和环境影响、经济分析等研究工作。

9. 水产

长江流域是我国淡水鱼的主要产区。水产发展应以养殖为主，养殖、增殖、种殖、捕捞、加工相结合，综合利用水域资源，逐步开发、保护、恢复、利用大中型水域的天然鱼类及其他水生生物资源，客观评价水利工程建设环境影响，提出防护方案或补偿措施。针对中下游平原区、丘陵区、中游山区、上游山区、高原山地区、西部高原区 6 个水产发展区特点，提出了今后发展水产养殖的建议。

10. 沿江城镇布局

从四川攀枝花市到上海市的沿江地区是长江流域的精华地区，应根据水资源、水能和航运的巨大优势及矿产、农业、旅游资源条件，国家建设长江经济走廊的总战略，研究制定或修改区域经济、社会发展战略与城市规划布局。中下游适宜安排耗水大、运量大的工业项目，上中游适宜安排耗电大、用水多的工业项目，形成以钢铁、冶金、石油化工、造船、机械、建材、电力、轻纺、食品、外贸加工、旅游等行业为主的综合性经济走廊。围绕上海、南京、武汉、重庆等中心城市，形成多层次的城镇群体。

11. 城市供水规划意见

长江流域水资源比较丰富，干支流沿江城市水源均有保证。预测 2000 年 98 个城市工业和生活供水量为 420 亿立方米，相当于 1985 年的 2.24 倍。必须坚持"开源节流并重"的方针，加快供水设施建设，加强经营管理，大力开展节约用水、科学用水、保护水源的工作，要提高供水的经济效益，提倡循环用水、一水多用，调整产业结构，提高工业用水重复率，减少排污量，把城市供水纳入城市发展规划统筹解决。

12. 水资源保护与环境影响评价

（1）水资源保护

长江干流天然水质优良。上海、南京、武汉、重庆、攀枝花 5 个城市是长江干流污染物的主要来源，部分江段已形成岸边污染带；沱江、秦淮河、滁河、大运河江南段、黄浦江等支流污染严重。水资源保护要贯彻以防为主、防治结合的方针，干支流、上下游统一规划，相互协调，严格控制长江干流岸边水域污染，对难降解污染物应通过污水处理实行闭路循环，不得任意排放，保护长江水源，满足国民经济各部门用水要求。实现 2000 年攀枝花以上达到 I 级水标准，攀枝花以下争取达到 I 级水标准。现状长江干支流域镇下水道普及率、污水处理能力和处理率均低于全国平均水平。规划 2000 年需要污水日处理能力 1250 万立方米。

（2）环境影响评价

长江流域随着人口的剧增和不适当的人类活动，环境压力越来越大。长江流域规划的全面实施，从全局来看，有利于改善流域环境，保护和改善生活环境与生产环境，防治污染，保障人身健康，但对局部也存在对环境的不利影响，需要采取相应的措施，把影响减少到最小程度。规划针对三峡水利枢纽、南水北调、中下游防洪蓄洪工程等重点项目进行了环境影响分析评价。

三峡水利枢纽兴建可减少火电对环境的污染，并可改善中、下游防洪除涝条件，减少洪涝灾害，突出的问题是水库耕地淹没和移民后靠安置，将对局部地区环境容量增加压力，建议采取有利库区发展的特殊政策，统筹安排，以扩大库区移民环境容量，有效保护和改善生态环境。在南水北调工程中，应优化东线调水工程调度，采取枯水期不调或少调，避免调水后将造成水质盐分增高等影响；中线调水对丹江口大坝下

游的航运和供水有影响，可通过两沙运河和引长江水等措施进行补偿；西线调水影响有待研究。中下游防洪蓄洪工程实施后可为中下游平原区提供一个安全可靠的生产和生活环境，对控制和消灭当前仍在部分湖沼地区严重流行的血吸虫病提供有利的条件。

（3）血吸虫病防治

长江中下游地区是血吸虫病的重疫区。针对近年来钉螺面积有所扩大、疫情（病人、病畜数）有所回升的严峻形势，规划提出在长江中下游搞好血吸虫病的防治，把江河湖泊开发治理和水利灭螺紧密结合起来，纳入水利建设中，统一规划，分期实施。在疫区内，兴修水利必须结合灭螺，通过填平江滩塘荡，垸内开挖排水沟渠，药物或焚烧灭螺，清芦扫障，改造进水涵闸等措施，以压缩疫区范围，较大幅度降低疫情，巩固和扩大防治成果，达到血防灭螺的目的，并分类提出了具体的治理措施。

13. 旅游

长江流域自然景观、名胜古迹众多。长江开发治理规划的实施，要注意保护名胜古迹，并考虑促进旅游事业的发展，旅游的发展规划亦应考虑长江规划实施所提供的条件。

（三）干流治理开发规划

新中国成立以来，长江干流治理开发取得了显著成绩，但治理标准与开发程度都较低，与沿江地区经济重要性不相适应，加快长江干流治理开发刻不容缓。长江干流的治理开发任务是防洪、发电、航运、工农业供水、河道整治与岸线利用、水源保护，以及南水北调。规划在长江上游利用峡谷河段优越的自然条件修建综合利用控制性枢纽，以满足防洪、发电、航运等要求，丘陵低山区河段则修建低水头枢纽，航运结合发电；在长江中下游，继续加高加固堤防和进行分蓄洪区建设，清理河道行洪障碍，加速进行河道整治。干流上中下游都应采取水源保护措施。

1. 金沙江河段

石鼓至宜宾河段以1960年长办编制的《金沙江流域规划意见书》梯级开发第一方案（8级开发）为基础，结合成都和昆明等勘测设计院所做的规划，提出虎跳峡、洪门口、梓里、皮厂、观音岩、乌东德、白鹤滩、溪落渡、向家坝9级开发方案。玉树至石鼓河段以发电为主，初步设想东就拉（3530米）、晒拉（3440米）、俄南（3360米）、白立（3210米）、降曲河口（3010米）、巴塘（2720米）、王大龙（2520米）、日免（2300米）、拖顶（2100米）9级开发方案，本河段可向滇中高原引水，解决宾川、祥云、楚雄和昆明盆地缺水，它还是南水北调总体规划中西线调水方案的引水水源之一。

2. 宜宾至宜昌河段

河段开发方案围绕三峡正常蓄水位的选择进行研究。1959年《长江流域综合利用规划要点报告》推荐的葛洲坝（66米）、三峡（200米）、朱杨溪（230米）和石硼（265米）4级开发方案，综合利用效益显著，但淹没损失大。近年来，进一步开展了以三峡枢纽一级开发为代表的5级开发方案，以及三峡、蔺市枢纽两级开发为代表的6级开式方案研究，推荐葛洲坝（66米）、三峡（150~180米）、小南海（195米）、朱杨溪（230米）和石硼（265米），葛洲坝（66米）、三峡（150~180米）、小南海（195米）、朱杨溪（230米）和石硼（265米）5级开发为代表方案，三峡暂以175米正常蓄水位方案为代表。目前葛洲坝枢纽已建成，建议三峡工程应尽早决策动工兴建，争取在21世纪初发挥效益。朱杨溪枢纽主要是解决四川用电，并改善长江航运，可根据川东地区用电需要的迫切性考虑提前兴建。

3. 干流中下游

长江中下游干流划分为葛洲坝枢纽下游近坝段、荆江段、城陵矶至八里江（鄱阳湖口稍下）段、八里江至徐六泾段、河口段五大段（分一、二、三类36个河段），沿江虽经多年整治，但某些河段河势不稳定的矛盾日益突出。规划遵循"因势利导，全面规划，远近结合，分期实施"的原则，至21世纪末或稍后，达到基本控制河势，稳定大部分重点河段岸线，增强防洪能力，改善航道条件，促进沿江城镇、港口建设和工农业生产发展的目标；在2000年以后，继续进行整治，进一步稳定河势。规划在第一类14个重点河段中，上荆江、下荆江、界牌、武汉、九江、安庆、铜陵、芜湖、马鞍山、南京、镇（江）扬（州）、扬中、澄（江阴）通（南通）河段应抓紧做好前期工作，争取在2000年或稍后实施完成。长江口属典型的江心沙多岛型潮汐河口，河势演变极为复杂，岸线不稳定，应以航道整治为重点，并与滩涂和岸线利用等结合起来；南支河段第一期工程，建议列入"八五"建设项目。

（四）主要支流治理开发规划

长江流域水系发达，支流众多，本阶段重点研究了19个支流或水系的治理开发意见。

1. 金沙江左岸主要支流

美姑河主要开发任务是发电。全河分9级开发，总装机容量794兆瓦。西溪河的主要规划任务是发电，结合灌溉与供水。干流以引水式开发为主，分4级开发，总装机容量153兆瓦。黑水河的主要开发任务为发电，以引水式开发为主，规划20个电站，总装机容量137兆瓦。鲹鱼河的主要开发任务以发电为主，兼顾灌溉、防洪与工业用水，全河规划11个梯级，总装机容量105兆瓦。普隆河的主要开发任务是发电、灌溉，

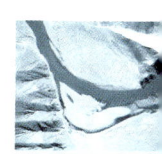

兼顾防洪，规划8级开发，总装机容量128兆瓦。

2. 雅砻江

雅砻江开发以发电为主，兼顾漂木和工农业用水、航运，分担长江干流防洪、南水北调西线调水等任务。干流初步拟定了21级开发方案（暂未考虑南水北调西线调水），总装机容量22350兆瓦，年发电量1357.7亿千瓦时，其中，两河口和锦屏一级，水库调节性能好，是控制性枢纽。雅砻江下游锦屏到河口是近期重点开发河段，拟定了Ⅴ级枢纽，总装机容量11100兆瓦，年发电量689亿千瓦时，推荐二滩，桐子林，锦屏一、二级工程优先开发。雅砻江下游安宁河开发任务以灌溉、工业及城市生活供水为主，兼顾发电、防洪、水源保护和旅游等，拟兴建大桥水库等10级枢纽。

3. 金沙江右岸主要支流

普渡河规划任务为灌溉、供水与发电，已建10座中型水库基本解决了大的平坝地区灌溉问题。干流中下游拟定了3级开发方案，总装机容量189兆瓦。

牛栏江上游以灌溉为主，兼顾防洪，中下游以发电为主。目前已建中型水库8座，应加强灌区配套。干流规划8级开发，推荐黄梨树与象鼻岭枢纽作为近期工程。

横江开发任务为灌溉、发电并举，结合航运，兼顾工农业用水。渔洞水库调节性能好，是干流最上游梯级，具有灌溉、供水、防洪和发电等综合效益，计划在2000年前完建，以解决昭鲁、洒渔等坝子用水。2000年前完成蒿枝坝跨流域引灌工程。航运目标以渠化为主，初步考虑牛街以下达到Ⅳ级通航标准。

4. 岷江

岷江流域治理开发任务是灌溉、发电、防洪、航运以及工业与生活用水，并相应提出了岷江干流、大渡河、青衣江分河段开发任务。

岷涪长地区有3595万亩耕地，是四川省重要的商品粮基地，其上半部依靠扩大都江堰灌区、玉溪河引水、通济灌区和其他中小型灌区解决，亟待修建紫坪铺枢纽，并进一步完善灌区配套工程；该区下半部当地径流严重不足，需要从西部长征渠引水、岷江干流（包括进一步利用成都平原地下水）调水补给。

岷江支流大渡河沙湾至乐山河段，通航里程197千米，目前达Ⅴ级航道标准。岷江乐山至宜宾段按照Ⅳ级航道标准建设，预计1990年建成，与成昆铁路开展水陆联营和重件转运。远景在上游控制性枢纽建成后，增加枯水流量，拦截泥沙，可进一步提高航道标准。

岷江流域防洪重点是干流中游成都平原与支流青衣江中下游。岷江干流防洪近期主要依靠堤防与河道整治，使防洪标准提高至20年一遇；远景随着上游紫坪铺控制性水库建成后，进一步提高防洪标准。青衣江除依靠飞仙关枢纽与支流周公河上的炳灵水库拦蓄洪水外，还规划新修堤防和护岸等工程措施。

岷江干流以沙坝和紫坪铺两枢纽为骨干，共规划有14个梯级，总装机容量3244兆瓦，年发电量185.7亿千瓦时，近期安排建设紫坪铺和鱼嘴。大渡河干流在双江口以下规划有16个梯级，总装机容量17600兆瓦，年发电量1008亿千瓦时，近期开发的重点在下段大岗山—铜街子250千米范围内，规划布置有8级枢纽。

岷江流域建议在近期安排建设的重点工程有：干流紫坪铺和鱼嘴，支流大渡河瀑布沟，青衣江飞仙关枢纽和上游的中型水电站；玉溪河灌区配套和毗河引水灌溉工程以及沙湾至宜宾的航道整治工程。

5. 沱江

沱江流域的规划任务是灌溉、发电、防洪、航运以及工业与生活用水。

上游山区耕地分散，拟建中小型工程，利用当地径流解决；都江堰扩大灌区拟加强渠系配套，并加高三岔水库大坝解决。中下游丘陵区当地水源不足，规划建设西水东调工程、毗河引水工程和九龙滩引沱工程。应采取措施积极防治流域内严重的水土流失及水资源污染。沱江上中游采取"堤、疏"结合和"堤、路"结合，完善防洪体系，使城镇防洪标准达到20年一遇，农田达到5～10年一遇。沱江干流采用低坝开发，渠化河道，共拟有23个梯级，总装机容量216兆瓦，年发电量13.3亿千瓦时，并改善航运条件。近期安排新建东风渠扩灌工程，金堂县红旗水库，毗河引水工程，小井沟、玉滩和清平等水库；兴建干流梯级水电站。

6. 赤水河

赤水河主要的开发任务是航运与发电。干流上游以发电为主，中游航电结合，下游航运为主。赤水河干流在丙安以上暂以7级开发方案作为代表，总装机容量839兆瓦，年发电量35.0亿千瓦时；丙安以下暂采用贵州省交通厅提出的4个航运梯级。干流梯级开发以后，可达到Ⅴ级航道标准。规划提出应积极开展岔角滩（或两河口）前期工作，争取在近期开发。下游河段的航运梯级，可根据水运发展需要安排建设。赤水河已列为全国水土保持重点治理区。

7. 嘉陵江

嘉陵江开发任务是灌溉、防洪、航运、发电与水土保持。流域规划灌溉面积2063万亩。拟通过西河升钟、梓潼江谭家嘴、涪江武都、东河罐子坝水库和干流亭子口水库以及一些中型骨干蓄水工程，岷江、沱江和涪江提引水等分片解决。嘉陵江防洪以解决本流域洪灾为主，尽可能配合长江中下游的防洪。通过堤防加固与河道清障，并发挥亭子口枢纽、白龙江上游宝珠寺、东河上罐子坝和西河上升钟水库、涪江武都等枢纽的防洪作用。干流广元至重庆近期通过航道整治，同时建设水东坝航运梯

级、亭子口枢纽与其他低水头梯级渠化河道，使航道提高到Ⅴ～Ⅲ级标准，渠河全部渠化后，航道达到Ⅳ级标准。嘉陵江支流白龙江以发电为主，布置有碧口和宝珠寺等6个梯级，总装机容量2493兆瓦，年发电量82.7亿千瓦时。干流在略阳以下，以亭子口枢纽为骨干，布置了18个梯级。支流涪江以武都枢纽为骨干，布置了12个梯级。支流渠河在渠县以下布置了南阳滩等4个航运梯级。嘉陵江是水土流失重点地区，应进行综合治理。近期安排建设亭子口、武都枢纽及相应灌溉工程，升钟水库灌溉工程，合川水利枢组以及其他低水头航运梯级。已列入全国水土保持的重点治理片的有嘉陵江上游的陇南地区、嘉陵江中下游地区，应有步骤地进行治理。

8. 乌江

乌江干流规划国家已批准，主要开发任务是发电、航运，兼顾防洪、灌溉及其他。干流推荐采用11级开发方案，总装机容量8800兆瓦，年发电量437亿千瓦时。乌江梯级渠化后，加上对水库回水变动区的整治与疏浚，通航河段可延伸到乌江渡库区，其中乌江渡坝下至河口段，远景按Ⅳ级航道考虑；乌江渡坝下至白马段，近期按Ⅴ级航道考虑；乌江渡以上航道待进一步研究后确定。近期工程可在构皮滩、洪家渡和彭水枢纽之间选择。

9. 清江

清江干流的开发任务为发电、防洪、航运，兼顾其他。干流推荐3级开发方案，总库容85.7亿立方米，装机容量2891兆瓦，年发电量84.9亿千瓦时。方案实现后，干流在恩施以下河段基本渠化，结合对水库回水变动区进行整治或增建航运梯级，可通航300吨级船舶，达到Ⅴ级航道标准；还可减轻下游地区的洪水灾害，对长江干流荆江地区防洪也有一定作用。隔河岩和高坝洲两枢纽推荐作为第一期工程。

10. 洞庭湖水系

洞庭湖水系规划任务是防洪、发电、灌溉、航运与水利卫生。湖区、四水因自然特点不同，开发任务各有侧重点。湘江流域开发任务是防洪、灌溉、航运、发电和水源保护。资水流域开发任务是防洪、发电、航运和灌溉。沅江流域开发任务是发电、防洪、航运与环境保护。澧水流域开发任务是防洪、发电、航运、灌溉与水土保持。

洞庭湖水系的防洪重点是四水尾闾与洞庭湖地区。四水尾闾防洪主要依靠水库、堤防、河道整治与尾闾分蓄洪区，资水柘溪（已建）、敷溪口，沅水五强溪（在建）、支流西水凤滩（已建），澧水干支流江垭、皂市、凉水口和宜冲桥等上游控制性水库修建后，可进一步提高防洪标准。三峡水库建成以前，研究提出既有利防洪又有利农业生产的泥沙处理措施。在三峡与四水控制性水库兴建后，可在荆江松滋、藕池等四口建闸，并进行三峡水库与四水水库统一调度。规划采取多种措施，综合治理湖区涝水，提高排涝能力。四水共规划51座梯级电站，总装机容量5470兆瓦，年发电量251.3亿千瓦时，湘江干流修建低水头梯级，航运结合发电，资水、沅水和澧水中上游结合防洪，兴建控制性枢纽。在现有灌区配套基础上，规划加高涔天河水库，开发湘南，结合兴建敷溪口和皂市枢纽，发展两片环湖丘陵区灌区；依靠湘江提水，兴建枫树坑水库、犬木塘水库等措施，解决衡邵丘陵区灌溉。洞庭湖和四水下游航运，近期主要对湘江下游、开湖航线和湘澧航线的航道进行整治与疏浚，远景结合水利枢纽建设，对四水中下游枢纽渠化后，达到Ⅴ～Ⅲ级航道标准。远景湘江衡阳以上结合水利枢纽建设渠化后，将开通连接湘、桂两江的湘桂运河。近期安排建设湘江淦田和近尾洲，资水敷溪口、犬木塘和筱溪，沅水凌津滩、凤滩（扩机）、支流酉水石堤和清水江三板溪，澧水江垭、皂市和宜冲桥等水利枢纽；重点垸堤防加高加固，分蓄洪区的安全设施建设和堤防加固除险，四水和湖区洪道整治；完成青山垄、大圳、铁山和涔天河及其他中小灌区配套、扩建工程，并新建敷溪口和皂市两灌区。

11. 汉江

汉江治理开发任务是防洪、发电、灌溉、航运和水产养殖。在南水北调实施后，灌溉将成为仅次于防洪的第二位任务。

汉江上游陕南地区防洪，主要依靠加固、改造和新建堤防；汉江中下游继续加固包括遥堤在内的干堤，开展河道整治，分蓄洪区建设，进一步研究以丹江口水库为骨干的防洪体系的合理调度运用，结合堤防和杜家台分洪工程，可基本防御类似1935年大洪水。汉中、安康月河盆地、唐白河及干流中下游是发展灌溉的重点地区，其中唐白河地区主要以丹江口和鸭河口水库为灌溉水源。南水北调中线规划丹江口枢纽在初期规模基础上加高至正常蓄水位170米，拟修建航运梯级和江汉运河引江济汉实现对汉江中下游补偿。汉江洋县以下为通航河道，近期重点整治襄阳至浰河口航道，建王甫洲反调节枢纽、石泉与安康枢纽升船机，并对丹江口以上航道进行整治；远景汉江全部渠化后，丹江口以下航道标准提高到Ⅲ级，丹江口以上航道标准进一步提高。结合南水北调中线及引江济汉，实现通航。汉江干流在襄阳以上，拟定了11级开发方案，总装机容量3100兆瓦，年发电量124亿千瓦时，襄阳以下还规划有5个低水头梯级。干流近期可考虑进一步建设旬阳、喜河、丹江口（后期加高同时改造升船机）和王甫洲、新集、碾盘山等枢纽，支流堵河可安排建设潘口水电站与黄龙滩水电站扩机，支流南河抓紧完成流域规划，兴建有一定调节库容的枢纽，以削减汉江丹碾区间洪峰。

12. 鄱阳湖水系

鄱阳湖水系主要治理开发任务是防洪、除涝、发电、灌溉和航运。湖区与五河自

然特点不同，开发任务各有侧重。

鄱阳湖五河尾闾与湖区洪涝问题突出，目前主要依靠堤防保护。五河尾闾近期主要采取加高加固堤防，整治河道与清障，远景随着赣江上游万安、峡山和峡江控制性水库修建，预留防洪库容16.2亿立方米或47亿立方米，配合泉港分洪，可使南昌和赣东大堤防洪能力提高到100～200年一遇。抚河修建廖坊水库以后，抚西大堤防洪标准可提高到50～100年一遇。鄱阳湖要承担长江25亿立方米分蓄洪任务，近期重点是加高加固10座重点堤垸（保护农田均在10万亩以上）和4座分蓄洪区的堤防。按照高低分排，留湖调蓄，并辅以抽排的原则，进行湖区涝水综合治理。进一步分析研究湖口建控制工程方案的合理性。鄱阳湖五河规划32～36个梯级，总装机容量2850～2380兆瓦，年发电量103亿～94亿千瓦时，其中中下游河段开发采取低水头航电梯级。鄱阳湖水系航道，近期主要是进行整治，远景随着赣江梯级全部开发，争取全线航道提高到Ⅲ级；信江贵溪至湖口达Ⅲ级航道，贵溪以上达Ⅴ级标准；乐安河婺源至鸣山达Ⅵ级航道，鸣山至湖口达Ⅲ级航道；昌江景德镇以下达Ⅴ级航道。规划赣粤运河，由赣江上游过分水岭沟通珠江水系，经湖口入长江即可与江淮运河和京杭运河相联，形成我国东部纵贯南北的京广运河。规划在赣江支流上建南车和东谷水库，结合其他中小型水库解决吉泰盆地灌溉问题。抚河流域在干流建廖坊枢纽结合支流中小型水库，可解决金临渠、廖坊和赣抚平原灌区用水困难。

近期开发赣江泰和，或峡江和夏寒枢纽；信江界牌和八字嘴、双岗枢纽；饶河铜埠枢纽和抚河廖坊枢纽。重点加高加固10个重点垸堤，进行4个分蓄洪区的建设，以及五河尾闾洪道整治。重点新建南车、东谷、高湖、甘坊和廖坊5个30万亩以上灌区。航运除在信江建两个航运梯级外，主要进行航道整治与疏浚。

13. 华阳河

华阳河治理开发的主要任务是防洪与除涝，兼顾灌溉与航运。

实施同马与黄广大堤加高加固，开展分蓄洪区建设，以蓄纳长江25亿立方米超额洪水；加高加固湖区主要圩堤，并适当并垸；疏浚从长河官湖口经长河桥、泊湖口、八两缺至杨湾渠首的串联各湖泊的通道；兴建老洲头排水闸和龙湖口节制闸，提高向长江排水的能力，并控制闸水位。充分挖掘现有排涝设施潜力，并适当增加排水设备，使排涝标准提高到10年一遇；山丘区需要挖沟撇洪，沿江圩区宜分散对外排水。北部丘陵区主要依靠中小型蓄水工程解决灌溉用水问题；沿江滨湖圩区除由现有灌溉闸引江水补给外，可利用入湖排水干渠引湖水，再分散提水灌溉。对现有航道进行整治，并兴建华阳船闸（在建）、长河桥通航孔和徐桥升船机，使湖区通航20～100吨级船舶。流域近期完成同马和黄广大堤加高加固，进行分蓄洪区堤防和安全设施建设，以及港道疏浚、过船设施，重点圩区堤防加高加固，骨干电排站和排水设施，灌溉配套工程建设等。远景继续加固江堤，完善排灌配套工程，提高防洪、排灌能力。

14. 皖河、菜子湖

皖河、菜子湖流域治理开发的主要任务是防洪、除涝、灌溉、水利灭螺与水土保持。

继续完成同马与黄广大堤等的加高加固；除长河以外的主要内河堤防培修、河道整治与清障，使防洪标准一般达到20年一遇；大沙河近期达到15年一遇，远景在下浒山水库建成后达到20~50年一遇；主要圩堤按5~10年一遇湖水位培修，一些面积小而防守困难的圩垸拟计划退田还湖或停垦养殖。圩区除涝应达到10年一遇排涝标准。沙河以东地区不足水量拟抽取湖水补给；进一步实施花凉亭水库灌区渠系配套工程、上浒山水库灌溉工程等。近期完成大沙河防洪工程、花凉亭水库灌区渠系配套工程、圩畈区除涝工程和沿湖电灌站；建设下浒山和鲁䶮山水库及相应灌区，在圩畈区新建和扩建电灌站。

15. 青弋江、水阳江

青弋江、水阳江流域治理开发任务为防洪、除涝、灌溉、航运和发电。

上游规划兴建陈村（已建）、港口湾、平垣（或牛岭）、汤村、凤凰山等水库，总库容39.53亿立方米，可削减干支流洪峰，减轻中下游防洪压力，发展自流灌溉223万亩，装机容量250多兆瓦。水阳江中下游，实施扩大双桥河分流入南漪湖及入口建闸控制，扩大北山河，水阳镇河段扩宽，丹阳湖蓄洪垦殖区，固城、石臼二湖建闸控制运用，青弋江改造工程，芜湖当涂两口兴建控制闸（包括船闸），以减轻流域防洪排涝压力。发展青弋江、水阳江航运，规划建设芜太运河Ⅴ级航道（已于1989年建成东坝船闸）。近期安排水阳镇河段扩宽、建设港口湾水库及芜湖控制闸（包括船闸）等工程。

16. 巢湖

巢湖流域治理开发任务以治理洪涝为主，兼治抗旱，结合考虑航运、水产及城市用水。

规划近期使本流域255万亩圩区防洪标准都达到20年一遇，除无为大堤按防洪规划要求加高加固外，拟疏浚裕溪河、西河和兆河，并加筑堤防，新开牛屯河分洪道，兴建凤凰颈、神塘河排灌站等，初步解决巢湖洪水出路和引江灌溉问题；而后全面整治裕溪河、西河、兆河以及支汊河道，全面达到防洪、除涝、引江灌溉要求。规划对南淝河航段进行整治与疏浚，近期达到Ⅳ级标准，远景达到Ⅲ级标准。结合引江济淮工程开辟江淮运河航线，规划为Ⅲ级航道标准。

17. 滁河

滁河规划任务首要是防洪，重点是保证津浦铁路的安全，保护沿岸城镇居民，提高圩区农田的防洪标准。规划在上游扩大驷马山引江分洪道，中游扩大马汊河分洪道，超额洪水运用分蓄洪区分蓄；增设抽水机站，并加快灌溉配套工程建设。近期安排汊河集至马汊河口段的河道整治；扩大马汊河分洪道，加固蓄洪垦殖区围堤工程；进行驷马山引江扩建工程；扩大灌溉配套工程和安徽圩区排水站建设。

18. 太湖

太湖流域综合治理开发任务以防洪除涝为主，统筹考虑航运、供水和环境保护等。

以1954年实际洪水为标准，安排洪涝水出路。上游区洪涝水经水库湖泊河网调蓄和少量滨江河道自排后，剩余水量连同杭嘉湖区各闸入湖水量由太湖调蓄，以及望虞河和太浦河自排或抽排入江。下游区洪涝水拟分区解决。规划治理工程包括望虞河、太浦河、杭嘉湖南排（在建）、杭嘉湖北排通道、环湖大堤、湖西引排、红旗塘、东西苕溪防洪、扩大拦路港、泖河以及斜塘、武澄锡引排等骨干工程。农业灌溉以及城市生活和工业用水，采取湖西和武澄锡虞引排工程引长江水，望虞河自引和抽引长江水以及在太浦闸附近建抽水站向黄浦江供水等措施解决。太湖流域拟改造14条航道，航道规划等级近期一般为Ⅴ～Ⅵ级，远景达到Ⅳ～Ⅴ级。另外，还规划有芜太运河。流域近期以首先打通洪涝水出路为目的，续建杭嘉湖南排工程、望虞河，开通大浦河，兴建环湖大堤与开通红旗塘；安排江南运河、长湖申线、苏申内外港线、锡澄运河、六平申线等航道建设。

19. 黄浦江

黄浦江主要规划任务是防洪、除涝与污水治理。近期按千年一遇高潮位的防汛标准，在苏州河口建开敞式挡潮闸，黄浦江干支流现有200千米防洪墙正在实施加高加固。市区渍水按小时暴雨36毫米排渍标准，逐步增加排水设备容量，提高排水能力，扩大达到排渍标准的排水面积。污水治理重点是控制污染源，进行三废处理，并从太湖引水。

三、规划特点

1）本次规划继续执行中央政治局成都会议的决定，坚持"统一规划，全面发展，适当分工，分期进行"的长江流域规划工作的基本原则，正确地解决远景与近期，干流与支流，上中下游，大中小型，防洪、发电、灌溉与航运，水电与火电，发电与用电和经国家计委下达的《长江流域综合利用规划要点修订补充任务书》提出的整体与局部，以及水土和生物资源的利用与保护等方面的关系。规划依据充分，规划任务明确。

2）综合规划结合经济社会发展需要，以及《长江流域综合利用规划要点报告》中上存在的一些问题，增加了城市供水、水资源保护与环境影响评价等内容，由13项主要任务组成，规划体系日臻完善，体现了"与时俱进"的精神。将长江中下游防洪除涝、水力发电、灌溉与航运作为主要任务，进行了重点规划研究，继续明确了三峡水利枢纽工程在长江流域治理开发中的重要地位和作用，重点突出。

3）随着资料的积累和规划工作基础的进一步加强，前期工作的深化，综合规划统筹协调长江干流和主要支流的治理开发。干支流开发方案进一步细化，增加了洞庭湖区、鄱阳湖区、巢湖、太湖等重要湖泊规划，金沙江8条主要支流、华阳河、皖河及菜子河、青弋江、水阳江、滁河等规划，血吸虫病防治规划分类提出了具体的治理措施。在方案比较论证的基础上，提出了合理安排意见。规划更加深化，内容更加全面。

4）综合规划长江的保护等已开始受到重视，提出了水资源保护的任务，针对三峡水利枢纽、南水北调、中下游防洪蓄洪工程等重点项目进行了环境影响评价，但规划的深度和广度还很不够。

四、规划实施与评价

《长江流域综合利用规划简要报告》为指导流域综合治理开发发挥了很大作用，在长江流域综合利用规划的指导下，经过治理开发与保护，长江流域防洪能力显著提高，水资源综合利用与保护取得较大成绩，涉水事务管理明显增强，为支撑经济社会发展发挥了重要作用，并取得了巨大成就。

1. 建立了比较完善的防洪减灾体系，保障了流域经济社会全面发展

长江是一条雨洪河流，可能发生洪灾的地区分布很广，尤以中下游平原地区洪涝灾害最为频繁且严重，洪水威胁是制约长江流域经济社会发展的主要因素。经过几十年的防洪建设，基本形成了以堤防为基础，以三峡工程为骨干，干支流水库、蓄滞洪区、河道治理相配套，结合封山植树、退耕还林、平垸行洪、退田还湖、水土保持等措施以及非工程防洪措施构成的综合防洪体系。长江总体的防洪减灾能力有了很大提高，对流域经济社会全面发展起到了重要的保障作用。

2. 加快了水利建设步伐，改善了水资源供应状况

长江流域是我国重要的农业生产基地。经过多年的水利建设，流域内的供水、灌溉事业有了很大发展。2007年长江流域由水利工程提供的供水量约为821亿立方米，水资源供应状况已有很大改善，对保障粮食和用水安全、促进工业发展和城市化进程具有重要作用。南水北调中、东线跨流域调水工程已按计划开工建设，推进了我国"四横三纵"水资源配置格局的建设进程。

3. 水电建设快速发展，改善了能源结构和供应状况

长江流域水能资源丰富，理论蕴藏量约占全国的40%，而技术可开发量约占全国的48%。依据规划开展的水电建设取得了很大成绩，特别是近些年来发展速度更快。2007年长江流域已建、在建水电站总装机容量约132000兆瓦，占流域技术可开发量的51%以上，其中大型水电站（装机容量在300兆瓦以上）41座，总装机容量约87600兆瓦。在流域能源总量中，水电装机容量占27.3%。水电建设不仅为长江流域经济发展提供了强大的电力，而且改善了我国一次能源结构，有利于减轻铁路运输压力，减少火力发电用煤对生态环境的破坏。

4. 枢纽工程渠化和航道整治，改善了长江航道条件

长江水系是我国内河航运最发达的水系，长江水运在我国综合交通运输网中占有重要地位。干支流通航标准和通航里程不断提高和延伸，长江黄金水道功能得到进一步发挥。截至2007年，长江水系通航总里程约7.1万千米，占全国内河通航里程的56%；完成客运量1.28亿人次，客运周转量39亿人·千米；完成货运量18.5亿吨，货运周转量28168亿吨·千米。

5. 水土保持和水资源保护初见成效，促进了水资源可持续利用

流域水土保持工作进入了依法防治、重点治理阶段，同时国家出台了退耕还林、封山育林等一系列政策。水土流失治理力度逐渐加大，全流域已累计治理水土流失面积30万平方千米，初步实现了流域水土流失面积由增到减的历史性转变。水资源保护工作开始受到重视。已初步建立了流域水质监测站网体系，水资源保护规划、工程环境影响评价以及入河排污口、水功能区的管理逐步规范化。水利灭螺工程已开始向规范化建设和管理迈进。

6. 水利工程建设促进了流域工业化、城市化、现代化和旅游业的发展

长江流域大规模的水利建设，特别是大型水利水电工程的建设，其众多建设资金的投入和建成后防洪、发电、航运等综合效益的发挥，提高了长江流域经济的总体发展水平，有力地促进了流域和地区国民经济的发展，加快了长江流域工业化、城市化和现代化的进程，同时也促进了流域内旅游业的发展。流域内已形成了以上海、南京为中心的长江下游经济区，以武汉为中心的长江中游经济区，以重庆、成都为中心的长江上游经济区，长江流域已成为我国城市化水平较高、经济较发达的区域之一。

现代水利工程形成的大坝、电站等建筑物景观和人工湖泊与名山大川等自然景观融为一体，为旅游资源锦上添花，更增加了旅游观赏的价值；葛洲坝、三峡水利枢纽的建设，带来了三峡旅游的大发展。

7. 水利管理得到加强，流域管理与区域管理相结合的水行政管理体制正在逐步理顺

流域机构改革迈出了关键性的步伐，根据修订后的《中华人民共和国水法》和中编办的批复，进一步明确了流域机构的法律地位和行政职能。《长江河道采砂管理条例》等涉水法规逐步建立，长江防汛指挥系统逐步建设，防洪非工程措施逐步加强。依法进行了行政审批制度改革，加大了长江河道采砂管理力度，水行政执法工作进一步加强。

长江流域治理开发与保护实践证明，长江流域综合利用规划的指导思想基本原则正确，治理开发与保护任务和总体布局基本合理。在规划指导下，洪旱灾害防御、河流综合开发、水利水电建设等有序开展。水资源保护逐步得到重视。长江三峡工程、南水北调中、东线一期工程等一批跨世纪的重大工程由宏图变为现实。《长江流域综合利用规划简要报告》拟定的 2000 年规划目标基本实现，在促进经济社会发展、改善人民生活、保护生态环境等方面成效突出。

受规划基础、认识深度和经济社会发展水平等诸多因素的制约，工程建设规模、干支流治理开发方案与后期论证研究尚存在一定的偏差，湘桂运河和赣粤运河等设想尚需进一步研究论证，但《长江流域综合利用规划简要报告》作为一部规划体系完善、开发目标明确、指导性极强的跨世纪的流域综合规划，得到社会各界的认可，规划的前瞻性和权威性得到了广泛的赞誉。

第三节 《长江流域综合规划（2012—2030 年）》

一、规划方针和任务

1. 规划指导思想、原则及任务

以科学发展观为统领，认真贯彻落实 2011 年"中央 1 号文件"《中共中央 国务院关于加快水利改革发展的决定》和 2011 年中央水利工作会议精神，以"维护健康长江，促进人水和谐"为基本宗旨的新时期治江思路作为规划工作的主线，按照"在保护中促进开发，在开发中落实保护"的原则，正确处理好需要与可能、兴利与除害、开发与保护、不同区域与相关行业、上下游、左右岸、远近期的关系，进一步明确目标、统筹规划、因地制宜、突出重点、分步实施、协调推进，注重科学治水、依法治水，突出加强薄弱环节建设，大力发展民生水利，不断深化水利改革，切实加强防洪减灾、水资源综合利用、水资源与水生态环境保护、流域综合管理四大体系建设，有

效减轻洪涝旱等灾害，合理开发利用水资源，切实保护水资源和水生态环境，不断提高流域综合管理能力，实行最严格的水资源管理制度，以水资源的可持续利用为经济长期平稳较快发展和社会和谐稳定提供有力的支撑。

规划基本原则为：以人为本，民生优先；水利与经济社会协调发展；在保护中促进开发，在开发中落实保护；统筹兼顾，综合治理；全面节约，有效保护，实行最严格的水资源管理制度；因地制宜，远近结合；严格管理，统一调度。

2. 任务

根据国家经济建设的战略部署，结合长江流域的特点，拟定近期2020年和远期2030年两个水平年。2020年强化治理开发，促进生态环境保护。加快长江流域控制性水利水电工程（能控制洪水、调蓄水资源、对河流或河段洪水和水资源起调控作用的工程）建设，强化控制性水利水电工程的调度管理，增强应对洪涝旱灾害能力，提高水资源利用效率，维护良好水环境，强化流域综合管理，实现长江水资源的有序开发和有效保护。2030年治理开发与保护并重，更加侧重保护。应在注重维护长江生态功能、改善长江水生态环境、修复已造成的不良水生态环境的基础上，充分发挥长江的服务功能，使长江永远成为一条生态环境优良、造福人类的健康河流，以水资源的可持续利用支撑和保障经济社会的可持续发展。

根据流域治理开发与保护现状、存在问题和经济社会发展需要，按照"维护健康长江，促进人水和谐"的基本宗旨，拟定长江治理开发与保护的主要任务是防洪、除涝、供水、灌溉、发电、跨流域调水、航运、水资源保护、水生态环境保护、水土保持、水利血防等。

二、规划主要内容

根据流域治理开发与保护现状、存在问题和经济社会发展需要，按照"维护健康长江，促进人水和谐"的基本宗旨，进行全面规划。在现已形成的治理开发与保护格局的基础上，逐步建成完善的防洪减灾体系、水资源综合利用体系、水资源与水生态环境保护体系、流域综合管理体系。

（一）防洪减灾体系规划

1. 防洪规划

长江中下游已基本形成了以堤防为基础、三峡水库为骨干，其他干支流水库、蓄滞洪区、河道整治工程及防洪非工程措施相配套的综合防洪体系，防洪能力显著提高。三峡工程的投入运行以来，长江中下游特别是荆江河段防洪形势有了根本性改善；汉江中下游可防御类似1935年大洪水，约相当于100年一遇，赣江可防御20~50年一遇，其他支流大部分可防御 10～20 年一遇洪水，长江上游各主要支流一般可防御 10 年一遇左右洪水。但长江防洪仍面临着长江中下游河道安全泄量不足，长江上游、中下游支流及湖泊防洪能力偏低，山洪灾害防治滞后，三峡及上游其他控制性水利水电工程建成后对中下游河势、江湖关系带来较大影响，极端水文气候事件频发，洪灾损失越来越大等突出问题。长江中下游防洪区分为防洪保护区、蓄滞洪区、行洪区三类，采取合理地加高加固堤防，整治河道，安排与建设平原蓄滞洪区，结合兴利修建干支流水库，逐步建成以堤防为基础、三峡水库为骨干，其他干支流水库、蓄滞洪区、河道整治相配合，平垸行洪、退田还湖、水土保持等工程措施与防洪非工程措施相结合的综合防洪体系。长江上游干流及主要支流兴建控制性防洪水库，在承担本地区防洪任务的同时，尽可能承担长江中下游干流的防洪任务；对病险水库分期分批除险加固；整治干支流河道；对需要保护的较重要城镇和重要地区，筑堤护岸；加强中小河流治理和山洪灾害防治；加强水土保持；强化水情测报及其他防洪非工程措施建设。

2. 除涝规划

经过多年的治理，长江中下游初步形成"自排、调蓄、电排"相结合的除涝体系，多数易涝区现状排涝能力达到 5～10 年一遇，但排涝能力仍然较低。涝区治理应坚持排、滞、蓄、截相结合，逐步形成综合除涝体系。对自排区进行内部水系整治、修建排水涵闸、疏挖排水河道；对进入半圩区的山水，采取兴建撇洪渠实现高水高排，减少进入圩区的水量；对内湖围垦较多、调蓄容积不足的涝区，结合湿地恢复、建设备蓄区及适当退田还湖，逐步恢复蓄涝水面率至 10% 以上；在自排、撇洪、蓄涝不能满足要求的涝区，建设必要的电排站。涝区排水还应考虑农作物正常生长对降低地下水位的要求，做到除涝与防渍相结合。结合防洪要求，制定排区调度、超标准涝水防御对策等除涝非工程措施。根据圩区性质、行政区划、自然条件，规划将长江中下游分为 7 个排涝片区，提出了分区除涝规划意见。

3. 中下游干流河道治理规划

通过实施较大规模的护岸工程、下荆江系统裁弯工程、部分分汊河段的堵汊工程，中下游干流河道得到初步控制，但有些河段河势变化仍然较大，已有的护岸工程标准普遍偏低，上游来沙减少及干支流水利水电工程的蓄水，使中下游干流河道将面临长时期、长距离、大幅度冲刷，长江口地区咸潮入侵现象有所加剧等。按照突出重点、兼顾一般的原则，根据不同河型的演变特点及存在的主要问题，以河道主流线为依据确定河道控导线，抓紧进行河势控制工程与河势调整工程。近期全面加固的岸段总长约 794 千米，新护岸段总长约 362 千米，以应对上游来沙大幅减少可能带来的不利影响。远期河势控制工程的具体布局，需根据三峡等工程建成后的河道演变情况，进一

步深入研究确定。为更好地满足中下游防洪、航运及经济社会发展的要求,需在全面稳定现有河势的基础上,结合新的水沙条件下中下游河道的变化趋势,在河势控制规划的指导下,对局部河段的河势进行适当调整。

(二)水资源综合利用体系规划

1. 水资源评价与配置

长江流域水资源总量较丰沛,但时空分布不均,供水工程不足,用水浪费现象较严重。应遵循全面节约、有效保护、合理开源的原则,优化水资源配置,逐步减少农业用水,适度增加生活和工业用水,合理提高建筑业、第三产业以及河道外生态环境用水。预测到2020年,在多年平均的情况下,长江流域总需水量2296亿立方米,可供水量2283亿立方米,缺水量13亿立方米。截至2030年,在多年平均情况下,长江流域总需水量2351亿立方米,可供水量2348亿立方米,缺水3亿立方米,平水年份和中等干旱年份可基本实现水资源的供需平衡。在保障流域内水资源可持续利用的基础上,合理安排南水北调东、中、西线工程以及滇中、黔中等跨流域调水,为全国水资源配置提供必要的水源。预测到2020年,长江流域规划年均调出水量约276.9亿立方米;截至2030年,长江流域规划年均调出水量为452.5亿立方米。对多种水源进行合理调配,增加特殊干旱情况下的供水量,提高供水保证率。

2. 城乡供水规划

经过多年的发展,城镇供水设施基本建成,农村供水明显改善,供用水管理水平显著提高。但仍有1081万城镇人口和1.06亿农村人口存在饮用水安全问题,水资源利用效率不高,应急后备水源建设滞后,应对特大干旱或连续干旱、突发水污染事件的能力不足等问题也日益凸显。规划以各地区水资源和水环境承载能力为基础,统筹协调各地区人口、资源、环境和经济社会发展需要,按照"强化节约、充分挖潜、合理开源、完善管理"的发展思路,因地制宜地加快节水型社会建设,加强供水水源地保护,建设一批中小型水库、引提水和连通工程以及农村小微型水利设施,加快城市供水后备水源地建设,建立健全应急供水响应机制,大力提高应急供水能力等。针对四川盆地腹地、渝西城市群、黔中地区、滇中地区、环长株潭城市群重点区域,提出供水水源规划意见。上游地区继续推进"兴蜀""泽渝""润滇""滋黔"等水源工程建设,加快亭子口、黔中水利枢纽和西南五省重点水源近期工程的建设,加快滇中引水工程前期工作进度,争取及早立项建设。中下游地区以现有供水工程改扩建为主,并新建一批蓄、引、提骨干供水工程,推进城镇近岸、丹江口水库、巢湖及其他供水水源的水体修复工程建设。长江三角洲地区要在加强河湖水系改造和水污染防治的基础上,上海市拟新建青草沙、东风西沙等平原水库,扩建陈行水库,江苏和浙江则以现有供水工程改扩建为主，并新建一定规模的引提水工程。

3. 灌溉规划

长江流域是我国重要的农业生产区，耕地面积4.62亿亩，已建灌区15.6万处，有效灌溉面积22574万亩，有效灌溉率约49%。现状存在灌溉工程规模不足，有效灌溉率和灌溉保证率偏低、工程建设标准低、配套程度差、老损严重，灌溉方式粗放，用水效率不高，管理水平较低等问题。规划对现有灌溉工程进行了充分的配套、挖潜和改造；推广节水、节能、高产、高效的灌溉新技术；同时兴建一批水源和灌区工程；加强应急备用水源建设，加强旱情监测预警调度管理系统和抗旱服务体系的建设，提高抗御旱灾风险能力。积极推进大、中型灌区的新建与扩建。近期新建、扩建30万亩以上灌区48处，新增有效灌溉面积4107万亩，新增节水灌溉面积4186万亩，远期再新建、扩建30万亩以上灌区27处，新增有效灌溉面积2639万亩，再新增节水灌溉面积4034万亩。规划还提出了四川盆地腹地、滇中高原、黔中地区、南阳盆地、衡邵丘陵区、湘南地区、洞庭湖区、吉泰盆地、鄱阳湖区、皖江地区重点地区灌溉规划。

4. 水力发电规划

长江流域现状已建、正建水电站装机容量13.17万兆瓦，占流域技术可开发装机容量的47%，年发电量0.57万亿千瓦时，占理论蕴藏量的21%。干流宜宾以上、支流雅砻江和大渡河是我国最重要的水电开发基地。流域内水能开发存在无序开发、不重视生态环境保护等情况，影响河流综合效益的发挥，并危及社会公共安全和河流生态安全。按照西电东送和全国联网的战略部署，中、下游梯级电站首先满足本区用电需求，就近送往华东、华中地区；上游梯级电站在满足当地用电需求的前提下，主送华东、华中、华南地区。规划近期建设水电站装机容量8.81万兆瓦，年发电量4049亿千瓦时。远期继续兴建水电站装机容量5.47万兆瓦左右，年发电量约2518亿千瓦时。应进一步加强金沙江虎跳峡河段开发方式研究，做好与滇中引水工程的衔接。坚持统筹规划、合理布局、因地制宜、有序开发的原则，高度重视小水电开发对生态环境的影响，合理布局小水电开发，依法查处"四无"电站，并采取有效措施消除隐患，严格小水电审批管理。西部区进行集中连片开发，建立小水电基地，中部区继续开发小水电，以补充增长的用电需求，东部区小水电资源有限且大部分已开发，需要大电网补充供电。

5. 跨流域调水

长江流域水资源较为丰富，在满足长江本流域的用水需求后，尚有部分富余水量可供外调，主要调水工程包括南水北调东、中、西线，云南省的滇中引水工程，陕西省的引汉济渭工程，安徽省的引江济淮工程，江苏省的临海引江工程。南水北调三条

调水线路与长江、黄河、淮河和海河四大江河沟通，构成"四横三纵"为主体的中国大水网，可形成一个有机整体，相互补充，有利于实现我国水资源南北调配、东西互济的合理配置格局。从全国水资源配置角度考虑，远景可以把西南诸河作为向包括长江在内的我国腹地河流跨流域调水的后备水源。

1）南水北调东线工程规划。规划从长江下游江都三江营抽引长江水，利用京杭大运河及与其平行的河道和湖泊，分别向江苏、山东、安徽、河北、天津5个省（直辖市）供水，工程规划分三期实施，调水总量分别为87亿立方米、106亿立方米和148亿立方米。一期工程主要向江苏和山东两省供水，已于2002年12月开工。

2）南水北调中线工程规划。规划从长江汉江引水，分为两期建设。一期工程从汉江丹江口水库引水，供水目标以北京、天津、河北、河南的城市生活和工业用水为主，兼顾农业和生态环境用水，多年平均调水量为95亿立方米，已于2003年12月开工。中线后期工程调水约130亿立方米，应尽快启动从长江干流引水补充汉江的研究工作，并相机实施。

3）南水北调西线工程规划。西线工程从长江上游通天河、支流雅砻江和大渡河上游调水入黄河上游，主要解决青海、甘肃、宁夏、内蒙古、陕西、山西等沿黄地区的缺水问题。西线工程规划期内拟调水80亿立方米，调水量占比较大，应进一步研究调水规模、调水后对水源区及其下游的影响以及相应的补偿措施。

4）引江济淮工程规划。规划从长江湖口以下引水，向安徽省淮河流域淮南、蚌埠、阜阳、亳州、宿州、淮北6个市供水，补充蚌埠闸以上农业灌溉用水，沟通长江、淮河两大水系以便航运。建议进一步做好近期引江济巢前期工作，合理确定工程供水范围和规模。

5）引汉济渭工程规划。规划从汉江上游取水，输水至渭河供关中平原地区。工程拟分步实施。近期从汉江引水10亿立方米。远期在从长江干流补水或其他可能的补水方案实施后，引水量扩大至15亿立方米。

6）滇中引水工程规划。金沙江虎跳峡及以上河段为滇中引水工程的最佳水源地。滇中引水工程多年平均调水量34.17亿立方米，供水范围包括大理、楚雄、红河、昆明、玉溪、丽江，以城镇生活用水和工业用水为主，兼顾农业和生态环境用水。下阶段应进一步分析用水需求的合理性及提高用水效率的可能性，研究开发利用当地径流的潜力，并结合虎跳峡河段开发方案，深入论证滇中引水工程的取水方案和规模。

6. 航运规划

长江是我国内河航运最发达的水系，航运发展尚有很大潜力。近20年来，通过渠化并结合整治，长江水系航道等级显著提高，通航条件明显改善。长江水系正逐步形成以上海、南京、武汉和重庆为中心的区域性港口群，基本形成了涵盖整个长江沿江地区，以石化、煤炭、矿石、集装箱和通用件杂货等大宗货物运输为主体的运输系统格局。但存在航道通航等级偏低，航道等级结构不合理，干支流、上下游、主要内河通航区之间航道等级不衔接，长江干线航道潜能尚未充分发挥，长江沿岸港口基础设施仍较薄弱，综合通过能力不足，港口的功能布局亟待优化与完善等主要问题。根据国务院2007年批复的《全国内河航道与港口布局规划》，规划提出了长江干线、岷江、嘉陵江、乌江、湘江、沅江、汉江、赣江、信江、合裕线、长江三角洲高等级航道网"一横十线一网"的国家高等级航道标准和建设方案。地区重要航道，以及皖东南航道网、唐河、白河、丹江（库区）等其他航道，应根据经济社会发展需要以及批准的河流综合规划、航运规划合理确定航道标准和规模，提出研究湘桂运河、赣粤运河的建设时机和航道标准。江淮运河为Ⅲ级航道标准，结合引江济淮工程进行建设。长江水系主要港口布局应以上海、南京、武汉、重庆等大型综合枢纽为中心，以其他主要港口为重点，形成长江港口主枢纽布局，并辐射地区重要港口的建设规划意见。

（三）水资源与水生态环境保护体系规划

1. 水资源保护规划

长江流域水资源质量总体良好，现状年入河废污水总量为199.2亿立方米，但干流近岸水域污染趋势未能得到遏制，部分支流污染严重，湖库富营养化仍在发展、水生态安全受到威胁；部分河道断流、生态用水不足；突发性水污染事故风险增大，威胁用水安全。规划以水功能区划为基础，制定1726个水功能一级区中点源限制排污总量意见，其中2020年化学需氧量251.1万吨，氨氮27.2万吨；2030年化学需氧量224.4万吨，氨氮23.8万吨。以点源入河控制量和河流生态需水为控制目标，多种措施并举，强化重点区域保护，加快干流沿江上海、南京、武汉、重庆、攀枝花等城市河段水污染治理，抓紧嘉陵江、岷江、沱江、汉江、湘江等支流综合治理，加强巢湖、滇池富营养化治理，加大洞庭湖、鄱阳湖、丹江口库区及上游、三峡库区及长江口地区水资源保护力度，加强生态脆弱的长江源头区水资源监测、保护与管理。

2. 水生态环境保护及修复规划

随着人类活动的增多，长江流域水生态环境有逐渐恶化的趋势，出现生物多样性下降，水环境恶化，湿地萎缩，生境退化等突出问题，同时工程建设造成的水库淹没、大坝阻隔、河流水文情势变化等，也使长江流域水生生物生境产生变化，对部分水生生物产生一定影响。根据水生态、湿地、涉水自然保护区和风景名胜区的重要性及对水资源开发利用的限制因素，使水资源的开发利用严格控制在水生态环境优先保护

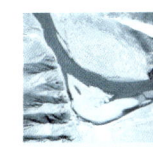

区域和保护对象所允许的范围内。采取物种保护与生物资源养护、湿地生境保护与修复、加强自然保护区建设等多种措施，保护水生生物群落结构，实现水生态系统功能正常发挥。针对当前长江流域水生态环境状况及存在的主要问题，重点地区重点保护。江源区以原生态保护为主，重点保护河流、湖泊、沼泽、湿地等高原鱼类和水生生物的自然生境，遏制湖泊萎缩和沼泽湿地干涸退化的趋势；上游地区以多种珍稀特有物种为主要保护对象；中下游地区主要保护多种鱼类的渔业资源种质与数量，并保护河流、浅水湖泊、湿地等水生生物、两栖生物和鸟类的自然生境。同时提出了物种保护与生物资源养护、生境保护与修复、湿地保护与修复、自然保护区建设，加强湿地、自然保护区和风景名胜区管理与监测等水生态环境保护及修复规划意见。

3. 水土保持规划

长江流域是我国水土流失严重的区域之一，水土流失面积53.08万平方千米，占流域面积的29.5%，年土壤侵蚀量达19.35亿吨，水土流失面积和年土壤侵蚀量均居我国各大江河流域之首。目前全流域已累计治理水土流失面积近30万平方千米，金沙江下游及毕节地区、三峡库区、嘉陵江中下游和陇南陕南等长江上游"四大片"水土流失面积和强度均有不同程度的降低，初步实现了流域水土流失面积由增到减的历史性转变。但流域尚有超过50万平方千米的水土流失面积亟待治理，防治任务仍然艰巨，生产建设活动造成人为水土流失的形势依然严峻。长江上中游地区水土流失面积约占全流域的98.4%。规划对长江源头区、金沙江上中游、岷江大渡河上游、汉江上游、桐柏山大别山区、湘资沅江上游等重点预防保护区域加强预防保护，维护优良生态。对长江源头区等生态脆弱地区、金沙江下游水电开发区、重要水源保护区、滑坡泥石流多发地区以及国家批复立项的跨区域大型生产建设项目涉及的重点监督区域，规划加强监督管理，有效遏制人为水土流失。长江流域水土保持重点防治工程包括：长江源头区水土保持预防保护工程，长江流域坡耕地水土流失综合整治工程、崩岗防治工程、石漠化治理工程，以及丹江口库区及上游、三峡库区、金沙江下游、嘉陵江流域、洞庭湖水系、鄱阳湖水系水土保持重点防治工程等。通过重点防治工程，加快水土保持生态建设步伐。开展一批水土保持示范工程建设，建立和完善流域水土保持监测及信息系统。2020年和2030年治理水土流失面积分别约为20万平方千米、33万平方千米。

4. 水利血防规划

水利血防是血吸虫病综合防治的重要组成部分，是结合水利工程，实施以环境改造灭螺为主的血吸虫病防治措施，在血吸虫病防治中发挥了重要作用。但钉螺分布范围广、面积大，防治任务重，水利灭螺技术有待进一步完善和创新等问题依然突出。

水利血防包括河流综合治理、饮水安全、灌区改造、小流域治理、水利行业血防等内容。规划河流综合治理3000余千米；解决血吸虫病疫区700余万人的饮水安全问题；灌区改造规划渠道硬化5000余千米；云南、四川和江西的部分山区规划小流域治理项目150余个；水利行业血防对疫区基层水利单位实施环境改造、改水、改厕，以及血防监测、宣教等非工程措施。在血吸虫病防治地区进行水利项目建设时，应按国务院颁布的《血吸虫病防治条例》，根据需要采取相应的血防措施，同步建设血吸虫病防治设施。

（四）流域综合管理体系规划

目前长江流域实行流域管理与行政区域管理相结合的管理体制，流域管理逐步强化，但法律法规体系尚不健全，统一管理亟待加强，规划体系有待完善，防洪抗旱、水资源与水生态环境保护各类管理尚需进一步加强，执法监督还需强化，管理能力有待进一步提升。规划提出从法律法规、管理体制机制、执法监督、水行政事务管理、管理能力方面全面提升流域综合管理。逐步建立起以《中华人民共和国水法》《中华人民共和国防洪法》等法律为核心，行政法规、部门规章和地方涉水法规相配套的较为完善的流域综合管理法律法规体系。逐步建立协调、高效的流域管理与区域管理相结合的流域综合管理体制，跨区域和跨部门协调机制，逐步建立和推行补偿机制、投融资机制、公众参与机制、信息采集与共享机制。强化执法监督。加强防洪抗旱管理、水资源管理、水资源与水生态环境保护管理、水土保持管理、河道管理、水利工程建设与运行管理、控制性水利水电工程统一调度管理、控制断面监督管理、应急管理等水行政事务管理。推进水利信息化、科技支撑能力和人才队伍建设更上一层楼。

（五）干流治理开发与保护规划

长江干流治理开发与保护的任务为防洪、供水与灌溉、发电、航运、水资源保护、水生态环境保护、河道治理、岸线利用和洲滩及江砂控制利用等。

1. 上游河段规划方案

（1）通天河及以上河段

长江源头地区草地退化、湿地萎缩、冰川后退、天然林面积减小、生物多样性锐减、水土流失加剧等问题突出。河段治理开发与保护的任务是以水资源保护、水生态环境保护为主，兼顾防洪、灌溉与供水等。按照《青海三江源国家级自然保护区建设总体规划》要求，做好水资源和水生态环境保护；开展巴塘河、扎西科河治理及结古沟、孟宗沟沟道治理，修建北山防洪渠道，使玉树州结古镇的防洪能力达到50年一遇，建设曲麻莱、称多、治多3个县县城及重要城镇防洪工程；完善灌溉与供水工程；在充分保护生态环境的前提下，研究从长江引水向青海省柴达木循环经济试验区供水的

必要性和可行性。在处理好保护与开发关系的基础上，深入研究河段开发方案，适时、适度开发水能资源；进一步研究南水北调工程通天河取水枢纽位置和西线调水对水源区及下游地区的影响。

（2）金沙江河段

河段治理开发与保护的主要任务为发电、供水与灌溉、防洪、航运、水资源保护、水生态环境保护和水土保持。在认真研究综合利用和生态环境保护要求的基础上，合理规划梯级布局，推进水能资源开发：金沙江上游河段规划西绒（东就拉）—晒拉—果通—岗托（俄南）—岩比（白丘）—波罗—叶巴滩（降曲河口）—拉哇—巴塘—苏洼龙（王大龙）—昌波—旭龙—奔子栏等13级，应综合考虑滇中引水、虎跳峡河段开发方式、生态环境保护要求，进一步论证奔子栏梯级的可行性；金沙江中游河段规划虎跳峡河段梯级—梨园—阿海—金安桥—龙开口—鲁地拉—观音岩—金沙—银江9级；金沙江下游河段规划乌东德—白鹤滩—溪洛渡—向家坝4级。在做好节水、治污和充分利用当地水资源的基础上，重点实施滇中引水、向家坝灌区和观音岩引水工程等骨干水利工程。根据长江流域防洪规划要求，金沙江汛期设置最大防洪库容为231.31亿立方米。金沙江干流攀枝花以下河段是云南、四川两省对外运输的天然通道，水富至宜宾30千米航道通过实施航道整治工程，航道标准由Ⅴ级提高到Ⅲ级；溪洛渡、向家坝梯级渠化后，结合向家坝至水富约3千米河段以及向家坝水电站变动回水区的航道整治，溪洛渡至水富河段159.5千米可达Ⅳ级航道标准；远景金沙江干流下游四级水电站全部建成后，可发展库区航运；同时扩建水富港、宜宾中心港。加强水资源保护，实现攀枝花、宜宾等沿江城市工业和城镇生活废污水达标排放，干流水功能区达标。加强长江上游珍稀特有鱼类、白马雪山国家级自然保护区以及拉市海高原湿地和泸沽湖湿地等的有效保护。金沙江下游区域是长江上游重点产沙区，应采取保护和发展森林、草原植被、治理水土流失等措施，近期、远期分别治理水土流失面积7.4万平方千米、10.09万平方千米。

（3）宜宾至宜昌河段

河段治理开发与保护的主要任务是防洪、发电、供水与灌溉、航运、水资源保护、水生态环境保护、岸线利用和江砂控制利用。发挥三峡水库及上游水库的防洪作用，提高本河段及长江中下游防洪能力的同时，加强宜宾、泸州、重庆、宜昌等重要城市以及大片农田保护区的防洪工程达标建设。充分利用已建的三峡、葛洲坝枢纽，在处理好开发与保护关系的基础上，研究小南海以上至宜宾段的水能开发方案。逐步开展蓄、引、提水工程建设，解决两岸人民生产、生活及农田灌溉等用水。加强研究并适时启动从长江向汉江补水方案。通过三峡、小南海等枢纽渠化，结合航道整治措施，使本河段航道达到规划航道等级要求。近期实施宜宾至泸州航道整治工程和重庆娄溪沟至铜锣峡河段炸礁工程;加强三峡库尾变动回水区航道观测,适时实施航道治理工程。加大保护三峡水库水质,强化干流水功能区管理。加强长江上游珍稀特有鱼类国家级自然保护区管理。实现岸线资源的可持续利用和有效保护。科学合理利用江砂资源。促进三峡库区生态环境保护与可持续发展。

2. 中下游宜昌至徐六泾河段规划方案

河段治理开发与保护的主要任务是防洪、供水与灌溉、航运、河道治理、水资源保护、水生态环境保护、岸线利用、洲滩及江砂控制利用。规划主要提出本河段的河道治理、岸线利用和洲滩及江砂控制利用规划。河道治理规划对宜枝、上荆江、下荆江、岳阳、鄂黄、九江、安庆、铜陵、芜裕、马鞍山、南京、镇扬、扬中、澄通等重点河段治理,提出了总体安排,对 14 个一般河段针对性地进行新增崩岸段的守护和已有护岸段的加固,以及局部河段的河势调整工程。严格岸线利用分区管理,对目前已利用岸线中对防洪安全、河势稳定、水资源及水生态环境保护等方面有严重影响的建设项目进行调整。在确保防洪安全、河势稳定和生态环境良好的前提下,因地制宜地对洲滩实行控制利用。河道采砂应遵循国家有关法律法规,按照分区管理和总量控制的总体思路,适度、合理地利用,并定期对采砂规划进行修订。

3. 长江口规划方案

长江口治理开发与保护应统筹协调防洪(潮)与水利排灌、航运、河道治理、水土资源和岸线资源开发利用、江砂控制利用、水资源与水生态环境保护规划。开展防洪(潮)及水利排灌工程除险加固改造及新建达标;针对长江口综合整治开发实施后对排涝的影响,进行排涝补偿工程建设;对规划圈围区所影响的水系进行相应调整。实施新通海沙圈围等工程措施、白茆沙护滩导堤工程、东风沙导堤工程等,远期进一步研究北支下口建闸或其他可行方案;实施顶冲段以及河道整治工程实施后可能受冲段的护岸保滩工程。依据《长江干线航道总体规划纲要》,先期将 12.5 米深水航道上延至江苏太仓,适时实施南京至河口河段航道治理工程,逐步改善通航条件,将长江口深水航道逐步向上延伸。建设陈行第二水库、青草沙水库、东风西沙、没冒沙水库、太仓第二水库等避咸蓄淡水库。近期规划滩涂围垦总规模为 81.01 万亩,促淤 123.6 万亩。江砂利用应严格实行采砂总量控制,未规划建筑砂料开采,其他砂料年度采砂总量控制为 3500 万吨。加强对水资源与水生态环境的保护,减少、降低人类活动对长江口区域水资源与水生态环境的负面影响。

（六）主要支流及湖泊治理开发与保护规划

1. 金沙江中小支流

（1）定曲

治理开发与保护的主要任务为发电、供水与灌溉、防洪、水土保持和水资源保护。处理好开发与保护的关系，合理开发流域水能资源；扩建得荣和乡城两县城的供水工程，抓紧完成玛依河引水、白松次巫水利工程，加快解决人畜饮用水和农牧灌溉用水问题；以中小河流治理为重点，保障城镇防洪安全；治理水土流失。

（2）水洛河

治理开发与保护的主要任务为发电、供水与灌溉、防洪、水土保持等。在做好海子山国家级自然保护区、赤土河亚丁国家级自然保护区的保护并满足河流生态需水要求的前提下，合理开发水能资源；解决饮用水安全问题，提高草场和耕地有效灌溉率，远期在上游新建稻城引水工程，满足县城用水需求；建设防洪堤与护岸工程，保护城镇防洪安全；以建设项目和矿产开采区域为重点加强水土流失治理。

（3）普渡河

普渡河干流穿越滇池，主要支流有掌鸠河、洗马河、木板河和鸣矣河。其治理开发与保护的主要任务为供水与灌溉、防洪与除涝、水资源保护、水生态环境保护、水力发电、水土保持。规划建设掌鸠河引水工程和清水海引水工程、牛栏江—滇池应急补水工程，以缓解昆明市主城区严重缺水的局面；加大农村供水设施建设力度；积极推进和适时实施滇中引水工程。新建木戛利、箐门口、羊旧、沙龙等中型水库及灌区续建配套与节水改造。完成松华坝至昆明市城区段、滇池农田及乡村段、安宁段和富民段的防洪工程建设；治理鸣矣河、掌鸠河、洗马河等支流。以昆明市城区和滇池北岸水系为重点，修建排涝设施，提高易涝区排涝能力。以松华坝水源区保护和滇池综合治理为重点，加强流域水资源与水生态环境保护。有序开发干支流水能资源。治理水土流失。

（4）牛栏江

治理开发与保护的主要任务为供水与灌溉、跨流域调水、水资源保护、水土保持、发电、防洪。通过大石头水库任务调整，实施麦冲引水二期工程，改扩建黄草坪水库和龙泉水库，满足崇明、寻甸和马龙县城用水；兴建哈喇河小米水库作为邻近流域威宁县城的备用供水水源；新建德泽、苏斗河、阿浪、罩子河、下官山、龙泉等蓄水工程和象鼻岭库区提水工程，加快灌区续建配套和节水改造。为缓解昆明市和曲靖市水资源严重短缺的局面，近期规划牛栏江—滇池补水工程，以及车马碧、黑滩河、窑上海子等调水工程，远期实施西泽河调水工程。加强水土流失治理。干流初拟以黄梨树、象鼻岭为龙头水库的10级开发方案，其中有6级为引水式开发，应保证河流生态用水或改变开发方式。规划干支流修建堤防136千米，整治河道67千米，各县城防洪标准达到20年一遇。

（5）横江

治理开发与保护的主要任务为供水与灌溉、防洪与除涝、水土保持、水资源保护、发电。为满足城镇供水需求，规划将已建水库部分灌溉用水调整为昭阳区和鲁甸县城供水，新建油坊沟水库、翠屏山水库和罐子窑提水工程，兴建牛栏江支流哈喇河小米水库作为威宁县城的备用供水水源；近期解决农村饮用水安全问题。新建铜锣坝、梅家河、黄水河、蟠龙湖等水库，适当新建中小型灌区。通过堤防和河道治理，使昭阳区防洪标准达到50年一遇，鲁甸、彝良、盐津、水富、威宁等县城达到20年一遇防洪标准。昭鲁河和鲁甸涝区按10年一遇的除涝标准。加强治理水土流失。在充分保护水生态环境的前提下合理开发水能资源。

2. 雅砻江

治理开发与保护的主要任务是水力发电、供水与灌溉、防洪、跨流域调水、水土保持和水资源保护。规划中下游干流按两河口、牙根一级、牙根二级、楞古、孟底沟、杨房沟、卡拉、锦屏一级、锦屏二级、官地、二滩、桐子林等12级开发，总装机容量26179兆瓦，建议进一步研究确定上游梯级开发方案。加快建设打火沟水利工程，兴建力曲河、藤桥河、尼措、木拉提等引水工程和龙塘、星秀坪、莫落槽、老沙、巴松、和平、东河、温拖、通宵、俄雅同等水库，安宁河实施米市、马鞍山、沙坝、海塔、河口水库，以及大桥灌区工程等，满足流域城乡生活与工农业生产的用水需求。通过兴建大桥、米市、岔河防洪水库逐步形成"堤库结合"的防洪总体格局，使西昌市达到50年一遇防洪标准，冕宁、德昌、米易等城镇及耕地集中的河谷和盆地达到20年一遇防洪标准。干流主要梯级水库需承担川渝河段及长江中下游防洪任务，采取分期预留、逐步蓄水的方式，在7月初共需设置最大防洪库容50亿立方米，其中上游梯级5亿立方米、两河口20亿立方米、锦屏一级16亿立方米、二滩9亿立方米。南水北调西线工程初步规划从雅砻江干流调水42亿立方米，支流鲜水河调水14.5亿立方米（包括支流达曲阿安水库调水7亿立方米，泥曲仁达水库调水7.5亿立方米）。规划以小流域为单元开展下游河谷和石漠化地区水土流失综合治理。加强安宁河沿岸冕宁、西昌、德昌、米易等城市排污口整治，有效控制农业面污染源，严格控制入河污染物排放。加强水利水电工程的综合调度管理，保证河流生态用水需求。通过水利血防等综合措施，使血吸虫病疫区近期达到传播控制标准。规划还针对主要支流鲜水河、安宁河提出规划意见。

3. 岷江

岷江治理开发与保护的主要任务是供水与灌溉、发电、防洪、水生态环境修复、水资源保护、航运、水土保持和水利血防。继续实施都江堰等已建灌区续建配套与节水改造，结合综合利用要求开发水电，重点建设大渡河水电能源基地；结合航运要求，在做好生态保护的基础上，进一步开发岷江干流中下游水能资源。通过修建干支流堤防，充分发挥紫坪铺、瀑布沟、双江口及其他支流水库的调洪作用，整治重点河段的河道，使成都市防洪标准达到200年一遇、地级城市防洪标准达到50年一遇。保障岷江干流生态用水需求；适时实施引大济岷工程。干流乐山以下河段建设老木孔、东风岩、犍为、龙溪口等航电梯级。加强治理水土流失。实施水利血防等综合措施。规划提出大渡河、青衣江、绰斯甲河等主要支流规划意见。

4. 沱江

沱江上游绵远河、青白江、毗河与相邻流域岷江水系沟通，构成了沱江为不封闭流域的特点。沱江治理开发与保护的主要任务为供水与灌溉、水资源保护、防洪、发电、航运、水土保持和水利血防。沱江城镇供水采取分片解决方案，上游地区通过新建湔江关口水库、绵远河清平水库、石亭江八角水库解决，中游地区通过都江堰东风渠灌区工程、新建毗河供水工程、濛溪河两河口水库解决，下游地区新建向家坝灌区工程、岷江小井沟水库、长江干流提水、扩建濑溪河玉滩水库、新建小清流河黄桷滩水库等解决。新建东风、狐狸洞、江家桥、大石包、黑水凼、丹山、黄连桥等中型水库和淮仓、隆柏等引水工程解决局部地区缺水问题。加快都江堰、长葫、石盘滩、九龙滩、濑溪河等灌区续建配套和节水改造。以干流德阳、资阳、内江、富顺、泸州河段及支流毗河青白江段、釜溪河自贡段为重点，加大沱江全流域干支流的治污力度；做好九龙滩等14个已建干流梯级水库的优化调度，促进沱江水生态环境的根本好转。优先建设清平、关口等具有防洪作用的综合利用水库，提高德阳市、绵竹市、彭州市、广汉市、荣昌县、大足县及三星堆镇等的防洪能力。为修复水生态环境，沱江干流近期应控制新建梯级枢纽。通过已建梯级渠化及航道整治，提高干流金堂至泸州段496千米航道等级。治理水土流失。实施水利血防等综合措施。

5. 赤水河

赤水河流域治理开发与保护的主要任务是水资源保护、水生态环境保护、供水与灌溉、防洪、水土保持、航运和发电。规划突出茅台酒等生产用水水质保护和长江上游珍稀特有鱼类保护区保护，提出加强重点河段水域污染源的治理，禁止在赤水河干流及支流扎西河、倒流河、妥泥河、铜车河等河段进行梯级开发。加快骨干水源工程建设，解决城乡居民生活和经济发展用水需求。通过堤防护岸，配合河道整治、撤洪工程等措施，开展防洪达标建设，基本建成山洪灾害监测和预警预报系统。开展水土流失治理。实施干流白杨坪至合江县城航道整治，逐步提高航道标准。在充分保护生态安全的前提下开发支流小水电。

6. 嘉陵江

治理开发与保护的主要任务是灌溉与供水、防洪、航运、发电、水土保持和水资源保护。流域内灌区可分为上游区、涪江右岸区、嘉涪区、嘉渠区、渠江左岸区和重庆区等6大区域，通过升钟一、二期灌区，亭子口、罐子坝水库及灌区、中小型水源工程等分片解决，涪江右岸区新建铁笼堡水库向武都水库灌区补水，并可考虑从都江堰引水解决供水不足的矛盾。研究从嘉陵江上游向邻近流域调水的必要性和可能性。通过亭子口水库、草街水库设置防洪库容，亭子口、宝珠寺、碧口等水库联合调度，配合堤防等解决流域内防洪问题，防洪水库还可减少进入三峡水库的超额洪量，减轻长江中下游防洪压力。干流通过梯级渠化并结合库尾航道整治，使广元至合川段达到Ⅳ级航道标准，合川至河口段达到Ⅲ级航道标准。继续开发干流略阳以下河段梯级；略阳以上河段需进一步充分论证综合利用开发规划方案。以陇南及陕南中低山强度流失区以及嘉陵江中游上段、渠江低山丘陵中度流失区等为重点治理区，以中下游及涪江低山丘陵轻度流失区为重点预防保护区，开展水土保持工作。同时提出了嘉陵江主要支流西汉水、白龙江、渠江、涪江等的规划意见。

7. 乌江

治理开发与保护的主要任务是发电、供水与灌溉、防洪与除涝、水土保持、水资源保护、航运。乌江干流彭水以下修建银盘、白马等2级水电站，进一步合理开发干流上游和支流水能资源。兴建黔中水利枢纽和赖子河、龙洞湾、岩口等水源工程，开展夹岩、大兴水利枢纽及铜仁乌江提水等水源工程论证工作，解决贵阳、六盘水、安顺、镇雄、咸丰、铜仁、毕节、大方等重要城市（镇）缺水问题；完成三岔河中部等大中型灌区续建配套与节水改造，发挥黔中等水利枢纽的灌溉效益，建设双桥、大新桥、石峰、花山、窄冲、龙虎、沙河、黔江城北、太极、老窖溪等中型水库等。使六盘水、彭水、武隆、涪陵、黔江等重点城镇防洪达标；建设山洪灾害预警预报系统；乌江干流构皮滩、思林、沙沱、彭水等梯级预留防洪库容10.16亿立方米，配合三峡水库分担长江中下游的防洪任务；乌江渡、洪家渡等水库预留防洪库容，满足乌江渡下游防洪需要，减轻洪家渡库尾的防洪压力；进一步加强贵州省洼地排涝工程建设。治理水土流失。航道整治与梯级渠化相结合，使乌江渡坝下至白马551千米航道达到Ⅳ级航道标准，白马以下河段逐步提高至Ⅲ级航道标准；东风枢纽至乌江渡河段以发展库区航运为主，远景研究航道延伸的必要性和可行性。

8. 清江

治理开发与保护的主要任务是发电、防洪、供水与灌溉、水土保持、水资源保护和航运。兴建干流上游姚家坪水利枢纽，设置防洪库容0.80亿立方米，续建完成恩施、长阳、利川、宜都等城市堤防工程，使恩施市城区达到50年一遇防洪标准，其他城市城区达到20年一遇防洪标准；姚家坪水库与已建的隔河岩、水布垭、大龙潭等水库联合调度，配合三峡水库调度，提高下游地区的防洪安全，并缓解长江荆江河段防洪压力。因地制宜地建设各类供水水源工程，加快完成已建灌区续建配套与节水改造。合理开发干流上游姚家坪、武胜宫及支流水能资源。治理水土流失。研究建设水布垭梯级通航建筑物和石板溪、纸厂湾航运衔接梯级的必要性和可行性。

9. 洞庭湖水系

洞庭湖水系位于长江中游南岸，由洞庭湖和湘、资、沅、澧四水及其他中小河流组成，四水及其他中小河流汇入洞庭湖并经调蓄后，在城陵矶注入长江。

（1）湘江

湘江治理开发与保护的主要任务是防洪与除涝、供水与灌溉、水资源保护、发电、航运、水土保持和水利血防。以堤防工程达标建设和河道整治为主要措施，发挥已建的东江、双牌、涔天河、洮水等水库的防洪作用，适当建设其他干支流防洪水库，使长株潭城市群、其他重点城镇和大片农田达到相应的防洪标准；加强蓄滞洪区安全建设；因地制宜开展山洪灾害防治和中小河流治理；提高易涝区的排涝能力。以解决长株潭城市群、衡阳、永州、娄底、郴州等城市的缺水问题为重点，改建和扩建涔天河、银星、里雅塘、丰收、望仙桥、青年等供水水库，新建梅溪、白石洞、沤菜、五福塘水库等，调整部分水源功能作为城市供水水源，建设县级城市应急水源工程；研究五里峡水库向桂林兴安县城供水及漓江生态补水，相机实施。近期扩建涔天河、欧阳海，新建何仙观、芦洪江、大坝塘、郭家嘴、前山、塞海湖等大中型水库及其配套灌区，改造国营、甘溪、栗江等大中型提水泵站工程；远期新建马埠桥、两丝、里雅塘、桃园等灌区工程，并结合近尾洲、归阳、浯溪等梯级建设，解决沿江农田的灌溉用水问题。加强水污染治理。主要控制节点湘潭站生态基流满足207立方米每秒的要求。干流建设大源屋、白滩河、土谷塘、长沙等综合利用枢纽。优先安排扩建支流潇水的涔天河水库。梯级渠化与航道整治相结合，使松柏至衡阳达到Ⅲ级航道标准，衡阳至城陵矶提高至Ⅱ级航道标准。加强水土流失防治。实施水利血防等综合措施。

（2）资水

资水治理开发与保护的主要任务是防洪与除涝、供水与灌溉、水资源保护、发电、航运、水土保持和水利血防等。已建的柘溪水库可提高下游安化、桃江、益阳等城市及堤垸的防洪标准,并可在一定程度上缓解洞庭湖的防洪压力;加固和新建干支流堤防,新建金塘冲水库,减轻尾闾地区防洪压力;兴建支流犬木塘、山门、半山(扩建)及木榴等具有防洪作用的水库;实施河道清障、疏浚、卡口拓宽和河势控制等河(洪)道整治工程,山洪灾害防治和中小河流治理,蓄滞洪区安全建设,中下游和尾闾地区排涝泵站及排(撇)洪沟(渠)修建等。加快解决资水上游衡邵丘陵干旱区和中下游灌溉缺水问题。完成已建灌区续建配套与节水改造,新建犬木塘、金塘冲、史家洲、梅山等灌区,新建秀水、土坪、高山坪、白银、太芝庙等灌溉水源水库和中洲、老虎坝(改造)等蓄、提水工程。严格入河污染物排放管理,加强截污减排。保证新宁站、浪石滩、修山坝等满足生态基流(最小流量)要求。结合综合利用,有序开发干支流水能资源。通过梯级渠化与航道整治,改善平口至河口段229千米航道条件。加强水土流失治理。实施水利血防等综合措施。

(3)沅江

沅江治理开发与保护的主要任务是防洪与除涝、供水与灌溉、水资源保护、发电、航运、水土保持和水利血防。凤滩、托口等水库分别设置防洪库容2.8亿立方米和2.0亿立方米,五强溪水库防洪库容由现状的13.6亿立方米扩大至17.05亿立方米,新建支流防洪水库;加高加固干支流重点城镇及尾闾地区的堤防;整治五强溪以下干流河道;开展车湖、㵲溪、木塘等蓄洪备用区安全建设;进行山洪灾害防治和中小河流治理;修建排涝泵站及排(撇)洪沟(渠)等。加强供水灌溉设施建设。加强水资源保护,控制沿河污染物排放量。建设沅江干流梯级水电工程。通过改(扩)建铜湾、凌津滩等梯级通航建筑物,修建白市、托口等梯级,结合航道整治,使三板溪至常德667千米达到Ⅳ航道标准,常德到鲇鱼口192千米达到Ⅲ级航道标准。加强湘西武陵山区和沅(陵)麻(阳)红岩盆地等的水土流失预防监督和综合治理,以及中下游低山丘陵水土流失预防保护,实施水利血防等综合措施。规划还提出㵲水和酉水等主要支流的规划意见。

(4)澧水

澧水治理开发与保护的主要任务是防洪与除涝、供水与灌溉、水资源保护、发电、航运、水土保持和水利血防。已建的江垭、皂市、渔潭水库分别设置防洪库容7.4亿立方米、7.8亿立方米、0.35亿立方米,为进一步形成堤库结合的防洪体系,新建宜冲桥、凉水口、新街等具有防洪作用的水库等。扩(新)建一批蓄、引、提水工程,完成灌区续建配套与节水改造,新建淞澧灌区,解决城乡供水灌溉问题。保障澧水张家界、石门节点生态环境。加大沿河污染综合治理。结合综合利用要求,进一步合理开发干支流水能资源。整治澧水干流航道,逐步提高三江口至津市71千米航道标准。

治理水土流失。实施水利血防综合措施。

（5）洞庭湖区

洞庭湖是长江中游调蓄洪水的重要场所，是湖区1300多万城乡居民生活和生产的重要水源地。洞庭湖区治理开发与保护的主要任务是防洪与除涝、供水与灌溉、水资源与水生态环境保护、水利血防、航运。洞庭湖区的防洪采取堤防、蓄滞洪区、河道整治、水库等综合措施。规划东、南洞庭湖区堤防的超高在《长江流域综合利用规划简要报告》的基础上相应增加0.5米，完成湖区重点垸、蓄洪垸及湘江、资水、沅江、澧水、汨罗江和新墙河尾闾堤防达标建设，对松滋、藕池等水系进行优化调整；进一步开展松滋口建闸前期工作；整治东、南洞庭湖洪道及四水尾闾洪道。重点安排重要和一般蓄滞洪区的安全设施建设和移民迁建，安排蓄滞洪保留区的撤退转移等设施建设。适当加固中洲磊石、善卷、楚江大垸、麻塘、解放、姜畲、团结、永申等垸堤防。充分利用湖区已有的除涝工程，形成以堤垸为单位的独立排水片。加强蓄、引、提水各类水源工程建设，并采取新建和改扩建泵站、渠道清淤、退田还湖、新建水厂等措施，进一步增加供水量，保障湖区供水安全；加强灌区建设；开展洞庭湖出口控制研究。加强环湖污染治理。实施水利血防等综合措施。近期通过航道整治，提高津市至甘溪港、太平口至茅草街、藕池口至扁山等航道等级，远期则根据需要进一步改善航运条件。

10. 四湖流域

四湖流域位于长江中游左岸江汉平原腹地，因历史上曾有长湖、三湖、白鹭湖、洪湖等4个大型湖泊而得名，目前仅存有长湖、洪湖2个湖泊。其治理开发与保护的主要任务是防洪与除涝、水资源保护与水生态环境修复、供水与灌溉、水利血防、航运。规划疏挖整治总干渠、西干渠、东干渠、田关河、洪排河和螺山干渠等6大干渠，整治南套沟排区，加固长湖和洪湖堤防，更新改造新建及配套外排泵站及配套设施；实施白鹭湖22平方千米退田还湖工程和洪湖围堤内40个圩垸退垸还调蓄区工程。以总干渠补水方案为主线，开展以洪湖、长湖、荆州城区等为重点的水系生态修复，使长江、汉江、长湖和西干渠连成一体，提高洪湖水环境承载能力，利用新堤大闸择机对洪湖进行生态补水。进一步完善城乡供水体系；完成已建灌区的续建配套和节水改造。实施水利血防等综合措施。建设两沙运河（引江济汉工程）、江汉航线和内荆河航线等，其中两沙运河为限制级Ⅲ级航道。

11. 汉江

汉江治理开发与保护的主要任务是防洪与除涝、供水与灌溉、跨流域调水、水资源与水生态环境保护、水土保持、发电、航运、水利血防等。流域内已初步形成以堤防为基础,以丹江口(加高后)、鸭河口、安康等水库拦蓄,杜家台及中游民垸分蓄洪,配合东荆河分流和河道整治的防洪格局。规划汉江中下游按类似1964年实际洪水位加高加固干流堤防,丹江口水库大坝加高,完成潘口、三里坪等具有防洪作用的水库工程建设,使襄阳市达到50~100年一遇防洪标准,其他沿江县城达到20年一遇防洪标准。建设高望、龙峡等大中型水库,提高城口县城防洪标准。完善中下游7个涝区和南阳盆地防洪除涝体系。解决城乡供水问题。在已建灌区的续建配套与节水改造的基础上,新建界牌关、洞河、云河、黄洋河等大中型水库和引水工程,提高鄂北岗地和南阳盆地的灌溉用水保障程度。近期加快南水北调中线一期工程和引汉济渭工程建设,实施兴隆枢纽、引江济汉、汉江中下游沿江闸站改扩建、局部航道整治等补偿工程。远期采取从长江干流引水补充或其他可行的补水方案。加强丹江口、黄金峡等水源地保护。实施丹江口水库和引江济汉等骨干工程的生态调度。加强丹江口库区湿地、朱鹮、万江河大鲵、堵河源等自然保护区的保护;建设沉湖湿地保护与恢复示范工程。以丹江口水库库周、丹江上中游、干流沿岸、汉中盆地及其周边地区为重点,加强水土流失防治。推动汉江干流黄金峡、旬阳、白河、孤山、新集、雅口、碾盘山梯级开发。通过孤山、兴隆等梯级渠化和实施引江济汉工程及汉江中下游航道整治工程,使汉江干流安康至丹江口达到Ⅳ级航道标准、丹江口至汉口达到Ⅲ级航道标准,两沙运河达到限制性Ⅲ级航道标准,江汉平原水网和临汉江湖区通过航道整治提高航道等级。实施水利血防等综合措施。规划还提出汉江主要支流堵河、丹江和唐白河等的具体实施意见。

12. 府澴河

府澴河是府河和澴河的统称,其治理开发与保护的主要任务为防洪与除涝、供水与灌溉、水资源与水生态环境保护、水土保持、水利血防。近期实施府澴河出口河段综合治理,实现孝感市城区、孝昌县城区防洪达标;远期完建幸福垸、东风垸、东风外垸、童家湖、澴西等5处蓄滞洪区。更新改造府南片孝南朱湖东风垸、汉川寿北垸、黄陂区后湖片排涝泵站,新建河口泵站解决澴东片滚子河区、孝感城区排水问题。近期改扩建先觉庙、界牌、许家冲、霞家河等水库,新建汉江新河田家台取水工程、清水河水库供水工程和金鸡河水库;远期改(扩)建高峰寺水库等取水工程,新建黑虎庙、邹家河等水库,进一步提高城乡供水安全保障。恢复童家湖湿地,改善白云湖、澴河、老澴河、滚子河水系水生态环境状况。治理水土流失。实施水利血防等综合措施。

13. 鄱阳湖水系

鄱阳湖水系包括鄱阳湖区和赣江、抚河、信江、饶河、修水五河及其他直接入湖的中小河流。

（1）赣江

赣江治理开发与保护的主要任务是防洪与除涝、供水与灌溉、发电、航运、水土保持、水资源保护。近期通过堤防加高加固，兴建峡江水库，建设泉港蓄滞洪区，采取有效措施使万安水库发挥正常的防洪效益（防洪库容10.6亿立方米），使南昌市防洪标准达到200年一遇，赣东大堤保护区达到100年一遇；通过堤防加高加固，使赣州、吉安、宜春、新余等城市防洪标准达到50年一遇，其他县级城市达到20～30年一遇。远期万安水库按正常蓄水位100米正常运行后，进一步提高其下游地区防洪标准。提高干支流中下游易涝圩区的排涝能力。新建白梅、龙下等供水水源工程，峡江、东谷等大中型灌区，扩建万安灌区。有序开发干支流水能资源，初步规划干流按老虎头、营脑岗（已建）、禾坑口、石灰山、白鹅（已建）、澄江、跃洲、峡山、茅店、万安（已建）、井冈山、石虎塘、峡江（在建）、永太、龙头山等15级开发，总装机容量1503.6兆瓦。梯级枢纽渠化与航道整治结合，使赣州至南昌450千米航道达到Ⅲ级航道标准，南昌至湖口156千米航道可提高到Ⅱ级航道标准。治理水土流失。

（2）抚河

抚河治理开发与保护的主要任务是防洪与除涝、供水与灌溉、水土保持、水资源保护、发电和航运等。进一步加高加固干支流圩堤，开展南城、南丰、广昌等县城、其他城镇及重点圩堤防洪达标建设。进一步提高中下游平原圩区的排涝能力。提高城镇供水保证率和县级以上城市（镇）的应急供水能力。完成已建灌区的续建配套，发挥廖坊、杨坪、桃坡等水库的径流调节作用，为金临渠、宝水渠、宜惠渠等灌区补充灌溉水量，兴建廖坊、桃坡、马街等大中型灌区。治理水土流失。按南丰、清华山、南城、廖坊（已建）、疏山、下马山、红渡、焦石坝（已建）等8级开发干流水能资源，总装机容量187兆瓦。通过渠化和航道整治，改善航运条件。

（3）信江

信江治理开发与保护的主要任务是防洪与除涝、供水与灌溉、航运、发电、水资源保护、水土保持和水利血防。近期通过加高加固或新建城区堤防及圩堤，修建伦潭（预留防洪库容0.17亿立方米）等支流水库、整治河道等，使上饶和鹰潭市、玉山、广丰等干支流沿岸县城防洪达标，并进行玉山、广丰、上饶等11个县的山洪灾害预警系统建设。远期新建干流流口、支流铜包头等防洪水库，与已建的七一、军潭、七星等干支流大中型水库联合调度，进一步提高上饶、鹰潭两市及干支流沿岸县城的防洪能力。进一步提高圩区排涝能力。近期新建大坳水库供水管线以解决上饶市区和上饶县城供水问题；远期新建罗塘河花桥水库和伦潭水库供水管线，解决贵溪市和铅山县城供水问题。新建大坳、硬九、五湖等大中型灌区。干流按信州（已建）、岭底、青沙湾、流口、界牌（已建）、貎皮岭等6级开发水电，总装机容量157兆瓦。通过貎皮岭枢纽等梯级渠化结合下游湖区航道整治，使信江干流流口到褚溪河口244千米和支流鸣山到乐安村46千米均达到Ⅲ级航道标准。治理水土流失。实施水利血防等综合措施。

（4）饶河

饶河治理开发与保护的主要任务是防洪与除涝、供水与灌溉、水资源保护、发电、航运、水土保持。开展景德镇等县级以上城市和其他主要圩区堤防加高加固达标建设。近期修建浯溪口水库，使景德镇市达到50年一遇防洪标准；远期建设铜埠水库，进一步提高下游圩区的防洪标准。开展排涝区达标建设。开展城乡饮用水工程建设。扩建红领巾、碧湾和勤俭等大中型灌区。结合综合利用进一步开发干支流水能资源，初步规划干流乐安河按铜埠、太白、黄柏垣、鸬鹚埠、坝口等5级开发，装机容量89.5兆瓦，支流昌江按浯溪口、樟树坑、景德镇、鲇鱼山、凰岗等5级开发，装机容量70.2兆瓦。通过梯级枢纽渠化和航道整治，提高乐安河铜埠至鸣山、昌江景德镇至姚公渡航道标准。治理水土流失。

（5）修水

修水治理开发与保护的主要任务是防洪与除涝、供水与灌溉、发电、航运、水资源保护、水土保持和水利血防。发挥柘林水库的防洪作用，加高加固尾闾地区圩堤，将修水下游及尾闾地区的防洪能力提高到20～50年一遇；修建潦河甘坊、山口水龙潭峡、黄沙水彭桥、渣津水淹家滩、溪口水布甲等大中型水库调蓄洪水，减轻修水中上游重点地区洪水灾害；支流潦河中下游通过堤防加高加固使5万亩以上的圩堤达到20年一遇防洪标准。更新改造现有排涝设施，提高下游尾闾安义、永修等重点涝区的除涝能力。开展已建供水设施的更新改造与扩建配套。完成已建灌区的续建配套和节水改造。结合综合利用开发黄溪、夜合山、三都、下坊、虬津等水电站。通过航道整治工程，提升永修至吴城河段航道等级。治理水土流失。实施水利血防等综合措施。

（6）鄱阳湖区

鄱阳湖区治理开发与保护的主要任务是防洪与除涝、供水与灌溉、航运、水资源保护、水生态环境保护和水利血防。全面加高加固湖区及五河尾闾堤防，开展洪道整治，进行康山、珠湖、黄湖和方洲斜塘等4处蓄滞洪区围堤及安全区建设；适当加固信西联圩堤防，提高其防洪能力。因地制宜解决湖区除涝问题。解决城乡饮用水安全问题。新建新南、药湖、貎皮岭、共产主义水库灌区，丰城八一水库等，解决灌溉缺水问题。通过航道整治，在现状Ⅶ～Ⅵ级航道的基础上提高航道等级。以江豚、湖区

鸟类等保护为重点，做好生态环境保护。实施水利血防等综合措施。抓紧开展鄱阳湖水利枢纽工程前期工作，恢复和科学调整江湖关系、提高鄱阳湖区的水资源和水环境承载能力，以促进工程实施。

14. 华阳河

华阳河治理开发与保护的主要任务为防洪与除涝、供水与灌溉、水资源与水生态环境保护和水利血防。目前华阳河蓄滞洪区围堤中的长江干堤和东隔堤的建设已经完成，需对西隔堤进行整险加固；建设孚玉、刘佐等安全区；加强流域内主要城镇的防洪建设。完善除涝体系。扩（改）建供水设施；完成灌区续建配套和节水改造。加强龙感湖湿地自然保护区的生态保护，严格控制污染物排放。实施水利血防等综合措施。

15. 皖河、菜子湖

（1）皖河

皖河治理开发与保护的主要任务为防洪与除涝、供水与灌溉、水资源保护和水利血防。开展潜山、岳西等县城和太湖、怀宁等老县城及5000亩以上重点圩口的堤防达标建设；5000亩以上圩口排涝达标建设。新建水厂和取水工程，解决城镇供水需求；建设东堰口水库及其灌区工程，新建下浒山水库灌区皖河灌片工程。加强水资源保护；实施水利血防等综合措施。

（2）菜子湖

菜子湖治理开发与保护的主要任务为防洪与除涝、供水与灌溉和水利血防。近期兴建下浒山水库枢纽工程，提高大沙河的防洪能力，缓解湖区防洪压力，并向下浒山灌区42.4万亩耕地提供灌溉水源；按20年一遇防洪标准开展桐城城区、怀宁新城、枞阳城区及万亩以上重点圩的堤防建设；完成中小型水库的除险加固；万亩以上圩口排涝标准达到10年一遇。扩建桐城市、枞阳县、高河镇的供水水厂，满足城镇供水需求；完成流域内灌区续建配套和节水改造，新建下浒山水库灌区。实施水利血防等综合措施。

16. 巢湖

巢湖治理开发与保护的主要任务是防洪与除涝、水资源与水生态环境保护、供水与灌溉、航运和水利血防。上游加快完成病险水库的除险加固，中游进行河道拓宽整治，下游加固堤防、治理崩岸。新建兆河东大圩进洪闸等闸站枢纽，实现重点城市（镇）和万亩以上圩口防洪达标。完成圩区除涝达标建设。实施引江入巢济淮和水生态修复工程。兴建巢湖市长江取水应急水源工程；采取综合措施扩大沿巢湖提水灌区和杭埠河灌区灌溉面积。通过实施航道整治及裕溪口、巢湖船闸改建，以及跨河建筑物进行改造，使合裕线当涂路桥至裕溪口139.2千米达到Ⅲ级航道标准，结合引江入巢济淮工程，建设江淮运河航道。实施水利血防等综合措施。

17. 水阳江、青弋江、漳河

水阳江、青弋江、漳河治理开发与保护的主要任务是防洪与除涝、供水与灌溉、航运、水资源保护和水利血防。上游修建凤凰山、牛岭、汤村等水库拦洪，中下游继续加高加固圩区堤防，修建青弋江分洪道工程，实施阻水河段扩卡拓宽与疏浚整治，芜湖、当涂两口建闸控制，使芜湖市、宣城市等城区防洪达标；实施华阳河、郎川河、徽水等主要支流治理和堤防建设。近期完成万亩以上重点圩区和主要城市（镇）除涝建设。加快灌区续建配套与节水改造，上游山区建设一批小型蓄、引、提水工程，中下游地区以引、提水为主，并结合下游石臼湖、固城湖和芜湖口、当涂口的控制运用，提高灌溉和供水保障水平；实施高淳县石臼湖备用水源工程、水碧桥河口取水泵站等主要城市应急后备水源工程建设。研究论证澛港建闸控制运用的必要性。以芜申运河为主线，进行干支流航道整治疏浚，并结合芜湖、当涂建闸控制，改善内河通航条件，芜申运河按Ⅲ级航道建设。加强重点河段的监控，加大水污染治理力度；实施水利血防等综合措施。

18. 滁河

滁河治理开发与保护的主要任务是防洪与除涝、供水与灌溉、水资源保护等。加高加固干流堤防，扩大驷马山、马汊河、划子口河、岳子河的过流能力；按过流能力1200立方米每秒对干流汉河集—马汊河口段进行疏挖；建设荒草二圩、荒草三圩、蒿子圩和汪波东荡蓄滞洪区，使流域防洪能力达到防御"91·6"洪水的标准。增设抽水机站，提高排涝能力。兴建马汊河陈庄水利枢纽等水源工程，加快灌区续建配套和节水改造，提高供水和灌溉保证率。治理滁河南京河段水污染，加强供水水源地保护。

（七）环境影响评价

规划实施后将改变河流水文情势，随着水能开发率从现状的21%增至2020年的36%、2030年的45%，规划对水文情势、水环境及生态环境影响将进一步加大，特别是对水生态环境的影响总体上是不利而且是不可逆的。在认真落实水资源与水生态保护体系规划及各项环境保护对策措施后，不利影响可以得到预防或舒缓；部分规划项目需要进一步研究论证。规划的实施总体上将极大地促进流域经济、社会、环境全面协调可持续发展。

建议对规划实施过程中可能存在的敏感或重大环境问题开展跟踪监测与评价，为规划实施过程中的方案优化调整提供决策依据；针对长江口日益严重的赤潮问题，加强赤潮监测与预警，制定赤潮应急响应机制，开展赤潮防治研究；进一步开展三峡及上游干支流控制性水利水电工程的联合调度研究；有关支流规划、跨流域调水、航道

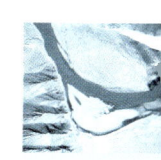

规划、重点湖泊规划等评价内容及支流控制断面生态基流控制指标，应在专项规划环评中进一步复核研究，部分涉及环境敏感区域、争议较大的水力发电规划项目留待进一步论证。

（八）规划实施意见及效果分析

长江流域横跨我国西南、华中和华东三大经济区，在我国经济社会发展中占有极其重要的战略地位。规划实施后，将进一步健全与流域经济社会发展相适应的防洪减灾体系、水资源综合利用体系、水资源与水生态环境保护体系、流域综合管理体系，社会效益、生态环境效益和经济效益显著，可保障流域内社会稳定和防洪安全、供水安全，推动长江流域经济社会又好又快发展，促进人水和谐、维系优良生态，保持长江水资源的可持续利用，为经济社会的可持续发展提供有力支撑。为保障规划顺利实施，应加强组织领导，完善管理制度，强化前期工作，保障资金投入，促进公众参与。

四、规划特点

1）规划以科学发展观为统领，认真贯彻落实 2011 年"中央 1 号文件"《中共中央 国务院关于加快水利改革发展的决定》和 2011 年中央水利工作会议精神，以"维护健康长江，促进人水和谐"为基本宗旨的新时期治江思路作为规划工作的主线，按照"在保护中促进开发，在开发中落实保护"的原则，统筹协调需要与可能、兴利与除害、开发与保护、不同区域与相关行业、上下游、左右岸、远近期的关系，落实《中共中央 国务院关于加快水利改革发展的决定》提出的最严格的水资源管理制度，制定相关控制性指标；加强流域综合管理，构成河流治理开发与保护分区体系，进一步完善防洪减灾体系、水资源综合利用体系、水生态与环境保护体系、流域水利管理体系建设，以水安全和水资源的可持续利用支撑经济社会的可持续发展，体现了"与时俱进"的精神，更加突出和落实长江治理开发与保护。

2）规划充分吸收了已有规划成果，开展了长江流域社会经济基本资料汇编，为适应新的形势和加强流域管理的要求，以健康长江控制性指标研究、长江流域生态环境敏感区保护研究、长江上游干支流控制性水库与三峡水库联合调度研究 3 个专题研究，以及长江流域地下水开发利用与保护专项规划、长江干流宜宾至河口岸线利用管理专项规划 2 个专项规划作为规划支撑，围绕防洪减灾、水资源综合利用、水资源与水生态环境保护和流域综合管理等四大体系进行全面系统规划。规划基础和支撑体系更加系统和全面。

3）调整了部分蓄滞洪区分类。规划在 2008 年国务院批复的《长江流域防洪规划》的基础上，根据规划水平年长江干支流控制性水利水电工程建成后中下游超额洪量的变化情况，对蓄滞洪区作了调整，2020年前将荆江地区的荆江分洪区由重要蓄滞洪区调整为重点蓄滞洪区；将武汉附近区的东西湖蓄滞洪区由一般蓄滞洪区调整为蓄滞洪保留区；调整华阳河蓄滞洪区规划范围，蓄滞洪区面积调整为1307平方千米，蓄洪容积由62亿立方米调整为25亿立方米。2020年以后拟将城陵矶附近区的建设垸由重要蓄滞洪区调整为一般蓄滞洪区，九垸由一般蓄滞洪区调整为蓄滞洪保留区，取消安化、和康、南顶及六角山4个蓄滞洪区；对武汉附近的东西湖蓄滞洪区可深入论证调减蓄滞洪区范围或取消的可行性。上述调整以控制性水利水电工程建设发挥其防洪效益为前提，为蓄滞洪区未来发展预留了空间，体现了以人为本、科学决策的精神。

4）随着前期工作的深入和经济社会发展新的形势的要求，干流治理开发与保护规划、主要支流及湖泊治理开发与保护规划等进一步完善，规划方案和规划成果作了更新与调整。在《长江流域综合利用规划简要报告》基础上，对上游干流梯级开发方案和开发任务进行了复核调整，在上游干流各河段增加了水资源保护、水生态环境保护内容，提出了相应的规划方案。对干流宜宾以下河段，增加了岸线利用规划和洲滩及江砂控制利用规划；中下游河道治理和长江口整治主要沿用了以往完成的规划成果。纳入本规划的主要支流与重要湖泊在《长江流域综合利用规划简要报告》基础上增加到48条。按照《长江流域防洪规划》的要求，明确了金沙江、雅砻江、岷江和大渡河等河流主要防洪水库应承担的防洪库容。

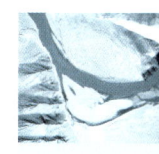

五、规划实施与评价

在党中央、国务院的高度重视和正确领导下，以规划为指导，以防洪为重点，坚持兴利与除害并举，开发与保护并重，治江事业取得了举世瞩目的成就，规划拟定的2020年规划目标逐步实现，在促进经济社会发展、改善人民生活水平、保护生态环境等方面成效突出，为流域经济社会可持续发展和人民福祉提供了坚强的支撑与保障。

1. 防洪减灾体系基本建立

全面加强了干支流堤防、蓄滞洪区、防洪水库建设；大力推进了干支流河道、重要湖泊、重点中小河流、山洪灾害综合治理；不断强化了重点地区排涝和防洪排涝非工程措施建设；大力加强了抗旱水源和抗旱服务体系建设。主要防洪城镇和重点防洪保护区基本达到国家规定的防洪标准，重点涝区排涝标准得到提高，抗旱能力显著提升。洪涝干旱灾害年均损失率降低到1.8%以下。长江干支流骨干水库相继建成，新增防洪库容222.42亿立方米，大大减轻了中下游的防洪压力。

2. 水资源综合利用体系初步形成

大力推进了节水减污型社会建设。加快推进了重点水源工程和水资源调配工程建设，基本形成了以大中型骨干水库、引水、提水、调水工程为主体的水资源配置体系，水资源调配能力显著增加，供水安全保障程度全面提高，重点地区和重要城市水资源供需矛盾得到了有效缓解，南水北调东、中线一期工程通水，已累计向京、津、冀、豫、鲁等地调水超过 300 亿立方米，直接受益人口超 1.2 亿，滇中引水、引江济淮、鄂北水资源配置等一批重大调水工程陆续开工建设。基本解决了农村居民饮用水安全问题。全面加强了灌溉水源建设，节水灌溉面积占有效灌溉面积的比例达到 30% 左右。全面开展了大中型病险水库和水闸的除险加固工作。加强水量科学调度，形成了水能资源有序开发的良好态势。在河道治理工程的基础上，结合航道整治和枢纽工程建设，长江航运条件得到显著改善，世界上技术难度最高、规模最大的升船机——三峡升船机已正式进入试通航阶段，标志着长江干流河段通航能力又上了一个新台阶。

3. 生态环境保护体系逐步构建

主要河流水环境质量全面改善，水生态系统保护与修复得到稳步推进，牛栏山引水、大东湖生态水网等一批河湖水系连通工程相继实施，有效增加了河道内生态用水，水生系统的结构和功能更趋于优化；城市饮水安全保障程度显著提升，城市集中式饮用水水源地安全保障达标率已接近 100%；丹江口库区及上游水污染防治成效突出，丹江口水库水质长期稳定在Ⅰ~Ⅱ类。水资源保护监测能力显著提高，初步建立了流域水环境监测站网。1988—2018 年累计治理水土流失 26.25 万平方千米。全面强化了生态环境需水保障和水生态修复，生态环境脆弱地区和重要河湖生态环境用水状况得到初步改善，水生态环境得到一定程度修复。血吸虫病疫区水利血防措施与水利工程同步实施，有效地阻断了钉螺孳生蔓延，实现了血吸虫病综合防治预定目标。

4. 流域综合管理体系不断加强

流域体制建设不断推进，法律法规和管理规章制度逐步颁布实施，流域依法管水取得了长足进展，《长江保护法（草案）》提请全国人大常委会审议。流域管理与区域管理相结合的水资源管理体制逐步完善，水资源统一管理和调度水平不断提升。形成了以长江流域及重要支流（湖泊）综合规划与相关专业（专项）规划相互补充的较为完备的规划体系。水行政审批与管理不断加强。防汛抗旱、水资源管理、河湖保护、水利工程建设、水行政执法监督等各项职能进一步加强，防汛抗旱、水土保持、采砂、水资源保护与水污染防治、水量调度、水库联合调度等协调协商机制逐步建立。河湖岸线保护力度空前，维护了流域良好水事秩序。

党的十八大以来，我国经济社会进入生态文明建设和高质量发展的新阶段，人们对水安全以及优质水资源、健康水生态、宜居水环境的要求更加迫切，水利发展不平衡、不充分问题依然突出，防洪减灾体系在蓄滞洪区安全、堤防工程建设、排涝能力、防洪非工程措施等方面存在薄弱环节，中下游干流河道面临长时期、长距离、大幅度冲刷的严峻形势；水资源利用与节约存在短板；水资源开发与生态保护之间的矛盾也日益凸现，人为水土流失问题依然突出，干支流水质污染状况尚需进一步控制，生态环境保护与修复任务艰巨；流域综合管理亟待加强。需按照统筹推进"五位一体"总体布局和协调推进"四个全面"战略布局，以习近平新时代中国特色社会主义思想为指导，全面贯彻党的十九大精神，深入贯彻习近平生态文明思想，深入贯彻"节水优先、空间均衡、系统治理、两手发力"的治水思路，在国土空间规划的总体框架下，落实最严格的生态环境保护制度、耕地保护制度和节约用地制度，完善流域综合规划，实现水利基础设施网络布局与生态保护红线、永久基本农田、城镇开发边界三条控制线的统一和适应，全面推进新时期治江事业发展。

第七章 长江流域综合规划——治理开发与保护的基本蓝图

第八章

长江流域规划对治江实践的指导成效和展望

第一节 规划实施的成效

在长江流域综合利用规划的指导下，经过几十年的治理开发与保护，长江流域防洪能力显著提高，水资源综合利用与保护取得了较大成绩，流域涉水事务管理明显加强，对支撑经济社会发展发挥了重要作用。长江流域治理开发与保护实践证明，长江流域综合利用规划的基本方针和指导思想、规划任务是正确的，治理开发与保护的总体方案基本合理。

一、建立了比较完善的防洪减灾体系，保障了流域经济社会全面发展

长江是一条雨洪河流，可能发生洪灾的地区分布很广，尤以中下游平原地区洪涝灾害最为频繁和严重，洪水威胁是制约长江流域经济社会发展的主要因素。长江流域受洪水威胁的地区是长江流域乃至全国的精华地区，据国务院批准的《长江流域防洪规划》，长江流域防洪区面积约占全流域面积的 8.5%、占全国的 1.6%，居住着占全流域 27.2%、占全国 8.8% 的人口，地区生产总值占全流域的 40.0%、占全国的 13.1%，财政收入占全流域的 57.1%、占全国的 10.7%。长江流域有 3/4 以上的城镇分布在长江干流及其一级支流的沿江地区。

按照"蓄泄兼筹，以泄为主"的防洪治理方针和"江湖两利""左右岸兼顾""上中下游协调"的指导原则，基本建成了以堤防为基础、三峡工程为骨干，其他干支流水库、蓄滞洪区、河道整治相配合，平垸行洪、退田还湖、水土保持等工程措施与防洪非工程措施相结合的长江防洪减灾体系，防洪能力显著提高。长江流域堤防总长约 6.4 万千米，长江中下游干流 3900 余千米堤防、汉江遥堤、赣抚大堤等重要支流堤防达到规划标准，洞庭湖区、鄱阳湖区重要堤防和汉江、洞庭湖湘资沅澧四水、鄱阳湖赣抚信饶修五河等其他主要支流堤防防洪能力明显提高；长江干支流已建成包括三峡、丹江口水库在内的控制性水库 55 座，防洪库容约 625 亿立方米，在拦洪削峰、减轻中下游防洪压力方面作用显著；长江中下游规划的 42 处蓄滞洪区建设逐步推进，

已完成33处围堤加固，5处分洪闸建设，4处安全建设，正在开展钱粮湖、共双茶、大通湖东、洪湖东分块等蓄滞洪区建设；开展了长江中下游干流河道治理，对直接危及重要堤防安全的崩岸段和部分河势变化剧烈的河段进行了治理；对长江中下游干流、洞庭湖区及鄱阳湖区的洲滩和1400余处民垸进行了平垸行洪、退田还湖，恢复调蓄容积约160亿立方米；中小河流治理、山洪灾害防治、重点易涝区治理等防洪薄弱环节建设得到加强，完成1029座大中型水库以及大量小型病险水库的除险加固工作；防汛抗旱应急预案、山洪灾害监测预警、防汛水情信息、防汛指挥等防洪非工程措施明显增强；长江上中游控制性水库纳入联合调度，防洪调度能力进一步提升。

二、加快了水利建设步伐，改善了水资源供应状况

长江流域是我国重要的农业生产基地，共有耕地面积3080万公顷，占全国的25.4%。经过多年的水利建设，流域内的供水、灌溉事业有了很大发展，流域已建成大、中、小型水库5.19万座，总库容4141亿立方米，引水工程36.8万处。全流域有效灌溉面积已由1949年的600多万公顷发展到1600多万公顷，粮食产量也由1949年的4544万吨增加到1.63亿吨，水利工程建设也为长江流域提供了大量工业及城乡生活用水。2018年长江流域由水利工程提供的供水量约2072亿立方米，水资源供应状况已有很大改善，对保障粮食和用水安全、促进工业发展和城市化进程具有重要作用。此外，南水北调中、东线一期工程通水，累计向北京、天津、河北、河南、江苏、山东等地调水超过300亿立方米。引汉济渭工程、引江济淮工程、滇中引水工程、鄂北水资源配置工程等相继开工建设，逐步形成我国南北调配、东西互济的水资源配置大水网。

三、水电建设快速发展，改善了能源结构和供应状况

长江流域水能资源丰富，理论蕴藏量约占全国的40%，而技术可开发量约占全国的48%。依据规划开展的水电建设取得了很大成绩，特别是近些年来发展速度更快。2018年长江流域已建、在建水电站（单站装机容量0.5兆瓦以上，不含抽水蓄能电站）总装机容量约23.7万兆瓦，占全国的74%。水电建设不仅为长江流域经济发展提供了强大的电力，而且改善了我国的一次能源结构，有利于减轻铁路运输压力，减少火力发电用煤对生态环境的破坏。

四、枢纽工程渠化和航道整治，改善了长江航道条件

长江水系是我国内河航运最发达的水系，长江水运在我国综合交通运输网中占有

重要地位。截至 2018 年，长江水系内河通航总里程约 9.5 万千米（包括京杭大运河和淮河水系），占全国内河通航里程的 65.92%，多年来，通过修建水利枢纽渠化航道和增加枢纽下游调节流量，以及对长江航道进行整治，长江水系主要通航河流的航道状况得到了很大改善，航道等级普遍得到提高，为长江水运事业发展创造了条件。

2018 年末，长江水系水路完成货物运输量达 49.83 亿吨，占全国水路货运量的 70% 以上。长江干线年货物通过量达到 26.9 亿吨，较 2017 年增长 7.6%；长江干线年集装箱吞吐量完成 1750 万 TEU，同比增长 6.1%；三峡枢纽通过量 1.44 亿吨，同比增长 3.9%，均创下历史新高。长江水系基本形成了涵盖整个长江沿江地区，以石化、煤炭、矿石、集装箱和通用件杂货等大宗货物运输为主体的运输系统格局。

五、水土保持和水资源保护初见成效，促进了水资源可持续利用

1957 年，长江流域的水土流失面积约为 38 万平方千米。1959 年的《长江流域综合利用规划要点报告》提出后的 20 多年来，通过治理，水土保持取得了一定成效。但由于人为和自然等诸多因素影响，造成破坏速度大于治理速度，1985 年全流域水土流失面积约为 56.2 万平方千米。1990 年的《长江流域综合利用规划简要报告》审批后，流域水土保持工作进入了依法防治、重点治理阶段，同时国家出台了退耕还林、封山育林等一系列政策。实施了天然林保护、长江防护林体系建设和退耕还林还草、水土流失连片综合治理等措施，完成了营造林面积 5.05 万平方千米、退耕还林面积 5.73 万平方千米，综合治理石漠化面积达到 3.57 万平方千米，2013 年流域水土流失面积实现了由增到减的历史性转变。截至 2017 年，全流域已累计治理水土流失面积超过 43 万平方千米，治理区域的生态环境得到明显改善。

20 世纪 70 年代中期，水资源保护工作开始受到重视。1990 年的《长江流域综合利用规划简要报告》提出了水资源保护原则、目标和措施意见，流域内水资源保护机构根据以预防为主、防治结合的方针，制定了水资源保护规划及水污染防治规划，初步建立起以水功能区管理为基础的水资源保护和水污染防治体系，逐步加强了点源、面源、内源污染治理，实施了三峡库区及其上游水污染防治规划、长江中下游水污染防治规划，大力建设城镇污水、垃圾收集处理处置设施，加强了工业污染源治理，采取了城镇黑臭水体治理、农业面源污染防治、畜禽养殖污染整治、河湖围网养殖清理、河湖沿岸垃圾清理等措施，对突发水污染事件及时启动应急预案。目前，长江流域总体水质良好，大部分能满足所属水域功能的要求。

2017 年长江流域 I～III 类水河长占总评价河长的 83.9%；在 164 个省界断面中，全年水质为 I～III 类的断面占评价断面总数的 89.6%；在 61 个湖泊和 362 座水库中，

全年水质为Ⅰ~Ⅲ类的湖泊和水库分别占14.8%、81.8%；在515个评价水源地中，全年水质均合格的占73.2%，水质合格率达到80%以上的占90.3%。水质总体上趋向好转。

六、水利工程建设促进了流域工业化、城市化、现代化和旅游业的发展

长江流域大规模的水利建设，特别是大型水利水电工程的建设，其众多建设资金的投入和建成后防洪、发电、航运等综合效益的发挥，提高了长江流域经济的总体发展水平，有力地促进了流域和地区国民经济的发展，加快了长江流域工业化、城市化和现代化的进程，同时也促进了流域内旅游业的发展。

例如，宜昌附近地区建成了包括长江三峡、葛洲坝、清江隔河岩等在内的大中型水电站5座，水电成为支柱产业，水电建设促进了宜昌市的经济发展，使宜昌市由一个经济相对落后、工业化程度较低、只有十几万人的小城市发展成为拥有414万常住人口的中等城市，成了闻名世界的水电大城市，形成了以水电为特色，以化工、新材料、食品生物医药、装备制造、旅游等为支柱产业的新兴工业城市，被誉为"世界水电之都"。

目前，流域内形成了长三角城市群、长江中游城市群、成渝城市群和江淮城市群、滇中城市群、黔中城市群，聚集地级以上城市50多个。2017年长江流域地区生产总值29.3万亿元，占全国的35.4%，是我国经济重心所在、活力所在，长江三角洲地区是我国经济最发达的区域之一。

现代水利工程形成的大坝、电站等建筑物景观和人工湖泊与名山大川等自然景观融为一体，为旅游资源锦上添花，更增加了旅游观赏的价值；葛洲坝、三峡水利枢纽的建设，极大地带动了当地旅游业的发展，带来了三峡旅游的大发展，目前三峡旅游线每年接待的国内外游客约达100万人次，预计到2015年三峡旅游线每年游客将达450万人次左右。工程建成前的2008年，三峡区域接待国内外游客7502万人次，旅游收入593亿元；2018年，三峡区域接待游客33004万人次，旅游收入2748亿元。新增三峡大坝旅游景区2018年接待游客230万人。

第二节　治江新形势与规划新要求

一、存在的主要问题

当前治江事业取得了巨大成就，但与新时期经济社会发展和长江大保护的需求相比，生态环境保护与修复任务艰巨，防洪减灾体系、水资源利用与节约体系存在短板，

水利发展不平衡不充分的问题依然突出，流域综合管理亟待加强。具体表现为：

1. 防洪方面

长江中下游河湖蓄泄能力不足的矛盾依然突出，蓄滞洪区建设严重滞后；上游控制性水库群建成后，长江中下游干流河道将长期面临清水下泄的局面，江湖关系变化，部分上游干流河段和长江重要支流、湖泊堤防防洪能力偏低；中小河流治理、山洪灾害防治、病险水库除险加固仍需加强；部分重点区域排涝能力较低。

2. 水资源利用方面

滇中高原、黔中地区、衡邵丘陵等干旱区域供需矛盾突出；供水灌溉设施发展不平衡，枯水年和枯水期部分支流区域间、生产生活与生态用水、跨流域调水与流域内用水矛盾尚需协调；节水型社会建设任务艰巨；长江黄金水道的优势尚未充分发挥。

3. 生态环境保护方面

岷江、沱江、湘江等支流水污染，上海、南京、武汉、重庆、攀枝花等主要城市江（河）段近岸水域存在污染带，滇池、巢湖、太湖仍处于中度富营养状态等突出问题需进一步治理，一些潜在水污染风险尚未消除；农业面源污染严重；江湖的天然连通性降低、湿地萎缩退化、水生境条件改变；水土流失尚待进一步治理；局部江段岸线开发利用和小水电无序开发问题亟须解决。

4. 流域综合管理方面

法律法规不完善，跨部门、跨区域的联动协调不够，争端解决机制不完善；长江上游干支流水库群多目标联合调度体系尚需进一步完善；监控体系不完备，信息化水平有待提高；综合执法能力不足；科技支撑保障作用有待进一步强化。"水利工程补短板、水利行业强监管"是当前和今后一个时期水利改革发展的总基调。

二、面临的新形势

党的十八大以来，党中央高瞻远瞩地提出了"五位一体"总体布局，生态文明建设是其中的重要组成部分。中国特色社会主义进入新时代，我国经济社会进入生态文明建设和高质量发展的新阶段，中共中央、国务院提出了一系列重大决策部署。2014年9月，国务院印发《关于依托黄金水道推动长江经济带发展的指导意见》，长江经济带发展正式上升为国家重大战略。2015年，《关于加快推进生态文明建设的意见》，把生态文明建设放在突出的战略位置。习近平总书记在推动长江经济带发展座谈会上强调"推动长江经济带发展必须从中华民族长远利益考虑，把修复长江生态环境摆在压倒性位置，共抓大保护、不搞大开发"。2016年9月，《长江经济带发展规划纲要》正式印发。2019年12月，《长江三角洲区域一体化发展规划纲要》正式印发。长江经济带发展、长江三角洲区域一体化发展、京津冀协同发展、粤港澳大湾区建设、黄河流域生态保护和高质量发展、推进海南全面深化改革开放，列入6个重大国家战略。

党的十九大明确了决胜全面建成小康社会、开启全面建设社会主义现代化国家新征程的宏伟目标，我国经济社会进入生态文明建设和高质量发展的新阶段，人们对水安全以及优质水资源、健康水生态、宜居水环境的要求更加迫切。在新的历史起点上，长江治理与保护迎来重要的发展机遇，长江流域经济社会发展必将发生深刻变化，推动经济高质量发展、绿色发展，提高保障和改善民生、实施区域协调发展、建设美丽中国，对增强流域水安全保障能力提出了新的更高要求。要支撑国家和区域协调战略发展，必须通过水利基础设施的高质量发展来破解流域水资源分布与生产力布局不相匹配的问题，统筹解决水安全、水资源、水环境、水生态等方面的问题。

三、规划体系的新变化

改革开放特别是党的十八大以来，国家发展规划对创新和完善宏观调控的作用明显增强，对推进国家治理体系和治理能力现代化的作用日益显现，但规划体系不统一、规划目标与政策工具不协调等问题仍然突出，影响国家发展规划战略导向作用的充分发挥。为加快统一规划体系建设，构建发展规划与财政、金融等政策协调机制，更好地发挥国家发展规划战略的导向作用，2018年11月19日，《中共中央 国务院关于统一规划体系更好发挥国家发展规划战略导向作用的意见》（以下简称《意见》）出台。《意见》立足新形势新任务新要求，明确各类规划功能定位，理顺国家发展规划和国家级专项规划、区域规划、空间规划的相互关系，避免交叉重复和矛盾冲突，确保一张蓝图绘到底。国家发展规划为规划体系最上位，国家级空间规划对国家级专项规划具有空间指导和约束作用。提出建立以国家发展规划为统领，以空间规划为基础，以专项规划、区域规划为支撑，由国家、省、市、县各级规划共同组成定位准确、边界清晰、功能互补、统一衔接的国家规划体系。

为建立国土空间规划体系并监督实施，2019年5月23日，《中共中央 国务院关于建立国土空间规划体系并监督实施的若干意见》发布，进一步明确了国土空间规划是国家空间发展的指南、可持续发展的空间蓝图，是各类开发保护建设活动的基本依据。建立国土空间规划体系并监督实施，将主体功能区规划、土地利用规划、城乡规划等空间规划融合为统一的国土空间规划，实现"多规合一"。国土空间规划体系下的治江规划应准确把握当前水利改革发展所处的历史方位，清醒认识治水主要矛盾的深刻变化，在国家统一规划体系框架下做好水利规划与国土空间规划之间的衔接。

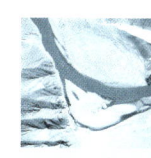

第三节 长江流域规划展望

随着流域综合规划的不断推进实施，长江流域综合规划实施后，将发挥防洪减灾、供水、灌溉、发电、航运等综合效益，水资源保护得到加强，生态环境得到改善和修复，流域综合管理能力得到提高，将产生巨大的社会效益、生态效益和经济效益。

防洪规划实施后，长江总体防洪能力将进一步提高，一般洪水年防洪更安全，遇类似1954年、1998年等大洪水可大幅减少洪灾损失，遇类似1870年历史特大洪水可避免毁灭性灾害，可避免山洪灾害群死群伤事件发生。流域防涝能力得到提高。

长江中下游干流河道的有利河势将得到有效控制，不利河势将得到全面改善，形成河势和岸线稳定、堤防稳固、航道和港域良好的河道。

建立城乡饮水安全保障体系，全面解决农村饮水安全问题，提高城镇供水保证率；增加灌溉面积4107万亩，改善现有农田灌溉面积的供水条件，为保障粮食安全创造良好条件，有力推动社会主义新农村建设。

水能资源开发可有效减少化石燃料发电引起的空气污染，对缓解温室效应起到积极作用，促进东西部地区经济社会协调发展。

跨流域调水规划实施后，可以缓解我国北方和其他缺水地区水资源严重短缺状况和水资源供需矛盾，并逐步遏制因严重缺水而引发的生态环境日益恶化的问题，促进当地经济社会可持续发展。

通过梯级渠化和航道整治，结合港口和船舶标准化建设，将形成流域畅通的水运交通体系，长江内河水运的优势和黄金水道的作用将得到充分发挥，从而促进长江流域产业带的建设。

水资源与水生态环境保护及修复规划实施后，将改善长江流域的水生态环境，维护长江流域的水生生物多样性和完整性，促进流域水生态环境良性循环，实现水资源可持续利用。水土流失严重地区将得到初步治理，可减少进入江河湖库的泥沙，耕地资源可得到有效保护，生态环境和农村生产生活条件将得到极大改善，从而促进农村经济发展。水利血防规划实施后，可减少钉螺面积，压缩流行区范围，降低人畜感染率，有效保护疫区人民的身体健康和生命安全，有利于改善疫区的生态环境，对促进社会稳定和经济可持续发展具有重要作用。

流域综合管理规划实施后，将增强流域综合管理能力，为流域的可持续发展、维护长江健康提供坚实的基础。

附 录

大 事 记

1950 年

- 2月24日，长江委在汉口召开成立大会，由水利部颁发的"长江水利委员会"印章启用，标志着长江委正式成立。
- 3月7日，政务院正式任命林一山为长江委主任（1949年12月17日，政务院批准任命林一山为长江委主任，负责筹组长江委）。
- 4月，长江下游工程局在南京成立。
- 6月，长江中游工程局在汉口成立。
- 10月，长江上游工程局在重庆成立。
- 7月，由中南财经委员会、湖北省人民政府、长江委组成的汉江治本委员会成立，李先念任主任。

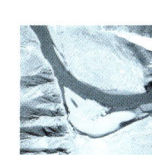

1951 年

- 荆江大堤加固工程全面开工。
- 江西兴国县水土保持实验区成立。
- 长江委主任林一山提出"治江三阶段"战略计划的雏形。1954年9月，林一山在《关于治江计划基本方案的报告》中，全面地阐述了以防洪为主的"治江三阶段"的计划。

1952 年

- 4月5日，荆江分洪工程全面开工。
- 5月，毛泽东主席、周恩来总理为荆江分洪工程题词。
- 7月20日，荆江分洪主体工程竣工。
- 10月，毛泽东主席视察黄河时提出南水北调构想。
- 10月，水利部部长傅作义率中苏专家查勘丹江口坝址。

1953 年

· 2 月 19—22 日，毛泽东主席乘"长江"舰视察长江途中听取长江委主任林一山主任关于治理长江的汇报，提出兴建三峡大坝解决长江防洪问题的设想。

· 10 月 12 日，长江、汉江轮廓规划委员会成立，长江、汉江流域规划工作正式开展。

· 是年，长江委组织了引江济黄（南水北调中线）线路的查勘。

· 是年，开始进行都江堰有史以来规模最大的发展新灌区人民渠、东风渠的工程建设。

1954 年

· 4 月，长江委上游工程局组织查勘葛洲坝、南津关、南沱、黄陵庙、三斗坪、茅坪、太平溪等坝址，提出了修建葛洲坝航运梯级方案。

· 汛期，长江发生全流域性特大洪水，淹没耕地 317 万公顷，淹死 3.3 万人，京广铁路百日不能正常通车。

· 12 月中旬，中共中央决定开展长江流域规划工作。周恩来总理以中国政府名义照会苏联政府，商请派专家来华帮助进行长江流域规划工作。中国政府先后聘请了 55 位苏联专家。

· 冬季，无为大堤全面整修，荆江大堤整险培修。

1955 年

· 1 月，为适应开展长江流域规划工作的需要，长江委撤销长江上、中、下游工程局，将原分散在重庆、南京的技术力量集中到武汉。

· 3 月，当时长江流域最大的水电站——中国第一座坝内式厂房的上犹江水电站开工。

· 5 月 9 日，长江委根据 1954 年大水情况，提出长江中游堤防和汉江干堤控制站的保证水位。

· 10—12 月，长江委组织中苏专家 143 人查勘长江上游，在干支流初选了一批水利枢纽坝址。

· 11 月 21 日，汉江杜家台分洪工程开工，1956 年 4 月竣工。

· 12 月，长江委提出《长江中游平原区防洪排渍方案》。

1956 年

- 6月，毛泽东主席在武汉畅游长江后，写下壮丽诗篇《水调歌头·游泳》，勾画了"高峡出平湖"的宏伟蓝图。
- 7月，苏联航测队帮助进行长江流域航空摄像，至1957年7月完成。
- 10月，国务院批准在长江委基础上成立长江流域规划办公室，进行以三峡工程为主体的长江流域综合规划。
- 年底，国家测绘局、总参测绘局协同进行长江流域航空摄像。
- 是年，长江委组织苏联专家查勘长江中下游地区农田水利。

1957 年

- 2月中旬至8月初，长办分两次组织大规模金沙江复勘，勘选出一批新的可能开发的梯级坝址，并提出了干流梯级开发的代表方案。
- 9月，长江历史水文资料全面整编刊印，共计32册。
- 是年，长办设立荆江、汉江、南京河床实验站，全面开展长江中下游干流河道演变观测研究工作。

1958 年

- 1月下旬，中共中央南宁会议听取了三峡工程的汇报，毛泽东主席提出了"积极准备，充分可靠"的方针。
- 2月26日至3月6日，周恩来总理等考察了长江中上游河段与三峡工程坝址。
- 3月，长办编制完成了《汉江流域规划报告节要》，确定丹江口枢纽为首期开发工程。
- 3月21日，中共中央成都会议通过了《中共中央关于三峡水利枢纽和长江流域规划的意见》，这是三峡工程和长江流域规划的指导性文件。会后，毛泽东主席于3月30日乘船视察了三峡坝址。4月5日中央政治局会议批准了该意见。
- 4月，三峡工程科研领导小组成立，6月召开第一次全国科研会议。1959年10月召开第二次全国科研会议。1960年9月召开第三次全国科研会议。
- 7月，湖北漳河水库灌区工程开工，1966年基本建成。
- 8月，中共中央北戴河会议期间，周恩来总理主持召开长江工作会议。会上指示以三斗坪坝线为主的设计工作要抓紧，为1961年开工做充分准备。会议还批准兴建三峡试验坝——陆水蒲圻水利枢纽。

- 9月1日，丹江口水利枢纽工程正式开工。1959年12月26日截流。1962年主体工程停工，进行大坝质量补强处理。1963年修订丹江口工程建设规模，改为分期建设。1965年复工，1973年初期工程完成。2005年9月26日后期工程正式开工，将大坝加高至最终规模。
- 10月23日，三峡试验坝——陆水蒲圻水利枢纽工程开工，1961年7月停工，1964年7月复工，1974年基本竣工。

1959年

- 3月，中国科学院、水电部组织有关部委和高等院校220人组成的"西部地区南水北调综合考察队"，对西部地区的南水北调进行了为期3年的综合考察。主要任务为基本资料的搜集分析，探索可能的引水线路和引水量。
- 5月11—19日，《三峡水利枢纽初步设计要点报告》讨论会召开，有66个单位的188人参加。
- 7月，《长江流域综合利用规划要点报告》编制完成。
- 是年，长江流域大旱，受灾面积93.3万公顷，受灾人口3700万。

1960年

- 4月，水电部组织中苏专家100余人，勘选三峡坝址，召开施工准备工作计划会议。
- 8月，中央决定放缓三峡工程建设步伐，同时指示兴建三峡工程要"雄心不变"，"加强科研，加强人防"。
- 9月，长办提出《长江中下游干流河道治理规划要点报告》。
- 12月，长办提出《金沙江规划意见书》。

1961年

- 5月，长办提出《长江流域水土保持规划方案概要报告》。
- 是年，长江流域大旱，受旱面积540万公顷，受灾人口4100万。
- 12月1日，江苏江都水利枢纽开工，历时19年，于1980年基本建成。

1962年

- 7月11日，长江中游防汛总指挥部成立。1969年6月20日更名为长江中下游防汛总指挥部，1996年更名为长江防汛总指挥部，2007年更名为长江防汛抗旱总指挥部。

1963 年

- 7 月，三峡工程坝址研究确定以太平溪坝址为重点。
- 12 月 1 日，扩大荆江分洪区涴市隔堤工程开工。

1964 年

- 4 月 3 日，长办主任林一山向周恩来总理呈报三峡工程分期开发方案。
- 4 月，长办主任林一山撰写的《关于水库长期使用的初步探索》，报周恩来总理审查后报毛泽东主席。
- 10 月，根据当时三线建设用电需要，又考虑到人防安全，长办组织了对金沙江等河流查勘，提出了建设溪洛渡、虎跳峡等枢纽。

1965 年

- 7 月，湖南韶山灌区工程正式开工，1966 年 6 月 2 日通水。
- 8 月至 1966 年 12 月底，长办多次组织西南地区水电选点查勘。
- 是年，长办开始对金沙江虎跳峡河段进行重点勘测研究，推荐虎跳峡低坝顺江引水作为近期开发工程。

1966 年

- 3 月，大渡河龚嘴水电站工程开工，1978 年竣工。
- 10 月 25 日，下荆江中洲子人工裁弯工程开工，1967 年 5 月竣工。

1967 年

- 6 月 19—24 日，水电部邀请国家有关部门讨论解决汉江上游干流石泉、安康、石房沟等水利枢纽与铁路在规划设计中的矛盾。会议决定放弃石房沟枢纽，降低安康、石泉等枢纽的正常蓄水位。
- 年底，汉江大柴湖围垦工程开工，用以安置丹江口水库的移民，1969 年工程全面竣工。

1968 年

- 11 月 26 日，水电部批复引丹灌溉渠首位置：湖北省在清泉沟，河南省在陶岔。

清泉沟渠首于 1969 年 11 月开工，1974 年建成。陶岔渠首于 1969 年开工，1985 年大部分完成。

· 12 月，上车湾裁弯工程开工，1969 年 6 月竣工。

1969 年

· 1 月，水电部军管会召开长江中下游防汛工作会议，讨论近期防洪方案。

· 6 月，毛泽东主席视察湖北，听取张体学等同志汇报要求兴建三峡工程时，提出"目前战备时期，不宜作此想"。

· 12 月，安徽驷马山引江灌区工程开工，1973 年 8 月灌区开始发挥效益。

· 是年，荆江大堤全线再次加高加固。1975 年荆江大堤加固工程纳入国家基建计划。

1970 年

· 4 月，乌江渡水电站开工，1983 年竣工。

· 12 月 25 日，中共中央批复同意兴建宜昌长江葛洲坝水利枢纽工程报告。

· 12 月 30 日，长江葛洲坝水利枢纽工程开工。1972 年 11 月主体工程暂停施工，修改设计；成立技术委员会，林一山任主任，由长江委负责设计。1974 年 9 月复工，1981 年 1 月 4 日大江截流成功，6—7 月开始通航发电，1988 年基本建成。

1971 年

· 11 月，水电部军管会在北京召开长江中下游防洪规划座谈会（即通称的 1971 年防洪座谈会），着重研究长江中下游的治理规划。

1972 年

· 7 月，下荆江沙滩子自然裁弯。

· 12 月，长办正式提出《荆北放淤规划报告》，因意见不同未实施。

· 是年，长江流域大旱，其中四川省受灾面积 272 万公顷，受灾人口 2254 万。

1973 年

· 4—6 月，水利部等联合赴美考察水利工程。

· 9 月，长江委在武汉召开葛洲坝工程设计暨赴美考察技术座谈会。

1974 年

- 1 月，长办提出《太湖流域排洪除涝骨干工程规划》。
- 8 月 18—20 日，长江三角洲受强台风影响，又适逢大潮汛，致使此次台风造成灾情极其严重。自此，上海市开始加强工程建设，提高海塘、堤防防御标准。

1975 年

- 8 月上旬，汉江唐白河发生罕见暴雨和特大洪水，损失惨重，俗称"75·8"暴雨。
- 12 月 16 日，江苏谏壁抽水站工程开工，抽水规模 120 立方米每秒，1978 年 7 月 1 日建成。

1976 年

- 1 月 10 日，长江水源保护局成立，1984 年更名为长江流域水资源保护局。
- 年初，首次在国内水利工程（葛洲坝二江电厂）进行深孔预裂爆破取得成功并推广。
- 4—9 月，国内首台直径 91 毫米钻孔彩电研制成功。
- 7 月 21 日至 9 月 9 日，首次考察长江源，确定长江正源为沱沱河，更正长江长度为 6300 余千米。1978 年 6—9 月又进行了第二次长江源综合考察。2010 年 10—11 月，时隔 30 多年后又进行了第三次长江源综合考察。
- 8 月，经水电部批准研制国内第一艘长江水质监测船，1979 年 5 月监测船投入试航。

1977 年

- 1 月 21—27 日，首届长江水系水质监测站网座谈会通过《长江水系水质监测站网和监测工作规划意见》。
- 4 月，开展长江流域水力资源普查，至 1979 年 11 月基本完成。普查表明，长江流域水力资源理论蕴藏量为 2.68 亿千瓦，可能开发水力资源为 1.97 亿千瓦。
- 12 月 8 日，四川升钟水库工程开工，总库容 13.39 亿立方米，1987 年竣工。
- 是年，湖南省在 1∶10 万地形图上量得洞庭湖天然湖泊面积为 2740 平方千米。

1978 年

- 2 月 25 日，耒水东江水利枢纽工程开工，1993 年工程完建。

- 2月，赣江万安水利枢纽工程开工，1988年底基本竣工。
- 4月，汉江安康水利枢纽工程正式开工，1992年底建成。
- 8月，开展长江流域水资源调查评价，1985年8月正式提出《长江流域水资源评价》报告。
- 是年，长江流域发生了新中国成立以来最严重的极旱之灾，干旱时间长，受灾面积广，全流域受旱面积1120万公顷，成灾面积580万公顷，受灾人口约6644万。

1979年

- 4月，三峡水利枢纽选坝会议在武汉举行。
- 9月，选坝汇报会在河北廊坊举行，两次会议均未取得一致意见。会后，水利部向国务院呈送的《关于长江三峡水利枢纽坝址选择和做好前期工作的报告》中建议按三斗坪坝址开展初步设计工作。
- 12月21日，水利部下发通知，对南水北调规划工作进行分工：黄委负责西线；长办负责中线，淮委、黄委、天津水电勘测设计院配合；天津水电勘测设计院负责东线，淮委参加、黄委配合。水利部成立南水北调规划办公室。

1980年

- 4月16日至5月16日，水利部组织有关部委和单位共60余人查勘了南水北调中线，认为华北缺水，跨流域调水势在必行，中线是一条有利的跨流域引水线路，争取在1983年提出规划报告。
- 6月20—30日，水利部在北京召开了长江中下游防洪座谈会。确定了长江干流堤防设计水位和重要的防洪工程措施，指导了一个时期的防洪工程建设。
- 7月12日，邓小平副主席视察三峡坝址、葛洲坝工地和荆江大堤，要求国务院召开一次专门会议研究三峡工程问题。
- 7月，受水利部委托，长办在江西省兴国县塘背河和湖南省岳阳市李煅河开展小流域水土保持综合治理试点。
- 8月，国务院召开常务会议研究决定，由国家科委、国家建委负责，继续组织水利、电力及其他方面的专家进行三峡工程的论证。
- 10月3日至11月3日，中国科学院组织有联合国专家和官员参加的60余人的考察队，对南水北调中线和东线进行了考察。

1981 年

- 6 月，长办提出青弋江、水阳江、漳河流域综合利用规划报告。
- 7 月，长江上游发生特大暴雨洪水，波及四川省 14 个地市，受害人口 158 万，被称为长江上游"81·7"洪水。
- 10 月 6 日，李先念副主席视察葛洲坝工地。
- 11 月，长办提出《上海新港规划阶段报告》。

1982 年

- 3 月，国务院批准京杭运河续建工程实施。
- 7 月 16—18 日，长江北岸重庆市云阳县城附近的鸡扒子发生大滑坡，滑坡总量 1000 万立方米，沿江长 800 米。
- 8 月 12 日，水电部党组转发中共中央组织部干部任命通知，同意黄友若任长办主任。
- 9 月，根据中央指示，长办开展三峡工程正常蓄水位 150 米方案的可行性研究。
- 10 月，经国务院批准，长办划为水电部直接领导。
- 是年，长江流域各三角网点全部纳入国家统一坐标系统，金沙江流域大规模测绘完工。

1983 年

- 3 月，提出《三峡水利枢纽 150 米方案可行性研究报告》，5 月 3—13 日国家计委在北京主持审查通过，4 月 5 日国务院发文原则批准。
- 3 月，国务院批准南水北调东线一期工程方案，通航至济宁，并着手进行调水至天津方案的论证。
- 7 月中下旬，汉江上游发生暴雨洪水，安康城受淹，受灾人口达 8.96 万，死亡 800 多人。
- 7 月 25 日，国务院批准成立长江口开发整治领导小组，继而又改名为长江口及太湖流域综合治理领导小组，负责研究和决策长江口和太湖的治理方案。
- 10 月 3—6 日，汉江流域又发生罕见的秋汛洪水，除运用杜家台分洪闸外，还先后在邓家湖、小江湖等处扒口分洪。
- 12 月 31 日，国家计委下达《长江流域综合利用规划要点报告修订补充任务书》。1988 年长办修订完成了《长江流域综合利用规划要点报告》。

1984 年

· 3月,《长江志》编纂委员会成立,长办主任林一山为名誉主任,黄友若任主任,洪庆余任总编。

· 4月25日,国务院三峡工程筹备领导小组在北京成立,国务院副总理李鹏任组长。

· 6月11日,国务院批准成立太湖局。

· 6月25日,国务院批复解决丹江口水库移民遗留问题,推动了丹江口和其他水库移民问题的解决。

· 8月1日,水电部党组任命魏廷铮为长办主任。

· 10月8日,中共重庆市委向中央呈报《对三峡工程的一些看法和意见》,建议三峡工程采用正常蓄水位180米方案。

· 10月,白龙江宝珠寺水电站开工,1999年工程全面完成。

· 是年,长江口通海航道北槽疏浚工程开工,至1988年完成疏浚工程量2.2亿立方米。

1985 年

· 3月,大渡河铜街子水电站复工,1994年建成。

· 6月10日和12日,湖北秭归县境内长江西陵峡新滩镇的姜家坡至广家崖大面积滑坡,总体积约1800万立方米,新滩镇全部被摧毁,川江被迫停航12天。

· 6月25日,国务院批转黄河、长江等河流防御特大洪水方案。

· 6月29日,长办提出《太湖流域综合治理骨干工程可行性研究报告》,经会议审查原则同意,此后的设计工作交太湖局负责。

· 是年,长办编制完成《长江水资源利用报告》。

1986 年

· 4月,乌江东风水利枢纽工程开工,1995年12月全部建成。

· 5月,长办提出《清江流域规划补充报告》。

· 6月2日,中共中央、国务院下达《关于长江三峡工程论证工作有关问题的通知》。

· 6月26日,南水北调东线穿黄探洞工程开工,1988年1月25日探洞主体工程完工。

· 7月,沅江五强溪水利枢纽工程开工,1996年底全部建成。

• 10月，《赣江流域规划报告》经由江西省人民政府审定上报，1989年12月通过由水利部（受国家计委委托）主持的审查。

1987年

• 1月15日，湖北清江隔河岩水利枢纽工程开工，同年12月15日截流，1995年竣工。

• 2月，国务院批准鄱阳湖重点圩堤与分洪工程设计。

• 3月，长办和贵阳水电勘测设计院联合编制完成了《乌江干流规划报告》，1989年经国家计委审查通过。

1988年

• 3月25日，云南省人大常委会批准实施《滇池保护条例》。

• 4月22日，长江上游水土保持委员会成立。

• 4月27日，国务院批转《蓄滞洪区安全与建设指导纲要》。

• 10月27日，上海市防汛墙按千年一遇潮位标准（黄浦江吴淞站为6.27米）加高加固工程开工。

• 11月，荆江分洪进洪闸（北闸）加固工程正式开工，1992年7月完工。

1989年

• 1月5日，国务院批准实施长江上游水土保持重点防治工程。

• 6月3日，长办恢复原名长江水利委员会，为水利部派出机构（副部级）。

• 7月21—24日，中共中央总书记江泽民视察了长江荆江大堤、荆江分洪工程、葛洲坝工程、三峡工程坝址和武汉堤防等水利工程，并视察了长江委。

1990年

• 7月6—14日，国务院召开三峡工程论证汇报会，会议充分肯定了参加三峡工程论证的各个方面专家的工作成果，并决定将在论证基础上重新编制的《长江三峡工程可行性研究报告》正式提请国务院三峡工程审查委员会审查。

• 9月21日，国务院正式批准《长江流域综合利用规划简要报告》。

1991年

• 1月14日，长江中下游5个省水利灭螺规划工作会议在武汉召开，会议根据

1990 年的《长江流域综合利用规划简要报告》中关于血防规划的要求，分别拟定了 5 个省实施计划。

· 2 月 20—21 日，中共中央召开政治局会议，审查并原则同意国务院关于三峡工程的审查意见。根据会议讨论意见，对有关问题进一步研究后，将兴建长江三峡工程的议案，提交七届全国人大五次会议审议。

· 5 月 10—12 日，"七五"重大科技攻关项目"长江三峡工程重大科学技术问题研究"通过国家验收。

· 8 月 3 日，国务院三峡工程审查委员会第三次会议一致通过了《长江三峡工程可行性研究报告的审查意见》，建议党中央、国务院予以批准并提请全国人大审议。

· 8 月 14 日，国务院三峡工程移民试点工作领导小组成立。

· 8 月 14 日，雅砻江二滩水电站工程开工，2000 年建成。

· 9 月 17—20 日，国务院治理淮河、太湖会议在北京召开。会议决定在"八五"计划期间治理淮河、太湖。

· 10 月 21 日，上海外滩防汛墙工程开工，从黄浦公园到新开河 1356 米岸线分别外移 6～43 米。

1992 年

· 2 月下旬，汉江干流下游首次发生大规模"水华"现象。

· 4 月 3 日，全国人大第七届第五次会议通过兴建三峡工程的决议。表决结果是：赞同 1767 票，反对 177 票，弃权 664 票，有 25 人未按表决器。

· 9 月，长江委编制的《长江中下游蓄洪防洪工程规划》上报水利部。

1993 年

· 1 月 3 日，国务院成立三峡工程建设委员会，由李鹏总理兼任主任委员。

· 7 月，国务院三峡工程建设委员会批准《长江三峡水利枢纽初步设计报告（枢纽工程）》。

· 8 月 19 日，国务院颁布《长江三峡工程建设移民条例》。

· 9 月 23 日，中国长江三峡工程开发总公司成立，陆佑楣任总经理。

1994 年

· 1 月 25—28 日，水利部审查通过《南水北调中线工程可行性研究报告》，建议国家尽快决策兴建。

· 3月，长江委编制完成《汉江丹江口水利枢纽后期续建工程初步设计报告》并上报水利部。

· 6月，国务院确定三峡工程库区移民补偿投资实行办法。经国务院三峡工程建设委员会同意，长江委编制的《三峡工程水库淹没处理及移民安置规划大纲》正式实施。

· 9月30日，国务院任命黎安田为长江委主任。

· 12月12日，长江中游界牌河段整治工程正式开工，2000年3月28日竣工。

· 12月14日，国务院总理李鹏宣布长江三峡工程正式开工。

1995年

· 7月2日，澧水江垭水利枢纽工程开工，1999年12月竣工。

· 10月11—12日，《南水北调中线工程环境影响报告书》通过终审。

· 11月25日，国务院批复《长江上游水污染整治规划》。

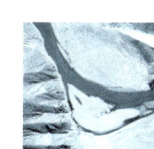

1996年

· 3月，国务院南水北调工程审查委员会成立，国务院副总理邹家华任主任委员。

· 4月，部分委员、专家一行45人考察了南水北调中线、东线工程。

· 7—8月，长江中游发生大洪水，湘、鄂、赣、皖、苏洪涝受灾面积达660万公顷，成灾约440万公顷，受灾人口9700万，死亡1500多人。

· 是年，长江委提出《长江中下游干流河道治理规划报告》。水利部于1997年进行了审查，1998年批复了该规划。

1997年

· 9月，长江委汇总提出了《洞庭湖区综合治理近期规划报告》，水利部组织审查后批复了该报告。

· 11月8日，三峡工程大江截流成功。

· 12月，水利部主持审查会，审查通过《长江口综合开发整治规划要点报告》。

1998年

· 1月27日，长江口南港北槽航道一期工程开工，2000年3月22日竣工。

· 2月17—22日，国务院南水北调工程审查委员会第三次全体会议审议通过了《南水北调工程审查报告》，上报国务院。

·7月1日，由国家环保总局、交通部和建设部联合开展的以"根治长江污染、还母亲河清洁"为主题的长江环保生态工程全面启动。

·7—8月，长江流域发生20世纪以来仅次于1954年的又一次流域性大洪水，中下游5个省受灾人口231.6万，死亡1526人。

·10月20日，中共中央发布《中共中央、国务院关于灾后重建、整治江河、兴修水利的若干意见》。

·11月20日，水利部成立灾后重建长江防洪规划协调小组，建议用10年左右时间建成可防御类似1954年洪水的防洪体系。

·11月20日，武汉龙王庙险段加固整治主体工程开工，1999年6月完工。

1999年

·5月17日，水利部向国务院报送了《关于加强长江近期防洪建设的若干意见》，5月31日国务院批转了该意见。

·8月25日，国务院总理办公会议决定，长江重要堤防隐蔽工程由长江委负责建设并承担相应责任，要求在3~5年内达到《长江流域综合利用规划简要报告》规定的防洪标准。

·12月19日，长江委成立长江重要堤防隐蔽工程建设管理局，长江重要堤防隐蔽工程开工。2005年10月21日工程通过竣工验收。

·12月，长江委首次按年度发布流域水资源公报。

2000年

·1月16日，经水利部批准，水利部汉江水利水电（集团）有限责任公司交由长江委管理。

·6月16日，国务院三峡工程建设委员会第九次会议在北京召开，朱镕基总理强调：三峡工程是中华民族的千秋大业，质量是三峡工程的生命，要把工程质量放在首位，确保三峡工程质量经得起历史的考验。

·8月19日，由中共中央总书记江泽民亲笔题写碑名的"三江源自然保护区"纪念碑在青海省玉树藏族自治州通天河畔正式揭碑，标志着三江源自然保护区正式建立。

·9月27日和10月16日，国务院总理朱镕基两次主持召开国务院南水北调专题座谈会，指出南水北调工程的规划和实施要建立在节水、治污和生态环境的基础上，务必做到先节水后调水、先治污后调水、先环保后用水。

·11月8日，乌江六冲河洪家渡水电站开工，2007年7月开始发电。同时兴建的还有乌江渡电站扩机工程和引子渡水电站。

2001 年

- 5月28日，国务院任命蔡其华为长江委主任。
- 9月22—24日，水利部在北京召开审查会，审查通过了《南水北调中线工程规划》（2001年修订）。
- 10月25日，《长江河道采砂管理条例》经国务院第45次常务会议通过，自2002年1月1日起实行。经水利部批准，长江委成立长江河道采砂管理局。

2002 年

- 6月，长江委在武汉召开了长江流域、西南诸河水资源综合规划编制工作会议，启动长江流域、西南诸河水资源综合规划工作。2008年编制完成《长江流域水资源综合规划报告》并报水利部。
- 7月26日，乌江索风营水电站工程开工，2005年开始发电。
- 11月6日，三峡工程导流明渠截流成功。
- 12月27日，南水北调工程开工典礼在北京人民大会堂和江苏省、山东省施工现场同时举行。国务院总理朱镕基在人民大会堂宣布南水北调工程开工，标志着南水北调工程历史性地由规划转入实施阶段。

2003 年

- 7月15日，《长江河道采砂管理条例实施办法》开始正式实施。
- 7月31日，国务院成立南水北调工程建设委员会，温家宝总理任主任委员。
- 11月18日，乌江干流上最大的水电站——构皮滩水电站开工，2009年开始发电。
- 是年，长江委完成长江流域和西南诸河水力资源复查。
- 是年，长江委编制完成《金沙江干流综合利用规划报告》（送审稿），后经不断修改补充完善，2009年通过水利部预审。

2004 年

- 6月6日，三峡—广东直流输电工程成功投入运行，实现了华中电网与南方电网互联。
- 8月22日，由长江委负责组织编制的《全国血吸虫病防治专项规划》通过水利部水规总院审查，后经国家发改委批准实施。

· 9月1日，南水北调中线北京—石家庄段应急供水工程开工。

· 10月28日，2004年长江黄金水道与国际航运峰会在重庆召开。

· 11月，国务院批准丹江口水利枢纽大坝加高方案，大坝加高后的水库正常蓄水位为175米。

2005年

· 1月20日，在长江委2005年工作会议上，长江委党组正式提出"维护健康长江，促进人水和谐"为基本宗旨的新时期治江思路。

· 1月21日，《长江流域防洪规划》通过由水利部组织的专家审查。

· 2月，长江委开始布置长江流域综合规划修编工作。

· 4月16—17日，首届长江论坛在武汉举行，14个国家和地区的180多名代表参加，共同发表《保护与发展——长江宣言》。

· 9月26日，南水北调中线水源工程——丹江口大坝加高工程正式开工。9月27日，中线穿越黄河工程正式开工。

· 9月28日，乌江彭水水电站工程开工，2009年竣工。

· 11月12日，雅砻江锦屏一级水电站工程开工。

· 11月28日，长江流域7省2市《合力建设黄金水道，促进长江经济发展》高层领导座谈会在北京召开。

· 12月26日，世界上规模最大、功能最全的江河模型——长江防洪模型在武汉市沌口经济技术开发区正式投入使用。

· 12月26日，金沙江规模最大（装机容量12600兆瓦）的溪洛渡水电站工程开工，2007年11月7日截流成功。

2006年

· 夏季，长江上游遭受50年一遇、局部达百年一遇的特大旱灾，尤以重庆市、四川省最为严重，农作物受灾面积达755.7万公顷，1928万人、1694万头大牲畜发生饮水困难。

· 11月26日，金沙江向家坝水电站工程正式开工。

2007年

· 1月30日，雅砻江锦屏二级水电站工程正式开工。

· 4月15—17日，第二届长江论坛在湖南长沙举行，共同发表了《保护洞庭湖行动——第二届长江论坛长沙宣言》。

· 7月30日，中国长江三峡工程开发总公司根据防洪调度令将三峡水库按4.8万立方米每秒的流量下泄，三峡工程首次正式承担防洪任务，开始发挥防洪效益。

2008 年

· 2月，国务院批准《长江口综合整治开发规划》。
· 7月，国务院批复《长江流域防洪规划》。

2009 年

· 1月13日，在长江委2009年工作会议上，长江委党组提出新时期长江水利发展战略。
· 2月，《中华人民共和国抗旱条例》颁布实施。
· 2月26日，南水北调中线补偿工程——汉江兴隆水利枢纽工程开工。
· 4月20—21日，以"长江·河口·城市"为主题的第三届长江论坛在上海隆重举行。论坛上与会各方共同发表《长江口保护与治理——第三届长江论坛上海宣言》。

· 5月，经国务院批准，国务院三峡工程建设委员会办公室正式委托长江委承担三峡工程后续工作规划编制总成任务。
· 5月，国务院批复由交通运输部会同国家发改委、水利部、财政部共同编制《长江干线航道总体规划纲要》。
· 9月6日，赣江峡江水利枢纽工程正式开工。
· 9月15日，三峡工程2009年175米试验性蓄水启动。
· 11月22日，湖北省引江济汉通航控制性工程正式开工。
· 11月25日，嘉陵江亭子口水利枢纽工程正式开工。

2010 年

· 2月24—25日，《长江流域综合规划报告》（2009年修订）通过专家审查。
· 6月4日，长江委第一次全国水利普查工作动员大会召开，标志着长江委第一次全国水利普查工作正式启动。
· 10月下旬，长江委开展了第3次江源综合考察。

2011 年

· 1月29日，《中共中央 国务院关于加快水利改革发展的决定》正式公布，这

是新中国成立以来的第一个水利综合性纲领文件。

• 3月24日，国家内河高等级航道"十二五"建设启动仪式在湖北荆江主会场及广西、江苏分会场同时举行。今后5年将全面提升包括长江干线、长江三角洲水网等在内的"两横一纵两网十八线"的航道等级，构成我国各主要水系以通航千吨级及以上船舶的航道为骨干的高等级航道网络。

• 4月18日，第四届长江论坛在南京隆重举行。论坛上与会各方共同发表了《长江与区域发展——第四届长江论坛南京宣言》，共同倡议或协作与国际合作。

• 5月18日，《三峡后续工作规划》获国务院常务会议讨论通过。

• 7月8日，南水北调中线源头工程——丹江口大坝加高工程全线到达高程176.6米，左右两岸贯通。

• 10月31日，《长江中下游干流河道采砂规划》（2011—2015年）获水利部正式批准实施，从而为长江河道依法有序采砂及其科学管理提供了有力支撑。

• 11月4日，长江委发布《长江水利委员会入河排污口监督管理实施细则》与《长江水利委员会入河排污口设置验收办法》，并于当月起正式施行。这是流域水资源保护立法建设的一个里程碑。

• 12月30日，长江流域片第一次全国水利普查对象清查汇总成果审查会议在武汉召开。其中，第一次对青海湖、纳木错等西部重要湖泊进行了全面系统的容积测量，填补了历史资料空白。

• 是年，《鄱阳湖区综合规划》和《长江中下游干流河道采砂规划》（2011—2015年）获水利部批复。新的《长江洪水调度方案》获国家防总批复。

2012年

• 6月4日，国务院正式批复了《丹江口库区及上游水污染防治和水土保持"十二五"规划》。

• 8月22日，《2012年度长江上游水库群联合调度方案》获国家防汛抗旱总指挥部正式批复，这是国家防总批复的首个大江大河水库群联合调度方案。

• 8月28日，"十二五"期间投资规模最大、技术最复杂的国家重点内河水运工程——长江南京以下12.5米深水航道一期工程开工。

• 11月6日，水利部水工程生态效应与生态修复重点实验室落户长江委并开始运行。

• 12月21日，水利部正式批复了长江委会同汉江流域内各省水利厅编制的《汉江流域加快实施最严格水资源管理制度试点方案》。

- 12月底，《长江流域综合规划（2012—2030年）》获得国务院批复。
- 是年，环境保护部、国家发改委、财政部、水利部联合印发实施《重点流域水污染防治规划（2011—2015年）》。太湖等重点湖泊流域水质得到初步改善。
- 是年，长江流域片水利普查汇总基本完成。

2013年

- 4月12日，开工建设10年的中国第三大水电站向家坝工程全面完成工程建设与蓄水目标。
- 5月24日，长江委主持召开汉江流域加快实施最严格水资源管理制度领导小组第一次会议，审议《汉江流域加快实施最严格水资源管理制度试点实施计划》并全面部署试点相关工作。自此，汉江试点工作正式启动。
- 7月1日，三峡地下电站开始实施无人值班运行管控模式。
- 7月21—23日，中共中央总书记、国家主席、中央军委主席习近平冒雨考察武汉新港阳逻集装箱港区，并作出重要指示："长江流域要加强合作，发挥内河航运作用，努力把全流域打造成黄金水道。"
- 9月14日，长江中游荆江河段航道整治工程正式开工。工程建成后，荆江航道可以满足万吨级船队和3000吨级货船双向通航的要求，将打通长江中游航运"瓶颈"。
- 9月23日，国家发改委会同交通运输部在北京启动了《依托长江建设中国经济新支撑带指导意见》的起草工作。长江流域将成为打造中国经济升级版的新支撑带。
- 12月10日，南水北调东线一期工程顺利完成首次通水。12月25日9点35分，南水北调中线主体工程也胜利完工，计划于2014年汛后通水。
- 12月18日，国务院常务会议通过了《青海三江源生态保护和建设二期工程规划》。

2014年

- 1月10日，长江委公布长江流域第一次水利普查成果。
- 3月31日，作为湖北省人民政府规划的武汉新港的核心港区之一——武汉花山港第一期工程正式开港。
- 6月30日，世界第三大水电站溪洛渡水电站左岸最后一台机组正式投产运行，全部机组投产。
- 11月1日，丹江口水库陶岔渠首枢纽开闸试验通水，12月12日南水北调一期工程正式通水。

11月，水利部印发《长江经济带发展水利专项规划》。

2015 年

- 3月1日，《中华人民共和国航道法》正式施行。
- 4月5日，国务院批复同意《长江中游城市群发展规划》。
- 4月16日，国务院印发《水污染防治行动计划》（简称"水十条"）。
- 7月，国务院批复了由长江设计院牵头编制的《长江防御洪水方案》。
- 9月14日，世界上在建规模最大的三峡升船机下游基坑进水前验收顺利通过，取得阶段性成果。
- 10月2日，鄂北水资源配置工程正式开工建设。
- 9月25日，中国首座永久性集中展示流域文明的博物馆——"长江文明馆"在武汉开馆，该馆由武汉市政府联合长江委、武汉大学兴建。
- 11月23日，长江沿岸27个城市正式达成《长江流域环境联防联治合作协议》。
- 截至12月7日，南水北调中线工程水源地丹江口水库向北方累计供水25亿立方米，丹江口水库完成第一个调水年度供水任务。
- 12月24日，我国第三座千万千瓦级巨型电站——乌东德水电站启动主体工程施工。

2016 年

- 1月5日，习近平总书记在重庆召开的推动长江经济带发展座谈会上提出长江经济带建设生态优先、绿色发展的战略定位。
- 9月18日，三峡升船机开始试通航。
- 12月29日，引江济淮工程正式开工建设。
- 12月，汉江流域加快实施最严格水资源管理制度试点工作全面完成。
- 是年，长江流域发生1998年以来最大洪水，长江防汛抗洪工作取得全面胜利。
- 是年，《长江中下游干流河道采砂规划》（2016—2020年）获得批复。

2017 年

- 6月，根据2016年3月澜湄六国领导人共同签署的《三亚宣言》精神，在中国政府的支持下，澜湄水资源合作中心在北京成立。
- 8月，全球装机规模第二大水电站——白鹤滩水电站主体工程启动全面建设，滇中引水工程全面进入实施阶段。

- 10月19日，汉江流域实施最严格水资源管理制度试点工作顺利通过水利部组织的终审评估。
- 是年，长江流域全面落实河长制与湖长制。
- 是年，《长江岸线保护和开发利用总体规划》《长江经济带沿江取水口排污口和应急水源布局规划》正式印发。

2018 年

- 《长江保护法》正式列入全国人大常委会立法规划。
- 5月，南京长江以下12.5米深水航道实现贯通。
- 是年，长江上中游水库群联合调度增至40座，可成功应对2012年以来最大洪水。

2019 年

- 5月24日，水利部长江委联合国家有关部委（局）在长江流域派出机构以及相关高校、科研院所和企事业单位，共同发起组建长江治理与保护科技创新联盟。

图书在版编目(CIP)数据

高瞻远瞩：长江流域规划 70 年 / 胡向阳等编著.
—武汉：长江出版社，2019.9
（长江巨变 70 年丛书）
ISBN 978-7-5492-6708-8

Ⅰ.①高… Ⅱ.①胡… Ⅲ.①长江流域－流域规划－成就 Ⅳ.①TV212.4

中国版本图书馆 CIP 数据核字(2019)第 219070 号

高瞻远瞩：长江流域规划 70 年	胡向阳 等编著
出版策划：赵冕 郭利娜	
责任编辑：郭利娜	
装帧设计：刘斯佳	
出版发行：长江出版社	
地　　址：武汉市解放大道 1863 号	邮　编：430010
网　　址：http://www.cjpress.com.cn	
电　　话：(027)82926557(总编室)	
(027)82926806(市场营销部)	
经　　销：各地新华书店	
印　　刷：武汉市金港彩印有限公司	
规　　格：797mm×1092mm　　1/16　　21 印张 8 页彩页　　425 千字	
版　　次：2019 年 12 月第 1 版	2020 年 8 月第 1 次印刷
ISBN 978-7-5492-6708-8	
定　　价：108.00 元	

（版权所有　翻版必究　印装有误　负责调换）